JN209992

数学基礎論序説

数の体系への論理的アプローチ

田中一之 著
KAZUYUKI TANAKA

裳華房

Logical Foundations of Mathematics

by

Kazuyuki Tanaka

SHOKABO

TOKYO

まえがき

はじめに

本書は，数学基礎論に関する入門書と専門書の中間に位置する教科書あるいは独習書である．想定している読者層は，微分積分における ε - δ 論法のような１階論理の推論や，群など代数系に対する公理論的なあつかいにすでに馴染みのある人たち，つまり数学や情報系の学部上級以上の人たちである．しかし，そのような数学の知識や経験を前提としているわけではなく，使用する数学概念はその都度厳密に定義してあるので，根気よく読み進めていただければ，逆に現代数学の基本を身につけることもできると思う．

筆者は，東北大学で数学専攻の大学院生と数学科の４年生を対象にした数学基礎論の講義をほぼ毎年担当している．大学院生といってもこの分野の予備知識が全くない受講者もいるし，逆に学部生でもすでに私の著書を何冊も読みこなしている強者（つわもの）もいたりする．したがって，私の講義では入門から先端までさまざまなレベルの話題を取り入れるようにしており，週１回半年間の授業であつかえる話題の数は自ずとかなり限られてくる．そこで，（複数年受講を想定して）毎年講義内容の大半を入れ替え，その年に時間を割けない重要トピックスについては以前の講義ノートなどを配るなどして補っている．そのような講義ノートをまとめて誕生したのが，前作『数の体系と超準モデル』（文献 [12], 2002）であった．

おかげさまで，前作は好評を得てすぐに品切れとなり，重版の要望も少なくなかった．しかし，本文の最後に主張だけ書いておいた新しい定理(本書 8.4 節の STY 定理)などについてはぜひ増補したいと考えながら，いつの間にか年月が経ってしまった．少し弁解すると，増補の内容を講義やセミナーで話すうちに定理の証明が改良されたり，応用が広がったりしたことに加え，東日本大震災という大災害にも見舞われたからである．その後，改めて増補について考えてみると，加筆部分だけで約 100 ページは必要なので，単なる増補では 1 冊の本としての均整が崩れてしまうと思うようになった．といって，新しい部分だけで独立した本にするのは，それがあまりに多く前作の内容に依存しているため，やはり難しく思えた．

そんなとき，熱心な読者の 1 人として私の前に現れたのが(株)裳華房の若手編集者の久米大郎氏である．私のいろいろな講演会や講義にまで来られて，根気よく私に筆をとることを勧めてくれた．そして彼と何度も話をするうちに，前作の使えるコンテンツはそのまま使いながらも新しいコンセプトの本を作るという方針が見えてきた．その際，題名も「数学基礎論」を前面に出したものに改めることにした．

数学基礎論からロジックへ

数学基礎論とは何か．この分野における我が国初の教科書として知られる黒田成勝 著『数学基礎論』(文献 [17], 1934)の前書きにはこう書かれている．

> …数学基礎論とは…数学が如何なる構造を有し，如何なる原理に基づくかを公理論的に研究する理論という意味である．

この本は 150 ページほどの小冊ながら，驚くことに当時最新のゲーデルの第一不完全性定理(1931)の証明まで含んでいる．そして，巻末においては，近く出版予定のヒルベルト - ベルナイスの『数学基礎論』第 1 巻(文献 [21])に触れて，基礎論の対象が自然数論から解析学に進展している様子を述べつつ，こう付け加えた.

> 「数学基礎論」は,「ホトトギス」は鳴きかけている. 折角ここまで育ったものを「鳴かなければ殺してしまえ」は短気である. と云って,「ゲッチンゲンで鳴くのを待とう」は腑甲斐ない.「鳴かせて見しょう†」と秀吉の勇を起される読者があれば筆者が本講を草した微意は酬いられるのである. (†原文は「見セウ」)

ヒルベルトらは第1巻(1934)に続いて, 第2巻(1939)も出版したが, ゲッチンゲンにおいても, 解析学の基礎論はまだ入り口に留まっていた. ちなみに, 今日(本書で)「2階算術」とよばれる形式体系はこの第2巻を出所にしているが, 私の学生の頃は「ヒルベルト算術」とか単に「解析」ともよばれていた. 解析の基礎付けは悪循環の呪縛という原理的な難しさを抱えている(たとえば, 実数の「上限(最小上界)」を定義する際には, その上限の近傍の点が上限とどのような関係にあるか知っておく必要があるので, 上限の存在を主張しようとすると, すでにその存在が仮定されているという循環論法になる). そのために, なかなかすんなりと道は切り拓かれなかった.

壁にぶつかった数学基礎論は, 次第に数学の基礎への関心を薄め, 集合論, モデル論, 証明論, 計算論などの技術論に変質していった. そして, それらを総称して「数理論理学」あるいは「ロジック」とよぶことが多くなる. その金字塔的な出版物が, 千ページを超えるバーワイズ編集の『数理論理学ハンドブック』(文献 [14])であった. これは一見ロジック技法のマニュアル本なのだが, 巻末にどんでん返しがある. 不完全性定理に新しい数学的意味を与えるパリスとハーリントンの論文が収録されているのだ. 彼らの結果の重要性を認識したバーワイズが自らタイプして収録したそうだ. ちなみに, 私はこの論文との出会いをきっかけにカリフォルニア大学バークレー校に留学し, ハーリントン教授に師事した.

数学基礎論のルネサンス

20 世紀の終わりが見えてくると，技術を追求するだけのロジック研究に分野内外から批判の声が上がった．とくにアメリカ数学協会やアメリカ数学会の会長を歴任したマックレーン氏の随筆『数学の健康』(1983) に始まる一連の論争 (拙編『数学の基礎をめぐる論争』(文献 [5]) に所収) に刺激されて，この分野の研究者たちは数学基礎論がどうあるべきか再考を迫られ,「ホトトギス」があちこちで鳴き出した．中でも一際目立つ鳴き声が，ハーリントンと同じく，MIT のサックス教授門下のフリードマンやシンプソンが掲げた「逆数学」プログラムである．この研究プログラムのバイブルとされるシンプソンの『2 階算術の部分体系』(文献 [66]) はヒルベルト - ベルナイスの本の続編を謳っており，基礎論復興の象徴となった．このような研究は，ロジックの技術的発展を否定するものではなく，むしろ発達した技術を駆使して，基礎論固有の問題に新しい角度からチャレンジしようというものである．

数学基礎論のルネサンスは他にもいろいろな事例があるが，たとえば集合論の場合には，連続体仮説 CH が通常の公理から証明も反証もできないというのがロジックの結論とすれば，CH の真偽を判定する新しい原理を見つけようとするのが新しい基礎論といえるかもしれない．また，20 世紀における数学自体の発展や人間の認知機能の変化も歴然としているから，基礎論の研究対象や方法論も 21 世紀には無限に広がっているように思う．しかし，余白の問題よりは，現状の著者の能力の限界のために，それらについて語るのは他書に期待したい．

本書の構成

本書は，全体が 3 部で構成されている．第 1 部は数理論理学の基礎知識，第 2 部はその知識の “数の体系” への応用である．ここまでの内容は，題材的に前作『数の体系と超準モデル』から受け継いだものが多いが，解説はいたるところで改めている．前作との一番大きな違いは，計算に関連した話題を削減して，形式体系のあつかいを強化していることである．それは，端的に第4章の第二不完全性定理の議論に現れる．第一不完全性定理であれば計算不可能性と結びつけるだけで導くことができるのだが，第二不完全性定理においては第一定理を証明するメタな立場を明確にする必要があるので，立場に依存するような計算可能性を論拠にしての議論は難しいのである(たとえば，ペアノ算術における計算可能関数と，ZF 集合論における計算可能関数は異なる)．数理論理学の基本を学ぶのが目的なら，第1部と第2部だけでも十分であろう．

第3部は2階算術に関する比較的新しい結果，とくに私自身が関わる研究を多くあつかっている．第1部と第2部の内容はおおよそ1970年頃までの結果で，私自身も学生時代に既成の知識として学んだものばかりだから，話題の選び方はそう特異なものにはなっていないと思う．しかし，第3部はロジックにおける重要な成果を集めてできているのではない．数学基礎論の新しいプログラム「逆数学」の周辺に焦点を当てて，数学の基礎に対するロジックのさまざまな分析法をみていく．「逆数学」以外にも，構成的，計算可能的，圏論的，ゲーム論的，……等々の立場で語られる数学世界が知られているが，ヒルベルト時代の古典数学基礎論とも親和性が高く，幅広い数学を許容する「逆数学」は21世紀の数学基礎論への最適なアプローチであり，その入り口付近をご案内するのが『数学基礎論序説』第3部の役割である．

本書は，多くの方々の協力なしには完成できなかった．私が指導を受けた先生方や，逆に指導した学生たちから教わることも多かった．詳しい謝辞はあとがきに回させていただくが，ここでは筆者を長くそして温かく応援して下さった読者の皆さんにお礼をいわせていただきたい．本当にどうもありがとう．

2019年5月

仙台にて　田中 一之

目　次

第2部　自然数と実数の形式体系

第 3 部　2 階算術と逆数学

序　章

数学基礎論の考え方

1　数学の意味と形式

どんな学問においても，その入り口の基本用語を日常の言葉で説明したり，またそれを正しく理解したりすることは大変なことだ．日常語の曖昧さや多義性によって生じる誤解はいうまでもなく，数学基礎論のような根元的な学問においては，言語が本質的にもつ機能の多面性や多層性が誤謬の原因になる．端的にいうと，言語には**意味**と**形式**という 2 つの機能があって，話し手と聞き手がお互いにどちらのチャンネルで話しているかをその都度了解していないと対話が成立しない．当たり前のことではあるが，こと数学に関しては，こうした通念の整理がなおざりにされていて，教育にも支障をきたしているように見える．

例えば，「定数」という基本用語がある．かつて中学校・高等学校の数学の教科書や参考書類を調べたところ，次のような判読し難い説明をしているものがたくさん見つかった[*1]．

いろいろな値をとって変化する文字を変数という．
これに対して，変化しない一定の数を定数という．

[*1] 十数年前のこと．このような記述は近年減少したようだ．

変数の方は「値が変化する文字」ということで理解できるにしても，「変化しない数」という表現においては，変化したりしなかったりする主体は何なのかと考えてしまう．付言しておくと，「関数 $f(x)$ が定数である」というような表現においてならば「定数」を「一定の数」と解することも可能であるが，ここでは数式に現れる「変数」と「定数」を比較して説明しているのである．

英語で考えれば，少し見通しがよくなるかもしれない．上の場合の「定数」は単にコンスタント(constant)であり，コンスタント・ナンバーではない．ついでに「変数(variable)」「関数(function)」「級数(series)」なども英語と比較すると，語尾に「数」が単に語呂合わせでついているように見える[*2]．

次の 2 つの文を比較してほしい．

(1a)　6 は，偶数である．

(1b)　6 は，定数である．

偶数も定数も数学用語ではあるが，上の 2 文は異なるチャンネルのメッセージと解さなければならない．わかりにくければ，次のような例はどうだろう．

(2a)　6 は，9 に 2/3 を掛けて得られる．

(2b)　6 は，9 を 180° 回転して得られる．

文 (1a) と文 (2a) は，記号「6」が意味する数 6 についての主張であり，文 (1b) と文 (2b) は，記号「6」そのものについての主張である．前者は数学的真理をあつかう狭義の “数学” であるのに対し，後者は数学の形式を議論する**超数学**または**メタ数学**とよばれる．

従来の数学，つまり広義の “数学” では，しばしば数学とメタ数学が混在していて，それらを分別しにくいときがある．例えば，「x^2+2x+2 は正である」はほぼ 100%数学的主張ととれるが，「x^2+2x+2 は 2 次式である」の診断は難しい．文字列としての式「x^2+2x+2」の性質を述べているのだろ

---

*2「数学(mathematics)」はギリシャ語源的には「勉強して学ぶべきこと(mathemata（マテーマタ）)」の意味である．ちなみに「学ぶ者(mathetes（マテーテース）)」は聖書では「弟子」などと訳される．

うか，x^2+2x+2 が意味する関数やグラフの性質を述べているのだろうか？文脈にもよるかもしれないが，多くの場合は両方の主張を同時に表していて，それでも大概は問題ない．むしろ，しばしば対話に生じる混乱は，意味世界に内在する概念の多相性に起因しているかもしれない．例えば，先程の二例においても，最初の「x^2+2x+2」は関数を表すものではなく，(任意の) x に対する x^2+2x+2 の値を表す．数学基礎論では，x^2+2x+2 が表す関数は $\lambda x.\, x^2+2x+2$ と記すことで，混乱を減じている．

歴史を振り返ると，数学とメタ数学が意識的に分離され，メタ数学が独立に議論されるようになるのは，幾何学の公理の再検討が始まる 19 世紀のことである．また同じ頃，代数の記号的方法を論理に応用する試みから誕生したのが**記号論理学**である．それを用いてメタ数学の数学化が図られた結果，20 世紀前半に数学の一分野としての**数学基礎論**が確立する．以来，証明論，モデル理論，集合論，計算論などさまざまな技術専門分野が派生し，20 世紀後半にはそれらを総称して**ロジック**(logic)とよぶようになった．現在では数学基礎論がロジックの一分野としてあつかわれることも多い．

まずはメタ数学における最初の画期的な発見である射影幾何の双対原理についておさらいしておこう．

2　射影幾何の双対原理

話を簡単にするため，2 次元平面上で点と直線のみをあつかう射影幾何を考える．**射影幾何**は，射影によって変わらない図形の性質を調べる幾何であり，ユークリッド幾何から長さや角度のような計量的な概念を除いたものになっている．ここでは，とりあえず「点」「直線」「(点)が(直線)の上にある」「(直線)が(点)を通る」という用語だけを用いる幾何学としておこう．

このような簡単な幾何でも，次のような結構深みのある命題が表現できる．

パッポスの定理　2つの直線 l, l' の上に，それぞれ3つの点 A, B, C と A', B', C' がある．このとき，

（A と B' を通る直線）と（A' と B を通る直線）の交点，
（B と C' を通る直線）と（B' と C を通る直線）の交点，
（A と C' を通る直線）と（A' と C を通る直線）の交点

は，一直線上にある(**図 1**)．

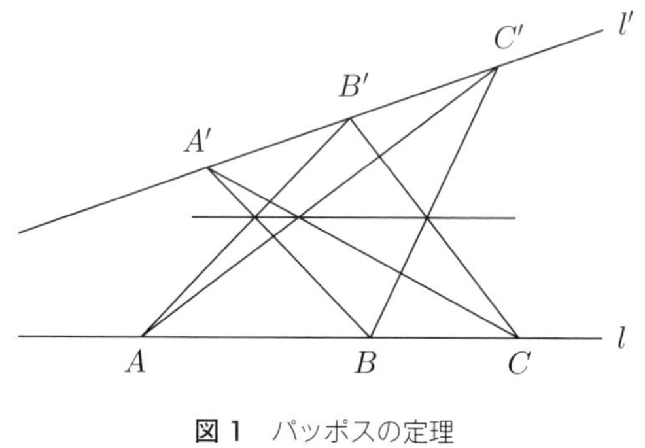

図 1　パッポスの定理

読みやすさのために多少表現を工夫してあるが，基本用語を論理的につなぐだけで定理が表現されていることに注意されたい．

いま，射影幾何の任意の命題 σ をとってきて，文中の「点」と「直線」の2語を入れ替え，それにしたがって「(点)が(直線)の上にある」と「(直線)が(点)を通る」という述語も入れ替えると，別の意味をもつ命題 $\widetilde{\sigma}$ ができる．この命題 $\widetilde{\sigma}$ を σ の**双対**(dual)とよぶ．このとき，次のことがいえる．

射影幾何の双対原理(ジェルゴンヌ - ポンスレ)　命題 σ が射影幾何の定理であれば，その双対 $\widetilde{\sigma}$ も定理になる．

例えば，パッポスの定理 σ に対する双対 $\widetilde{\sigma}$ は次のようになる．

2つの点 A, A' を，それぞれ3つの直線 l, m, n と l', m', n' が通る．このとき，

（l と m' との交点）と（l' と m との交点）を通る直線，
（m と n' との交点）と（m' と n との交点）を通る直線，
（l と n' との交点）と（l' と n との交点）を通る直線

は，一点で交わる（**図 2**）．

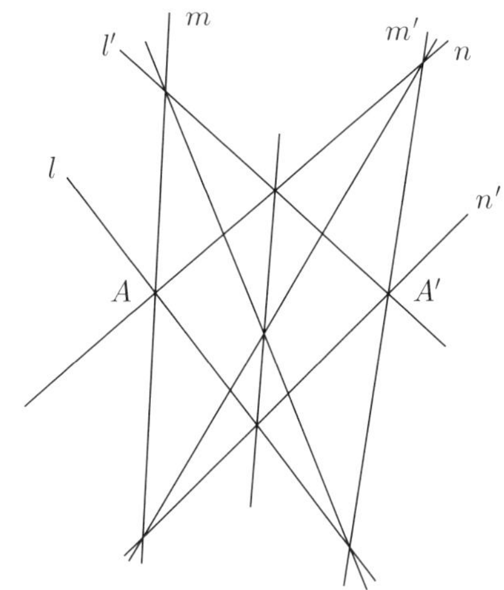

図 2　パッポスの定理の双対

双対原理を認めれば，パッポスの定理の双対は，別に証明を与えなくても成り立つ命題となる．では，双対原理自体はどうやって証明すればいいのだろうか？　これには，射影幾何の各公理の双対命題が公理もしくは定理になっていることを確認すればよい（射影幾何の公理系については，第2章の末尾の付録を参照してほしい）．双対原理は厳密に証明できる事実なので，定理とよんでも間違いではないが，射影幾何の中で証明される定理ではなく，射影幾何の定理一般について述べたメタ数学的主張であるから，**メタ定理**（metatheorem）とよばれる．

もう少し射影幾何について補足しておく．パッポスの定理をユークリッド幾何で考える場合，例えば(A と B' を通る直線)と(A' と B を通る直線)が交点を持つこと，つまり両直線が平行でないことを最初に仮定しておかなければならない．しかし，射影幾何ではどんな 2 直線も 1 点で交わるから，上のように前提条件を要しない命題が成り立つ．ちなみに，この幾何の直観的なモデルには，ユークリッド平面に 1 本の無限遠直線をつけ加えたものがある．どの 2 つの平行直線も無限遠直線と 1 点で交わるものと考えるのである．

双対原理を別のいい方で述べれば，射影幾何の体系では「点」と「直線」の意味を入れ替えて解釈しても違いを生じないということになる．つまり，1 つの形式体系に妥当な意味付けが複数あることになる．この事実は形式的手法の弱点である一方，それを逆手にとって数学的構造を調べることもできる．つまり，ある種の構造の性質を調べるために，それと同じ公理や仮定を成り立たせる別の構造を調べて，その結果をもとの構造に転用するという方法が可能である．これは代数学の常套手段である．

3　代数構造——群を例として

代数学は，数の代わりに記号を用いて方程式などの性質を研究する学問として始まった．しかし，記号を使うと，それが表す数の範囲や種類も曖昧になる．例えば，$x+y$ のような表現では，記号 x, y が表す内容が整数か実数かベクトルかもわからない．これは不便なようだが，強力な道具にもなる．なぜなら，与えられた式や表現が成り立つ数の世界が何かを逆に問うことができるからである．例えば，等式 $x+y=y+x$ に対して，これが任意の x, y について成り立つ数の世界は何かというふうに問えるのである．ただし，どの表現もすべての世界で意味をもつわけではない．例えば，割り算を使った表現は整数の世界においては限定的にしか使えない．

一般に，空でない集合の上に足し算，掛け算のような演算が 1 つ以上備わった構造を**代数構造**(algebraic structure)あるいは**代数**(algebra)という．さらに，不等号のような関係を備えた構造を加えて，本書では**構造**とよぶ．大雑把にいって，演算として足し算か掛け算のどちらかだけをもつような代数の典型が**群**(group)であり，足し算と掛け算の両方の演算をもつ代数の典型が**環**(ring)であり，さらに大小関係までもつ構造が**順序環**(ordered ring)になる．環や順序環については，本文に譲ることにして，ここでは群を例にもう少し代数構造の基本をみておこう．

$\mathbf{G}$ を空でない集合とし，$*$ を $\mathbf{G}$ 上の 2 変数関数とする．そして，次の 3 条件が満たされるときに，$\mathfrak{G} = (\mathbf{G}, *)$ を**群**とよぶ．

$$
(1)\begin{cases}
\mathbf{G}\text{ の任意の元 } a, b, c \text{ に対し，} (a*b)*c = a*(b*c) & \text{（結合律）} \\
\mathbf{G}\text{ の元 } e \text{ が存在し，}\mathbf{G}\text{ の任意の元 } a \text{ に対し，} e*a = a\text{，かつ} & \text{（左単位元）} \\
\mathbf{G}\text{ の任意の元 } a \text{ に対し，}\mathbf{G}\text{ の元 } b \text{ が存在し，} b*a = e & \text{（左逆元）}
\end{cases}
$$

右単位元や右逆元も同様に定義できるが，結局，左単位元は右単位元でもあり，左逆元と右逆元も一致することがいえる(本文 1.1 節を参照)．

例 1　実数全体 $\mathbb{R}$ と普通の足し算 $+$ の対 $(\mathbb{R}, +)$ は単位元 $e = 0$ をもつ群になる．他方，実数全体 $\mathbb{R}$ と掛け算 $\cdot$ の対 $(\mathbb{R}, \cdot)$ は群ではない．1 は単位元になるが，0 の逆元が存在しないからである．しかし，$\mathbb{R}$ から 0 を除いた集合，あるいは正の実数だけを考えれば，その上で掛け算は群の演算になる．

例 2　空でない集合 X が与えられ，X から X の上への 1 対 1 写像(全単射) f の全体を F とする．$f \circ g$ で関数の合成を表せば，$(F, \circ)$ は群である．このとき，単位元は $\mathrm{id}(x) = x$ となる恒等関数 id であり，f の逆元は逆関数である．

群が満たすべき 3 条件を，公理として述べてみよう．群論 $\mathsf{G_p}$ は次の 3 つの公理からなる．

$$
(2)\begin{cases}
\text{任意の } x, y, z \text{ に対し，} (x \bullet y) \bullet z = x \bullet (y \bullet z) & \text{(結合律)} \\
\text{ある } w \text{ が存在し，(任意の } x \text{ に対し，} w \bullet x = x, \text{ かつ} & \text{(左単位元)} \\
\text{任意の } x \text{ に対し，ある } y \text{ が存在し，} y \bullet x = w) & \text{(左逆元)}
\end{cases}
$$

上の公理に現れる変数 w, x, y, z が何を指すかは定まっていない．しかし，何か構造 $\mathfrak{G} = (\mathbf{G}, *)$ が与えられれば，変数の変域を $\mathbf{G}$ とし，$\bullet$ を $*$ で解釈することで，公理 (2) は上記の条件 (1) と同じ内容をもつ．そして，すべての公理がその構造で真になるときに，$\mathfrak{G} = (\mathbf{G}, *)$ は群論 $\mathsf{G_p}$ の**モデル**(model) であるという．それは群であることに他ならない．

群論 $\mathsf{G_p}$ は，例 1 や例 2 の他にも多種多様なモデルをもつ．つまり，この形式理論には多数の意味付けが可能であり，この公理からはすべての群に共通した性質が定理として導かれることになる．群に関する一般的事実は代数学の教科書を見ていただきたい．

最後に，形式化について二，三の注意を述べておきたい．まず，公理の定め方はただ一通りではない．上で述べたことからわかるように，左単位元と左逆元の公理を右単位元と右逆元の公理に置き換えてもよい．ただし，左単位元と右逆元の公理としてしまうと，違った公理系になってしまう (第 1 章問題 2)．さらに大事なことは，(左) 単位元を表す記号 (定数) e があらかじめ与えられているかどうか，x の (左) 逆元を与える関数記号 $\mathtt{f}(x)$ があらかじめ与えられているかどうかである．ふつう，$\mathtt{f}(x)$ は x^{-1} と表す．これらの記号があらかじめ与えられていれば，公理 (2) は次のように簡単になる．

$$
(2)'\begin{cases}
\text{任意の } x, y, z \text{ に対し，} & (x \bullet y) \bullet z = x \bullet (y \bullet z) & \text{(結合律)} \\
\text{任意の } x \text{ に対し，} & \mathsf{e} \bullet x = x & \text{(左単位元)} \\
\text{任意の } x \text{ に対し，} & x^{-1} \bullet x = \mathsf{e} & \text{(左逆元)}
\end{cases}
$$

冒頭の「任意の … に対し，」を省略して書けば，これらの公理は等式だけで表されることになる．このことは公理系のモデル全体の性質を調べるために重要な形式的特徴である．次の第 1 章は，このような等式理論についての考察から始まる．

参考　群論を1つの等式(e を使わない)で表すマッキューンの公理(1996)：

$$(w\,((x^{-1}w)^{-1}z))\,((yz)^{-1}y) = x$$

［**問題**］　次の3つの公理のモデル $\mathfrak{G} = (\mathbf{G}, /)$ と群の関係について調べよ．

$$\begin{cases} x/x = y/y \\ (x/x)/(y/z) = z/y \\ (x/z)/(y/z) = x/y \end{cases}$$

また，これらを1つの等式で表せるか．

——————————では，数学基礎論の世界に出発しよう．

第 1 部

数理論理学入門

第1章
等式理論

本章では，等式の形をした公理によって定められる数学的理論の特徴について考察する．具体的には，そのような理論のモデル全体がもつ性質(例えば，直積に関して閉じている)を調べる．ここでの主要な結果は，1.3 節で証明する**バーコフの完全性定理**と**等式クラス定理**であるが，それらは第 2 章，第 3 章で論理記号を含んだ公理系に拡張される(とくに，定理 2.3.9 と定理 3.4.8)．論理式のさまざまな形態によって理論が分類され，そうした分類とモデルの性質の関係を明らかにしていくことが第 1 部全般の主題である．

また 1.4 節では，重要な等式理論である**ブール代数**に関する基本的事実(双対定理，積和標準形など)について述べる．1.5 節では，等式理論のもう 1 つの応用としてエルブラン - ゲーデルの**一般再帰的関数**を導入する．そして，これが計算可能関数に一致することを示す．

1.1　等式の形式体系

本節では，群の等式理論を題材として，数学の証明がどのようになされているかを観察し，その形式化について考える．序章で述べたように，群論の公理の定め方にはいろいろあるが，ここでは議論を簡単にするために，以下のような等式の公理を採用する．

定義 1.1.1　群の理論(単に**群論**(group theory)とよぶ) $\mathsf{G_p}$ は次の 3 つの公理からなる．

$$\begin{cases} \mathrm{G1}: & (x \bullet y) \bullet z = x \bullet (y \bullet z) & (\text{結合律}) \\ \mathrm{G2}: & \mathsf{e} \bullet x = x & (\text{左単位元}) \\ \mathrm{G3}: & x^{-1} \bullet x = \mathsf{e} & (\text{左逆元}) \end{cases}$$

上の 3 つの等式に現れる x, y, z は変数，e は定数であり，$^{-1}$ は 1 変数関数記号である．　□

いま，$\mathbf{G}$ を空でない集合とし，$*$ を $\mathbf{G}$ 上の 2 変数関数，$\tilde{}$ を $\mathbf{G}$ 上の 1 変数関数，e を $\mathbf{G}$ の元とする．そして，公理の記述に現れる $\bullet$, $^{-1}$, e を $\mathbf{G}$ 上でそれぞれ $*$, $\tilde{}$, e と解釈し，変数に $\mathbf{G}$ の任意の元を代入して等号の両辺が同じ値になるとき，構造 $\mathfrak{G} = (\mathbf{G}, *, \tilde{}, e)$ を群論 $\mathsf{G_p}$ の**モデル**(model)，あるいは単に**群**(group)とよぶ．

一般に，公理的体系は公理となる命題の集合で規定されるので，命題(論理式)の集合を**理論**(theory)とよぶ．構造 $\mathfrak{M}$ が理論 T のすべての命題 σ を成り立たせるときに $\mathfrak{M} \models T$[*1]と記して，$\mathfrak{M}$ は T の**モデル**であるという．とくに，$T = \{\sigma\}$ のときは $\mathfrak{M} \models \sigma$ と書き，σ が $\mathfrak{M}$ において**真**(true)であることを表す．さらに，命題 δ が理論 T のすべてのモデルで成り立つとき，δ は T の**帰結**(consequence)である，あるいは T で**成り立つ**(hold, valid)といい，$T \models \delta$ と書く．

[*1] 記号 $\models$ は，ダブル・ターンスタイル(double turnstile)とよばれる．

群論 $\mathsf{G_p}$ において成り立つ命題の例として，次の定理を見てみよう．

定理 1.1.2 $\mathsf{G_p} \models x \bullet x^{-1} = \mathsf{e}$ （右逆元）

証明 $\mathfrak{G} = (\mathbf{G}, *, {}^\sim, e)$ を任意の群とする．$\mathbf{G}$ の任意の元 a を選んで，$a * a^\sim = e$ を示せばよい．

まず，$a * a = a$ ならば $a = e$ を示そう．$a * a = a$ の両辺に左から $a^\sim$ をかけ，$a^\sim * (a * a) = a^\sim * a$ を得る．この左辺は，

$$\begin{aligned} a^\sim * (a * a) &= (a^\sim * a) * a && \text{(G1 より)} \\ &= e * a && \text{(G3 より)} \\ &= a && \text{(G2 より)} \end{aligned}$$

となり，また右辺 $a^\sim * a$ は G3 より e に等しいから，$a = e$ を得る．

そして，

$$\begin{aligned} (a * a^\sim) * (a * a^\sim) &= a * (a^\sim * (a * a^\sim)) && \text{(G1 より)} \\ &= a * ((a^\sim * a) * a^\sim) && \text{(G1 より)} \\ &= a * (e * a^\sim) && \text{(G3 より)} \\ &= a * a^\sim. && \text{(G2 より)} \end{aligned}$$

よって，上で示したことより，$a * a^\sim = e$. ∎

［**問題 1**］ $\mathsf{G_p} \models x \bullet \mathsf{e} = x$（右単位元）を示せ．

［**問題 2**］ $\mathsf{G_p}$ の公理 G3（左逆元）を $x \bullet x^{-1} = \mathsf{e}$（右逆元）に置き換えたものを $\mathsf{G'_p}$ とする．このとき，$\mathsf{G'_p}$ においては G3 が成り立たないこと，すなわち $\mathsf{G'_p} \not\models x^{-1} \bullet x = \mathsf{e}$ を示せ．

上の定理 1.1.2 の証明は数学でふつうに行われている議論であって，何ら問題がないように見える．だが，改めて考えてみれば，任意の群 $\mathbf{G}$ をもってきて，さらに任意の元 a を選んで議論するというのは，読み手の数学能力に頼った不確実な論法のようでもある．$\mathsf{G_p} \models x \bullet x^{-1} = \mathsf{e}$ という主張は，読み手が

想像しうる群のみに関して，あるいは現在までに知られている群の実例の範囲において右逆元があれば，それによって真であるといえるのだろうか？

しかし，任意の群 $\mathbf{G}$ とその任意の元 a を定めてしまえば，あとは単純な式変形になっている．その変形は，$\mathsf{G_p}$ の公理を出発点にして，等号に関する規則だけを使って得られるもので，その道筋は以下に述べるように完璧に舗装(形式化)できる．そうであれば，実はその道に何を選んで通すかは問題でない．入り口を通るもの，つまり公理を満たす構造であれば，何であっても必ず出口において定理を満たすからである．

それでは，議論の舗装に必要な等式の形式体系を導入しよう．まず，対象となる理論の言語を規定しておかなければならないが，一般的な定義は次節にまわして，ここでは群論の $\bullet$, ${}^{-1}$, e のような数学記号の集合と考えておけばよい．これらの記号と変数を，括弧を用いながら，適当に組み合わせてできる記号列が**項**(term)である．項 $s \bullet t$ をしばしば st と略する．そして，項 s, t に対し，記号列 $s = t$ を**等式**(equation)とよぶ．与えた理論 T のもとで，正しい等式だけを導く仕組み(演繹体系)を以下の2つの定義で定める．

定義 1.1.3　T を等式の集合とする．T の**等式理論**(equational theory)(これも T で表す)は，次の公理と規則からなる．

(1)　T に属する等式は公理である．

(2)　$t = t$ の形の等式は公理である．

(3)　以下の4つの図式は(上式が成り立つとき，下式が成り立つことを表す)規則である．ただし，s, t, s_i, t_i, u $(1 \leq i \leq n)$ は項，x は変数，$\mathtt{f}$ は T に含まれる関数記号である．

$$\frac{s = t}{t = s}\ (\mathrm{sym}), \qquad \frac{s = t \quad t = u}{s = u}\ (\mathrm{trans}),$$

$$\frac{s(x) = t(x)}{s(u) = t(u)}\ (\mathrm{sub}), \qquad \frac{s_1 = t_1\ \ldots\ s_n = t_n}{\mathtt{f}(s_1, \ldots, s_n) = \mathtt{f}(t_1, \ldots, t_n)}\ (\mathrm{comp}).$$

□

ここで，公理(2)は等号の反射律であり，規則(sym)は対称律，規則(trans)

は推移律を表している．規則 (sub) は，変数 x の出現全部をある項 u で置き換えるための代入規則である．規則 (comp) は，関数合成によって等号が保たれること (群論の場合，$s_1 = t_1$，$s_2 = t_2 \Longrightarrow s_1 \bullet s_2 = t_1 \bullet t_2$，および $s = t \Longrightarrow s^{-1} = t^{-1}$) を保証するための規則である．

定義 1.1.4 等式理論 T における**証明木** (proof tree) (もしくは単に**証明** (proof)) は，次のように帰納的に定義される．

(1) 公理に属する等式はそれ自身の証明木である．

(2) P_i が $s_i = t_i$ $(1 \leq i \leq n)$ の証明木で，

$$\frac{s_1 = t_1 \ \ldots \ s_n = t_n}{s = t}$$

が規則であるとき，

$$\frac{P_1 \ \ldots \ P_n}{s = t}$$

は $s = t$ の証明木である． □

等式理論 T において，$s = t$ が証明木をもつことを

$$T \vdash s = t$$

と記す[*2]．

例 1 群論 $\mathsf{G_p}$ の形式体系において，(慣例により，$x \bullet y$ を xy と略して)

$$\cfrac{\cfrac{x^{-1}x = \mathsf{e} \quad x^{-1} = x^{-1}}{(x^{-1}x)x^{-1} = \mathsf{e}x^{-1}}\ (\mathrm{comp}) \quad \cfrac{\mathsf{e}x = x}{\mathsf{e}x^{-1} = x^{-1}}\ (\mathrm{sub})}{(x^{-1}x)x^{-1} = x^{-1}}\ (\mathrm{trans})$$

は $(x^{-1}x)x^{-1} = x^{-1}$ の証明木である．これを P_1 とする．また，

$$\cfrac{\cfrac{(xy)z = x(yz)}{(x^{-1}x)x^{-1} = x^{-1}(xx^{-1})}\ (\mathrm{sub}) \times 3\,回}{x^{-1}(xx^{-1}) = (x^{-1}x)x^{-1}}\ (\mathrm{sym})$$

*2 記号 ⊢ は，ターンスタイル (turnstile) とよばれる．

は $x^{-1}(xx^{-1}) = (x^{-1}x)x^{-1}$ の証明木である．これを P_2 とする．さらに，$(xx^{-1})(xx^{-1}) = x(x^{-1}(xx^{-1}))$ の証明木 P_3 も容易に構成できる．これらを用いて，$(xx^{-1})(xx^{-1}) = (xx^{-1})$ の証明木を次のように構成できる．

$$\dfrac{P_3 \quad \dfrac{x = x \quad \dfrac{P_2 \quad P_1}{x^{-1}(xx^{-1}) = x^{-1}}\,(\text{trans})}{x(x^{-1}(xx^{-1})) = xx^{-1}}\,(\text{comp})}{(xx^{-1})(xx^{-1}) = (xx^{-1})}\,(\text{trans}).$$

［**問題 3**］　上の例を使って，$\mathsf{G_p} \vdash xx^{-1} = \mathsf{e}$ の証明木を完成せよ．

［**問題 4**］　$\mathsf{G_p} \vdash x\mathsf{e} = x$ の証明木を構成せよ．

さて，$\models$ と $\vdash$ の間には次の関係が成り立つことが知られている．

$$T \models s = t \quad \Longleftrightarrow \quad T \vdash s = t.$$

つまり，等式 $s = t$ が理論 T で成り立つこと $(T \models s = t)$ が，$s = t$ の証明木という(読み手に依存しない)有限図式で完全に表せることになる．これは，数学の議論が完全に形式化できることを主張する**ゲーデルの完全性定理**(1930)の特別な場合であり，**バーコフの完全性定理**(1935)とよばれる．

バーコフの完全性定理は 1.3 節で証明するが，簡単に証明のアイデアだけ述べておこう．$(\Leftarrow)$ (T の**健全性**(soundness)という)は容易である．$\mathfrak{M}$ を T の任意のモデルとすると，$T \vdash s = t$ の証明木に含まれるすべての等式，とくに最下式 $s = t$ も $\mathfrak{M}$ で成り立つことがいえるからである．$(\Rightarrow)$ については，対偶を示すため，$T \nvdash s = t$ を仮定して，

$$\mathfrak{M} \models T \quad \text{かつ} \quad \mathfrak{M} \not\models s = t$$

となる構造 $\mathfrak{M}$ を作ればよい．しかし，等式理論に対しては，「自由代数」とよばれる特別なモデルが存在し，$T \nvdash s = t$ となるすべての等式 $s = t$ を成り立たせないようにもできる．自由代数を導入するために，まず次節で代数学の基本概念を準備しておく．

1.2　代数構造と準同型

空でない集合 M の上にいくつか演算が定義され，要素間の関係は等号 $=$ のみしか与えられていない構造を**代数構造**あるいは**代数**という．例えば，群や環は代数構造であり，それらの上に順序関係 $<$ が与えられていれば代数構造ではなく，単に**構造**という．本節では，代数構造に関する種々の基本概念を導入し，とくに準同型定理を証明する．等号 $=$ 以外の関係を伴う一般の構造については，第 2 章以降で議論する．

定義 1.2.1　**代数言語**(algebraic language)とは，関数記号のリスト

$$\mathcal{L} = (\mathtt{f}_0, \mathtt{f}_1, \ldots)$$

で，各 $\mathtt{f}_i$ に**元数**(arity)とよばれる自然数 m_i が対応しているものである．すなわち，各 $\mathtt{f}_i$ は m_i 変数関数を表す記号であり，とくに元数 0 の関数記号は**定数**(constant)とよばれる．$\rho = (m_0, m_1, \ldots)$ を $\mathcal{L}$ の**類型**(similarity type)という．　□

注　代数言語 $\mathcal{L}$ に含まれる記号は，無限個(とくに非可算個)あってもよい．

定義 1.2.2　$\mathcal{L}$ **代数構造**(algebraic structure)あるいは単に $\mathcal{L}$ **代数**(algebra)(もしくは ρ **代数**(**構造**)あるいは**代数**(**構造**)) $\mathfrak{A}$ とは，空でない集合 A と，$\mathcal{L}$ の元数 n の関数記号 $\mathtt{f}$ に A 上の関数 $\mathtt{f}^{\mathfrak{A}} : A^n \longrightarrow A$ を対応させる関数 $(-)^{\mathfrak{A}}$ の組のことをいう．とくに，元数 0 の関数記号すなわち定数 c には，A の元が対応する．$\mathcal{L} = (\mathtt{f}_0, \mathtt{f}_1, \ldots)$ であるとき，

$$\mathfrak{A} = (A; \mathtt{f}_0^{\mathfrak{A}}, \mathtt{f}_1^{\mathfrak{A}}, \ldots)$$

と表し，誤読が生じない限り，仕切り記号としてセミコロン ; の代わりにカンマ , を用いる．また，A のことを $\mathfrak{A}$ の**領域**(domain)(もしくは**宇宙**(universe))とよんで，$|\mathfrak{A}|$ で表す．　□

注　構造は類型をもっているだけで，記号そのものは構造には無関係であるという考え方

もあるが，本書では記号とその解釈も構造の機能の一部に含める立場をとっている．また，記号 $\mathtt{f}$ とその解釈 $\mathtt{f}^{\mathfrak{A}}$ を同一文字(字体)で表すこともある．

例 2　群 $\mathfrak{G}$ は，代数言語 $\mathcal{L}_{\mathsf{G_p}} = (\bullet, {}^{-1}, \mathsf{e})$ における代数構造 $(\mathbf{G}, *, {}^{\sim}, e)$ である．このとき，$\bullet^{\mathfrak{G}}$ は 2 変数関数 $*$, $({}^{-1})^{\mathfrak{G}}$ は 1 変数関数 ${}^{\sim}$, $\mathsf{e}^{\mathfrak{G}}$ は 0 変数関数 e である．したがって，$\mathcal{L}_{\mathsf{G_p}}$ の類型は $(2, 1, 0)$ である．

定義 1.2.3　代数言語 $\mathcal{L}$ における**項**(term)は，次のように帰納的に定義される[*3]．

(1)　変数 $x, y, z, \ldots$ は項である．

(2)　$t_0, \ldots, t_{n-1}$ を項，$\mathtt{f}$ を $\mathcal{L}$ の元数 n の関数記号とするとき，$\mathtt{f}(t_0, \ldots, t_{n-1})$ は項である．　□

とくに，定数(元数 0 の関数記号)は項である．項 t に含まれるいくつかの変数(例えば x, y)に注目して，$t(x, y)$ のように記すことがある．そして，項 $t(x)$ に現れる変数 x をすべて項 s に置き換えてできる項を $t(s)$ のように表す．また，慣習にしたがって，2 変数関数 $\mathtt{f}(x, y)$ は $x\mathtt{f}y$ のようにも表す．例えば，$+(x, y)$ は $x + y$ とも書ける．

以下，代数言語 $\mathcal{L}$ を 1 つ固定して，話を進める．とくに明記しない限り，この言語における代数構造だけを考える．

定義 1.2.4　$\mathfrak{A}$, $\mathfrak{B}$ を $\mathcal{L}$ 代数とする．射[*4] $\phi : |\mathfrak{A}| \longrightarrow |\mathfrak{B}|$ が以下の条件を満たすとき，ϕ を**準同型**(homomorphism)とよび，$\phi : \mathfrak{A} \longrightarrow \mathfrak{B}$ で表す．$\mathcal{L}$ の各関数記号 $\mathtt{f}$ に対し，その元数を n として，任意の $a_0, \ldots, a_{n-1} \in |\mathfrak{A}|$ について，

[*3] このような帰納的定義は今後も頻繁に用いられる．厳密には「与えられた条件 (1) と (2) を有限回使って得られるものだけが項である」という但し書きも明記すべきかもしれないが，自明と思われるので以下でも省略する．

[*4] 射は関数と同じ意味だが，ここでは構造に伴う関数(演算)と区別するためにそうよんでいる．

$$\phi(\mathtt{f}^{\mathfrak{A}}(a_0,\ldots,a_{n-1})) = \mathtt{f}^{\mathfrak{B}}(\phi(a_0),\ldots,\phi(a_{n-1}))$$

が成り立つ．さらに，ϕ が全単射であるとき，ϕ は**同型**(isomorphism)であるという．このとき，$\mathfrak{A}$ と $\mathfrak{B}$ が**同型である**(isomorphic)ともいい，

$$\mathfrak{A} \cong \mathfrak{B}$$

で表す． □

例 3　群 $\mathfrak{A} = (\mathbb{Z}, +, -, 0)$ と群 $\mathfrak{B} = (\mathbb{R}^+, \bullet, 1/x, 1)$ (ただし，$\mathbb{R}^+ = \{r \in \mathbb{R} \mid r > 0\}$)の間には，次で定義される準同型 $\phi : \mathfrak{A} \to \mathfrak{B}$ がある．

$$\phi(n) = 2^n$$

とくに，$\phi(m{+}n) = \phi(m) \bullet \phi(n)$ が成り立つことに注意せよ．さらに，$M = \{2^n \mid n \in \mathbb{Z}\}$ とおくと，$\mathfrak{M} = (M, \bullet, 1/x, 1)$ も群であり，$\mathfrak{A} \cong \mathfrak{M}$ となる．

注　「$-$」は 1 変数関数のマイナスを表す．「$1/x$」も 1 変数関数で，x は形式的な変数ではない．また，$\mathbb{R}$ 等の上での「$\bullet$」は通常の掛け算を表す．

［**問題 5**］　$\mathfrak{A}$ と $\mathfrak{B}$ が同型であるための必要十分条件は，2 つの準同型 $\phi : \mathfrak{A} \longrightarrow \mathfrak{B}$, $\psi : \mathfrak{B} \longrightarrow \mathfrak{A}$ が存在して，それらの合成射 $\psi \circ \phi$ と $\phi \circ \psi$ がともに恒等射(id_A と id_B)になることであることを示せ．

定義 1.2.5　$\mathfrak{A}$ を代数とし，$\equiv$ を $|\mathfrak{A}|$ 上の 2 項関係とする．このとき，$\equiv$ が $\mathfrak{A}$ 上の**合同関係**(congruence relation)であるとは，$\equiv$ が $|\mathfrak{A}|$ 上の同値関係(反射律，推移律，対称律を満たす)であって，すべての関数記号 $\mathtt{f} \in \mathcal{L}$ に対し，その元数を n として，任意の $a_0,\ldots,a_{n-1}, b_0,\ldots,b_{n-1} \in |\mathfrak{A}|$ について，

$$a_0 \equiv b_0,\ldots,a_{n-1} \equiv b_{n-1} \quad \Longrightarrow \quad \mathtt{f}^{\mathfrak{A}}(a_0,\ldots,a_{n-1}) \equiv \mathtt{f}^{\mathfrak{A}}(b_0,\ldots,b_{n-1})$$

が成り立つことである． □

例 4　整数環 $\mathfrak{Z} = (\mathbb{Z}, +, \bullet, -, 0, 1)$ において，$m \equiv_3 n \iff (m - n$ は 3 の倍数である$)$ で定義される関係 $\equiv_3$ は合同関係である．$m \equiv_3 n$, $m' \equiv_3 n'$ のとき，$m + m' \equiv_3 n + n'$, $m \bullet m' \equiv_3 n \bullet n'$ などを確かめればよい．

［**問題6**］ $\mathfrak{H}$ を群 $\mathfrak{G}$ の正規部分群(任意の $g \in |\mathfrak{G}|$, $h \in |\mathfrak{H}|$ に対して，$ghg^{\sim} \in |\mathfrak{H}|$)とする．$g_1 \equiv_H g_2 \Longleftrightarrow g_1 g_2^{\sim} \in |\mathfrak{H}|$ で定まる $\equiv_H$ は合同関係であることを示せ．

一般に，集合 A 上の同値関係 $\equiv$ が与えられているとき，

$$\{x \in A \,|\, x \equiv a\}$$

を a $(\in A)$ の**同値類**(equivalent class)または**剰余類**(residue class)とよび，$[a]_{\equiv}$ もしくは $[a]$ と書く．そして，同値類全体を $A/\equiv$ で表す．このとき $|\mathfrak{A}|/\equiv$ の上にも以下のようにして関数を定めて，代数 $\mathfrak{A}/\equiv$ を作ることができる．

定義 1.2.6　$\mathcal{L}$ 代数 $\mathfrak{A}$ 上に合同関係 $\equiv$ が与えられている．このとき，$|\mathfrak{A}|/\equiv$ の上で，$\mathcal{L}$ の各関数記号 $\mathtt{f}$ の解釈 $\mathtt{f}^{\mathfrak{A}/\equiv}$ を次のように定める．すなわち，$\mathtt{f}$ の元数を n とし，すべての $a_0, \ldots, a_{n-1} \in |\mathfrak{A}|$ について，

$$\mathtt{f}^{\mathfrak{A}/\equiv}([a_0], \ldots, [a_{n-1}]) = [\mathtt{f}^{\mathfrak{A}}(a_0, \ldots, a_{n-1})].$$

こうして定義される $\mathcal{L}$ 代数 $\mathfrak{A}/\equiv$ を $\mathfrak{A}$ の**剰余代数**(factor algebra, quotient algebra)とよぶ． □

注　上の定義において，$\mathtt{f}^{\mathfrak{A}/\equiv}$ の値が(一意に)定まること，つまり $[a_0] = [a_0'], \ldots, [a_{n-1}] = [a_{n-1}']$ ならば $[\mathtt{f}^{\mathfrak{A}}(a_0, \ldots, a_{n-1})] = [\mathtt{f}^{\mathfrak{A}}(a_0', \ldots, a_{n-1}')]$ となることは，$\equiv$ が合同関係であることからただちにいえる．

例5　例3の合同関係に対して，$\mathfrak{Z}/\equiv_3$ を考える．まず，$\mathbb{Z}/\equiv_3 = \{[0], [1], [2]\}$ である．そして，$\mathfrak{Z}/\equiv_3$ における演算は，次のように定まる．

$$[m] +^{\mathfrak{Z}/\equiv_3} [n] = [m+n], \quad [m] \bullet^{\mathfrak{Z}/\equiv_3} [n] = [m \bullet n], \quad -^{\mathfrak{Z}/\equiv_3}[m] = [-m],$$
$$0^{\mathfrak{Z}/\equiv_3} = [0], \quad 1^{\mathfrak{Z}/\equiv_3} = [1].$$

例6　$\mathfrak{H}$ を群 $\mathfrak{G}$ の正規部分群とすれば，$\mathfrak{G}/\equiv_H$ は通常の剰余群 $\mathfrak{G}/\mathfrak{H}$ である(問題5参照)．

補題 1.2.7　代数 $\mathfrak{A}$ 上に合同関係 $\equiv$ が与えられている．このとき，$\phi(a) = [a]$ は，準同型 $\phi : \mathfrak{A} \longrightarrow \mathfrak{A}/\equiv$ である． □

剰余代数の定義から，補題 1.2.7 の証明は明らかであろう．以下では，この補題の準同型 ϕ を $\pi_\equiv$ で表す．

補題 1.2.8 2 つの $\mathcal{L}$ 代数 $\mathfrak{A}$, $\mathfrak{B}$, およびそれらの間の準同型 $\phi : \mathfrak{A} \longrightarrow \mathfrak{B}$ が与えられたとする．いま，$|\mathfrak{A}|$ 上の 2 項関係 $\equiv$ を以下のように定義する．

$$a \equiv b \quad \Longleftrightarrow \quad \phi(a) = \phi(b).$$

このとき，$\equiv$ は合同関係である． □

証明 $\equiv$ が同値関係であることは明らかである．合同性をいうために，$a_0 \equiv b_0, \ldots, a_{n-1} \equiv b_{n-1}$ とすると，

$$\begin{aligned}
\phi(\mathtt{f}^{\mathfrak{A}}(a_0, \ldots, a_{n-1})) &= \mathtt{f}^{\mathfrak{B}}(\phi(a_0), \ldots, \phi(a_{n-1})) && (\phi \text{ は準同型}) \\
&= \mathtt{f}^{\mathfrak{B}}(\phi(b_0), \ldots, \phi(b_{n-1})) && (a_0 \equiv b_0, \ldots \text{ の仮定}) \\
&= \phi(\mathtt{f}^{\mathfrak{A}}(b_0, \ldots, b_{n-1})) && (\phi \text{ は準同型}).
\end{aligned}$$

よって，

$$\mathtt{f}^{\mathfrak{A}}(a_0, \ldots, a_{n-1}) \equiv \mathtt{f}^{\mathfrak{A}}(b_0, \ldots, b_{n-1}).$$

■

定理 1.2.9（準同型定理(homomorphism theorem)） 準同型 $\phi : \mathfrak{A} \longrightarrow \mathfrak{B}$ が全射であるとする．さらに，$\equiv$ を補題 1.2.8 で定義された合同関係とする．このとき，同型 $\phi_\equiv : \mathfrak{A}/\!\equiv \longrightarrow \mathfrak{B}$ が存在し，$\phi = \phi_\equiv \circ \pi_\equiv$ となる．

$$\begin{array}{ccc}
\mathfrak{A} & \xrightarrow{\ \phi\ } & \mathfrak{B} \\
\downarrow{\scriptstyle \pi_\equiv} & \nearrow{\scriptstyle \phi_\equiv} & \\
\mathfrak{A}/\!\equiv & &
\end{array}$$

証明 まず，$[a] \in |\mathfrak{A}/\!\equiv|$ に対して，$\phi_\equiv([a]) = \phi(a)$ によって射 $\phi_\equiv$ を定める．ここで，$[a] = [b]$ ならば，$a \equiv b$ だから $\phi(a) = \phi(b)$ となって，定義は妥当である．さらに，この逆もいえるので，$\phi_\equiv$ は単射である．また，ϕ が全射であることから，$\phi_\equiv$ も全射である．$\phi_\equiv$ が準同型であることは，以下のようにわかる．

$$\begin{aligned}
&\phi_\equiv(\mathtt{f}^{\mathfrak{A}/\equiv}([a_0], \ldots, [a_{n-1}])) \\
&\quad = \phi_\equiv([\mathtt{f}^{\mathfrak{A}}(a_0, \ldots, a_{n-1})]) && (\text{剰余代数の定義})
\end{aligned}$$

$$
\begin{aligned}
&= \phi(\mathtt{f}^{\mathfrak{A}}(a_0, \ldots, a_{n-1})) && (\phi_{\equiv}\text{ の定義})\\
&= \mathtt{f}^{\mathfrak{B}}(\phi(a_0), \ldots, \phi(a_{n-1})) && (\phi\text{ は準同型})\\
&= \mathtt{f}^{\mathfrak{B}}(\phi_{\equiv}([a_0]), \ldots, \phi_{\equiv}([a_{n-1}])) && (\phi_{\equiv}\text{ の定義}).
\end{aligned}
$$
▮

次の系は，準同型定理とほとんど同様に証明できる．$\phi : \mathfrak{A} \longrightarrow \mathfrak{B}$ が全射でない場合に使えるので適用範囲が広い．

系 1.2.10　準同型 $\phi : \mathfrak{A} \longrightarrow \mathfrak{B}$ と $\mathfrak{A}$ 上の合同関係 $\equiv$ が与えられて，

$$a \equiv b \quad \Longrightarrow \quad \phi(a) = \phi(b)$$

が成り立っているとする．このとき，準同型 $\phi_{\equiv} : \mathfrak{A}/{\equiv} \longrightarrow \mathfrak{B}$ が存在し，$\phi = \phi_{\equiv} \circ \pi_{\equiv}$ となる．□

1.3　自由代数とバーコフの完全性定理

本節では，バーコフの完全性定理と等式クラス定理を証明する．ここでも，代数言語 $\mathcal{L}$ を 1 つ固定し，とくに明記しない限り，この言語における代数構造だけを考える．

定義 1.3.1　代数 $\mathfrak{B}$ が代数 $\mathfrak{A}$ の**部分代数**(subalgebra)であるとは，$|\mathfrak{B}| \subseteq |\mathfrak{A}|$ で，すべての n 変数関数記号 $\mathtt{f}$ と任意の $b_0, \ldots, b_{n-1} \in |\mathfrak{B}|$ に対して，

$$\mathtt{f}^{\mathfrak{A}}(b_0, \ldots, b_{n-1}) = \mathtt{f}^{\mathfrak{B}}(b_0, \ldots, b_{n-1})$$

が成り立つことである．このとき，$\mathfrak{B} \subseteq \mathfrak{A}$ と書く．□

定義 1.3.2　$\mathfrak{A}$ を代数とし，集合 X を $\mathfrak{A}$ のいくつかの元からなる集合とする．$\mathfrak{B}$ が X を含む $\mathfrak{A}$ の最小の部分代数であるとき，$\mathfrak{B}$ は X で**生成される**(generated)部分代数であるという．□

注　上の定義は，ベクトル空間において，ベクトルの集合 X が部分空間を生成するという概念に対応する．ただし，ベクトル空間は，スカラー積という特殊な演算をもつので，そのままでは代数構造ではない．

例 7　$\mathfrak{A} = (\mathbb{Z}, +, -, 0)$（ただし,「$-$」は 1 変数関数のマイナス）を群とし, $X \subseteq \mathbb{Z}$ とする. X で生成される部分代数の要素は, $n_1x_1 + n_2x_2 + \cdots + n_kx_k$ $(x_i \in X, n_i \in \mathbb{Z})$ と表せる数である. とくに, $X = \{2\}$ で生成される部分代数は, 偶数全体を E とおいて, 群 $(E, +, -, 0)$ になる.

定義 1.3.3　$\mathcal{K}$ を $\mathcal{L}$ 代数のある集まり（クラス）とする. $\mathfrak{A} \in \mathcal{K}$ が $X \subseteq |\mathfrak{A}|$ によって生成される**自由 $\mathcal{K}$ 代数**(free $\mathcal{K}$-algebra) であるとは, 以下のことをいう.

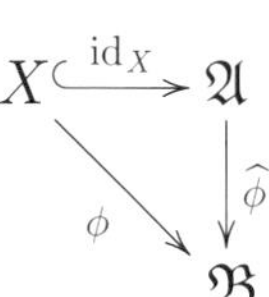

(1)　$\mathfrak{A}$ が X で生成されて,

(2)　任意の $\mathfrak{B} \in \mathcal{K}$ について, どんな写像 $\phi : X \longrightarrow |\mathfrak{B}|$ も準同型 $\widehat{\phi} : \mathfrak{A} \longrightarrow \mathfrak{B}$ に（一意）に拡張できる. □

注　定義 1.3.3 の (2) において, $\phi : X \longrightarrow |\mathfrak{B}|$ が準同型 $\widehat{\phi} : \mathfrak{A} \longrightarrow \mathfrak{B}$ に拡張できるなら, 拡張は必ず一意に決まる. なぜなら, X のいくつかの元に $\mathfrak{A}$ のいくつかの関数を有限回適用して得られる $\mathfrak{A}$ の元全体は, X を含む $\mathfrak{A}$ の最小の部分代数であり, それは $\mathfrak{A}$ に他ならないが, そのような集合の元に対する準同型 $\widehat{\phi}$ の値は, 結局, X の元の値から一意に決定する.

例 8　$\mathcal{K}$ を群全体とする. 群 $\mathfrak{A} = (\mathbb{Z}, +, -, 0)$ は, $X = \{1\}$ で生成される自由 $\mathcal{K}$ 代数, つまり自由群である. 実際, 任意の群 $\mathfrak{G} = (\mathbf{G}, *, {}^{\sim}, e)$ をとり, $\phi(1) = g \in \mathbf{G}$ を任意にとったとき, $\mathfrak{A}$ から $\mathfrak{G}$ への準同型 $\widehat{\phi}(n) = g^n$ は一意に定まる. ここで, g^n は, $n > 0$ のときは n 個の g を $*$ で掛け合わせたもの, $n < 0$ のときは n 個の $g^{\sim}$ を $*$ で掛け合わせたもの, $n = 0$ のときは e と定義される.

補題 1.3.4　$\mathfrak{A}, \mathfrak{B}$ がそれぞれ X, Y によって生成される自由 $\mathcal{K}$ 代数で, X, Y の濃度が等しければ, $\mathfrak{A} \cong \mathfrak{B}$ である. □

証明　X, Y の濃度が等しければ, 全単射 $\phi : X \longrightarrow Y$ がとれる. $\mathfrak{A}, \mathfrak{B}$ は自由 $\mathcal{L}$ 代数だから, ϕ, ϕ^{-1} はそれぞれ準同型 $\widehat{\phi} : \mathfrak{A} \longrightarrow \mathfrak{B}$, $\widehat{\phi^{-1}} : \mathfrak{B} \longrightarrow \mathfrak{A}$ に一意に拡張できる. すると, $\widehat{\phi^{-1}}\widehat{\phi}$ は id_X の拡張となる $\mathfrak{A}$ から $\mathfrak{A}$ への準同型であり, 拡張の一意性から,

$$\widehat{\phi^{-1}}\widehat{\phi} = \mathrm{id}_{|\mathfrak{A}|}$$

を得る．同様に，$\widehat{\phi}\widehat{\phi^{-1}} = \mathrm{id}_{|\mathfrak{B}|}$ であり，よって $\mathfrak{A} \cong \mathfrak{B}$ である(問題5参照)． ▮

［**問題7**］ 言語 $\mathcal{L} = \{\mathtt{g}_1, \mathtt{g}_2, \mathtt{h}\}$ とし，等式集合 E を次のように定める．

$$E = \{\mathtt{h}(\mathtt{g}_1(x), \mathtt{g}_2(x)) = x,\ \mathtt{g}_1(\mathtt{h}(x,y)) = x,\ \mathtt{g}_2(\mathtt{h}(x,y)) = y\}.$$

いま，$\mathcal{K}$ を E のモデル全体 $\mathrm{Mod}(E)$ とおくと，有限生成の自由 $\mathcal{K}$ 代数はすべて同型であることを示せ．

いまから具体的に自由代数を構成する．まず，X を変数の集合とする．$\mathrm{Term}(X)$ を，集合 X に属する変数と $\mathcal{L}$ の記号で作られる項全体とする．このとき，$\mathrm{Term}(X)$ を領域にもち，次のように自明に定義される関数を備えた $\mathcal{L}$ 代数 $\mathcal{T}(X) = (\mathrm{Term}(X), \mathtt{f}_0^{\mathcal{T}(X)}, \mathtt{f}_1^{\mathcal{T}(X)}, \dots)$ を**項代数**(term algebra)という．すなわち，$\mathcal{L}$ の各関数記号 $\mathtt{f}$ に対し，

$$\mathtt{f}^{\mathcal{T}(X)}(t_0, \dots, t_{n-1}) = \mathtt{f}(t_0, \dots, t_{n-1}).$$

ここで，右辺 $\mathtt{f}(t_0, \dots, t_{n-1})$ は，記号列としての項である．

補題 1.3.5 $\mathcal{L}$ 代数のクラス $\mathcal{K}$ が $\mathcal{T}(X)$ を含むとき，$\mathcal{T}(X)$ は X によって生成される自由 $\mathcal{K}$ 代数である． □

証明 $\mathcal{T}(X)$ が X によって生成される $\mathcal{L}$ 代数であることは容易にわかる．あとは，定義 1.3.3 の (2) を確かめればよい．いま，任意の $\mathfrak{B} \in \mathcal{K}$ と，任意の射 $\phi : X \longrightarrow |\mathfrak{B}|$ をとる．$\widehat{\phi} : \mathcal{T}(X) \longrightarrow \mathfrak{B}$ を次のように帰納的に定義する[*5]．

(1) $x \in X$ に対しては，$\widehat{\phi}(x) = \phi(x)$ とする．

(2) $\widehat{\phi}(\mathtt{f}(t_0, \dots, t_{n-1})) = \mathtt{f}^{\mathfrak{B}}(\widehat{\phi}(t_0), \dots, \widehat{\phi}(t_{n-1}))$.

すると，$\widehat{\phi}$ が ϕ を拡張する準同型になることは明らか(また，準同型であれば必ず上の式を満たすことになるので，拡張の一意性も容易にわかる)． ▮

[*5] 項の帰納的定義 1.2.3 と並行に定義されている．

定義 1.3.6　代数 $\mathfrak{A}$ と項 $s, t \in \mathrm{Term}(X)$ について，任意の準同型 $\phi : \mathcal{T}(X) \longrightarrow \mathfrak{A}$ が $\phi(s) = \phi(t)$ を満たすときに，等式 $s = t$ は $\mathfrak{A}$ で成り立つといい，

$$\mathfrak{A} \models s = t$$

と書く．□

ここで，準同型 $\phi : \mathcal{T}(X) \longrightarrow \mathfrak{A}$ は，各変数 $x \in X$ に $|\mathfrak{A}|$ の要素 $\phi(x)$ を代入して，項 s の値 $\phi(s)$ を求める関数と考えられる．よって，$\mathfrak{A} \models s = t$ は 2 つの項 s, t が変数に $|\mathfrak{A}|$ の任意の要素を代入して，$\mathfrak{A}$ 上で常に同じ値をもつことを表している．

定義 1.3.7　E を $\mathrm{Term}(X)$ 上の等式からなる，ある集合とする．すべての $\alpha \in E$ に対し $\mathfrak{A} \models \alpha$ が成り立つことを

$$\mathfrak{A} \models E$$

で表す．さらに，

$$\mathrm{Mod}(E) = \{\mathfrak{A} \in \mathcal{K} \mid \mathfrak{A} \models E\},$$
$$E \models \alpha \quad \Longleftrightarrow \quad \text{すべての } \mathfrak{A} \in \mathrm{Mod}(E) \text{ について } \mathfrak{A} \models \alpha$$

とする．□

1.1 節で，等式に関する形式理論を定義した．そのときは一般の代数言語が定義されていなかったが，その形式的演繹体系はここでもそのまま使える．そして，等式公理 E から $s = t$ を形式的に導出する証明木が存在するとき，

$$E \vdash s = t$$

と書く．我々がこれから証明したいことは，次の関係である．

$$E \models s = t \quad \Longleftrightarrow \quad E \vdash s = t.$$

まず，($\Leftarrow$) は容易にわかる．$E \vdash s = t$ と仮定し，E の任意のモデル $\mathfrak{M}$ をとる．E の証明木の一番上にある等式は，E の公理か $t = t$ であるから，当然 $\mathfrak{M}$ で成り立つ．また，定義 1.1.3(3) の各規則の前提（上式）が $\mathfrak{M}$ で成り立

てば，結論(下式)もまた成り立つことは明らかなので，結局 E の証明木に含まれるすべての等式が $\mathfrak{M}$ で成り立つことがわかる．とくに，最下式 $s = t$ は $\mathfrak{M}$ で成り立っている．

$(\Rightarrow)$ については，1.1 節の最後にも書いたように，自由代数を使った構成が必要になる．以下でそれを示す．

定義 1.3.8　E を $\mathrm{Term}(X)$ の等式の集合として，$\mathrm{Term}(X)$ 上の関係 $\equiv_E$ を

$$s \equiv_E t \iff E \vdash s = t$$

で定める．□

補題 1.3.9　$\equiv_E$ は，以下を満たす．

(1)　$\equiv_E$ は合同関係である．

(2)　任意の準同型 $\phi : \mathcal{T}(X) \longrightarrow \mathcal{T}(X)$ について，$s \equiv_E t \Longrightarrow \phi(s) \equiv_E \phi(t)$.

(3)　任意の準同型 $\phi : \mathcal{T}(X) \longrightarrow \mathcal{T}(X)/{\equiv_E}$ について，$\psi : \mathcal{T}(X) \longrightarrow \mathcal{T}(X)$ が存在して，

$$\phi = \pi_{\equiv_E} \circ \psi.$$

□

証明　(1) と (2) は，等式理論の定義 1.1.3 からただちにいえる．とくに，(2) は代入規則 (sub) に対応する．例えば，$\phi(x) = u$（ただし，$x \in X$）のとき，$\phi(s(x)) = s(u)$ である．

(3) を示すには，各 $x \in X$ に対し，同値類 $\phi(x)$ の元 t_x を任意にとって，ψ を $x \mapsto t_x$ の拡張となる準同型とすればよい．■

補題 1.3.9 の 3 条件を満たす関係 $\equiv_E$ は，$\mathcal{T}$ 上の**不変的合同関係**(invariant congruence relation)とよばれる．次の補題は，任意の不変的合同関係 $\equiv_E$ について成り立つが，ここでは定義 1.3.8 の $\equiv_E$ についてのみ述べる．

補題 1.3.10　$\mathcal{T}(X)/{\equiv_E}$ は $\pi_{\equiv_E}(X)$ で生成される自由 $\mathrm{Mod}(E)$ 代数になる．□

証明 最初に，$\mathcal{T}(X)/{\equiv_E} \in \mathrm{Mod}(E)$ をいうため，$s=t$ を E の任意の等式とする．定義 1.3.6 より任意の準同型 $\phi : \mathcal{T}(X) \longrightarrow \mathcal{T}(X)/{\equiv_E}$ が $\phi(s)=\phi(t)$ を満たすことをいえばよい．まず，補題 1.3.9 の (3) より，$\phi = \pi_{\equiv_E} \circ \psi$ となる $\psi : \mathcal{T}(X) \longrightarrow \mathcal{T}(X)$ がとれる．$s \equiv_E t$ だから，補題 1.3.9 の (2) より $\psi(s) \equiv_E \psi(t)$. すると，$\pi_{\equiv_E}$ の定義と $\phi = \pi_{\equiv_E} \circ \psi$ より，$\phi(s)=\phi(t)$ がいえる．

また，$\mathcal{T}(X)$ が X で生成されているのだから，$\mathcal{T}(X)/{\equiv_E}$ が $\pi_{\equiv_E}(X)$ で生成されることも明らかである．なぜなら，$\pi_{\equiv_E}(X)$ が $\mathcal{T}(X)/{\equiv_E}$ の真部分代数を生成するとしたら，$\pi_{\equiv_E}$ の逆像をとって考えれば X は $\mathcal{T}(X)$ の真部分代数を生成することになるからである．

最後に，$\mathcal{T}(X)/{\equiv_E}$ の自由性を示すために，任意の $\mathfrak{A} \models E$ と任意の $\phi : X/{\equiv_E} \longrightarrow |\mathfrak{A}|$ をとる．いま，$\psi = \phi \circ \pi_{\equiv_E}$ とおくと，$\mathcal{T}(X)$ の自由性により $\psi : X \longrightarrow |\mathfrak{A}|$ は準同型 $\widehat{\psi} : \mathcal{T}(X) \longrightarrow \mathfrak{A}$ に拡張できる．$\mathfrak{A} \models E$ だから，$s \equiv_E t$ ならば $\mathfrak{A} \models s=t$, すなわち $\widehat{\psi}(s)=\widehat{\psi}(t)$ となる．したがって，準同型定理の系 1.2.10 より，$\widehat{\phi} : \mathcal{T}(X)/{\equiv_E} \longrightarrow \mathfrak{A}$ が存在し，$\widehat{\psi} = \widehat{\phi} \circ \pi_{\equiv_E}$ と書ける．明らかに $\widehat{\phi}$ は ϕ の拡張となる準同型である．そして，$\widehat{\psi}$ の一意性から $\widehat{\phi}$ も一意に定まる． ∎

これで，次の定理を証明する準備が整った．

定理 1.3.11 (バーコフの完全性定理(completeness theorem)) E を等式理論とする．任意の等式 $s=t$ について，

$$E \models s=t \iff E \vdash s=t.$$

証明 (⇐) は p.27 ですでに示した．(⇒) を示すため，$E \models s=t$ とする．$\mathcal{T}(X)/{\equiv_E} \in \mathrm{Mod}(E)$ だから，$\mathcal{T}(X)/{\equiv_E} \models s=t$. すると，任意の準同型 $\phi : \mathcal{T}(X) \longrightarrow \mathcal{T}(X)/{\equiv_E}$ に対し $\phi(s)=\phi(t)$ だから，とくに $\phi = \pi_{\equiv_E}$ として $s \equiv_E t$, すなわち $E \vdash s=t$. ∎

定義 1.3.12 $\mathcal{L}$ 代数のクラス $\mathcal{K}$ が等式のクラス E で特徴づけられるとき，

つまり

$$\mathcal{K} = \mathrm{Mod}(E)$$

と表されるとき，$\mathcal{K}$ を**等式クラス**(equational class)もしくは**代数多様体**(variety)とよぶ． □

> **定理 1.3.13 (バーコフの等式クラス定理(variety theorem))**　$\mathcal{K}$ が等式クラスである $\Longleftrightarrow$ $\mathcal{K}$ が部分代数，準同型像，直積で閉じている．

注　「準同型像で閉じている」とは，$\mathcal{K}$ に属する任意の代数 $\mathfrak{A}$ と任意の準同型 $\phi : \mathfrak{A} \longrightarrow \mathfrak{B}$ ($\mathfrak{B}$ は $\mathcal{K}$ に属するとは限らない)に対して，ϕ の像となる $\mathfrak{B}$ の部分代数が $\mathcal{K}$ に属することである．「直積で閉じている」とは，$\mathcal{K}$ に属する任意個の代数 $\mathfrak{A}_i$ の直積(3.2 節で一般的な定義を与える)が再び $\mathcal{K}$ に属することである．

証明　($\Rightarrow$) は容易である．ある代数構造で成り立つ等式が，その部分代数や準同型像で成り立つことは明らかである．また，各 $\mathfrak{A}_i$ で成り立つ等式は直積 $\prod \mathfrak{A}_i$ でも成り立つので，等式クラス $\mathcal{K}$ は直積でも閉じている．

($\Leftarrow$) を示すために，$\mathcal{K}$ は部分代数，準同型像，直積で閉じているとする．変数の集合 X を適当な無限集合と定め，$\mathrm{Term}(X)$ に属する項について，以下を定義する．

$$E = \{s = t \mid \text{任意の } \mathfrak{A} \in \mathcal{K} \text{ に対して } \mathfrak{A} \models s = t\}.$$

我々の目的は，$\mathrm{Mod}(E) = \mathcal{K}$ を示すことである．$\mathrm{Mod}(E) \supseteq \mathcal{K}$ は明らかなので，$\mathrm{Mod}(E) \subseteq \mathcal{K}$ を示せばよい．

任意の $\mathfrak{A} \in \mathrm{Mod}(E)$ に対して，それを準同型像とするような準同型およびその定義域となる $\mathcal{K}$ の代数 $\mathfrak{C}$ が構成できることを示し(ステップ 1)，それから $\mathfrak{A} \in \mathcal{K}$ をいう(ステップ 2)．

〔**ステップ 1**〕　定義域の代数 $\mathfrak{C}$ の構成法を示す．とりあえず，Y を任意の変数の集合として，固定しておく．いま，$\mathfrak{B} \in \mathcal{K}$ と，準同型 $\phi : \mathcal{T}(Y) \longrightarrow \mathfrak{B}$ を任意にとり，$\mathcal{T}(Y)$ 上の合同関係 $\approx_\phi$ を

$$s \approx_\phi t \iff \phi(s) = \phi(t)$$

で定める．準同型定理により，

$$\phi(\mathcal{T}(Y)) \simeq \mathcal{T}(Y)/{\approx_\phi}$$

で，左辺は $\mathfrak{B} \in \mathcal{K}$ の部分代数だから，仮定により $\mathcal{T}(Y)/{\approx_\phi} \in \mathcal{K}$ である．

ある準同型 ϕ によって $\approx_\phi$ と表せる $\mathcal{T}(Y)$ の合同関係全体を $\mathcal{C}$ とおく（$\mathcal{C}$ の濃度は，$\mathcal{T}(Y)$ のべき集合の濃度以下である）．各 $\approx \in \mathcal{C}$ について $\mathcal{T}(Y)/{\approx} \in \mathcal{K}$ だから，仮定により，それらの直積も $\mathcal{K}$ に属する．すなわち，

$$\prod_{\approx \in \mathcal{C}} (\mathcal{T}(Y)/{\approx}) \in \mathcal{K}$$

となる．各 $\approx \in \mathcal{C}$ に対応する準同型 $\pi_\approx : \mathcal{T}(Y) \longrightarrow \mathcal{T}(Y)/{\approx}$ を結合させれば，準同型

$$\psi : \mathcal{T}(Y) \longrightarrow \prod_{\approx \in \mathcal{C}} (\mathcal{T}(Y)/{\approx})$$

が自然に定義できる．このとき，先と同様に $\mathcal{T}(Y)/{\approx_\psi} \in \mathcal{K}$ がいえる．これが，求める定義域の代数 $\mathfrak{C}$ になる．

ここで，次のことが成り立つことに注目しておく．

$$\begin{aligned} s \approx_\psi t &\iff \psi(s) = \psi(t) \\ &\iff \text{各} \approx \in \mathcal{C} \text{ について } s \approx t \\ &\iff \text{すべての準同型 } \phi : \mathcal{T}(Y) \longrightarrow \mathfrak{B}\ (\in \mathcal{K}) \text{ について } \phi(s) = \phi(t) \\ &\iff \text{すべての } \mathfrak{B} \in \mathcal{K} \text{ について } \mathfrak{B} \models s = t. \end{aligned}$$

s, t は $\mathcal{T}(Y)$ の項であるから，最後の式から $s = t$ がそのまま E に属するとはいえないが，s, t に含まれるすべての変数を X の変数で置き換えれば，E に属する等式が得られる．

〔**ステップ 2**〕 任意の $\mathfrak{A} \in \mathrm{Mod}(E)$ を選ぶ．そして，変数の集合 Y を $|\mathfrak{A}|$ より濃度が大きなものとすれば，全射

$$\phi : Y \longrightarrow |\mathfrak{A}|$$

がある．これは全射のまま準同型

$$\widehat{\phi} : \mathcal{T}(Y) \longrightarrow \mathfrak{A}$$

に拡張できる．ここで，$\mathcal{T}(Y)$ の項 s, t で，$s \approx_\psi t$ が成り立つものを選ぶ．変数の適当な置き換えによって，$s = t$ は E に属する等式になる．$\mathfrak{A} \in \mathrm{Mod}(E)$ であるから，$\mathfrak{A}$ は変数を置き換えた $s = t$ を満たし，したがって $\mathfrak{A} \models s = t$ も明らかに成り立つので，$\widehat{\phi}(s) = \widehat{\phi}(t)$ がいえる．以上のもとで，準同型定理の系 1.2.10 を用いると，

$$\widehat{\phi}_{\approx_\psi} : \mathcal{T}(Y)/{\approx_\psi} \longrightarrow \mathfrak{A}$$

が得られる．すでに見たように $\mathcal{T}(Y)/{\approx_\psi} \in \mathcal{K}$ で，$\mathcal{K}$ は準同型像で閉じているから，$\mathfrak{A} \in \mathcal{K}$ となる． ∎

1.1 節で与えた群の公理系は等式だけからなるので，群全体は等式クラスを成すと考えられる．しかし，これとは異なる方法で群を特徴づけることもできる．例えば，群を，集合とその上の 2 項演算の組 $(G, \bullet)$ で，

$$(x \bullet y) \bullet z = x \bullet (y \bullet z) \qquad \text{かつ}$$

ある w が存在し，任意の x に対して

$(w \bullet x = x$ かつ，ある y が存在し $(y \bullet x = w))$

を満たすものとする．この定義による群は，等式クラスにはならない．実際，$(\mathbb{N}, +)$ は群 $(\mathbb{Z}, +)$ の部分代数であるが群ではない．

アーベル群，環，R 加群，束（そく），ブール代数などは十分な記号を用いれば等式クラスとしてあつかえるが，いくら記号を加えても等式だけでは公理化できないものに整域(0 以外の零因子をもたない可換環)や体がある．例えば，整域 $\mathfrak{Z} = (\mathbb{Z}, +, \bullet, 0, 1)$ の直積 $\mathfrak{Z} \times \mathfrak{Z}$ は整域でなく(注．$(0,1) \bullet (1,0) = (0,0)$)，これはいかに関数記号を加えても変わらない．

最後に，等式理論の簡単な拡張を考える．新しい言語は，関数記号の他に関係記号 $\mathtt{R}_1, \mathtt{R}_2, \ldots$ を含むものとする．このとき，$s = t$ または $\mathtt{R}(t_1, \ldots, t_n)$ の形の式を**原子式**(atomic formula)とよび，以下では原子式だけをあつかう形式体系を与える．

定義 1.3.14 原子式の集合 T を公理とする形式体系(これも T で表す)は，次の公理と規則からなる．

(1) T に属する原子式および $t=t$ の形の等式は公理である．

(2) 以下の 5 つの図式は規則である．ただし，s, t, s_i, t_i, u $(1 \leq i \leq n)$ は項，x は変数，$\mathtt{f}$ は関数記号，$\mathtt{R}$ は関係記号である．

$$\frac{s=t}{t=s}, \qquad \frac{s=t \quad t=u}{s=u},$$

$$\frac{s(x)=t(x)}{s(u)=t(u)}, \qquad \frac{s_1=t_1 \ \ldots \ s_n=t_n}{\mathtt{f}(s_1,\ldots,s_n)=\mathtt{f}(t_1,\ldots,t_n)},$$

$$\frac{s_1=t_1 \ \ldots \ s_n=t_n \quad \mathtt{R}(s_1,\ldots,s_n)}{\mathtt{R}(t_1,\ldots,t_n)}.$$

□

この形式体系 T における証明木は，等式理論の場合と同様に定義され，原子式 σ が証明木をもつことを $T \vdash \sigma$ で表す．他方，関係記号に関する解釈をともなう構造を考えることによって，T のモデルや $T \models \sigma$ の概念も自然に拡張できる．この拡張された理論においても，バーコフの完全性定理や等式クラス定理と同様の主張が成り立つ．

1.4 ブール代数

19 世紀の半ば，英国の数学者 G. ブールは命題の論理的結合を記号的にあつかうことで推論の法則を明らかにしようとした．それがブール代数の始まりであるが，現代的にはより一般的な「順序」や「束」の概念に包括されて等式理論としてあつかわれることが多い．まず，順序について復習しておこう．

定義 1.4.1 空でない集合 X 上の 2 項関係 $\leq$ が，反射律($x \leq x$)，反対称律($x \leq y$ かつ $y \leq x$ ならば，$x=y$)，そして推移律($x \leq y$ かつ $y \leq z$ ならば，$x \leq z$)を満たすときに，$(X,\leq)$ あるいは $\leq$ を**順序**(order)もしくは**半順序**(partial order)という．順序 $(X,\leq)$ がさらに，比較可能律($x \leq y$ または

$y \leq x$) を満たすときに，**全順序** (total order) もしくは**線形順序** (linear order) という． □

例 9　0 を含まない自然数全体 $\mathbb{N}^+$ 上で $n|m$ を「n は m を割り切る」あるいは「m は n の倍数である」という関係とする．このとき，$(\mathbb{N}^+, |)$ は半順序である．

半順序 $(X, \leq)$ が与えられたとする．任意の $a, b \in X$ に対して $\sup\{a, b\}$ と $\inf\{a, b\}$ が X の中に存在すると仮定し，それらをそれぞれ $a \vee b$ と $a \wedge b$ で表す．

注　$\sup A$ は A の最小上界（上限 (supremum) という）で，すべての $a \in A$ に対して $a \leq b$ となる b の最小なものである．同様に $\inf A$ は A の最大下界（下限 (infimum) という）である．

例 10　半順序 $(\mathbb{N}^+, |)$ において，$\sup\{x, y\}$ は x と y の最小公倍数 (lcm)，$\inf\{x, y\}$ は x と y の最大公約数 (gcd) になる．

定義 1.4.2　次の 8 つの等式を**束** (lattice) の公理といい，それらを満たす代数構造 $(L, \vee, \wedge)$ を**束**とよぶ．

$$\begin{cases} \text{L1}: & x \vee x = x,\ x \wedge x = x & \text{(巾等律)} \\ \text{L2}: & x \vee y = y \vee x,\ x \wedge y = y \wedge x & \text{(可換律)} \\ \text{L3}: & x \vee (y \vee z) = (x \vee y) \vee z,\ x \wedge (y \wedge z) = (x \wedge y) \wedge z & \text{(結合律)} \\ \text{L4}: & (x \vee y) \wedge x = x,\ (x \wedge y) \vee x = x & \text{(吸収律)} \end{cases}$$

□

例 11　$(\mathbb{N}, \mathrm{lcm}, \mathrm{gcd})$ は束である．ただし，$\mathrm{lcm}\{x, y\}$ は x と y の最小公倍数を表し，$\mathrm{gcd}\{x, y\}$ は x と y の最大公約数を表す．

逆に，束 $(L, \vee, \wedge)$ に対して，

$$x \leq y \quad \Longleftrightarrow \quad x \wedge y = x \qquad (\Longleftrightarrow \quad x \vee y = y)$$

によって 2 項関係 $x \leq y$ を定義すると，これが L 上の半順序になることもわかる．このとき，束の演算 $\vee, \wedge$ は，この半順序に関する sup と inf に一致

する.

注 $x \wedge y = x \Longleftrightarrow x \vee y = y$ の略証. $(\Leftarrow)$ は, 左辺に $y = x \vee y$ を代入した式 $x \wedge (x \vee y) = x$ から束の公理(可換律と吸収律)によって導ける. $(\Rightarrow)$ も同様.

さて, ブール代数は以下のような等式理論として定義される.

定義 1.4.3 **ブール代数**(Boolean algebra)の理論 BA は, 言語 $\mathcal{L}_{\mathsf{BA}} = \{\vee, \wedge, \neg, 0, 1\}$ における以下の等式よりなる.

(1) 束の公理と分配律 : $(x \vee y) \wedge z = (x \wedge z) \vee (y \wedge z)$, $(x \wedge y) \vee z = (x \vee z) \wedge (y \vee z)$.

(2) $x \vee 0 = x$, $x \vee (\neg x) = 1$, $x \wedge 1 = x$, $x \wedge (\neg x) = 0$.

理論 BA のモデルを単に**ブール代数**とよぶ. □

注 ブール代数の定義において, (1) を可換律と分配律だけにしてもよい. この事実は, 双対定理の後の問題 8 で示す.

補題 1.4.4 **(補元の一意性)** $x \vee y = 1$ かつ $x \wedge y = 0$ ならば $y = \neg x$. □

証明 $x \vee y = 1$ と $x \wedge y = 0$ の仮定のもと, 次のように $=^{(*)}$ に分配律を使用して, 求める等式を得る.

$$y = y \vee 0 = y \vee (x \wedge \neg x) =^{(*)} (y \vee x) \wedge (y \vee \neg x) = (x \vee y) \wedge (y \vee \neg x)$$
$$= 1 \wedge (y \vee \neg x) = (x \vee \neg x) \wedge (y \vee \neg x) =^{(*)} (x \wedge y) \vee \neg x = 0 \vee \neg x = \neg x.$$

■

注 これまでの等式のあつかいと違い, 補題中の 3 つの等式はそれぞれがすべて x, y で成立していることを主張しているわけではない. 変数 x, y がとる値は, 3 つの等式で共通である. つまり, 補題 1.4.4 の主張は,「すべての x, y に対して, ($x \vee y = 1$ かつ $x \wedge y = 0$ ならば $y = \neg x$)」の意味である.

補題 1.4.5 **(二重否定の消去)** $\neg\neg x = x$. □

証明 $\neg x \vee x = 1$ と $\neg x \wedge x = 0$ に補題 1.4.4 を適用する. ■

定理 1.4.6 (双対定理)　$\mathcal{L}_{\mathsf{BA}} = \{\vee, \wedge, \neg, 0, 1\}$ における等式 φ に対し，$\vee$ と $\wedge$ を置き換え，0 と 1 を置き換えた等式(双対式)を $\widetilde{\varphi}$ で表すと，

$$\mathsf{BA} \vdash \varphi \quad \Longleftrightarrow \quad \mathsf{BA} \vdash \widetilde{\varphi}.$$

証明　BA の各公理 σ に対する双対式 $\widetilde{\sigma}$ も公理である．したがって，BA における定理 φ の証明木に対して，そこに現れるすべての式を双対式に置き換えると，$\widetilde{\varphi}$ の証明木が得られる． ▮

注　序章で述べた射影幾何の双対定理と比較せよ．ブール代数の定義 1.4.3 を変更して，(1) を可換律と分配律に置き換えてもやはり双対定理は成り立つことに注意せよ．

［**問題 8**］　ブール代数の定義 1.4.3 において，(1) を可換律と分配律だけにして，巾等律，吸収律，結合律を証明せよ．

定理 1.4.7 (ド・モルガンの法則)　BA において，$\neg(x \vee y) = \neg x \wedge \neg y$，$\neg(x \wedge y) = \neg x \vee \neg y$ が成り立つ．

証明　補元の一意性を用いる．

$$\begin{aligned}(x \vee y) \vee (\neg x \wedge \neg y) &= [(x \vee y) \vee \neg x] \wedge [(x \vee y) \vee \neg y] \\ &= [(x \vee \neg x) \vee y] \wedge [x \vee (y \vee \neg y)] \\ &= (1 \vee y) \wedge (x \vee 1) = 1 \wedge 1 = 1. \\ (x \vee y) \wedge (\neg x \wedge \neg y) &= [x \wedge (\neg x \wedge \neg y)] \vee [y \wedge (\neg x \wedge \neg y)] \\ &= [(x \wedge \neg x) \wedge \neg y] \vee [\neg x \wedge (y \wedge \neg y)] \\ &= (0 \wedge \neg y) \vee (\neg x \wedge 0) = 0 \vee 0 = 0.\end{aligned}$$

よって $\neg(x \vee y) = \neg x \wedge \neg y$．また，$\neg(x \wedge y) = \neg x \vee \neg y$ は双対原理による． ▮

例 12　X を任意の集合とし，$\mathcal{P}(X)$ を X のベキ集合(部分集合全体)とする．いま，$Y \subseteq X$ に対して $Y^c = X - Y$ とすれば，ベキ集合代数 $\mathfrak{P}(X) = (\mathcal{P}(X), \cup, \cap, {}^c, \varnothing,$

$X)$ はブール代数である．とくに，X を単元集合 $\{a\}$ としたとき，$\mathcal{P}(X)$ は**単純な**(simple)ブール代数といい，$2 = (\{0,1\}, \vee, \wedge, 0, 1)$ で表す．

逆に，任意の有限ブール代数はベキ集合代数と同型になり，さらに一般には次の定理 1.4.8 がいえる(証明は，第 3 章の 3.4 節で与える)．

> **定理 1.4.8（ストーンの表現定理**(representation theorem)**）**　任意のブール代数 $\mathfrak{B}$ に対し，ある集合 X が存在し，$\mathfrak{B}$ はそのベキ集合代数 $\mathfrak{P}(X)$ に埋め込める(とくに $\mathfrak{B}$ が有限であれば，$\mathfrak{P}(X)$ と同型にできる)．

いま，変数 $\{x_1, x_2, \ldots, x_n\}$ と定数 0, 1 をブール演算 ∨, ∧, ¬ で組み合わせてできるブール式 $\varphi(x_1, x_2, \ldots, x_n)$ を考える(注．ブール式は $\mathcal{L}_{\mathrm{B}}$ の項である)．各変数に 0 または 1 を代入すれば，ブール代数の公理から導かれる次の関係によって，ブール式の値が 0 または 1 に決まる．

$$0 \vee 0 = 0, \quad 0 \vee 1 = 1, \quad 1 \vee 0 = 1, \quad 1 \vee 1 = 1,$$
$$0 \wedge 0 = 0, \quad 0 \wedge 1 = 0, \quad 1 \wedge 0 = 0, \quad 1 \wedge 1 = 1.$$

つまり，ブール式 $\varphi(x_1, x_2, \ldots, x_n)$ は関数 $f_\varphi : \{0,1\}^n \longrightarrow \{0,1\}$ を定める．このような関数を**ブール関数**という．これから示したいことは, 2 つのブール式 φ, ψ が同じ関数 $f_\varphi = f_\psi$ を定めるときに $\varphi = \psi$ がブール代数の定理になること, そしてどんな関数 $f : \{0,1\}^n \longrightarrow \{0,1\}$ もあるブール式 φ による f_φ として表現されることである．これらはブール式の標準形定理からただちに得られる．

補題 1.4.9　$\mathsf{BA} \vdash \varphi(x_1, x_2, \ldots, x_n) = (\varphi(0, x_2, \ldots, x_n) \wedge \neg x_1) \vee (\varphi(1, x_2, \ldots, x_n) \wedge x_1)$[*6]. □

証明　ド・モルガンの法則および二重否定の除去を使い，否定記号を論理式の内側に送り込む．すなわち，任意のブール式に対してそれと同値で否定

---

*6 ブールが証明した基本事実であるが,「シャノンの展開(分解)定理」の名でも知られる．

記号が変数の前だけに現れるブール式が存在する．したがって，与えられた φ はそのような形の式であると仮定してよい．次に，それに含まれる $\vee$ と $\wedge$ の個数の和 m に関する帰納法で補題の主張を証明する．

(i) $m=0$ の場合　このとき φ は変数または変数の前に否定がついたブール式である．φ が x_1 のとき，$(\varphi(\mathsf{0})\wedge\neg x_1)\vee(\varphi(\mathsf{1})\wedge x_1)=(\mathsf{0}\wedge\neg x_1)\vee(\mathsf{1}\wedge x_1)=x_1$. φ が $\neg x_1$ のとき，$(\varphi(\mathsf{0})\wedge\neg x_1)\vee(\varphi(\mathsf{1})\wedge x_1)=(\mathsf{1}\wedge\neg x_1)\vee(\mathsf{0}\wedge x_1)=\neg x_1$. φ が x_i または $\neg x_i$ $(i\neq 1)$ のとき，φ の x_1 に何を代入しても φ と同じだから，$(\varphi\wedge\neg x_1)\vee(\varphi\wedge x_1)=\varphi\wedge(\neg x_1\vee x_1)=\varphi$.

(ii) $m>0$ の場合　φ を $\varphi_1\vee\varphi_2$ とし，帰納法の仮定により $\varphi_i=(\varphi_i(\mathsf{0})\wedge\neg x_1)\vee(\varphi_i(\mathsf{1})\wedge x_1)$ $(i=1,2)$ としてよい．すると，

$$\begin{aligned}\varphi_1\vee\varphi_2&=[(\varphi_1(\mathsf{0})\wedge\neg x_1)\vee(\varphi_1(\mathsf{1})\wedge x_1)]\vee[(\varphi_2(\mathsf{0})\wedge\neg x_1)\vee(\varphi_2(\mathsf{1})\wedge x_1)]\\&=[(\varphi_1(\mathsf{0})\vee\varphi_2(\mathsf{0}))\wedge\neg x_1]\vee[(\varphi_1(\mathsf{1})\vee\varphi_2(\mathsf{1}))\wedge x_1]\\&=(\varphi(\mathsf{0})\wedge\neg x_1)\vee(\varphi(\mathsf{1})\wedge x_1).\end{aligned}$$

φ が $\varphi_1\wedge\varphi_2$ のときも，ほぼ同様にいえる．∎

記法　同じ論理記号 $\vee$ (または $\wedge$)でブール式をつなげる場合，結合律により括弧を適当に省略してよい．また，$\varphi_1\vee\varphi_2\vee\cdots\vee\varphi_n$ を $\bigvee_{i=1,\ldots,n}\varphi_i$ などとも書く．さらに，$b=1$ のとき $x^b\equiv x$, $b=0$ のとき $x^b\equiv\neg x$ と定める．

定理 1.4.10 (ブール式の積和標準形)　任意のブール式 $\varphi(x_1,x_2,\ldots,x_n)$ に対して，

$$\begin{aligned}\mathsf{BA}\vdash\varphi(x_1,x_2,\ldots,x_n)&\\&=\bigvee_{b_1,\ldots,b_n=0,1}\varphi(b_1,b_2,\ldots,b_n)\wedge x_1^{b_1}\wedge x_2^{b_2}\wedge\cdots\wedge x_n^{b_n}\\&=\bigvee_{f_\varphi(b_1,\ldots,b_n)=1}x_1^{b_1}\wedge x_2^{b_2}\wedge\cdots\wedge x_n^{b_n}.\end{aligned}$$

ただし，$f_\varphi(b_1,\ldots,b_n)=\mathsf{1}$ となる $b_1,\ldots,b_n$ がないときは，右辺 $=\mathsf{0}$ とする．

証明 補題 1.4.9 を使って，変数の数 n についての帰納法でただちに証明できる. ▌

定理 1.4.10 の中で φ と同値になる最右式を φ の**積和標準形**(disjunctive normal form)という．なお，$\neg\varphi$ の積和標準形 σ に対し，ド・モルガンの法則で $\neg\sigma$ を書き換えれば φ の**和積標準形**(conjunctive normal form)が得られる.

系 1.4.11 2 つのブール式 φ と ψ が同じ関数 $f_\varphi = f_\psi$ を定めるとき，$\mathsf{BA} \vdash \varphi = \psi$. □

証明 定理において，どちらの積和標準形も同じになる. ▌

系 1.4.12 任意の関数 $f : \{0,1\}^n \longrightarrow \{0,1\}$ に対して，ブール式 φ が存在して $f = f_\varphi$. □

証明 f を使った積和標準形 $\bigvee_{f(b_1,\ldots,b_n)=1} x_1^{b_1} \wedge x_2^{b_2} \wedge \cdots \wedge x_n^{b_n}$ を φ とすればよい. ▌

系 1.4.13 n 変数のブール式の個数は，BA で同値になるものを同一視すれば 2^{2^n} である. □

証明 n 変数のブール式(の同値類)の個数は，関数 $f : \{0,1\}^n \longrightarrow \{0,1\}$ の個数に等しいから，2^{2^n} である. ▌

最後に，ブール代数と本質的に同値なブール環について簡単に説明しよう.

定義 1.4.14 **可換環**(commutative ring)の理論 CR は，言語 $\mathcal{L}_{\mathsf{CR}} = \{+, \bullet, -, 0, 1\}$ における以下の公理よりなる.

$$x + 0 = x, \quad x + y = y + x, \quad x + (y + z) = (x + y) + z,$$

$$x + (-x) = 0, \quad x \bullet 1 = x, \quad x \bullet y = y \bullet x,$$

$$x \bullet (y \bullet z) = (x \bullet y) \bullet z, \quad x \bullet (y + z) = (x \bullet y) + (x \bullet z).$$

理論 CR のモデルを単に**可換環**とよぶ. □

ブール代数でも，一般の可換環でも，普通は $0 \neq 1$ を公理に入れるが，ここでは等式理論として定義しているので，これを省く．$0 = 1$ となる構造は，特殊ケースとしてあつかえばよい．

例 13　整数の構造 $\mathfrak{Z} = (\mathbb{Z}, +, \bullet, -, 0, 1)$ は，可換環である．

例 14　可換環 $\mathfrak{A}$ に対して，$\mathfrak{A}$ の元を係数とし，$X_1, X_2, \ldots, X_n$ を変数(不定元)とするような多項式全体 $A[X_1, X_2, \ldots, X_n]$ は，多項式同士の自然な演算 $+$, $\bullet$, $-$ のもとで可換環 $\mathfrak{A}[X_1, X_2, \ldots, X_n]$ になる．

定義 1.4.15　**ブール環**(Boolean ring)の理論 BR は，理論 CR に次の公理を加えたものである．

$$x^2 = x.$$

理論 BR のモデルを単に**ブール環**とよぶ．　□

まず，ブール環において，$x + x = 0$ が成り立つことをみておこう．

$$x + x = (x + x)^2 = x^2 + x^2 + x^2 + x^2 = x + x + x + x.$$

両辺から $x + x$ を引けば，$x + x = 0$. ブール環の $+$ は，ブール代数の $+$ とはかなり性質が異なることがわかる．しかし，両者は以下の意味で互いに翻訳可能である．

定理 1.4.16（ストーン）

(1)　任意のブール代数 $\mathfrak{B} = (B, \vee, \wedge, \neg, 0, 1)$ に対し，

$$x + y = (x \wedge (\neg y)) \vee ((\neg x) \wedge y), \quad x \bullet y = x \wedge y, \quad -x = x$$

と定めると，$\mathfrak{B}^\circ = (B, +, \bullet, -, 0, 1)$ はブール環である．

(2)　任意のブール環 $\mathfrak{R} = (R, +, \bullet, -, 0, 1)$ に対し，

$$x \vee y = x + y + x \bullet y, \quad x \wedge y = x \bullet y, \quad \neg x = 1 + x$$

と定めると，$\mathfrak{R}^\circ = (R, \vee, \wedge, \neg, 0, 1)$ はブール代数である．

(3) (1), (2) の定義において，ブール代数 $\mathfrak{B}$, ブール環 $\mathfrak{R}$ に対して，$\mathfrak{B}^{\circ\circ} = \mathfrak{B}$, $\mathfrak{R}^{\circ\circ} = \mathfrak{R}$ となる．

証明は簡単な計算でできる．必要ならば，文献 [38] などを参照されたい．

1.5 計算可能関数と一般再帰的関数

大雑把にいって，計算機を用いてインプットとアウトプットの関係として実現できる関数を**計算可能関数**という．ここでは，自然数(の組)から自然数への関数(いわゆる数論的関数)のうちで計算可能なものを考える．このような関数族の研究はゲーデルの不完全性定理の論文(1931)に始まるが，1934 年の講義でゲーデルは(エルブラン(1931)のアイデアを借りて)等式理論によって一般再帰的関数の定義を与えた．その後，ゲーデルの講義に出ていたクリーネ(1936)が今日の再帰的関数の定義を与え，一般再帰的関数との同値性を証明した．

まず，クリーネによる再帰的関数の定義から述べよう．ちなみに，「再帰的」という言葉は，以下の定義の原始再帰法に起因しており，それは俗に帰納的な定義とか漸化式による定義とよばれているものの一般化に過ぎない．

定義 1.5.1 **再帰的関数**(recursive function)は以下のように定義される．

(1) 〔**初期関数**〕 **ゼロ関数** $\mathrm{Z}() = 0$，**後者関数** $\mathrm{S}(x) = x + 1$，**射影関数** $\mathrm{P}^n_i(x_1, \ldots, x_n) = x_i$ $(1 \leq i \leq n)$ は再帰的関数である(注．ゼロ関数は 0 変数の関数，つまり定数 0 である)．

(2a) 〔**関数合成**〕 $g_i : \mathbb{N}^n \longrightarrow \mathbb{N}$, $h : \mathbb{N}^m \longrightarrow \mathbb{N}$ $(1 \leq i \leq m)$ が再帰的関数のとき，

$$f(x_1, \ldots, x_n) = h(g_1(x_1, \ldots, x_n), \ldots, g_m(x_1, \ldots, x_n))$$

で定義される合成関数 $f = h(g_1, \ldots, g_m) : \mathbb{N}^n \longrightarrow \mathbb{N}$ は再帰的関数である．

(2b)〔**原始再帰法**〕　$g : \mathbb{N}^n \longrightarrow \mathbb{N}$, $h : \mathbb{N}^{n+2} \longrightarrow \mathbb{N}$ が再帰的関数のとき,

$$f(x_1, \ldots, x_n, 0) = g(x_1, \ldots, x_n)$$
$$f(x_1, \ldots, x_n, y+1) = h(x_1, \ldots, x_n, y, f(x_1, \ldots, x_n, y))$$

で定義される関数 $f : \mathbb{N}^{n+1} \longrightarrow \mathbb{N}$ は再帰的関数である.

(2c)〔**最小化**〕　$g : \mathbb{N}^{n+1} \longrightarrow \mathbb{N}$ は再帰的関数で, すべての $x_1, \ldots, x_n$ に対して $g(x_1, \ldots, x_n, y) = 0$ を満たす y が存在したとする. このとき, $g(x_1, \ldots, x_n, y) = 0$ となる最小の y を $\mu y(g(x_1, \ldots, x_n, y) = 0)$ で表し,

$$f(x_1, \ldots, x_n) = \mu y(g(x_1, \ldots, x_n, y) = 0)$$

で定義される $f : \mathbb{N}^n \longrightarrow \mathbb{N}$ は再帰的関数である.

(2c) を用いずに定義される再帰的関数をとくに**原始再帰的関数**(primitive recursive function)という. □

まず, 原始再帰的関数の例をいくつか示しておこう.

例 15　前者関数 $\mathrm{M}(x) = x - 1$ (ただし, $x = 0$ のとき $\mathrm{M}(x) = 0$).

$$\begin{cases} \mathrm{M}(0) = 0, \\ \mathrm{M}(x+1) = x = \mathrm{P}^2_1(x, \mathrm{M}(x)). \end{cases}$$

例 16　足し算 $\mathrm{plus}(x, y) = x + y$.

$$\begin{cases} \mathrm{plus}(x, 0) = x, \\ \mathrm{plus}(x, y+1) = \mathrm{S}(\mathrm{plus}(x, y)). \end{cases}$$

例 17　引き算 $x \dot{-} y = x - y$ ($x \geq y$ のとき), $= 0$ ($x \leq y$ のとき).

$$\begin{cases} x \dot{-} 0 = x, \\ x \dot{-} (y+1) = \mathrm{M}(x \dot{-} y). \end{cases}$$

［**問題 9**］　$x \cdot y$, x^y, $x!$, $\max\{x, y\}$, $\min\{x, y\}$ が原始再帰的関数であることを示せ.

［**問題 10**］　$f(x_1, \ldots, x_n, y)$ が原始再帰的ならば, $F(x_1, \ldots, x_n, z) = \sum_{y<z} f(x_1,$

$\dots, x_n, y)$ と $G(x_1, \dots, x_n, z) = \prod_{y<z} f(x_1, \dots, x_n, y)$ も原始再帰的になることを示せ.

次の等式で定義される関数 f は**アッケルマン関数**(Ackermann function)とよばれる.

$$f(0, y) = y+1,\ f(x+1, 0) = f(x, 1),\ f(x+1, y+1) = f(x, f(x+1, y)).$$

アッケルマン関数が計算可能な関数であることは定義から容易にわかるが，それが再帰的関数であることを示すのはそう簡単ではない．このように等式で定義される関数は**一般再帰的関数**(general recursive function)とよばれ，最終的には再帰的関数と同値な概念になることが示せる．他方，アッケルマン関数は原始再帰的でないことがいえる.

[**問題 11**]　$f(x, y)$ をアッケルマン関数とする．任意の原始再帰的関数 $g(x, y)$ に対して，ある c が存在して,

$$g(x, y) < f(c, \max\{x, y\})$$

となることを示せ．これから $f(x, y)$ が原始再帰的でないことを示せ.

一般再帰的関数を定義する等式の両辺に現れる項は，変数 $x_0, x_1, \dots$ と定数 0，後者関数記号 $\mathtt{S}(x)$，および関数記号 $\mathtt{f}_0, \mathtt{f}_1, \dots$ を文法的に正しく組み合わせてできるものである．以下，項といえば，このような項を指す.

定義 1.5.2 **(エルブラン - ゲーデルの一般再帰的関数)**　$f : \mathbb{N}^n \longrightarrow \mathbb{N}$ が**一般再帰的**(general recursive)であるとは，ある等式の有限集合 E と関数記号 $\mathtt{f}(x_1, \dots, x_n)$ が存在して，任意の $a_1, \dots, a_n, b \in \mathbb{N}$ に対して,

$$f(a_1, \dots, a_n) = b \quad \Longleftrightarrow \quad E \vdash \mathtt{f}(\overline{a}_1, \dots, \overline{a}_n) = \overline{b}$$

が成立することである．ただし，$\overline{a} = \overbrace{\mathtt{S}(\mathtt{S}(\mathtt{S}(\cdots \mathtt{S}}^{a\text{ 個}}(0) \cdots)))$ である.　□

例 18　$f(x, y) = x + y$ は一般再帰的である．実際，$E = \{\mathtt{f}(x, 0) = x, \mathtt{f}(x, \mathtt{S}(y)) = \mathtt{S}(\mathtt{f}(x, y))\}$ とおくと,

$$a+b=c \quad \Longleftrightarrow \quad E \vdash \mathtt{f}(\bar{a},\bar{b})=\bar{c}$$

がいえる．左の等式の $+$ が例16のように定義されていると考えれば，それは $\mathbb{N}$ 上で E を解釈したものに他ならない．すると，各数値 a, b, c ごとの等式 $\mathtt{f}(\bar{a},\bar{b})=\bar{c}$ については $\mathbb{N}$ で成り立つことと E から証明できることとは同値になる．

言語 $\{\mathtt{0},\mathtt{S},\mathtt{f}_i \mid i\in\mathbb{N}\}$ における構造 $\mathfrak{M}=(\mathbb{N};0,\mathrm{S},f_i)_{i\in\mathbb{N}}$ で $\mathtt{0}$, $\mathtt{S}$ の解釈をそれぞれゼロ関数 $0\in\mathbb{N}$，後者関数 $\mathrm{S}:\mathbb{N}\longrightarrow\mathbb{N}$ としたもの（ただし，$\mathtt{f}_i$ の解釈 f_i は任意でよい）を**標準構造**(standard structure)とよぶ．標準構造 $\mathfrak{M}$ において，任意の $a\in\mathbb{N}$ に対し，

$$(\bar{a})^{\mathfrak{M}}=a$$

が成り立つことは，a についての帰納法より明らかである．しかし，ある等式が E で証明されることと，E のモデルとなる標準構造で成り立つことは一般には同値ではない．というのは，無矛盾な E でも標準構造をモデルにもたない場合があり，また定義関数以外の関数記号の解釈によって定義関数の値が変わることもあるからである．

定理 1.5.3　すべての再帰的関数は一般再帰的である．

証明　一般再帰的関数の全体が Z, S, P_i^n を含み合成，原始再帰，最小化で閉じていることを示せばよい．

〔**ゼロ関数**〕 $E=\{\mathtt{f}()=\mathtt{0}\}$ とする．任意の $b\in\mathbb{N}$ に対し $\mathrm{Z}()=b \Longleftrightarrow E\vdash\mathtt{f}()=\bar{b}$ となることを示す．

(⇒)　$\mathrm{Z}()=b$ とすると，$b=0$ である．$E\vdash\mathtt{f}()=\mathtt{0}$ かつ $\mathtt{0}=\bar{0}$ だから，$E\vdash\mathtt{f}()=\bar{b}$ がいえる．

(⇐)　対偶を示すため，$\mathrm{Z}()\neq b$ とする．このとき，E を満たす標準構造 $\mathfrak{M}$ において，$\mathtt{f}^{\mathfrak{M}}()=0=\mathrm{Z}^{\mathfrak{M}}()\neq\bar{b}^{\mathfrak{M}}=b$ となるから，等式理論の完全性(健全性)により $E\nvdash\mathtt{f}()=\bar{b}$ となる．

〔**後者関数**〕 $E = \{\mathtt{f}(x) = \mathtt{S}(x)\}$ とする．任意の $a, b \in \mathbb{N}$ に対し $\mathrm{S}(a) = b \Longleftrightarrow E \vdash \mathtt{f}(\bar{a}) = \bar{b}$ となることを上と同じように示せばよい．

〔**射影関数**〕 $E = \{\mathtt{f}(x_1, \ldots, x_i, \ldots, x_n) = x_i\}$ とする．任意の $\vec{a} \in \mathbb{N}^n$, $b \in \mathbb{N}$ に対し，$\mathrm{P}_i^n(\vec{a}) = b \Longleftrightarrow E \vdash \mathtt{f}\left(\vec{\bar{a}}\right) = \bar{b}$ となることを同様に示せばよい．ただし，$\vec{\bar{a}}$ は数項の列を示す．

〔**合成**〕 $f : \mathbb{N}^n \longrightarrow \mathbb{N}$, $g_i : \mathbb{N}^n \longrightarrow \mathbb{N}$ $(1 \leq i \leq m)$, $h : \mathbb{N}^m \longrightarrow \mathbb{N}$ が，任意の $\vec{a} \in \mathbb{N}^n$ に対して，

$$f(\vec{a}) = h(g_1(\vec{a}), \ldots, g_m(\vec{a}))$$

を満たすとし，さらに g_i $(1 \leq i \leq m)$, h はそれぞれに対して，次を満たす等式理論 E_{g_i} $(1 \leq i \leq m)$, E_h で次のように表されていると仮定する．

$g_i(\vec{a}) = b \quad \Longleftrightarrow \quad E_{g_i} \vdash \mathtt{g}_i\left(\vec{\bar{a}}\right) = \bar{b}$ （ただし，$\vec{a} \in \mathbb{N}^n, b \in \mathbb{N}, 1 \leq i \leq m$），

$h(\vec{a}) = b \quad \Longleftrightarrow \quad E_h \vdash \mathtt{h}\left(\vec{\bar{a}}\right) = \bar{b}$ （ただし，$\vec{a} \in \mathbb{N}^m, b \in \mathbb{N}$）．

必要なら名前をつけ替えることで E_{g_i} $(1 \leq i < m)$, E_h の 2 つ以上に共通して現れる関数記号はないとしてよい．そして，新しい関数記号 $\mathtt{f}$ を使って，

$$E = E_{g_1} \cup \cdots \cup E_{g_m} \cup E_h \cup \{\mathtt{f}(\vec{x}) = \mathtt{h}(\mathtt{g}_1(\vec{x}), \ldots, \mathtt{g}_m(\vec{x}))\}$$

とおく．ただし，$\vec{x}$ は変数列 $x_1, \ldots, x_n$ を表す．このとき $f(\vec{a}) = b \Longrightarrow E \vdash \mathtt{f}\left(\vec{\bar{a}}\right) = \bar{b}$ を示したい．

$\vec{a} \in \mathbb{N}^n$, $b \in \mathbb{N}$ を任意にとり，$f(\vec{a}) = b$ とする．各 $1 \leq i \leq m$ に対し，$g_i(\vec{a}) = g_i(\vec{a})$ だから，E_{g_i} の定め方から

$$E_{g_i} \vdash \mathtt{g}_i\left(\vec{\bar{a}}\right) = \overline{g_i(\vec{a})} \quad (\vec{a} \in \mathbb{N}^n).$$

また，$f(\vec{a}) = h(g_1(\vec{a}), \ldots, g_m(\vec{a})) = b$ だから E_h の定め方より

$$E_h \vdash \mathtt{h}\left(\overline{g_1(\vec{a})}, \ldots, \overline{g_m(\vec{a})}\right) = \bar{b}.$$

これらと代入規則 (sub) より

$$E \vdash \mathtt{h}\left(\mathtt{g}_1\left(\vec{\bar{a}}\right), \ldots, \mathtt{g}_m\left(\vec{\bar{a}}\right)\right) = \bar{b}.$$

E の最後の等式から

$$E \vdash \mathtt{f}\left(\vec{\bar{a}}\right) = \mathtt{h}\left(\mathtt{g}_1\left(\vec{\bar{a}}\right), \ldots, \mathtt{g}_m\left(\vec{\bar{a}}\right)\right).$$

したがって，推移律 (trans) により，$E \vdash \mathtt{f}\left(\vec{\bar{a}}\right) = \bar{b}$ を得る．逆については対偶が同様に示せる．

〔**原始再帰法**〕 $f : \mathbb{N}^{n+1} \longrightarrow \mathbb{N}$, $g : \mathbb{N}^n \longrightarrow \mathbb{N}$, $h : \mathbb{N}^{n+1} \longrightarrow \mathbb{N}$ が

$$\begin{cases} f(\vec{a}, 0) = g(\vec{a}), \\ f(\vec{a}, b+1) = h(\vec{a}, f(\vec{a}, b)) \end{cases} \qquad (\vec{a} \in \mathbb{N}^n,\ b \in \mathbb{N})$$

を満たすとし，さらに g, h それぞれに対して次を満たす等式理論 E_g, E_h が存在するとする．

$$g\left(\vec{a}\right) = c \quad \Longleftrightarrow \quad E_g \vdash \mathtt{g}\left(\vec{\bar{a}}\right) = \bar{c} \qquad (\text{ただし，} \vec{a} \in \mathbb{N}^n,\ c \in \mathbb{N}),$$

$$h\left(\vec{a}, b\right) = c \quad \Longleftrightarrow \quad E_h \vdash \mathtt{h}\left(\vec{\bar{a}}, \bar{b}\right) = \bar{c} \qquad (\text{ただし，} \vec{a} \in \mathbb{N}^n,\ b, c \in \mathbb{N}).$$

注　定義 1.5.1 の (2b) 原始再帰法では，$h : \mathbb{N}^{n+2} \longrightarrow \mathbb{N}$ としてあり，$h(\vec{x}, y, f(\vec{x}, y))$ と書かれている．実は，最初の y はなくても少し工夫すれば同じ関数族が定義できるが，ここでは単にそれを省略した書きかたをしていると考えてもよい．

適当に関数記号を置き換えることで E_g, E_h の 2 つ以上に共通して現れる関数記号はないとしてよい．そして，相異なる変数 $\vec{x} = x_1, \ldots, x_n, y$ と，新しい関数記号 $\mathtt{f}$ をとって，

$$E = E_g \cup E_h \cup \left\{\mathtt{f}\left(\vec{x}, \mathtt{0}\right) = \mathtt{g}\left(\vec{x}\right), \mathtt{f}\left(\vec{x}, \mathtt{S}(y)\right) = \mathtt{h}\left(\vec{x}, \mathtt{f}\left(\vec{x}, y\right)\right)\right\}$$

とおく．このとき，任意の $\vec{a} \in \mathbb{N}^n$, $b, c \in \mathbb{N}$ について

$$f\left(\vec{a}, b\right) = c \quad \Longleftrightarrow \quad E \vdash \mathtt{f}\left(\vec{\bar{a}}, \bar{b}\right) = \bar{c} \qquad (*)$$

が成立することを示したい．

まず，$(\Rightarrow)$ について，$b \in \mathbb{N}$ に関する帰納法によって示す．

$b = 0$ のとき，$f\left(\vec{a}, 0\right) = c$ とすると，$g\left(\vec{a}\right) = c$ であるから，E_g と E の定義より

$$E_g \vdash \mathtt{g}\left(\vec{\bar{a}}\right) = \bar{c}, \qquad E \vdash \mathtt{f}\left(\vec{\bar{a}}, \mathtt{0}\right) = \mathtt{g}\left(\vec{\bar{a}}\right).$$

したがって

$$E \vdash \mathtt{f}\left(\vec{\bar{a}}, 0\right) = \bar{c},$$

すなわち $E \vdash \mathtt{f}\left(\vec{\bar{a}}, \bar{b}\right) = \bar{c}$ がいえた．

次に，ある $b \in \mathbb{N}$ に対し，$(*)$ が任意の $\vec{a} \in \mathbb{N}^n$, $c \in \mathbb{N}$ で成立すると仮定する．そして，ある $\vec{a} \in \mathbb{N}^n$, $c \in \mathbb{N}$ に対し $f(\vec{a}, b+1) = c$ が成り立つとする．まず，$f(\vec{a}, b) = f(\vec{a}, b)$ より帰納法の仮定から

$$E \vdash \mathtt{f}\left(\vec{\bar{a}}, \bar{b}\right) = \overline{f(\vec{a}, b)}.$$

また，E の定義より

$$E \vdash \mathtt{f}\left(\vec{\bar{a}}, \mathtt{S}\left(\bar{b}\right)\right) = \mathtt{h}\left(\vec{\bar{a}}, \mathtt{f}\left(\vec{\bar{a}}, \bar{b}\right)\right).$$

これらと代入規則より，

$$E \vdash \mathtt{f}(\vec{\bar{a}}, \overline{b+1}) = \mathtt{h}\left(\vec{\bar{a}}, \overline{f(\vec{a}, b)}\right).$$

さらに，$h(\vec{a}, f(\vec{a}, b)) = f(\vec{a}, b+1) = c$ より E_h の定義から

$$E_h \vdash \mathtt{h}\left(\vec{\bar{a}}, \overline{f(\vec{a}, b)}\right) = \bar{c}.$$

よって

$$E \vdash \mathtt{f}(\vec{\bar{a}}, \overline{b+1}) = \bar{c}.$$

以上から，$(\Rightarrow)$ がいえた．

次に $(\Leftarrow)$ の対偶を示す．$f(\vec{a}, b) = d \neq c$ とする．上で示したことから，$E \vdash \mathtt{f}(\vec{\bar{a}}, \bar{b}) = \bar{d}$ だから，ある標準モデル $\mathfrak{M}$ に対して $\mathfrak{M} \models \mathtt{f}(\vec{\bar{a}}, \bar{b}) = \bar{d}$. よって，$\mathfrak{M} \not\models \mathtt{f}(\vec{\bar{a}}, \bar{b}) = \bar{c}$. したがって，等式理論の完全性(健全性)により $E \not\vdash \mathtt{f}(\vec{\bar{a}}, \bar{b}) = \bar{c}$.

〔**最小化**〕 次のことを確認しておく．$+ : \mathbb{N}^2 \longrightarrow \mathbb{N}$ (和)，$\bullet : \mathbb{N}^2 \longrightarrow \mathbb{N}$ (積)，$T : \mathbb{N} \longrightarrow \mathbb{N}$ (真)，$F : \mathbb{N} \longrightarrow \mathbb{N}$ (偽) はそれぞれ一般再帰的である．つまり，次を満たす関数記号 $+$，$\bullet$，$\mathtt{T}$，$\mathtt{F}$ と等式理論 E_+，$E_\bullet$，E_T，E_F が存在する．

$$a + b = c \iff E_+ \vdash +(\bar{a}, \bar{b}) = \bar{c} \qquad (\text{ただし，} a, b, c \in \mathbb{N}),$$

$$a \bullet b = c \iff E_\bullet \vdash \bullet(\bar{a}, \bar{b}) = \bar{c} \qquad (\text{ただし，} a, b, c \in \mathbb{N}).$$

$$T(a) = b = \begin{cases} 0 & (a = 0), \\ 1 & (a > 0), \end{cases} \quad \Longleftrightarrow \quad E_T \vdash \mathtt{T}(\bar{a}) = \bar{b},$$

$$F(a) = b = \begin{cases} 1 & (a = 0), \\ 0 & (a > 0), \end{cases} \quad \Longleftrightarrow \quad E_F \vdash \mathtt{F}(\bar{a}) = \bar{b}.$$

関数 $+$, $\bullet$, T, F はすべて Z, S, P_i^n から合成と原始再帰を有限回組み合わせて構成できるから，以上の議論よりこれらは一般再帰的である．

いま，一般再帰的関数 $g : \mathbb{N}^{n+1} \longrightarrow \mathbb{N}$ が与えられ，すべての $\vec{a} \in \mathbb{N}^n$ に対して $g(\vec{a}, b) = 0$ となる $b \in \mathbb{N}$ が存在すると仮定する．さらに，次を満たす等式理論 E_g が存在するとしよう．

$$g(\vec{a}, b) = c \quad \Longleftrightarrow \quad E_g \vdash \mathtt{g}(\vec{\bar{a}}) = \bar{c} \qquad (\text{ただし，} \vec{a} \in \mathbb{N}^n,\ c \in \mathbb{N}).$$

そして，$f : \mathbb{N}^n \longrightarrow \mathbb{N}$ を $f(\vec{a}) = \mu x(g(\vec{a}, x) = 0)$ で定めると，これも一般再帰的であることが次のように示せる．f, h をとって，

$$E = E_+ \cup E_\bullet \cup E_T \cup E_F \cup E_g \cup \{\varphi(\vec{x}, y), \mathtt{f}(\vec{x}) = \mathtt{h}(\vec{x}, \mathtt{0})\}$$

とおく．ここで，

$$\varphi(\vec{x}, y) \equiv \mathtt{h}(\vec{x}, y) = +\Big(\bullet\big(\mathtt{T}(\mathtt{g}(\vec{x}, y)), \mathtt{h}(\vec{x}, \mathtt{S}(y))\big), \bullet\big(\mathtt{F}(\mathtt{g}(\vec{x}, y)), y\big)\Big).$$

とする．この右辺は $T(g(\vec{x}, y)) \bullet h(\vec{x}, \mathrm{S}(y)) + F(g(\vec{x}, y)) \bullet y$ の意味，つまり，$g(\vec{x}, y) > 0$ のとき $h(\vec{x}, \mathrm{S}(y))$，$g(\vec{x}, y) = 0$ のとき y である．したがって，もしすべての $b < c$ に対して $g(\vec{a}, b) > 0$ ならば，すべての $b < c$ に対して $h(\vec{a}, b) = h(\vec{a}, c)$ となること，つまり $E \vdash \mathtt{h}(\vec{\bar{a}}, \bar{b}) = \mathtt{h}(\vec{\bar{a}}, \bar{c})$ が E_+, $E_\bullet$, E_T, E_F, E_g の定義および等式の規則からいえる．

このとき，任意の $\vec{a} \in \mathbb{N}^n$, $c \in \mathbb{N}$ について

$$f(\vec{a}) = c \quad \Longleftrightarrow \quad E \vdash \mathtt{f}\left(\vec{\bar{a}}\right) = \bar{c} \tag{$**$}$$

が成立することを示したい．

まず，$f(\vec{a}) = c$ とする．このとき $\mu x\,(g\,(\vec{a}, x) = 0) = c$ である．よって，すべての $b < c$ に対して $g\,(\vec{a}, b) > 0$ かつ $g\,(\vec{a}, c) = 0$ である．した

がって，$E \vdash \mathtt{h}\left(\vec{a}, \mathtt{0}\right) = \mathtt{h}\left(\vec{a}, \bar{c}\right)$ かつ $E \vdash \mathtt{h}\left(\vec{a}, \bar{c}\right) = \bar{c}$ となる．つまり，$E \vdash \mathtt{f}(\vec{a}) = \mathtt{h}(\vec{a}, \mathtt{0}) = \bar{c}$.

逆に，$f(\vec{a}) = d \neq c$ とする．$E \vdash \mathtt{f}(\vec{a}) = \bar{d}$ だから，ある標準モデル $\mathfrak{M}$ に対して，$\mathfrak{M} \models \mathtt{f}(\vec{a}) = \bar{d}$. よって，$\mathfrak{M} \not\models \mathtt{f}(\vec{a}) = \bar{c}$. したがって，$E \not\vdash \mathtt{f}(\vec{a}) = \bar{c}$ となる．よって，$(**)$ が示せた.

以上から，一般再帰的関数の全体は Z, S, P^n_i を含み合成，原始再帰，最小化で閉じているので，すべての再帰関数は一般再帰的である. ∎

最後に，一般再帰的関数が再帰的関数であることについて述べておきたい．一般再帰的関数の全体が計算可能関数のさまざまなクラスに一致することをゲーデルやチャーチも予想していたが，いろいろな同値性を具体的に証明したのはクリーネ(1936)である．まだチューリング機械のような計算モデルが知られていなかったので，ゲーデル数を用いて複雑な式変形を行っていたが，ここでは計算機の動作イメージを仮定して，同値性の中心的アイデアだけを述べよう．**チューリング機械**(Turing machine)というのは，無限に延長可能な入出力兼作業用のテープをもち，動作開始時にテープに書かれていた記号列(数)に，停止時にテープに残る記号列(数)を対応させることで，計算可能な関数を実現する有限機械である．ここで，計算可能関数ごとにチューリング機械を構成する方法と，1 つの万能チューリング機械を作って，計算する関数ごとにその上のプログラムを交換して実行する方法がありうるが，当面，前者の形で考えておこう．一般再帰的関数がチューリング機械によって実現できることは比較的容易にわかる．実際，等式理論がある関数を定義するとわかっていれば，試行錯誤でも等式を組み合わせていけばいつか関数の値が求まるはずである．よって，一般再帰的関数は(チューリング機械により)計算可能である．しかし，任意に与えた等式理論が何らかの関数を定義するかどうかは機械的に判定できないこと，つまり，ある関数が一般再帰的であるかどうかは計算可能でないことには注意を要する.

次に述べる定理は，一般再帰的関数はすべて特定の形の再帰的関数になることを示すものである．

定理 1.5.4（クリーネの標準形定理）　原始再帰的関数 $U(y)$ と原始再帰的関係 $T_n(e, x_1, \ldots, x_n, y)$ が存在して，任意の n 変数一般再帰的関数 $f(x_1, \ldots, x_n)$ は，ある e について，

$$f(x_1, \ldots, x_n) \sim U(\mu y T_n(e, x_1, \ldots, x_n, y))$$

と表せる．ここで，$\mu y T_n(e, x_1, \ldots, x_n, y)$ は $\mu y((1 - \chi_{T_n}(e, x_1, \ldots, x_n, y)) = 0)$ で，$\chi_{T_n}(\vec{x})$ は $T_n(\vec{x})$ が真のとき 1，偽のとき 0 の値をとる T_n の特性関数である．

証明のアイデア　クリーネの本来の証明とは異なるが，与えられた一般再帰的関数に対して，それを実現するチューリング機械を考える．チューリング機械の内部機構は有限的なものだから，各チューリング機械を自然数でコード化することが可能である．このコードは単なる製品番号である以上に，チューリング機械の設計図になっていると考えることもできる．いま，コード e をもつチューリング機械に入力列 $(x_1, \ldots, x_n)$ を与えて，それが停止するまでの計算状況(内部状態とテープの状態)の遷移過程を逐一記録したものを y とする．計算が永久に停止しないこともあるので y が存在するとは限らないが，存在すれば有限列であるから自然数 $y = (y_0, \ldots, y_k)$ でコード化できる．

さて，コード e，列 $(x_1, \ldots, x_n)$，およびコード y を与えて，y がコード e のチューリング機械に列 $(x_1, \ldots, x_n)$ を入力したときの計算過程の正しいコードになっているかどうかを検査する．これは，$y = (y_0, \ldots, y_k)$ において，各計算状況 y_i から次の計算状況 y_{i+1} への遷移が正しいかどうかをチェックすればよく，容易に原始再帰的関係として実現できる．すなわち，次を満たす原始再帰的関係 $T_n(e, x_1, \ldots, x_n, y)$ が存在する．

$T_n(e, x_1, \ldots, x_n, y) \iff$「$y$ はコード e のチューリング機械に列 $(x_1, \ldots, x_n)$ を入力したときの計算過程のコードである」

さらに，y が計算の全過程のコードであれば，その最終状況におけるテープの状態，つまり出力の情報も y は含んでいる．それを取り出す原始再帰的関数を $U(y)$ とすれば，$U(\mu y T_n(e, x_1, \ldots, x_n, y))$ は，コード e をもつチューリング機械に列 $(x_1, \ldots, x_n)$ を入力したときの出力結果に他ならない． ∎

上の証明で構成した U と T_n を固定して，$U(\mu y T_n(e, x_1, \ldots, x_n, y))$ を**指標** e の n 変数計算可能(部分)関数とよび，$\{e\}^n(x_1, \ldots, x_n)$ あるいは簡単に $\{e\}(x_1, \ldots, x_n)$ と書く．チューリング機械で関数を定義する場合，入力によっては出力を得られないことがあり，全域では定義されない部分関数が得られることもあるが，それもあわせて $\{e\}(x_1, \ldots, x_n)$ と書くのが便利である．

系 1.5.5　一般再帰的関数の族と再帰的関数の族は一致する． □

証明　定理 1.5.3 からすべての再帰的関数は一般再帰的である．また，一般再帰的関数はチューリング機械で実現でき，チューリング機械による計算可能な関数は定理 1.5.4 から再帰的関数となる．よって，これらの関数族は一致する． ∎

第2章
1階論理

本章では，**1階論理**(述語論理)についての基本的事項を学ぶ．第1章では等式だけをあつかう形式体系の性質を調べたが，1階論理ではいろいろな関係記号(例．$<$)や論理記号(例．$\wedge, \forall$)を使った表現が可能となり，普通の数学の議論がほぼ不自由なくこの論理の上で展開できる．

1階論理の形式化にはさまざまな種類があるが，ここでは第1章の等式理論の形式化に類似したゲンツェン-テイトの体系 GT をあつかう．そして，これに対して**完全性定理**(論理的に真なる文はすべて証明可能であること)をヘンキンの方法で証明する．この証明法からは，**コンパクト性定理**や**レーベンハイム-スコーレムの定理**も直に得られる．また，完全性定理を応用して，理論の翻訳について述べる．最後に，1階論理の拡張である**多領域論理**や**2階論理**について付録で説明する．

2.1　言語と構造

最初に，1 階論理におけるいくつかの表現例を見てみよう．

例 1　第 1 章では，群論を記号集合 $\mathcal{L} = (\bullet, \mathsf{e}, {}^{-1})$ における等式理論として導入した．1 階論理を用いると，e, ${}^{-1}$ の記号を使わずに次のような公理で表現できる．

$$\begin{cases} (x \bullet y) \bullet z = x \bullet (y \bullet z), \\ \exists z\,(\forall x\,(z \bullet x = x) \wedge \forall x\, \exists y\,(y \bullet x = z)). \end{cases}$$

例 2　実関数の連続性は，次のように表現される．

- $f(x)$ が $x = a$ で連続である
  $\iff \forall \varepsilon\!>\!0\, \exists \delta\!>\!0\, \forall x\,(|x-a| < \delta \to |f(x) - f(a)| < \varepsilon)$.
- $f(x)$ が(すべての点で)連続である
  $\iff \forall a\, \forall \varepsilon\!>\!0\, \exists \delta\!>\!0\, \forall x\,(|x-a| < \delta \to |f(x) - f(a)| < \varepsilon)$.
- $f(x)$ が一様連続である
  $\iff \forall \varepsilon\!>\!0\, \exists \delta\!>\!0\, \forall x\, \forall y\,(|x-y| < \delta \to |f(x) - f(y)| < \varepsilon)$.

注　$\forall x\!>\!0$ は $\forall x\,(x > 0 \to \cdots)$ の略記，$\exists x\!>\!0$ は $\exists x\,(x > 0 \wedge \cdots)$ の略記.

1 階論理で用いる記号には，どの理論にも共通したもの(論理記号，変数，等号，および括弧など付随的な記号)と理論固有のもの(数学記号)がある．論理記号には，普通 4 つの**命題結合記号**(propositional connective) ($\neg$, $\vee$, $\wedge$, $\to$) と 2 つの**量化記号**(quantifier) ($\forall$, $\exists$) が用いられる．数学記号には，関数記号と関係記号があり，例 2 の場合，関数記号は 0, $-$, f (絶対値記号 $|\ \ |$ を加えてもよいが，$|x| < \alpha$ は $-\alpha < x < \alpha$ の略記としてあつかえばよい)で，関係記号は $<$ である．とくに，ある理論で用いられる数学記号のリスト $\mathcal{L}$ を単にその理論の言語とよぶ．

定義 2.1.1　1 階論理の**言語**(language, signature, alphabet) $\mathcal{L}$ は，関数記号 $\mathtt{f}_i$ と関係記号 R_j のリストもしくは集合である．

$$\mathcal{L} = (\mathtt{f}_0, \mathtt{f}_1, \ldots ; \mathrm{R}_0, \mathrm{R}_1, \ldots).$$

$\mathtt{f}_i$ を m_i 変数の関数記号, R_j を n_j 項の関係記号とするとき, $\rho = (m_0, m_1, \ldots; n_0, n_1, \ldots)$ を言語 $\mathcal{L}$ の**類型**(similarity type)という. □

多くの実際的な言語は有限ないし可算集合であるが，ここでは非可算の場合も排除しない.

定義 2.1.2　言語 $\mathcal{L}$ における**構造**(structure)または $\mathcal{L}$ **構造** $\mathfrak{A}$ は，次のものからなる.

(1)　空でない集合 $A = |\mathfrak{A}|$. これを $\mathfrak{A}$ の**領域**(domain)または**宇宙**(universe)とよぶ(定義 1.2.2 と比較せよ).

(2)　各 m 変数関数記号 $\mathtt{f} \in L$ に対して，A 上の関数 $\mathtt{f}^{\mathfrak{A}} : A^m \to A$.

(3)　各 n 項関係記号 $\mathrm{R} \in L$ に対して，A 上の関係 $\mathrm{R}^{\mathfrak{A}} \subseteq A^n$.

この構造を $\mathfrak{A} = (A; \mathtt{f}_0^{\mathfrak{A}}, \mathtt{f}_1^{\mathfrak{A}}, \ldots; \mathrm{R}_0^{\mathfrak{A}}, \mathrm{R}_1^{\mathfrak{A}}, \ldots)$ と表し，誤読が生じない場合には，仕切り記号としてセミコロン ; の代わりにコンマ , を用いる. □

注　表現を簡単にするため，記号 $\mathtt{f}$, R 等とそれらの解釈 $\mathtt{f}^{\mathfrak{A}}$, $\mathrm{R}^{\mathfrak{A}}$ などを同一文字(字体)で表すことがある(p.56 の例 3 を参照).

代数言語 $\mathcal{L}$ の場合(1.2 節)と同様にして，変数 $x_0, x_1, x_2, \ldots$ と言語 $\mathcal{L}$ の関数記号を適当に合成した記号列を $\mathcal{L}$ の**項**(term)という．とくに，0 変数関数は**定数**(constant)とよばれ，項の一種である．変数を含まない項については，構造における値が次の定義によって定まる.

定義 2.1.3　$\mathfrak{A}$ を $\mathcal{L}$ 構造とする．変数を含まない $\mathcal{L}$ の項 t に対し，$\mathfrak{A}$ におけるその値 $t^{\mathfrak{A}}$ を項の構成に関する帰納法によって以下のように定める.

m 変数関数記号 $\mathtt{f}$ に対応する $\mathfrak{A}$ の関数を $\mathtt{f}^{\mathfrak{A}}$ とし, 項 $t_0, t_1, \ldots, t_{m-1}$ の値を $t_0^{\mathfrak{A}}, t_1^{\mathfrak{A}}, \ldots, t_{m-1}^{\mathfrak{A}}$ とするとき，項 $\mathtt{f}(t_0, t_1, \ldots, t_{m-1})$ の値は $\mathtt{f}^{\mathfrak{A}}(t_0^{\mathfrak{A}}, t_1^{\mathfrak{A}}, \ldots, t_{m-1}^{\mathfrak{A}})$ によって定まる $|\mathfrak{A}|$ の要素である. □

定義 2.1.4　言語 $\mathcal{L}$ の**論理式**(formula)を次のように定義する.

(1)　次の 2 つの形の記号列を(原子)論理式とよぶ.

$$s = t, \qquad \mathrm{R}(t_0, t_1, \ldots, t_{n-1}).$$

ここで, s, t および $t_0, t_1, \ldots, t_{n-1}$ は $\mathcal{L}$ の項, R は $\mathcal{L}$ の n 項関係記号である.

(2)　φ と ψ を言語 $\mathcal{L}$ の論理式, x を変数として, $\neg(\varphi)$, $(\varphi)\wedge(\psi)$, $(\varphi)\vee(\psi)$, $(\varphi) \to (\psi)$, $\forall x(\varphi)$, $\exists x(\varphi)$ は言語 $\mathcal{L}$ の論理式である(括弧は適当に省略する).　□

例 3　$\mathcal{L}_{\mathsf{OR}} = (+, \bullet, 0, 1; <)$ (順序環の言語)とする[*1]. この言語の類型は, $\rho = (2, 2, 0, 0; 2)$ である. 自然数論の標準構造 $\mathfrak{N} = (\mathbb{N}; +, \bullet, 0, 1; <)$ は $\mathcal{L}_{\mathsf{OR}}$ 構造である. ここで, 構造の中の $+, \bullet, 0, 1; <$ は, 自然数上の通常の関数や関係を表しており単なる記号列ではない(例えば, 1 が記号か $\mathbb{N}$ の要素かは, 文脈から判定できるのが普通なので, 今後このような注意書きは省略する). この言語において,

(1)　$(x_0 + 1) \bullet x_2$ は項である.

(2)　$(x_0 + 1) \bullet x_2 < x_1$ は原子論理式である.

(3)　$\forall x_0\, ((x_0 + 1) \bullet x_2 < x_1) \wedge \forall x_1\, \exists x_3\, (x_1 \bullet x_2 = x_3)$ は論理式である.

ある論理式 φ を構成する過程で現れる論理式を φ の**部分式**(subformula)とよぶ. 上例の (3) の論理式の部分式は, 2 つの原子部分式 $(x_0 + 1) \bullet x_2 < x_1$, $x_1 \bullet x_2 = x_3$ と自分自身の他に, $\forall x_0\, ((x_0 + 1) \bullet x_2 < x_1)$, $\exists x_3\, (x_1 \bullet x_2 = x_3)$, $\forall x_1\, \exists x_3\, (x_1 \bullet x_2 = x_3)$ がある. ある論理式において, $\forall x\, \varphi(x)$ または $\exists x\, \varphi(x)$ の形の部分式の中に含まれる変数 x を**束縛変数**(bound variable)といい, そうでないものを**自由変数**(free variable)という. 上例の (3) においては, x_0 と x_3 は束縛変数, x_2 は自由変数, x_1 は自由変数としても束縛変数としても現れる. 論理式 φ に含まれるいくつかの変数(例えば x, y)の自由な現れに注目して, その論理式を $\varphi(x, y)$ のように記すことがある. そして, 論理式 $\varphi(x)$

[*1] 環の言語には 1 変数のマイナス $(-)$ を加えておくのが一般的であるが, 以下では自然数の構造をあつかうことが多いので, 言語 $\mathcal{L}_{\mathsf{OR}}$ に $-$ を含めない.

における変数 x の自由な出現をすべて項 s に置き換えてできる論理式を $\varphi(s)$ と書く．このとき，次のような約束をしておく．代入項 s に含まれる変数が代入の結果束縛されてしまう場合，φ の束縛変数の方をあらかじめ新しい変数に置き換えて変数の衝突を回避する．例えば，$\forall y\, \varphi(x,y)$ に $x=s$ を代入する場合に，s が y を含むなら，$\varphi(x,y)$ にも s にも含まれない新しい変数を w として，$\forall w\, \varphi(x,w)$ と書き直してから，$x=s$ を代入する．

定義 2.1.5 論理式 φ に現れるすべての変数が束縛されているとき，φ を**文**(sentence)または**閉論理式**(closed formula)とよぶ．文の集合は，しばしば**理論**(theory)とよばれる．また，量化記号をもたない論理式は，**量化記号なしの論理式**(quantifier-free formula)，または**開論理式**(open formula)とよばれる． □

論理式 φ に現れるすべての自由変数 $x_1, x_2, \ldots, x_n$ を束縛して得られる文 $\forall x_1\, \forall x_2 \cdots \forall x_n\, \varphi$ を，φ の**全称閉包**(universal closure)とよぶ．論理式とその全称閉包は，しばしば同一視される(例．$x < x+1$ は $\forall x\,(x < x+1)$ の意味に解されることが多い)．論理式の集合を理論とよぶとき，各論理式は必要に応じて全称閉包に直してあつかわれる．

さて，次の目標は，文に対する真偽の概念を定義することである．まず，原子文(変数を含まない原子論理式)に対する真偽を次のように定める．

定義 2.1.6 $\mathfrak{A}$ を言語 $\mathcal{L}$ における構造とする．

(1) 変数を含まない項 s, t に対し，$s^{\mathfrak{A}}$ と $t^{\mathfrak{A}}$ が同じ値であれば，原子論理式 $s=t$ は $\mathfrak{A}$ において**真**(true)であり，そうでなければ**偽**(false)であるという．

(2) R を $\mathcal{L}$ の n 項関係記号とし，$t_0, \ldots, t_{n-1}$ を変数を含まない項として，$\mathrm{R}^{\mathfrak{A}}(t_0^{\mathfrak{A}}, \ldots, t_{n-1}^{\mathfrak{A}})$ が成り立つならば，原子論理式 $\mathrm{R}(t_0, \ldots, t_{n-1})$ は $\mathfrak{A}$ において**真**(true)であり，そうでなければ**偽**(false)であるという． □

一般の文に対する真偽を定めるため，$\mathcal{L}$ 構造 $\mathfrak{A}$ の拡張を定義する．

定義 2.1.7　$\mathfrak{A}, \mathfrak{B}$ をそれぞれ言語 $\mathcal{L}, \mathcal{L}'$ における構造とし，$\mathcal{L} \subset \mathcal{L}'$ とする．このとき，$\mathfrak{B}$ が $\mathfrak{A}$ の**拡張**(expansion)，または $\mathfrak{A}$ が $\mathfrak{B}$ の**縮約**(reduct)であるというのは，$|\mathfrak{A}| = |\mathfrak{B}|$ で，$\mathcal{L}$ の各記号に対する $\mathfrak{A}$ と $\mathfrak{B}$ の解釈が一致する場合である．いま，B を領域 $A = |\mathfrak{A}|$ の部分集合とし，B の各要素 b に対する新しい定数 b^* を $\mathcal{L}$ に加えた言語を $\mathcal{L}_B$ で表す．すなわち，$\mathcal{L}_B = \mathcal{L} \cup \{b^* : b \in B\}$．そして，定数 b^* の解釈を b として，構造 $\mathfrak{A}$ を言語 $\mathcal{L}_B$ に拡張したものを $\mathfrak{A}_B$ で表す．とくに，$\mathfrak{A}_\varnothing = \mathfrak{A}$ である．　□

構造 $\mathfrak{A}$ における文の真偽の概念は，拡張構造 $\mathfrak{A}_A$ を介して定義される．以下では，表記上の簡潔さのため，$|\mathfrak{A}|$ の要素 a と定数 a^* を区別しない．

定義 2.1.8　構造 $\mathfrak{A}_A$ で真となる文全体 $\mathrm{Th}(\mathfrak{A}_A)$ を次の条件(**タルスキの真理定義条項**(truth definition clauses))を満たすものと定める．

- $\mathcal{L}_A$ の原子文 φ について，$\varphi \in \mathrm{Th}(\mathfrak{A}_A) \iff \varphi$ は $\mathfrak{A}_A$ で真,
- $\neg\varphi \in \mathrm{Th}(\mathfrak{A}_A) \iff \varphi \notin \mathrm{Th}(\mathfrak{A}_A)$,
- $\varphi \wedge \psi \in \mathrm{Th}(\mathfrak{A}_A) \iff \varphi \in \mathrm{Th}(\mathfrak{A}_A)$ かつ $\psi \in \mathrm{Th}(\mathfrak{A}_A)$,
- $\varphi \vee \psi \in \mathrm{Th}(\mathfrak{A}_A) \iff \varphi \in \mathrm{Th}(\mathfrak{A}_A)$ または $\psi \in \mathrm{Th}(\mathfrak{A}_A)$,
- $\varphi \to \psi \in \mathrm{Th}(\mathfrak{A}_A) \iff \varphi \notin \mathrm{Th}(\mathfrak{A}_A)$ または $\psi \in \mathrm{Th}(\mathfrak{A}_A)$,
- $\forall x\, \varphi(x) \in \mathrm{Th}(\mathfrak{A}_A) \iff$ すべての $a \in A$ について，$\varphi(a) \in \mathrm{Th}(\mathfrak{A}_A)$,
- $\exists x\, \varphi(x) \in \mathrm{Th}(\mathfrak{A}_A) \iff$ ある $a \in A$ が存在して，$\varphi(a) \in \mathrm{Th}(\mathfrak{A}_A)$.

$\mathrm{Th}(\mathfrak{A}_A)$ は構造 $\mathfrak{A}$ の**初等ダイヤグラム**(elementary diagram)とよばれ，また $\mathrm{Th}(\mathfrak{A}_A)$ に含まれる原子文と原子文の否定だけを集めた集合を構造 $\mathfrak{A}$ の(**基本**)**ダイヤグラム**((basic) diagram)といい，$\mathrm{Diag}(\mathfrak{A})$ で表す．　□

定義 2.1.9　$\mathcal{L}$ の文 φ が $\mathrm{Th}(\mathfrak{A}_A)$ に属するとき，φ は構造 $\mathfrak{A}$ で**真**(true)であるといい，$\mathfrak{A} \models \varphi$ または $\varphi \in \mathrm{Th}(\mathfrak{A})$ と書く．一般の論理式 φ に対しては，その全称閉包 $\forall x_0 \cdots \forall x_{n-1}\, \varphi$ が構造 $\mathfrak{A}$ で真であるときに，$\mathfrak{A} \models \varphi$ とする．　□

定義 2.1.10 言語 $\mathcal{L}$ の文の集合 T が $\mathrm{Th}(\mathfrak{A})$ の部分集合になるとき，構造 $\mathfrak{A}$ は理論 T の**モデル**(model)であるといい，$\mathfrak{A} \models T$ と書く． □

定義 2.1.11 T を言語 $\mathcal{L}$ の文の集合とし，φ を $\mathcal{L}$ の論理式とする．T の任意のモデル $\mathfrak{A}$ において，$\mathfrak{A} \models \varphi$ となるとき，φ は T の**帰結**(consequence)であるといい，$T \models \varphi$ と書く． □

$T \models \varphi$ は，普通の数学の意味で公理系 T において命題 φ が成り立つことを表している．この関係が演繹体系の証明可能性として形式化できるという結果が，ゲーデルの完全性定理である．2.2 節では，1 階論理の代表的な演繹体系の 1 つとしてゲンツェン - テイトによる体系 GT を紹介し，続く 2.3 節においてその完全性を証明する．

2.2 ゲンツェン - テイトの形式体系 GT

論理の演繹体系は必ず公理と推論規則からできているが，そのどちらに重点をおくかでおおよそ 2 つの系統に別れる．公理を主としたものをヒルベルト流，推論規則を主としたものをゲンツェン流とよぶことが多い．また，前節では 6 つの論理記号($\neg, \vee, \wedge, \to, \forall, \exists$)を使って論理式等を定義したが，その記号のいくつかは他の記号を使って表せるので，形式体系を定義する際は論理記号を適当に省略して記述するのが便利である．ここでは，$\wedge, \vee, \forall, \exists$ と，やや特殊な使用法の否定 $\neg$ をもつゲンツェン流の体系 GT を紹介しよう．これはゲンツェンのオリジナルな体系を W. テイトが改良したものである[*2]．

まず，$\varphi \to \psi$ は $\neg\varphi \vee \psi$ の略記と考える．否定 $\neg$ に関しては，**ド・モルガンの法則**(De Morgan's laws)にもとづく次の規則で，左辺を右辺で可能な限り置き換える．

$$\neg(\varphi \vee \psi) :\equiv \neg\varphi \wedge \neg\psi,$$

[*2] ヒルベルト流の公理系とそれに対する完全性定理については，文献 [34] などを参照．

$$\neg(\varphi \wedge \psi) := \neg\varphi \vee \neg\psi,$$
$$\neg \forall x\, \varphi := \exists x\, \neg\varphi,$$
$$\neg \exists x\, \varphi := \forall x\, \neg\varphi,$$
$$\neg\neg\varphi := \varphi.$$

つまり，任意の論理式 φ は，原子論理式またはその否定から $\wedge, \vee, \forall, \exists$ によって組み立てられたものになる．以下で，上の式変形は自動的に行われるものとする．また，$\neg s = t$ を $s \neq t$ と略記する．

定義 2.2.1　論理式の有限列 $\varphi_1, \ldots, \varphi_n$ を**シークエント**(sequent)とよび，その要素を並び換えてできる列はみな同一視する(したがって，シークエントは列というよりも，多重集合(multiset)である)．2つのシークエント Γ $(= \varphi_1, \ldots, \varphi_n)$ と Δ $(= \psi_1, \ldots, \psi_m)$ に対し，Γ, Δ を並べてシークエント $\varphi_1, \ldots, \varphi_n, \psi_1, \ldots, \psi_m$ を表す．　□

シークエント $\varphi_1, \ldots, \varphi_n$ が直観的に意味するところは $\varphi_1 \vee \cdots \vee \varphi_n$ と同じである．ゲンツェン-テイトの体系は，論理式をシークエントに拡張して(あるいは，シークエントにばらして)あつかう体系とみなせる．

定義 2.2.2　理論 T の**ゲンツェン-テイトの形式体系**(Gentzen-Tait formal system) GT は，次の公理と推論規則からなる．

公理(axioms)

(0)　φ (ただし $\varphi \in T$),

(1)　(排中律) $\neg\psi, \psi$ (ただし ψ は原子論理式),

(2)　(等号公理)

(i) $x = x$,

(ii) $x \neq y, y = x$,

(iii) $x \neq y, y \neq z, x = z$,

(iv) $x_1 \neq y_1, \ldots, x_m \neq y_m, \mathtt{f}(x_1, \ldots, x_m) = \mathtt{f}(y_1, \ldots, y_m)$,

(v) $x_1 \neq y_1, \ldots, x_n \neq y_n, \mathrm{R}(x_1, \ldots, x_n), \neg\mathrm{R}(y_1, \ldots, y_n)$.

推論規則(inference rules)

$$\frac{\Gamma, \varphi, \psi}{\Gamma, \varphi \vee \psi}\ (\vee), \quad \frac{\Gamma, \varphi \quad \Gamma, \psi}{\Gamma, \varphi \wedge \psi}\ (\wedge),$$

$$\frac{\Gamma, \varphi(t)}{\Gamma, \exists x\, \varphi(x)}\ (\exists), \quad \frac{\Gamma, \varphi(x)}{\Gamma, \forall x\, \varphi(x)}\ (\forall)\ (\Gamma \text{ は } x \text{ の自由な出現をもたない}),$$

$$\frac{\Gamma}{\Delta}\ (\text{増})\ (\Gamma \text{ は } \Delta \text{ の部分列}), \quad \frac{\Gamma, \neg\varphi \quad \Gamma, \varphi}{\Gamma}\ (\mathrm{cut}).$$

□

定義 2.2.3　理論 T の(形式体系 GT における)**証明木**(proof tree)は，各頂点にシークエントのラベルがつけられた有限木で，その最上点(葉)には公理のラベルがつけられ，それ以外の頂点はその上の頂点との間に推論規則の関係が成立するようなラベルがつけられているものとする．そして，シークエント Γ を根とする証明木が存在するとき，$T \vdash \Gamma$ と書き，その木を $T \vdash \Gamma$ の(あるいは，T における Γ の)**証明**(proof)という．$T = \varnothing$ もしくは T が文脈から明らかな場合，T を省略して $\vdash \Gamma$ とも書く．□

例 4　$\vdash \neg\varphi \vee (\neg\psi \vee (\varphi \wedge \psi))$ の証明を示す．ただし，φ, ψ は原子論理式である．

$$\cfrac{\cfrac{\cfrac{\cfrac{\neg\varphi, \varphi}{\neg\varphi, \varphi, \neg\psi}\ (\text{増}) \quad \cfrac{\neg\psi, \psi}{\neg\psi, \psi, \neg\varphi}\ (\text{増})}{\neg\varphi, \neg\psi, \varphi \wedge \psi}\ (\wedge)}{\neg\varphi, \neg\psi \vee (\varphi \wedge \psi)}\ (\vee)}{\neg\varphi \vee (\neg\psi \vee (\varphi \wedge \psi))}\ (\vee).$$

例 5　任意の項 t について，$\vdash t = t$ がいえる．

$$\cfrac{\cfrac{\cfrac{x = x}{\forall x\, (x = x)}\ (\forall)}{\forall x\, (x = x), t = t}\ (\text{増}) \quad \cfrac{t \neq t, t = t}{\exists x\, (x \neq x), t = t}\ (\exists)}{t = t}\ (\mathrm{cut}).$$

他の等号公理についても，例 5 と同じようにして，任意の項を代入したものが証明できる．

[**問題1**]　等号公理 $x_1 \neq y_1, \ldots, x_n \neq y_n, \mathrm{R}(x_1, \ldots, x_n), \neg\mathrm{R}(y_1, \ldots, y_n)$ で R が等式になる場合を認めれば，それと定義 2.2.2(2) の等号公理 (i) から等号公理 (ii) と (iii) が導けることを示せ．

補題 2.2.4　任意の論理式 φ について，$\vdash \neg\varphi, \varphi$. □

証明　φ の構成に関する帰納法によって示す．φ が原子論理式のときは，公理である．$\varphi \equiv \psi \vee \theta$ のとき，$\neg\varphi \equiv \neg\psi \wedge \neg\theta$ であり，

$$\dfrac{\dfrac{\dfrac{\neg\psi, \psi}{\neg\psi, \psi, \theta}\,(増)}{\neg\psi, \psi \vee \theta}\,(\vee) \quad \dfrac{\dfrac{\neg\theta, \theta}{\neg\theta, \psi, \theta}\,(増)}{\neg\theta, \psi \vee \theta}\,(\vee)}{\neg\psi \wedge \neg\theta, \psi \vee \theta}\,(\wedge).$$

φ が他の形の論理式の場合も同様に示されるので，残りは演習問題とする． ▮

この補題 2.2.4 により，例 4 において，φ, ψ は原子論理式に限らず一般の論理式でもよいことがわかる．

2.3　ゲーデルの完全性定理

この節では，前節で導入した形式体系 GT に対して完全性定理を証明し，そのいくつかの応用について述べる．

定理 2.3.1（演繹定理(deduction theorem)**）**　言語 $\mathcal{L}$ における理論 T，文 φ，シークエント Γ に対して，

$$T \cup \{\varphi\} \vdash \Gamma \implies T \vdash \neg\varphi, \Gamma.$$

証明　$T \cup \{\varphi\} \vdash \Gamma$ の証明木 P に現れるすべてのシークエントに論理式 $\neg\varphi$ をつけ加えた木を P' とする．P の最上点以外の頂点における推論規則の関係はこの書き換えのあとでも同種の推論規則になる(注．$\neg\varphi$ は文なので規則($\forall$)の条件が保たれる)が，P' の最上点のラベルはそのまま公理になるとは

限らない．P の端点がラベル φ をもつとき，P' の対応する頂点のラベルは $\neg\varphi, \varphi$ であり，これは排中律である．P の最上点がそれ以外の公理 Δ のとき，P' の対応する頂点のラベルは $\neg\varphi, \Delta$ だから，その上に Δ をラベルとする頂点をつけ足せば，両者の関係は推論規則(増)となり，そのように修正した木 P'' の最上点はすべて T の公理となる．すなわち，P'' は，$T \vdash \neg\varphi, \Gamma$ の証明木である．∎

上の定理において，Γ が 1 つの論理式 ψ だけからなる場合を考えると，結論 $T \vdash \neg\varphi, \psi$ は $T \vdash \varphi \to \psi$ と同等である．つまり，$T \vdash \varphi \to \psi$ を証明するためには，理論 T において，φ を仮定して ψ を導けばよいというのが演繹定理の眼目である．このとき，次の 2 点に注意されたい．1 つは，φ は文であること(そうでないと，上の証明において P の各頂点に $\neg\varphi$ を加える操作で，推論規則($\forall$)の条件をくずすかもしれない)．もう 1 つは，理論 T において φ を仮定することと，$T \vdash \varphi$ を仮定することの違いである(実際，$T = \mathrm{ZF}$, $\varphi = \mathrm{AC}$ として $T \vdash \varphi$ を仮定したら，これは矛盾であるから何でも導ける)．

定義 2.3.2　$T \vdash$　であるとき，つまり T から空シークエントが証明されるとき，T は**矛盾する**(inconsistent)という．そうでないとき，T は**無矛盾である**(consistent)という．□

補題 2.3.3　T を理論，φ を文として，次が成り立つ．

(1)　$T \vdash \varphi$ かつ $T \vdash \neg\varphi$ となる φ があれば，T は矛盾する．

(2)　$T \cup \{\neg\varphi\}$ が矛盾する　$\Longleftrightarrow$　$T \vdash \varphi$.

(3)　$T \cup \{\neg\varphi\}$ が無矛盾である　$\Longleftrightarrow$　$T \vdash \varphi$ でない．□

証明　(1) は推論規則 (cut) を用いればただちにいえる．(2) の ($\Rightarrow$) は演繹定理による．(2) の ($\Leftarrow$) を示す．$T \vdash \varphi$ ならば $T \cup \{\neg\varphi\} \vdash \varphi$. また明らかに $T \cup \{\neg\varphi\} \vdash \neg\varphi$ だから，(1) より $T \cup \{\neg\varphi\}$ は矛盾する．(3) は (2) の対偶である．∎

補題 2.3.4　T が無矛盾であれば，任意の文 φ に対して，$T \cup \{\varphi\}$ または $T \cup \{\neg\varphi\}$ は無矛盾である． □

証明　上の補題 (1), (3) より明らか． ■

補題 2.3.5　$T \cup \{\exists x\, \varphi(x)\}$ が無矛盾であれば，c を新しい定数とし，言語 $\mathcal{L}' = \mathcal{L} \cup \{\mathsf{c}\}$ において $T \cup \{\varphi(\mathsf{c})\}$ も無矛盾である． □

証明　結論を否定して，$T \cup \{\varphi(\mathsf{c})\} \vdash$ 　とする．演繹定理により，$T \vdash \neg\varphi(\mathsf{c})$ となる．いま，x を $T \vdash \neg\varphi(\mathsf{c})$ の証明に現れない変数とし，$T \vdash \neg\varphi(\mathsf{c})$ の証明中のすべての c を x に置き換えれば，$T \vdash \neg\varphi(x)$ の証明が得られる．その証明木の下に推論規則 $(\forall)$ をつけ加えれば，$T \vdash \forall x\, \neg\varphi(x)$ すなわち $T \vdash \neg\, \exists x\, \varphi(x)$ の証明木が得られる．したがって，補題 2.3.3(2) より $T \cup \{\exists x\, \varphi(x)\}$ は矛盾し，前提の否定が導かれた． ■

さて，次の補題は，ヘンキンによるゲーデルの完全性定理の証明の核心になるものである．バーコフの完全性定理の証明では，項代数を合同関係で割ってモデルを作った．1 階論理のモデルの構成も基本的な考え方は同じだが，求める構造がずっと複雑になるため，あらかじめ与えられた言語の項だけでは全体を表現しきれない．そこで，ヘンキン定数とよばれる新しい定数を導入して言語を拡張する．この操作を**ヘンキン化** (Henkinization) とよぶ．この拡張は，言語によって決まるもので，理論には依存しない．

補題 2.3.6　$\mathcal{L}$ を任意の言語とする．$\mathcal{L}$ に含まれない定数の集合 C と，$\mathcal{L}' = \mathcal{L} \cup C$ の文の集合 H が存在して，$\mathcal{L}$ におけるどんな無矛盾な理論 T に対しても以下が成り立つようにできる．

(0)　$T \cup H$ は無矛盾である．

(1)　$T \cup H \vdash \exists x\, \varphi(x)$ となる $\mathcal{L}'$ の各文 $\exists x\, \varphi(x)$ に対して，$T \cup H \vdash \varphi(\mathsf{c})$ となる $\mathsf{c} \in C$ がある．このような $T \cup H$ を T の**ヘンキン拡大** (Henkin extension) という． □

証明　補題を満たす C と H を構成する．まず，$\exists x\,\varphi(x)$ の形の $\mathcal{L}$ の各文に対して，新しい定数 $\mathsf{c}_{\exists x\,\varphi(x)}$ を用意し，それらを集めて C_1 とする．また，$\neg\exists x\,\varphi(x) \lor \varphi(\mathsf{c}_{\exists x\,\varphi(x)})$ の形の文をすべて集めて H_1 とする．排中律 $\neg\varphi(x), \varphi(x)$ の右式に (増), ($\lor$), ($\exists$) を，左式に ($\forall$) を適用して，$\vdash \neg\exists x\,\varphi(x), \exists x\,(\neg\exists x\,\varphi(x) \lor \varphi(x))$ を得る．排中律 $\exists x\,\varphi(x), \neg\exists x\,\varphi(x)$ の右式に (増), ($\lor$), ($\exists$) を適用して，$\vdash\ \exists x\,\varphi(x),\ \exists x\,(\neg\exists x\,\varphi(x) \lor \varphi(x))$ を得る．(cut) より $\vdash \exists x\,(\neg\exists x\,\varphi(x) \lor \varphi(x))$．よって，$T$ が無矛盾なら，$T \cup \{\exists x\,(\neg\exists x\,\varphi(x) \lor \varphi(x))\}$ も無矛盾だから，補題 2.3.5 より $T \cup H_1$ も無矛盾である．次に，$\exists x\,\varphi(x)$ の形の $\mathcal{L} \cup C_1$ の各文に対して，定数 $\mathsf{c}_{\exists x\,\varphi(x)}$ を用意し，それらを集めて $C_2 \supseteq C_1$ とし，$\neg\exists x\,\varphi(x) \lor \varphi(\mathsf{c}_{\exists x\,\varphi(x)})$ の形の文を集めて $H_2 \supseteq H_1$ とする．T が無矛盾なら，$T \cup H_2$ も無矛盾である．これを繰り返して，無限増加列 $C_0 = \varnothing \subseteq C_1 \subseteq C_2 \subseteq \cdots$ および $H_0 = \varnothing \subseteq H_1 \subseteq H_2 \subseteq \cdots$ を作る．そして，最後に $C = \bigcup_{i\in\mathbb{N}} C_i$, $H = \bigcup_{i\in\mathbb{N}} H_i$ とおく．こうして作られる C に属する定数を**ヘンキン定数**(Henkin constant)，H に属する文を**ヘンキン公理**(Henkin axiom)とよぶ．

上で構成した C と H が条件 (0), (1) を満たすことを示す．T を無矛盾な理論とする．もし $T \cup H$ が矛盾するなら，矛盾は $T \cup H$ の有限部分からも導けるはずだから，ある $i \in \mathbb{N}$ で $T \cup H_i$ も矛盾する．これは，$\{H_i\}$ の構成に反する．また，$\mathcal{L} \cup C$ の文 $\exists x\,\varphi(x)$ は，ある $i \in \mathbb{N}$ について $\mathcal{L} \cup C_i$ の論理式になるから，$\neg\exists x\,\varphi(x) \lor \varphi(\mathsf{c}_{\exists x\,\varphi(x)}) \in H_{i+1} \subseteq H$ である．したがって，$T \cup H \vdash \exists x\,\varphi(x)$ であれば，$T \cup H \vdash \exists x\,\varphi(x) \land \neg\varphi(\mathsf{c}_{\exists x\,\varphi(x)}), \varphi(\mathsf{c}_{\exists x\,\varphi(x)})$ も容易に導けるので，推論規則 (cut) より $T \cup H \vdash \varphi(\mathsf{c}_{\exists x\,\varphi(x)})$ である．　▮

上の証明で構成された C の濃度は，$\mathcal{L}$ の濃度と可算無限の大きな方に一致している．とくに $\mathcal{L}$ が有限もしくは可算無限であれば，C は可算無限である．このことは，各 C_{i+1} が $\mathcal{L} \cup C_i$ の論理式の個数より大きくならないことからわかる（注．有限または可算無限個の記号が与えられたとき，その有限列全体は可算無限である．非可算な κ 個の記号の場合は，有限列全体は濃度 κ になる)．

補題 2.3.7　言語 $\mathcal{L}$ の無矛盾な理論 T に対し，$\mathcal{L}$ の拡大言語 $\mathcal{L}'$ とその理論 S で，次の条件が満たすものが存在する．

(0)　$T \subseteq S$ であり，S は $\mathcal{L}'$ の無矛盾な理論である．

(1)　$S \vdash \exists x\, \varphi(x)$ となる $\mathcal{L}'$ の各文 $\exists x\, \varphi(x)$ に対して，$S \vdash \varphi(\mathsf{c})$ となる $\mathcal{L}'$ の定数 c がある．

(2)　$\mathcal{L}'$ の任意の文 φ に対して，$\varphi \in S$ または $\neg\varphi \in S$ となる．

この S を T の**完全ヘンキン拡大**(complete Henkin extension)という．　□

証明　ツォルンの補題を用いれば，$T \cup H$ を部分集合に含む極大無矛盾集合として S の存在が直にいえる．ここでは超限順序数を使った S の構成法を示す．言語 $\mathcal{L}'$ における文をすべて並べて(順序数を割り振って)，$\{\sigma_i\}_{i<\alpha}$ とする(α は，$\mathcal{L}'$ の濃度か $\omega\,(=\aleph_0)$ の大きな方である)．このとき，無矛盾な集合の増加列 $\{S_i\}_{i<\alpha}$ を以下のように定める．

$$S_0 = T \cup H \quad (\text{ただし，} H \text{ は補題 2.3.6 で構成した集合}),$$

$$S_{i+1} = \begin{cases} S_i \cup \{\sigma_i\} & (S_i \cup \{\sigma_i\} \text{ が無矛盾のとき}), \\ S_i \cup \{\neg\sigma_i\} & (\text{そうでないとき}), \end{cases}$$

$$S_\beta = \bigcup_{i<\beta} S_i \quad (\beta(<\alpha) \text{ が極限順序数のとき}).$$

そして，$S = \bigcup_{i<\alpha} S_i$ とおく．この S が条件 (0), (2) を満たすことは，構成法より明らか．S が条件 (1) を満たすことも，$S = S \cup H$ から明らか．　■

S が (2) を満たすことから，$\mathcal{L}'$ における任意の文 σ について，

$$\sigma \in S \iff S \vdash \sigma$$

がいえることを注意しておこう．

定理 2.3.8　無矛盾な理論はモデルをもつ．

証明　無矛盾な理論 T に対し，ヘンキン定数の集合 C と完全ヘンキン拡大

S を用いて，T のモデルを構成しよう．まず，C の上の同値関係 $\approx$ を次のように定義する．

$$\mathtt{c} \approx \mathtt{d} \iff (\mathtt{c} = \mathtt{d}) \in S.$$

$\approx$ が合同関係になっていることは，S が等号公理を含むことからただちにいえる．そこで，同値類 $[\mathtt{c}] = \{\mathtt{d} \in C : \mathtt{c} \approx \mathtt{d}\}$ の全体を A とする．そして，$\mathcal{L}$ の関数記号 $\mathtt{f}$ と関係記号 R の解釈をそれぞれ次のように定めることで，$\mathcal{L}$ 構造 $\mathfrak{A} = (A, \mathtt{f}^{\mathfrak{A}}, \ldots, \mathrm{R}^{\mathfrak{A}}, \ldots)$ を定義する．

$$\mathtt{f}^{\mathfrak{A}}([\mathtt{c}_0], [\mathtt{c}_1], \ldots, [\mathtt{c}_{m-1}]) = [\mathtt{d}] \iff (\mathtt{f}(\mathtt{c}_0, \mathtt{c}_1, \ldots, c_{m-1}) = \mathtt{d}) \in S,$$
$$\mathrm{R}^{\mathfrak{A}}([\mathtt{c}_0], [\mathtt{c}_1], \ldots, [\mathtt{c}_{n-1}]) \iff \mathrm{R}(\mathtt{c}_0, \mathtt{c}_1, \ldots, \mathtt{c}_{n-1}) \in S.$$

上の定義の妥当性は，$\approx$ が合同関係になることから導ける．

最後に，$\mathcal{L}$ の任意の論理式 $\varphi(x_0, x_1, \ldots, x_{n-1})$ (表示されていない自由変数は含まない) に対して，

$$\varphi([\mathtt{c}_0], [\mathtt{c}_1], \ldots, [\mathtt{c}_{n-1}]) \in \mathrm{Th}(\mathfrak{A}_A) \iff \varphi(\mathtt{c}_0, \mathtt{c}_1, \ldots, \mathtt{c}_{n-1}) \in S$$

となることを，論理式の複雑さに関する帰納法で証明する．φ が原子論理式の場合は，$\mathfrak{A}$ の定義からただちにしたがう．$\varphi \equiv \psi \vee \theta$ の場合は，

$$\begin{aligned}\psi \vee \theta \in \mathrm{Th}(\mathfrak{A}_A) &\iff \psi \in \mathrm{Th}(\mathfrak{A}_A) \text{ または } \theta \in \mathrm{Th}(\mathfrak{A}_A) \\ &\iff \psi \in S \text{ または } \theta \in S \\ &\iff \psi \vee \theta \in S.\end{aligned}$$

$\varphi \equiv \exists x\, \psi(x)$ の場合は，

$$\begin{aligned}\exists x\, \psi(x) \in \mathrm{Th}(\mathfrak{A}_A) &\iff \psi([\mathtt{c}]) \in \mathrm{Th}(\mathfrak{A}_A) \text{ となる } \mathtt{c} \text{ がある} \\ &\iff \psi(\mathtt{c}) \in S \text{ となる } \mathtt{c} \text{ がある} \\ &\iff \exists x\, \psi(x) \in S.\end{aligned}$$

最後の $\iff$ の左向き $\Leftarrow$ において，S の条件 (1) が用いられる．その他の形の論理式についても同様にあつかえる．

よって，$\mathfrak{A}$ は S のモデルであり，したがって T のモデルでもある． ∎

定理 2.3.9（ゲーデルの完全性定理(completeness theorem)）

$$T \vdash \varphi \iff T \models \varphi.$$

証明　“$T \vdash \varphi$ ならば $T \models \varphi$” は簡単にわかる．実際，シークエント $\varphi_1, \ldots, \varphi_n$ の真偽を $\varphi_1 \vee \cdots \vee \varphi_n$ の真偽と考えれば，T の公理，排中律，等号公理は T の任意のモデルで真である．また，各推論規則において前提が真であれば結論も真になることは明らかだから，証明木に現れるシークエントはすべて真であり，とくに根の φ は T の任意のモデルで真である．

逆を示すために，$T \vdash \varphi$ でないと仮定する．φ が自由変数 $x_0, \ldots, x_n$ を含むときは，φ の代わりに $\forall x_0 \cdots \forall x_n \varphi$ を考え，φ は文であると仮定してよい．すると，補題 2.3.3 より，$T \cup \{\neg\varphi\}$ は無矛盾である．したがって，補題 2.3.6 によって，$T \cup \{\neg\varphi\}$ はモデルをもつので，$T \models \varphi$ でないことになり，完全性定理が証明された．　▮

定理 2.3.10（コンパクト性定理(compactness theorem)）　理論 T がモデルをもつための必要十分条件は，T の任意の有限部分集合がモデルをもつことである．

証明　必要性は明らかなので，十分性を示す．T の任意の有限部分集合がモデルをもつとすれば，任意の有限部分集合が無矛盾であるから，T 自身からも矛盾は導かれない．よって，完全性定理により，T はモデルをもつ．　▮

[**問題 2**]　$T_1 \cup T_2$ が矛盾していれば，ある文 σ が存在して，$T_1 \vdash \sigma$ かつ $T_2 \vdash \neg\sigma$ となることを示せ．

[**問題 3**]　次を示せ．

(1)　群に(演算を保存するような)順序が入るための必要十分条件は，すべての有限生成部分群に対し順序が入ることである．

(2)　アーベル群に順序が入るための必要十分条件は，ねじれがないことである

(注. 加群 $\mathfrak{G} = (G, +)$ において，ある $n > 0$ に対して $na = 0$ となる元 $a \neq 0$ をねじれという).

定理 2.3.11（レーベンハイム - スコーレムの下降定理(downward theorem)）　言語 $\mathcal{L}$ における無矛盾な理論は，$\mathcal{L}$ の濃度以下もしくは高々可算のモデルをもつ.

証明　完全性定理 2.3.9 と定理 2.3.8 の証明において，ヘンキン定数の集合 C は可算無限もしくは $\mathcal{L}$ と同じ濃度をもつ. これから同値類をとって $\mathfrak{A}$ を作っても，$|\mathfrak{A}|$ の濃度は高々可算もしくは $\mathcal{L}$ の濃度以下である. ∎

この定理により，可算言語で公理化される実数論や集合論は可算のモデルをもつことになる. 集合論は非常に大きな非可算集合をあつかっているはずなのに，集合論のモデルが可算であるというのは一見不合理のように思われる(**スコーレムのパラドックス**(Skolem's paradox)). しかし，可算であるということは，自然数と 1 対 1 に対応する関数があるということだから，もしそういう関数がモデルの外に存在すれば，モデル内においては非可算に見えるが，外では可算集合としてあつかえるものがあっても不思議はない. つまり，スコーレムのパラドックスは，パラドックスというより，濃度の概念の相対性を示した画期的な発見といえる. 歴史的には，スコーレムの発見がゲーデルの完全性定理より前にあり，後者の発見のきっかけを与えたという説が有力である.

定理 2.3.12（レーベンハイム - スコーレム - タルスキの上昇定理(upward theorem)）　言語 $\mathcal{L}$ の理論が無限モデルをもてば，$\mathcal{L}$ の濃度以上の任意の無限濃度のモデルをもつ.

証明　$\mathfrak{A}$ を $\mathcal{L}$ の理論 T_0 の無限構造とし，κ を $\mathcal{L}$ の濃度以上の基数とする. κ 個の新しい定数の集合 C を用意して,

$$T = T_0 \cup \{\mathsf{c} \neq \mathsf{d} \mid \mathsf{c} \text{ と } \mathsf{d} \text{ は } C \text{ に属する相異なる 2 つの定数である}\}$$

とおく．すると，T の任意の有限部分集合 T' はモデル $\mathfrak{A}'$ をもつ．実際，$\mathfrak{A}'$ は $\mathfrak{A}$ に C の定数の解釈を適当に加えて，T' に含まれる有限個の式 $\mathsf{c} \neq \mathsf{d}$ が成り立つようにするだけでよい．よって，コンパクト性定理から，T 全体がモデルをもつことになるが，T の性質からどのモデルの濃度も κ 以上になる．他方，下降定理により，T は濃度 κ 以下のモデルをもつので，結局ちょうど濃度 κ のモデルが存在することになる．∎

この定理により，どんな自然数の公理系も無矛盾である限り非可算モデルをもつことがわかる．

2.4　言語の拡張と理論の翻訳

この節では，言語の変化や違いが理論におよぼす影響について考える．我々の興味はむしろ影響をおよぼさない場合にあるのだが，そのような事実を確認するためには，理論を直接あつかうよりも，完全性定理を応用して構造の側から調べる方がずっと容易になることが多い．

定義 2.4.1　T, T' をそれぞれ言語 $\mathcal{L}, \mathcal{L}'$ における理論とし，$\mathcal{L} \subset \mathcal{L}'$ とする．このとき，$\mathcal{L}$ の任意の文 σ に対して，

$$T \vdash \sigma \quad \Longleftrightarrow \quad T' \vdash \sigma$$

が成り立つならば，T' は T の**保存的拡大**(conservative extention)であるという．□

例 6　T を $\mathcal{L} = (\,\bullet\,)$ における群の公理(例 1 参照)とし，T' を $\mathcal{L}' = (\,\bullet, \mathsf{e}, {}^{-1})$ における等式による群の公理(定義 1.1.1)とする．このとき，T' は T の保存的拡大である．このことは，次の定理と系から証明される．

定理 2.4.2 $\varphi(x_1,\ldots,x_n,y)$ を言語 $\mathcal{L}$ における論理式で，$x_1,\ldots,x_n,y$ 以外の自由変数をもたないものとする．このとき，$T\vdash\forall x_1\cdots\forall x_n\,\exists y\,\varphi(x_1,\ldots,x_n,y)$ ならば，新しい n 変数関数記号 $\mathtt{f}$ を導入した拡大理論 $T'=T\cup\{\forall x_1\cdots\forall x_n\,\varphi(x_1,\ldots,x_n,\mathtt{f}(x_1,\ldots,x_n))\}$ は T の保存的拡大である．

証明 $\mathfrak{A}$ を T の任意のモデルとする．$T\vdash\forall x_1\cdots\forall x_n\,\exists y\,\varphi(x_1,\ldots,x_n,y)$ ならば，$\mathfrak{A}$ の上で $\forall x_1\cdots\forall x_n\,\varphi(x_1,\ldots,x_n,\mathtt{f}(x_1,\ldots,x_n))$ を成り立たせる関数 $\mathtt{f}^{\mathfrak{A}}$ が作れる(選択公理を使用)．それを $\mathfrak{A}$ に加えた構造 $\mathfrak{A}^*=\mathfrak{A}\cup\{\mathtt{f}^{\mathfrak{A}}\}$ は，明らかに T' のモデルである．言語 $\mathcal{L}$ における T' の定理 σ は $\mathfrak{A}^*$ において真となるが，その真偽は $\mathtt{f}$ の解釈と無関係だから，$\mathfrak{A}$ でも真となるはずである．最後に，$\mathfrak{A}$ は T の任意のモデルだから，完全性定理により $T\vdash\sigma$ がいえる． ▌

この定理の特殊な場合として，次の系を得る．

系 2.4.3 $T\vdash\exists x\,\varphi(x)$ ならば，新しい定数 c を用いて拡大した理論 $T'=T\cup\{\varphi(c)\}$ は T の保存的拡大である． □

数学では次のような論法を常用している．$\varphi(x)$ となる x の存在が示されたら，そのような x を 1 つ選んで c とし，以下 c を固定してあつかう．このような論法の妥当性を示したのが定理 2.4.2 や系 2.4.3 である．

さて，φ を開論理式(量化記号をもたない論理式)としたとき，$\forall x_1\cdots\forall x_n\,\varphi$ の形の論理式を **∀ 論理式**(∀-formula)とよぶ．定理 2.4.2 を用いて，次のことがいえる．

定理 2.4.4 すべての理論 T は，∀ 文だけからなる保存的拡大理論 T' をもつ．

証明 $\mathcal{L}$ を任意の言語とする．$\mathcal{L}$ における $\exists y\,\varphi(x_1,\ldots,x_n,y)$ の形の論

理式($x_1, \ldots, x_n$ 以外の自由変数をもたない)各々に対し，新しい関数記号 $\mathtt{f}_{\exists y\, \varphi(x_1,\ldots,x_n,y)}$ を用意し，それらを集めて F_1 とする．そして，

$$S_1 = \{\forall x_1 \cdots \forall x_n \,(\exists y\, \varphi(x_1, \ldots, x_n, y) \\ \leftrightarrow \varphi(x_1, \ldots, x_n, \mathtt{f}_{\exists y\, \varphi(x_1,\ldots,x_n,y)}(x_1, \ldots, x_n))) \mid \\ \exists y\, \varphi(x_1, \ldots, x_n, y) \text{ は } \mathcal{L} \text{ の論理式} \}$$

とおく．$\mathcal{L}$ のどんな理論 T に対しても，$T \cup S_1$ が T の保存的拡大になることは定理 2.4.2 より明らか．次に，言語 $\mathcal{L} \cup F_1$ における $\exists y\, \varphi(x_1, \ldots, x_n, y)$ の形の式に対して，新しい関数記号を用意して集合 F_2 を作り，同様に S_2 を定める．このような作業(**スコーレム拡大**(Skolem extension)という)を繰り返して，最後に $F = \bigcup_{i \in \mathbb{N}} F_i$, $S = \bigcup_{i \in \mathbb{N}} S_i$ とおく．すると，$\mathcal{L}$ のどんな理論 T に対しても，$T \cup S$ は T の保存的拡大になっており，それを T の**(反復)スコーレム拡大**((iterated) Skolem extension)とよぶ．また，F に属する関数記号を**スコーレム関数**(Skolem function)，S に属する文を**スコーレム公理**(Skolem axiom)とよぶ(これらは，完全性定理の証明に現れるヘンキン定数やヘンキン公理を一般化したものになっているが，歴史的に見れば，ヘンキンがスコーレムの議論を簡単化することで，完全性定理に別証明を与えたのである)．

スコーレム公理(全体) S のもとでは，$\mathcal{L}' = \mathcal{L} \cup F$ のどんな論理式 φ も $\forall$ 論理式と同値になることが φ の構成に関する帰納法で簡単に示せる．また，この事実を証明するためには，スコーレム公理を以下の形に制限しても十分である．

$$S' = \{\forall x_1 \cdots \forall x_n \forall y \,(\varphi(x_1, \ldots, x_n, y) \\ \to \varphi(x_1, \ldots, x_n, \mathtt{f}_{\exists y\, \varphi(x_1,\ldots,x_n,y)}(x_1, \ldots, x_n))) \mid \\ \varphi(x_1, \ldots, x_n, y) \text{ は } \mathcal{L}' \text{ の開論理式} \}$$

ここで，S' のすべての論理式が $\forall$ 文であることに注意せよ．

いま，理論 T の各々の公理(文)に対し，それと S' において同値になる $\mathcal{L}'$

の $\forall$ 文を集めて T'' とする．すると，$T' = T'' \cup S'$ は $\forall$ 文だけからなる T の保存的拡大である． ▮

次に，2 つの異なる言語における理論の翻訳について考えよう．最初に，定義による関数記号の導入について述べる．あとで見るように，これは翻訳の特殊な場合である．以下で，$\exists! y\, \psi(y)$ は $\exists y\, \psi(y) \wedge \forall y_1\, \forall y_2\, (\psi(y_1) \wedge \psi(y_2) \to y_1 = y_2)$ の略記であり，「$\psi(y)$ を満たす y がただ 1 つ存在する」ことを意味する．

T を $\mathcal{L}$ における理論とする．$\mathcal{L}$ の論理式 $\varphi(x_1, \ldots, x_n, y)$ は，$x_1, \ldots, x_n, y$ 以外の自由変数をもたないものとし，$T \vdash \forall x_1 \cdots \forall x_n\, \exists! y\, \varphi(x_1, \ldots, x_n, y)$ とする．このとき，新しい関数記号 $\mathtt{f}$ を導入して拡大した理論 $T' = T \cup \{\forall x_1 \cdots \forall x_n\, \forall y\, (\varphi(x_1, \ldots, x_n, y) \leftrightarrow \mathtt{f}(x_1, \ldots, x_n) = y)\}$ を，T の**定義による拡張** (expansion by definition) という．これが T の保存的拡大になっていることは，定理 2.4.2 からただちにわかる．

いま，$\mathcal{L} \cup \{\mathtt{f}\}$ の論理式 ψ が与えられたとき，次のような変形を行って，$\mathcal{L}$ の論理式 $\psi^{-\mathtt{f}}$ を作る．

(1) ψ が $\mathtt{f}$ を含まなければ，$\psi^{-\mathtt{f}} = \psi$ として終了．

(2) ψ が $\mathtt{f}$ を含むとき，それを含む原子部分式の 1 つを θ とし，その中に現れる部分項 $\mathtt{f}(t_0, \ldots, t_{n-1})$ で，どの引数 t_i も $\mathtt{f}$ を含まないようなものを選ぶ．

(3) θ において，(2) で選んだ部分項を新しい変数 y に置き換えたものを $\theta_1(y)$ とする．

(4) ψ の θ を $\exists y\, (\varphi(t_0, \ldots, t_{n-1}, y) \wedge \theta_1(y))$ で置き換えたものを改めて ψ とし，(1) に戻る．

こうして作った $\psi^{-\mathtt{f}}$ について，

$$T' \vdash \psi \leftrightarrow \psi^{-\mathtt{f}}$$

となることは次の補題から明らかであろう．

補題 2.4.5　T を $\mathcal{L}$ の理論とし，φ を $\mathcal{L}$ の論理式，θ をその部分論理式とする．いま，φ における θ の出現(のいくつか)を $\mathcal{L}$ の論理式 θ' で置き換えたものを φ' とすれば，$T \vdash \theta \leftrightarrow \theta'$ のとき，$T \vdash \varphi \leftrightarrow \varphi'$ となる．　□

証明　完全性定理より，T の任意のモデル $\mathfrak{A}$ で $\theta \leftrightarrow \theta'$ が成り立てば，T の任意のモデル $\mathfrak{A}$ で $\varphi \leftrightarrow \varphi'$ が成り立つことをいえばよい．しかし，これはタルスキの真理定義条項(定義 2.1.8)より明らかである．　■

関係記号についても同様なことがいえる．新しい関係記号 $\mathtt{R}$ を使って，$T' = T \cup \{\forall x_1 \cdots \forall x_n (\varphi(x_1, \ldots, x_n) \leftrightarrow \mathtt{R}(x_1, \ldots, x_n))\}$ とすると，T' は T の保存的拡大である．そして，論理式 ψ に含まれるすべての $\mathtt{R}(t_1, \ldots, t_n)$ を $\varphi(t_1, \ldots, t_n)$ に置き換えた式を $\psi^{-\mathtt{R}}$ とすればやはり

$$T' \vdash \psi \leftrightarrow \psi^{-\mathtt{R}}$$

がいえる．

以上の準備のもとで，言語の翻訳を定義しよう．

定義 2.4.6　2 つの言語 $\mathcal{L}$, $\mathcal{L}'$ および言語 $\mathcal{L}'$ の理論 T' が与えられているとする．次を満たす対 $\langle U, I \rangle$ を言語 $\mathcal{L}$ の(T' における)**翻訳**(interpretation, translation)という．

(1)　U は，$\mathcal{L}'$ の 1 変数論理式である($\mathcal{L}$ の理論の領域を表す)．

(2)　I は，$\mathcal{L}$ から $\mathcal{L}'$ の論理式への関数であり，$\mathtt{f}$ が n 変数関数記号のときは $I(\mathtt{f})$ は $n+1$ 変数の論理式，$\mathtt{R}$ が n 項関係記号のときは $I(\mathtt{R})$ も n 変数の論理式である．

(3)　$T' \vdash \exists x\, U(x)$.

(4)　$\mathcal{L}$ の各関数記号 $\mathtt{f}$ について，$T' \vdash \forall x_1 \cdots \forall x_n (U(x_1) \wedge \cdots \wedge U(x_n) \to \exists! y\, (I(\mathtt{f})(x_1, \ldots, x_n, y) \wedge U(y)))$.　□

次に，$\mathcal{L}$ の論理式を翻訳したいのだが，直接 $\mathcal{L}'$ の論理式に翻訳するのは大変なので，$\mathcal{L}'$ を定義によって拡大し，そこに翻訳を考える．$\mathcal{L}'$ の拡大は

とても簡単で，$I(\mathtt{f})$ から(多少手を加えて)定義される関数記号を $\mathtt{f}$ とし，$I(\mathtt{R})$ で定義される関係記号を $\mathtt{R}$ とする．ここで手を加えるべき問題点は，$T \vdash \forall x_1 \cdots \forall x_n \exists! y\, I(\mathtt{f})(x_1, \ldots, x_n, y)$ が必ずしも成り立っていないことである．しかし，いま任意の定数 a をとって，

$$I'(\mathtt{f})(x_1, \ldots, x_n, y) \Longleftrightarrow$$
$$((U(x_1) \wedge \cdots \wedge U(x_n)) \wedge I(\mathtt{f})(x_1, \ldots, x_n, y))$$
$$\vee ((\neg U(x_1) \vee \cdots \vee \neg U(x_n)) \wedge y = a)$$

と置けば，$I'(\mathtt{f})$ は上の条件を満たし，これによって定義される関数を $\mathtt{f}$ とすればよい．

このように $\mathcal{L}'$ を拡大しておけば，$\mathcal{L}$ の項は翻訳後もそのままであるから，原子論理式も変わらず，命題結合記号もそのまま保存される．注意すべきところは量化記号のあつかいだけである．いま，$\mathcal{L}$ の論理式 φ の翻訳結果を φ^I で表せば，

(1) $(\exists x\, \psi)^I$ は，$\exists x\, (U(x) \wedge \psi^I)$ である．

(2) $(\forall x\, \psi)^I$ は，$\forall x\, (U(x) \rightarrow \psi^I)$ である．

定義 2.4.7 T, T' をそれぞれ言語 $\mathcal{L}, \mathcal{L}'$ の理論とし，$\langle U, I\rangle$ を言語 $\mathcal{L}$ の T' における翻訳とする．$\mathcal{L}$ の任意の文 σ に対して，

$$T \vdash \sigma \quad \Longrightarrow \quad T' \vdash \sigma^I$$

が成り立つならば，$\langle U, I\rangle$ を理論 T の T' における**翻訳** (interpretation) といい，このような $\langle U, I\rangle$ があるとき T は T' に**翻訳可能** (interpretable) という．さらに，

$$T \vdash \sigma \quad \Longleftrightarrow \quad T' \vdash \sigma^I$$

ならば，$\langle U, I\rangle$ を T から T' への**忠実な翻訳** (faithful interpretation) という．

□

例 7 T が T' の定義による拡張であれば，忠実な翻訳 $\langle U, I\rangle$ が存在する．$U(x)$ を $x = x$ とおき，定義された関数 $\mathtt{f}$ または関係 $\mathtt{R}$ に対し，$I(\mathtt{f})$ または $I(\mathtt{R})$ はその定義式とし，それ以外の記号の翻訳はそのまま自明のものを対応させればよい．

例 8　$\mathfrak{N} = (\mathbb{N}, +, \bullet, 0, 1, <)$，$\mathfrak{Z} = (\mathbb{Z}, +, \bullet, 0, 1)$ とする．$\mathrm{Th}(\mathfrak{N})$ から $\mathrm{Th}(\mathfrak{Z})$ への忠実な翻訳 $\langle U, I\rangle$ が存在する．

$$U(x) \equiv \exists x_1\, \exists x_2\, \exists x_3\, \exists x_4\, (x = x_1 \bullet x_1 + \cdots + x_4 \bullet x_4),$$
$$I(+)(l, m, n) \equiv l + m = n, \quad I(\bullet)(l, m, n) \equiv l \bullet m = n,$$
$$I(0)(n) \equiv n = 0, \quad I(1)(n) \equiv n = 1,$$
$$I(<)(m, n) \equiv \exists x\, U(x) \wedge x \neq 0 \wedge m + x = n.$$

［**問題 4**］　$\mathrm{Th}(\mathfrak{Z})$ から $\mathrm{Th}(\mathfrak{N})$ への忠実な翻訳 $\langle U, I\rangle$ が存在することを示せ．

［**問題 5**］　ペアノ算術 PA は，ZF 集合論に翻訳可能であることを示せ．ZF 集合論から無限の公理を除いた体系は，PA に翻訳可能であることを示せ．

T から T' への忠実な翻訳が存在するとき，T における証明可能性は，T' のそれに還元される．したがって，T' の証明可能性があつかいやすいものであれば(例えば，T' が決定可能であれば)，T も同様になる．逆に，決定不能だとわかっている理論 T を翻訳させることで，T' の決定不能性を示す論法も有力である．

付録　多領域論理と 2 階論理

まず，1 階論理の自然な拡張である**多領域論理**(many sorted logic)について述べよう．数学の理論では，2 種類以上の異なった対象を同時にあつかうことがよくある．例えば，ベクトル空間ならスカラーとベクトル，射影幾何なら点と線と面，などである．このような場合，構造 $\mathfrak{A}, \mathfrak{B}, \mathfrak{C}, \ldots$ の個別の性質と，複数の構造にまたがる性質を同時に議論する必要がある．

この状況は一見複雑に見えるが，容易に普通の 1 階論理の枠組みに納めることができる．すなわち，全体領域として $U = A \cup B \cup C \cup \cdots$ を取り，各領域 $A, B, C, \ldots$ をそれぞれ 1 変数述語で表現すればよい．射影幾何を普通の 1 階論理で議論するなら，“x は点である”，“x は線である”，“x は面である” という意味の関係記号をそれぞれ $\mathtt{P}(x)$, $\mathtt{L}(x)$, $\mathtt{F}(x)$ とし，例えば，“すべての点 x について，$\cdots$” は $\forall x\,(\mathtt{P}(x) \to \cdots)$ で表せばよい．

例 9　射影平面幾何にはいろいろな公理系があるが，最も基本的な部分体系 B は以下のようである．$\mathtt{P}(x)$ は “x は点である”，$\mathtt{L}(x)$ は “x は線である”，$x \epsilon y$ は “点 x が線 y の上にある” を意味している．

(1)　$\forall x\,(\mathtt{P}(x) \leftrightarrow \neg\mathtt{L}(x))$,

(2)　$\forall x\,\forall y\,(x \epsilon y \to \mathtt{P}(x) \wedge \mathtt{L}(y))$,

(3)　$\forall x\,\forall y\,(\mathtt{P}(x) \wedge \mathtt{P}(y) \wedge x \neq y \to \exists! z\,(x \epsilon z \wedge y \epsilon z)$,

(4)　$\forall x\,\forall y\,(\mathtt{L}(x) \wedge \mathtt{L}(y) \wedge x \neq y \to \exists! z\,(z \epsilon x \wedge z \epsilon y)$,

(5)　$\exists x_1\,\exists x_2\,\exists x_3\,\exists x_4\,(\mathtt{P}(x_1) \wedge \mathtt{P}(x_2) \wedge \mathtt{P}(x_3) \wedge \mathtt{P}(x_4) \wedge x_1 \neq x_2 \wedge x_1 \neq x_3 \wedge x_1 \neq x_4 \wedge x_2 \neq x_3 \wedge x_2 \neq x_4 \wedge x_3 \neq x_4 \wedge \neg c(x_1, x_2, x_3) \wedge \neg c(x_1, x_2, x_4) \wedge \neg c(x_1, x_3, x_4) \wedge \neg c(x_2, x_3, x_4))$,

ここで，$c(x, y, z) \equiv \exists w\,(x \epsilon w \wedge y \epsilon w \wedge z \epsilon w)$.

この体系 B が双対原理を成り立たせることは比較的容易にわかる．しかし，体系 B ではパッポスの定理は証明できない．この定理まで証明しうる最も自然な公理系は，結局この定理を公理とするものになるようである（文献 [106] を参照）．

多領域論理をあつかう際，表記の簡便さのために，異なる領域を動く変数には異なる文字種を用いることで，領域を区別する述語を除くことも多い．例えば，幾何の場合，点の変数は小文字，線は大文字，面はギリシャ文字などと使い分けることで，$\mathtt{P}(x)$, $\mathtt{L}(x)$, $\mathtt{F}(x)$ などの述語を使わずに済む．第 7, 8 章であつかう 2 階算術は，自然数と自然数の集合という 2 種類の対象をもつ（2 領域の）体系であるが，自然数の変数には小文字，集合の変数には大文字を使うことで，それぞれの領域を区別することが多い．

次に，2 階論理について簡単に述べておこう．1 階論理の場合，変数は対象となる構造の領域の要素を表していた．これに対して，2 階の変数は領域の要素間の関係や関数を表し，そのような関係や関数についての量化を行う．以下簡単のために，1変数関係の量化のみをあつかう**単項2階論理**(monadic second-order logic)について述べよう．

1変数関係記号 R を含む1階言語 $\mathcal{L}$ における論理式 $\varphi(\mathtt{R})$ に対して，R を変数 R とみて，$\forall R\,\varphi(R)$ や $\exists R\,\varphi(R)$ のような2階量化を許した論理式を考える．このとき，$\mathcal{L}-\{\mathtt{R}\}$ における構造 $\mathfrak{A}$ に対して，$\forall R\,\varphi(R)$ や $\exists R\,\varphi(R)$ の真偽は以下で定義される．

$$\mathfrak{A}\models\forall R\,\varphi(R)\quad\Longleftrightarrow\quad\text{任意の }\dot{R}\subseteq A\text{ に対して }(\mathfrak{A},\dot{R})\models\varphi(R).$$

$$\mathfrak{A}\models\exists R\,\varphi(R)\quad\Longleftrightarrow\quad\text{ある }\dot{R}\subseteq A\text{ が存在して }(\mathfrak{A},\dot{R})\models\varphi(R).$$

ここで，$(\mathfrak{A},\dot{R})$ は，$\mathcal{L}-\{\mathtt{R}\}$ 構造 $\mathfrak{A}$ に，関係記号 R の解釈 $\dot{R}$ を加えた $\mathcal{L}$ 構造である．このような解釈をともなう構造 $\mathfrak{A}$ を2階論理の**標準構造**(standard structure)とよぶ．

ここで問題になるのが，「任意の $\dot{R}\subseteq A$」などの2階変域がメタな立場に依存してしまうことである．実際，このような解釈に対する2階論理がうまく形式化できないことが次のようにしてわかる．もし2階論理が形式化できたとして，それに算術の公理を加えた体系を PA_2 とする．これに対しても不完全性定理が成り立つので，1階部分が $\mathbb{N}$ と同型でない(真の拡大になる)超準モデル $\mathfrak{M}$ が存在する．すると，その2階領域には $\mathbb{N}$ と同型な集合がある．その集合は0を含み，$+1$ で閉じているから，$\mathfrak{M}$ が帰納法を成り立たせるなら，$|\mathfrak{M}|$ 全体と一致しなければならない．これは $\mathfrak{M}$ の取り方に矛盾する．

これに対してヘンキンは，2階領域も対象として指定するような構造を導入し，**一般構造**(general structure)とよんだ．すなわち，単項2階論理の**一般構造** $\mathcal{B}=(\mathfrak{A},\mathcal{S})$ は次の要素からなる．$\mathfrak{A}$ は1階論理の構造で，$\mathcal{S}\subset\mathcal{P}(A)$，かつ以下が成り立つ．

$$\mathcal{B}\models\forall X\,\varphi(X)\quad\Longleftrightarrow\quad\text{任意の }\dot{X}\in\mathcal{S}\text{ に対して }\mathcal{B}\models\varphi(\dot{X}).$$

$$\mathcal{B}\models\exists X\,\varphi(X)\quad\Longleftrightarrow\quad\text{ある }\dot{X}\in\mathcal{S}\text{ が存在して }\mathcal{B}\models\varphi(\dot{X}).$$

一般構造は，単に2つの領域をもつ1階構造とみなせる．しかし，ヘンキンは一般構造が満たすべき仮定として，内包公理と選択公理をあげている．ここで，内包公理というのは，少なくとも定義可能な集合 $\{x \mid \varphi(x)\}$ は2階領域に存在しているという主張である．そして，ヘンキンによる2階論理の完全性定理を（やや素朴な表現で）述べれば次のようになる．

> **定理（2階論理の完全性定理）**　2階の文が（内包公理やその他の公理から）証明可能であるための必要十分条件は，（それらの公理を満たす）任意の一般構造に対して成り立つことである．

この定理は単項に限らない2階論理にも拡張できる．また，第7, 8章であつかう2階算術には，ヘンキンの2階理論の考え方が応用されている．

第3章
モデルの理論

第1章では，構造のクラスが等式理論で公理化されるための必要十分条件を与えた(バーコフの等式クラス定理)．本章では，1階論理におけるいろいろな形の公理系(例．**ホーン理論**)とそのモデルのクラスの特徴を調べていく．そして，その分析の道具として，モデルの理論で用いられる基本概念(**初等的部分構造**，**初等鎖**，**モデル完全**，**約積**，**超積**など)を導入する．

最後に，モデルの理論の重要な応用である**超準解析**について述べる．超積ないし**超ベキ**を使って，無限大や無限小を含んだ実数の超準世界が構成されると，そこでは本来の極限操作が有限的な計算に置き換わる．この超準的手法は，弱い体系でも限定的に利用でき，第8章の議論に用いられる．

3.1　初等的部分構造

本節では，複数の構造の間に成り立つ種々の関係について調べるが，その代表は**初等的部分構造**である．「初等的(elementary)」とは，タルスキを祖とするバークレー学派の用語で，「1 階論理の」とほぼ同義語に使われている．

以下，言語 $\mathcal{L}$ を 1 つ固定して，話を進める．とくに明記しない限り，この言語における構造を考える．次の定義は，代数構造に対する同様の概念の自明な拡張である．

定義 3.1.1　$\mathfrak{A}, \mathfrak{B}$ を $\mathcal{L}$ 構造とする．射 $\phi : |\mathfrak{A}| \longrightarrow |\mathfrak{B}|$ が以下の条件を満たすとき，ϕ を**準同型**(homomorphism)とよび，$\phi : \mathfrak{A} \longrightarrow \mathfrak{B}$ で表す．すべての m 変数関数記号 $\mathtt{f}$ とすべての $a_0, \ldots, a_{m-1} \in |\mathfrak{A}|$ について，

$$\phi(\mathtt{f}^{\mathfrak{A}}(a_0, \ldots, a_{m-1})) = \mathtt{f}^{\mathfrak{B}}(\phi(a_0), \ldots, \phi(a_{m-1})),$$

かつすべての n 項関係記号 $\mathtt{R}$ とすべての $a_0, \ldots, a_{n-1} \in |\mathfrak{A}|$ について，

$$\mathtt{R}^{\mathfrak{A}}(a_0, \ldots, a_{n-1}) \quad \Longrightarrow \quad \mathtt{R}^{\mathfrak{B}}(\phi(a_0), \ldots, \phi(a_{n-1})).$$

また，準同型 ϕ が単射(1 対 1)で，かつ次の条件を満たすとき，それを $\mathfrak{A}$ から $\mathfrak{B}$ への**埋め込み**(embedding)という．すべての n 項関係記号 $\mathtt{R}$ とすべての $a_0, \ldots, a_{n-1} \in |\mathfrak{A}|$ について，

$$\mathtt{R}^{\mathfrak{A}}(a_0, \ldots, a_{n-1}) \quad \Longleftrightarrow \quad \mathtt{R}^{\mathfrak{B}}(\phi(a_0), \ldots, \phi(a_{n-1})).$$

さらに，埋め込み $\phi : \mathfrak{A} \longrightarrow \mathfrak{B}$ が全射($|\mathfrak{B}|$ の上への関数)になるとき，それを**同型**(isomorphism)とよぶ．このとき，$\mathfrak{A}$ と $\mathfrak{B}$ が**同型である**(isomorphic)ともいい，

$$\mathfrak{A} \cong \mathfrak{B}$$

と表す．　□

$\mathrm{Th}(\mathfrak{A}_A)$ に含まれる原子文と原子文の否定を集めた集合を $\mathfrak{A}$ のダイヤグラム $\mathrm{Diag}(\mathfrak{A})$ と定義した(定義 2.1.8)．これを使って，次のことがいえる．

補題 3.1.2　$\mathfrak{A}$, $\mathfrak{B}$ を $\mathcal{L}$ 構造とする．射 $\phi : |\mathfrak{A}| \longrightarrow |\mathfrak{B}|$ が埋め込みであるための必要十分条件は，$\mathfrak{B}_{\phi(A)}$ が $\mathrm{Diag}(\mathfrak{A})$ のモデルになることである．　□

［**問題 1**］　補題 3.1.2 を証明せよ．

定義 3.1.3　構造 $\mathfrak{A}$ が構造 $\mathfrak{B}$ の**部分構造**(substructure)であるとは，$|\mathfrak{A}| \subseteq |\mathfrak{B}|$ で，かつ包含関数 $i_{|\mathfrak{A}|} : |\mathfrak{A}| \longrightarrow |\mathfrak{B}|$ が埋め込みになるとき，つまりすべての関数記号 f と関係記号 R の構造 $\mathfrak{A}$ における解釈がそれぞれの記号の $\mathfrak{B}$ における解釈を $|\mathfrak{A}|$ に制限したものになるときをいう．このとき，

$$\mathfrak{A} \subseteq \mathfrak{B}$$

と書く．　□

例 1　$(\mathbb{N}, +, \bullet, 0, 1, <) \subseteq (\mathbb{R}, +, \bullet, 0, 1, <)$.

準同型 $\phi : \mathfrak{A} \longrightarrow \mathfrak{B}$ に対して，その像 $\phi(|\mathfrak{A}|)$ を領域とする $\mathfrak{B}$ の部分構造を $\phi(\mathfrak{A})$ と書き，**準同型像**(homomorphic image)とよぶ．埋め込み $\phi : \mathfrak{A} \longrightarrow \mathfrak{B}$ に対しては，$\phi(\mathfrak{A})$ と $\mathfrak{A}$ が同型になる．

以上は一般的な数学用語だが，これからモデル理論特有の用語を定義していく．

定義 3.1.4　2 つの $\mathcal{L}$ 構造 $\mathfrak{A}$ と $\mathfrak{B}$ が**初等的同値**(elementary equivalent)であるとは，両者が同じ $\mathcal{L}$ 文を成り立たせること，つまり $\mathrm{Th}(\mathfrak{A}) = \mathrm{Th}(\mathfrak{B})$ となることをいう．このとき，

$$\mathfrak{A} \equiv \mathfrak{B}$$

と書く．　□

次の主張はほとんど自明であろう．厳密には論理式の構成に関する帰納法で証明するが，演習問題としよう．

補題 3.1.5　同型な 2 つの構造は，初等的同値である．すなわち，$\mathfrak{A} \cong \mathfrak{B} \Longrightarrow \mathfrak{A} \equiv \mathfrak{B}$.　□

定義 3.1.6　構造 $\mathfrak{A}$ が構造 $\mathfrak{B}$ の**初等的部分構造**(elementary substructure) であるとは，構造 $\mathfrak{A}$ が構造 $\mathfrak{B}$ の部分構造であって，両者が同じ $\mathcal{L}_A$ 文を成り立たせること，すなわち $\mathrm{Th}(\mathfrak{A}_A) = \mathrm{Th}(\mathfrak{B}_A)$ となることをいう．このとき，

$$\mathfrak{A} \prec \mathfrak{B}$$

と書く． □

初等的部分構造であるという性質は初等的同値性よりも強い．つまり，$\mathfrak{A} \prec \mathfrak{B} \Longrightarrow \mathfrak{A} \equiv \mathfrak{B}$ である．また，$\prec$ は推移的関係である．

例 2　$\mathfrak{N}_< = (\mathbb{N}, <)$, $\mathfrak{N}_<^+ = (\mathbb{N} - \{0\}, <)$ とおく．このとき，

$$\mathfrak{N}_< \cong \mathfrak{N}_<^+, \quad \mathfrak{N}_< \equiv \mathfrak{N}_<^+, \quad \mathfrak{N}_<^+ \subseteq \mathfrak{N}_<.$$

しかし，

$$\mathfrak{N}_<^+ \not\prec \mathfrak{N}_<.$$

［**問題 2**］　$\mathfrak{Q}_< = (\mathbb{Q}, <)$, $\mathfrak{R}_< = (\mathbb{R}, <)$ に対して，関係 $\cong$, $\subseteq$, $\equiv$, $\prec$ のどれが成り立つか(証明は求めない)．

［**問題 3**］　有限構造 $\mathfrak{A}$ (つまり $|\mathfrak{A}|$ が有限集合) と構造 $\mathfrak{B}$ が $\mathfrak{A} \equiv \mathfrak{B}$ の関係を満たしているとき，$\mathfrak{A} \cong \mathfrak{B}$ となることを示せ．

定理 3.1.7 (タルスキ - ヴォートの判定法(Tarski-Vaught's criterion)**)**
$\mathfrak{A} \prec \mathfrak{B}$ であるための必要十分条件は，$\mathfrak{A} \subseteq \mathfrak{B}$ であって，かつ任意の $m+1$ 変数論理式 $\varphi(x, y_1, \ldots, y_m)$ と任意の $a_1, \ldots, a_m \in A$ について，$\mathfrak{B}_A \models \exists x\, \varphi(x, a_1, \ldots, a_m)$ ならば $a \in |\mathfrak{A}|$ が存在して $\mathfrak{B}_A \models \varphi(a, a_1, \ldots, a_m)$ となることである．

証明　必要性は明らかである．十分性を示すには，任意の論理式 $\varphi(x_1, \ldots, x_n)$ と，任意の $a_1, \ldots, a_n \in A$ について，

$$\mathfrak{A}_A \models \varphi(a_1, \ldots, a_n) \quad \Longleftrightarrow \quad \mathfrak{B}_A \models \varphi(a_1, \ldots, a_n)$$

となることを φ の構成に関する帰納法で証明する．φ が原子式の場合は，

$\mathfrak{A} \subseteq \mathfrak{B}$ よりいえる．帰納法のステップで本質的な場合は $\varphi \equiv \exists x\, \psi$ の形のときで，とくに $(\Leftarrow)$ は定理の条件からただちに得られる． ∎

［**問題 4**］ タルスキ - ヴォートの判定法を用いて，次の (1), (2) を証明せよ．

(1) 言語 $\mathcal{L}$ の理論 T について，以下は同値である．

(i) 言語 $\mathcal{L}$ のどの 1 変数論理式 $\varphi(x)$ に対しても，変数を含まない項の列 $t_1, \ldots, t_n$ が存在して，

$$T \vdash \exists x\, \varphi(x) \to \varphi(t_1) \vee \cdots \vee \varphi(t_n)$$

となる(**弱ヘンキン性**)．

(ii) T のどのモデル $\mathfrak{A}$ に対しても，その最小の部分構造は初等的部分構造になる．

(2) 言語 $\mathcal{L}$ の理論 T について，以下は同値である．

(i) 言語 $\mathcal{L}$ のどの $m+1$ 変数論理式 $\varphi(x, y_1, \ldots, y_m)$ に対しても，m 変数の項の列 $t_1(y_1, \ldots, y_m), \ldots, t_n(y_1, \ldots, y_m)$ が存在して，

$$T \vdash \exists x\, \varphi(x, y_1, \ldots, y_m) \to \varphi(t_1(y_1, \ldots, y_m), y_1, \ldots, y_m) \vee \cdots \vee \varphi(t_n(y_1, \ldots, y_m), y_1, \ldots, y_m))$$

となる(**弱スコーレム性**)．

(ii) T のどのモデル $\mathfrak{A}$ に対しても，任意の部分構造は初等的部分構造になる．

定義 3.1.8 構造たちの可算上昇列

$$\mathfrak{A}_0 \subseteq \mathfrak{A}_1 \subseteq \cdots \subseteq \mathfrak{A}_i \subseteq \cdots \qquad (i \in \mathbb{N})$$

を構造の**鎖**(chain)とよぶ．そして，その極限として自然に定義される構造 $\mathfrak{A} = \bigcup_{i \in \mathbb{N}} \mathfrak{A}_i$ を鎖の**和**(union)とよぶ． □

各 $i \in \mathbb{N}$ に対して，$\mathfrak{A}_i$ が $\mathfrak{A}$ の部分構造になることは明らかである．

定義 3.1.9 構造たちの可算上昇列

$$\mathfrak{A}_0 \prec \mathfrak{A}_1 \prec \cdots \prec \mathfrak{A}_i \prec \cdots \qquad (i \in \mathbb{N})$$

を構造の**初等鎖**(elementary chain)とよぶ．そして，構造 $\mathfrak{A} = \bigcup_{i \in \mathbb{N}} \mathfrak{A}_i$ を初等鎖の**和**(union)とよぶ． □

定理 3.1.10（初等鎖定理） 任意の初等鎖 $\mathfrak{A}_0 \prec \mathfrak{A}_1 \prec \cdots$ に対し，その和を $\mathfrak{A}$ とおくと，各 i について $\mathfrak{A}_i \prec \mathfrak{A}$.

証明 この証明はタルスキ - ヴォートの判定法のアイデアにもとづくが，直接的な応用にはなっていない．まず，$\mathfrak{A}$ を初等鎖 $\mathfrak{A}_0 \prec \mathfrak{A}_1 \prec \cdots$ の和とする．以下では，論理式 $\varphi(x_1, \ldots, x_n)$ の構成に関する帰納法によって，すべての i について，任意の $a_1, \ldots, a_n \in A_i$ に対して，

$$\mathfrak{A}_{iA_i} \models \varphi(a_1, \ldots, a_n) \quad \Longleftrightarrow \quad \mathfrak{A}_{A_i} \models \varphi(a_1, \ldots, a_n)$$

を証明する（i を固定してから帰納法を使うとうまくいかない）．

φ が原子式のときは明らか．帰納法のステップで本質的なのは，$\varphi \equiv \exists x\, \psi$ の形のときである．ここで，i を任意に固定する．$(\Rightarrow)$ は帰納法の仮定からただちに導ける．$(\Leftarrow)$ を示すために，$a_1, \ldots, a_m \in A_i$ として，$\mathfrak{A}_{A_i} \models \exists x\, \varphi(x, a_1, \ldots, a_m)$ を仮定しよう．すると，$\mathfrak{A}_A \models \varphi(a, a_1, \ldots, a_m)$ を成り立たせる $a \in A$ がある．十分大きな $j \geq i$ をとれば，$a, a_1, \ldots, a_m \in A_j$ となるから，帰納法の仮定より $\mathfrak{A}_{jA_j} \models \varphi(a, a_1, \ldots, a_m)$ である．したがって，$\mathfrak{A}_{jA_j} \models \exists x\, \varphi(x, a_1, \ldots, a_m)$．$\prec$ の推移性から $\mathfrak{A}_i \prec \mathfrak{A}_j$ となるので，$\mathfrak{A}_{iA_i} \models \exists x\, \varphi(x, a_1, \ldots, a_m)$ も得られ，$(\Leftarrow)$ が示された． ∎

3.2 ∀ 理論と ∀∃ 理論

数学の公理系として最も よく用いられる形態が ∀ 理論と ∀∃ 理論である．本節では，バーコフの等式クラス定理 1.3.13 の延長として，これらの理論に対するモデルのクラスの特徴を調べる．

定義 3.2.1 T を言語 $\mathcal{L}$ の理論とする．T のモデル全体を $\mathrm{Mod}(T)$ で表す．すなわち，

$$\mathrm{Mod}(T) = \{\mathfrak{A} \mid \mathfrak{A} \models T\}$$

である． □

バーコフの等式クラス定理(1.3 節の最後にあるその拡張)をこの章の言葉で表現し直せば次のようになる.

定理 3.2.2 $\mathcal{K}$ を $\mathcal{L}$ 構造のクラスとすると，次の 2 つは同値である.

(1) $\mathcal{K}$ は直積，部分構造，準同型像に関して閉じている.

(2) 原子式(の全称閉包)だけからなる理論 T が存在して，$\mathcal{K} = \mathrm{Mod}(T)$.

ここで，構造の直積は次のように定義される.

定義 3.2.3 各 $\mathfrak{A}_i$ $(i \in I)$ が $\mathcal{L}$ 構造のとき，構造 $\prod \mathfrak{A}_i = (\prod A_i, \mathtt{f}^{\prod \mathfrak{A}_i}, \ldots, \mathtt{R}^{\prod \mathfrak{A}_i}, \ldots)$ をそれらの**直積**(direct product)という．ここで

$$\mathtt{f}^{\prod \mathfrak{A}_i}(a_1, \ldots, a_n) = \lambda i.\mathtt{f}^{\mathfrak{A}_i}(a_1(i), \ldots, a_n(i)),$$
$$\mathtt{R}^{\prod \mathfrak{A}_i}(a_1, \ldots, a_n) \iff \forall i \in I\,(\mathtt{R}^{\mathfrak{A}_i}(a_1(i), \ldots, a_n(i))).$$

ただし，$\lambda i.y_i$ という記法は，各 i に対して，y_i を与える関数を表す. □

上の定理 3.2.2 から自然に生じる疑問は，$\mathcal{K}$ が直積で閉じている場合，部分構造で閉じている場合，準同型像で閉じている場合を別々に考えたら，それぞれどのような形の公理系が対応するかである．直積については，それを「約積」に拡張して次節であつかい，部分構造については，本節でこれから述べる．準同型像の話は第 5 章(定理 5.3.15)であつかうが，結果だけ述べると以下のようになる.

定理 3.2.4 (リンドンの定理) 次の 2 条件は同値である.

(1) $\mathrm{Mod}(T)$ は準同型像に関して閉じている.

(2) 否定記号 $\neg$ なしの理論 T' が存在して，$\mathrm{Mod}(T) = \mathrm{Mod}(T')$.

否定記号 $\neg$ なしの理論とは，すべての公理が原子論理式から $\wedge$, $\vee$, $\forall$, $\exists$ だけで構成されているものをいう.

定義 3.2.5　φ を開論理式(量化記号を含まない論理式)とするとき，$\forall x_1 \cdots \forall x_m\, \varphi$ を **$\forall$ 論理式**(もしくは**全称論理式**)，$\forall x_1 \cdots \forall x_n\, \exists y_1 \cdots \exists y_m\, \varphi$ を **$\forall\exists$ 論理式**という．そして，$\forall$ 文からなる集合を **$\forall$ 理論**もしくは**全称理論**(universal theory)，$\forall\exists$ 文からなる集合を **$\forall\exists$ 理論**もしくは**帰納的理論**(inductive theory)という． □

2.4節で示したように，すべての理論は言語の拡張によって $\forall$ 理論にすることができる．例えば，群論は，言語 $(\bullet)$ においては $\forall\exists$ 理論[*1]だが，言語 $(\bullet, \mathrm{e}, ^{-1})$ では $\forall$ 理論になる．同様に，環論や整域の理論 (=可換環論 + $\forall x\, \forall y\, (x \bullet y = 0 \to x = 0 \vee y = 0)$) も十分な言語のもとで $\forall$ 理論としてあつかえる．体の理論は通常 $\forall\exists$ 理論であるが，それを $\forall$ 理論としてあつかうには除法 x/y を全域関数として導入する必要がある．

定理 3.2.6（ウォッシュ - タルスキ）　次の2条件は同値である．

(1)　$\mathrm{Mod}(T)$ は部分構造に関して閉じている．

(2)　$\forall$ 理論 T' が存在して，$\mathrm{Mod}(T) = \mathrm{Mod}(T')$．

証明　(2) $\Rightarrow$ (1) を示す．T を $\forall$ 理論とし，$\mathfrak{B} \subseteq \mathfrak{A} \in \mathrm{Mod}(T)$ とする．$\forall x_1 \cdots \forall x_n\, \varphi(x_1, \ldots, x_n)$ を T の任意の公理とする．$\mathfrak{A} \models \forall x_1 \cdots \forall x_n\, \varphi(x_1, \ldots, x_n)$ だから，任意の $b_1, \ldots, b_n \in B \subseteq A$ に対しても，$\mathfrak{A}_B \models \varphi(b_1, \ldots, b_n)$ である．φ は開論理式であり，$\mathfrak{B} \subseteq \mathfrak{A}$ から $\mathfrak{B}_B \models \varphi(b_1, \ldots, b_n)$ である．よって，$\mathfrak{B} \models \forall x_1 \cdots \forall x_n\, \varphi(x_1, \ldots, x_n)$ となり，$\mathfrak{B} \in \mathrm{Mod}(T)$ である．

(1) $\Rightarrow$ (2) を示すため，(1) を仮定し，$T' = \{\sigma \mid \sigma$ は $\forall$ 文で，かつ $T \vdash \sigma\}$ とおく．$\mathrm{Mod}(T) \subseteq \mathrm{Mod}(T')$ は明らかだから，逆を示す．$\mathfrak{A} \in \mathrm{Mod}(T')$ とし，$D = \mathrm{Diag}(\mathfrak{A})$ とおく．$D \cup T$ がモデル $\mathfrak{B}_A$ をもてば，それは明らかに $\mathfrak{A}$ と同型な部分構造を含むので，仮定より $\mathfrak{A} \in \mathrm{Mod}(T)$ である．あとは，$D \cup T$

[*1] 結合律 + $\forall x, y\, \exists z\, (z \bullet y = x = y \bullet z)$.

がモデルをもつことを示せばよい．

もし，$D \cup T$ がモデルをもたなければ，D の有限部分集合 $\{\varphi_1(a_1, \ldots, a_n), \ldots, \varphi_k(a_1, \ldots, a_n)\}$ が存在して，$\{\varphi_1(a_1, \ldots, a_n), \ldots, \varphi_k(a_1, \ldots, a_n)\} \cup T$ もモデルをもたない．いま $\varphi(a_1, \ldots, a_n) = \varphi_1(a_1, \ldots, a_n) \wedge \cdots \wedge \varphi_k(a_1, \ldots, a_n)$ とおけば，完全性定理（定理 2.3.9）により，言語 $\mathcal{L} \cup \{a_1, \ldots, a_n\}$ において $T \vdash \neg\varphi(a_1, \ldots, a_n)$ である．T は定数 $a_1, \ldots, a_n$ を含まないので，これらを変数 $x_1, \ldots, x_n$ に置き換えれば，$T \vdash \neg\varphi(x_1, \ldots, x_n)$，すなわち $T \vdash \forall x_1 \cdots \forall x_n \neg\varphi(x_1, \ldots, x_n)$ を得る．よって，$\forall x_1 \cdots \forall x_n \neg\varphi(x_1, \ldots, x_n)$ は T' に属するから，$\mathfrak{A} \models \forall x_1 \cdots \forall x_n \neg\varphi(x_1, \ldots, x_n)$ である．したがって，$\mathfrak{A}_A \models \neg\varphi(a_1, \ldots, a_n)$ であり，いずれかの $i \leq k$ については $\mathfrak{A}_A \models \neg\varphi_i(a_1, \ldots, a_n)$ になるので，$\varphi_i(a_1, \ldots, a_n)$ が D に属することに反する． ∎

［**問題 5**］ 定理 3.2.6 を次のようにいい替えることはできない理由を考えよ．$\mathcal{K}$ を $\mathcal{L}$ 構造のクラスとすると，次の 2 つは同値である．

(1) $\mathcal{K}$ は部分構造に関して閉じている．

(2) ∀ 理論 T が存在して，$\mathcal{K} = \mathrm{Mod}(T)$．

定理 3.2.7（チャン - ウォッシュ - スシュコ） 次の 2 条件は同値である．

(1) $\mathrm{Mod}(T)$ は鎖の和に関して閉じている．すなわち，$\mathfrak{A}_0 \subseteq \mathfrak{A}_1 \subseteq \cdots$ を T のモデルの鎖とすれば，その和も T のモデルになる．

(2) ∀∃ 理論 T' が存在して，$\mathrm{Mod}(T') = \mathrm{Mod}(T)$ である．

証明 (2) ⇒ (1) を示す．$\mathfrak{A}_0 \subseteq \mathfrak{A}_1 \subseteq \cdots$ を ∀∃ 理論 T' のモデルの鎖として，その和 $\mathfrak{A} = \bigcup_{i \in \mathbb{N}} \mathfrak{A}_i$ も T' のモデルになることを示す．$\forall x_1 \cdots \forall x_n \exists y_1 \cdots \exists y_m \varphi(x_1, \ldots, x_n, y_1, \ldots, y_m)$ を T' に属する任意の ∀∃ 文とする．任意の $a_1, \ldots, a_n \in A$ をとる．このとき，ある k が存在して，$\{a_1, \ldots, a_n\} \subseteq A_k$ である．$\mathfrak{A}_{kA_k} \models \exists y_1 \cdots \exists y_m \varphi(a_1, \ldots, a_n, y_1, \ldots, y_m)$ より，ある $b_1, \ldots,$

$b_m \in A_k$ に対して，$\mathfrak{A}_{kA_k} \models \varphi(a_1, \ldots, a_n, b_1, \ldots, b_m)$ である．φ は開論理式で，$\mathfrak{A}_k \subseteq \mathfrak{A}$ だから，$\mathfrak{A}_A \models \varphi(a_1, \ldots, a_n, b_1, \ldots, b_m)$ である．よって，$\mathfrak{A}_A \models \exists y_1 \cdots \exists y_m \varphi(a_1, \ldots, a_n, y_1, \ldots, y_m)$ であり，$a_1, \ldots, a_n \in |\mathfrak{A}|$ は任意にとったので，$\mathfrak{A} \models \forall x_1 \cdots \forall x_n \exists y_1 \cdots \exists y_m \varphi(x_1, \ldots, x_n, y_1, \ldots, y_m)$ となる．

(1) ⇒ (2) を示す．$T' = \{\sigma \mid \sigma$ は $\forall\exists$ 文で，$T \vdash \sigma\}$ とする．$\mathrm{Mod}(T) \subseteq \mathrm{Mod}(T')$ は明らか．逆を示すために，$\mathfrak{A} \in \mathrm{Mod}(T')$ とする．$D_\forall$ を $\mathrm{Th}(\mathfrak{A}_A)$ に含まれる $\forall$ 文の集合とする．定理 3.2.6 (ウォッシュ - タルスキ) の証明とほとんど同様にして，コンパクト性定理 (定理 2.3.10) より，$D_\forall \cup T$ がモデル $\mathfrak{B}_A$ をもつことがいえる．すると，$\mathfrak{B}_A$ の縮約 $\mathfrak{B}$ も T のモデルであり，$\mathfrak{A} \subseteq \mathfrak{B}$ となる．

さらに，$D = \mathrm{Diag}(\mathfrak{B})$ とおくと，やはりコンパクト性定理から，$D \cup \mathrm{Th}(\mathfrak{A}_A)$ もモデルをもつことがわかる．これを簡単に証明する．$\varphi(b_1, \ldots, b_n)$ を D の有限個の論理式を $\vee$ でつないだもので，$b_1, \ldots, b_n$ は $B - A$ の定数とする．いま，$\mathrm{Th}(\mathfrak{A}_A) \vdash \neg\varphi(b_1, \ldots, b_n)$ と仮定すれば，

$$
\begin{aligned}
\mathrm{Th}(\mathfrak{A}_A) \vdash \forall x_1 \cdots \forall x_n \neg\varphi(x_1, \ldots, x_n)& \\
\Longrightarrow \quad & \forall x_1 \cdots \forall x_n \neg\varphi(x_1, \ldots, x_n) \in D_\forall \\
\Longrightarrow \quad & \mathfrak{B}_A \models \forall x_1 \cdots \forall x_n \neg\varphi(x_1, \ldots, x_n) \\
\Longrightarrow \quad & \mathfrak{B}_A \models \neg\varphi(b_1, \ldots, b_n) \\
\Longrightarrow \quad & \text{矛盾.}
\end{aligned}
$$

$\mathfrak{A}'_A$ を $D \cup \mathrm{Th}(\mathfrak{A}_A)$ のモデルとすれば，$\mathfrak{B} \subseteq \mathfrak{A}'$ かつ $\mathfrak{A} \prec \mathfrak{A}'$ となる．

もう一度整理しておくと，$\mathfrak{A} \in \mathrm{Mod}(T')$ に対して，T のモデル $\mathfrak{B} \supseteq \mathfrak{A}$ があり，さらに $\mathfrak{A}' \supseteq \mathfrak{B}$ で，$\mathfrak{A} \prec \mathfrak{A}'$ となるものが存在する．$\mathfrak{A}' \in \mathrm{Mod}(T')$ であるから，同様の議論で T のモデル $\mathfrak{B}' \supseteq \mathfrak{A}'$ があり，さらに $\mathfrak{A}'' \supseteq \mathfrak{B}'$ で，$\mathfrak{A}' \prec \mathfrak{A}''$ となるものがある．この作業を繰り返すことにより，T' のモデルの初等鎖

$$\mathfrak{A} \prec \mathfrak{A}' \prec \mathfrak{A}'' \prec \cdots$$

と T のモデルの鎖

$$\mathfrak{B} \subseteq \mathfrak{B}' \subseteq \mathfrak{B}'' \subseteq \cdots$$

が得られ，さらに $\mathfrak{A}^{(n)} \subseteq \mathfrak{B}^{(n)} \subseteq \mathfrak{A}^{(n+1)}$ となる．したがって，2つの鎖の和は一致しており，それを $\mathfrak{A}_\infty$ とおく．すると，一方で初等鎖定理(定理 3.1.10)より $\mathfrak{A} \prec \mathfrak{A}_\infty$ であり，他方で定理の条件 (1) を用いて $\mathfrak{A}_\infty$ は T のモデルになる．よって，$\mathfrak{A}$ も T のモデルであり，$\mathrm{Mod}(T') \subseteq \mathrm{Mod}(T)$ が証明された． ▌

［**問題 6**］ T を ∀∃ 理論，φ_1, φ_2 を ∀∃ 文とする．いま，T の任意のモデル $\mathfrak{A}$ が $T \cup \{\varphi_1\}$ のモデルにも $T \cup \{\varphi_2\}$ のモデルにも拡張できるならば，$T \cup \{\varphi_1, \varphi_2\}$ のモデルに拡張できることを示せ．

定義 3.2.8 理論 T が**モデル完全**(model complete)であるとは，T の任意のモデル $\mathfrak{A}$, $\mathfrak{B}$ について，

$$\mathfrak{A} \subseteq \mathfrak{B} \quad \Longrightarrow \quad \mathfrak{A} \prec \mathfrak{B}$$

となることをいう． □

モデル完全の代表的な理論は，実閉体，実閉順序体，代数的閉体などである．これらについては，主に第6章で詳しく述べる．

補題 3.2.9 モデル完全な理論は，∀∃ 理論である． □

証明 モデル完全な理論 T では，モデルの鎖は初等鎖になっているから，初等鎖定理(定理 3.1.10)よりその和も T のモデルになる．上で示した定理より，この理論は ∀∃ 理論である． ▌

［**問題 7**］ モデル完全な理論では，すべての論理式に対して，それと同値な ∀ 論理式が存在することを示せ(ヒント．定理 3.2.6 の (1) ⇒ (2) の証明を参考にせよ)．

3.3　ホーン理論と約積

ホーン論理式は 1950 年代初めに A. ホーンが，本節で述べるような数学的な興味(直積との関係)から導入したものである．しかし，70 年代に R. コワルスキがその形の論理式に対する効率の良い証明手続きを発見し，そのアイデアにもとづき論理型プログラミングの理論と応用が急速に発展し，ホーン論理式といえば人工知能の論理として広く知られるようになった(文献 [36])．

これまで同様，言語 $\mathcal{L}$ を 1 つ固定して，話を進める．

定義 3.3.1　各 θ_i $(i \leq n)$ が原子論理式として，$\theta_0 \vee \neg\theta_1 \vee \cdots \vee \neg\theta_n$ または $\neg\theta_1 \vee \cdots \vee \neg\theta_n$ を**基本ホーン論理式**(basic Horn formula)とよぶ．基本ホーン論理式から $\wedge, \forall, \exists$ のみで作られる論理式を**ホーン論理式**(Horn formula)とよぶ．自由変数をもたないホーン論理式を，**ホーン文**(Horn sentence)とよぶ．そして，ホーン文の集合を**ホーン理論**(Horn theory)とよぶ．　□

基本ホーン論理式は，$\theta_1 \wedge \cdots \wedge \theta_n \to \theta_0$ または $\theta_1 \wedge \cdots \wedge \theta_n \to \bot$ (矛盾)とも表すことができ，応用上はその方が使いやすい．

例 3　正則環の理論(環論に公理 $\forall x\, \exists y\, (xyx = x)$ をつけ加えたもの)はホーン理論である．整域の理論(可換環論 + $\forall x\, \forall y\, (x \bullet y = 0 \to x = 0 \vee y = 0)$)や体の理論(可換環論 + $\forall x\, \exists y\, (x \neq 0 \to xy = 1)$)はホーン理論ではない．

ホーン理論のモデルは，「約積」とよばれる直積の一般化について閉じている．それを導入するために，いま二，三の定義が必要である．

定義 3.3.2　I を空でない集合とする．$\mathcal{F} \subseteq \mathcal{P}(I)$ は，以下の性質を満たすとき I 上の**フィルター**(filter)であるという．

(1)　$\varnothing \notin \mathcal{F}$, $I \in \mathcal{F}$.

(2)　$X \in \mathcal{F},\ X \subseteq Y \subseteq I \implies Y \in \mathcal{F}$.

(3)　$X, Y \in \mathcal{F} \implies X \cap Y \in \mathcal{F}$.　□

直観的には，I の部分集合で，ある基準より大きなものだけを集めたものがフィルターである．(1) の条件によって，基準が緩すぎる $\mathcal{P}(I)$ や逆に厳しすぎる $\varnothing$ はフィルターから除外する．

［**問題 8**］ I を無限集合として，以下を示せ．

(1) I の有限部分集合全体はフィルターでない．

(2) I の無限部分集合全体はフィルターでない．

(3) I の部分集合で，その補集合が有限であるものの全体はフィルターである（このフィルターを**フレシェ・フィルター**（Fréchet filter）という）．

(4) 各 $i \in I$ に対し，I の部分集合で，i を含むものの全体 $\{X \subseteq I \mid i \in X\}$ はフィルターである（このフィルターを**単項フィルター**（principal filter）という）．

補題 3.3.3 $S \subset \mathcal{P}(I)$ が次の性質（**有限交叉性**（finite intersection property））をもつとき，S を含むフィルター $\mathcal{F}$ が存在する．

S の任意の有限部分集合 $\{J_1, \ldots, J_n\}$ に対して $J_1 \cap \cdots \cap J_n \neq \varnothing$. □

証明 $\mathcal{F} = \{X \subseteq I \mid \text{ある } \{J_1, \ldots, J_n\} \subset S \text{ に対して } J_1 \cap \cdots \cap J_n \subset X\}$ とおけばよい． ∎

定義 3.3.4 $\mathfrak{A}_i = (A_i, \mathtt{f}^{\mathfrak{A}_i}, \ldots, \mathtt{R}^{\mathfrak{A}_i}, \ldots)$ $(i \in I)$ を $\mathcal{L}$ 構造とし，$\mathcal{F}$ を I のフィルターとする．このとき，$\prod A_i$ 上の 2 項関係 $\approx_{\mathcal{F}}$ を次のように定義する．

$$a \approx_{\mathcal{F}} b \iff \{i \in I \mid a(i) = b(i)\} \in \mathcal{F}.$$ □

これは，a と b とが（$\mathcal{F}$ の基準で）十分多くの i について一致する，つまり両者が十分近いことを表している．

補題 3.3.5 $\approx_{\mathcal{F}}$ は同値関係である． □

証明 反射律と対称律は，定義から明らかである．推移律を示すために，$a \approx_{\mathcal{F}} b$, $b \approx_{\mathcal{F}} c$ を仮定する．定義から，

$$\{i \in I \mid a(i) = b(i)\} \in \mathcal{F} \text{ かつ } \{i \in I \mid b(i) = c(i)\} \in \mathcal{F}.$$

一方,

$$\{i \in I \mid a(i) = c(i)\} \supseteq \{i \in I \mid a(i) = b(i)\} \cap \{i \in I \mid b(i) = c(i)\}$$

だから，フィルターの条件 (2), (3) より

$$\{i \in I \mid a(i) = c(i)\} \in \mathcal{F}.$$

よって，$a \approx_{\mathcal{F}} c$. ∎

$a_1, \ldots, a_n \in \prod A_i$ について

$$\|\varphi(a_1, \ldots, a_n)\| = \{i \in I \mid \mathfrak{A}_i \models \varphi(a_1(i), \ldots, a_n(i))\}$$

とおく(注．上の $\mathfrak{A}_i$ は正確には $\mathfrak{A}_{iA_i}$ のことである．文脈から明らかな場合，$\mathfrak{A}_A$ を単に $\mathfrak{A}$ と記すことがある)．このとき，次がいえる．

補題 3.3.6　$a_1 \approx_{\mathcal{F}} b_1, \ldots, a_n \approx_{\mathcal{F}} b_n$ のとき，

$$\|\mathtt{f}(a_1, \ldots, a_n) = \mathtt{f}(b_1, \ldots, b_n)\| \in \mathcal{F},$$

$$\|\mathtt{R}(a_1, \ldots, a_n)\| \in \mathcal{F} \quad \Longleftrightarrow \quad \|\mathtt{R}(b_1, \ldots, b_n)\| \in \mathcal{F}.$$ □

証明　次のことと，フィルターの条件 (2), (3) によって容易に導ける．

$$\bigcap_{k \leq n} \{i \in I \mid a_k(i) = b_k(i)\} \subseteq \|\mathtt{f}(a_1, \ldots, a_n) = \mathtt{f}(b_1, \ldots, b_n)\|,$$

$$\bigcap_{k \leq n} \{i \in I \mid a_k(i) = b_k(i)\} \cap \|\mathtt{R}(a_1, \ldots, a_n)\| \subseteq \|\mathtt{R}(b_1, \ldots, b_n)\|.$$ ∎

したがって，$\approx_{\mathcal{F}}$ は $\prod A_i$ 上の合同関係になり，代数構造のときと同じように，商構造を定義することができる．すなわち，その同値類全体を $\prod A_i/{\approx_{\mathcal{F}}}$ あるいは $\prod A_i/\mathcal{F}$ として，関数 f の値や関係 R の真偽は代表元の選び方によらずその上で一意に定まる．

定義 3.3.7　$\mathfrak{A}_i = (A_i, \mathtt{f}^{\mathfrak{A}_i}, \ldots, \mathtt{R}^{\mathfrak{A}_i}, \ldots)$ $(i \in I)$ を $\mathcal{L}$ 構造とし，$\mathcal{F}$ を I のフィルターとする．このとき，直積 $\prod A_i$ を合同関係 $\approx_{\mathcal{F}}$ で割って得られる $\mathcal{L}$ 構造

$$\left(\prod A_i/\mathcal{F}, \mathtt{f}^{\prod \mathfrak{A}_i/\mathcal{F}}, \ldots, \mathtt{R}^{\prod \mathfrak{A}_i/\mathcal{F}}, \ldots\right)$$

を $\mathfrak{A}_i$ たちの**約積**(reduced product)とよび,

$$\prod \mathfrak{A}_i/\mathcal{F}$$

で表す. □

空でない集合 I に対し, $\mathcal{F} = \{I\}$ はフィルターであり, $\prod \mathfrak{A}_i/\mathcal{F} \cong \prod \mathfrak{A}_i$ となる. つまり, 直積も約積の1つである. また, 単項フィルター $\mathcal{F} = \{X \subseteq I \mid k \in X\}$ に対しては, $\prod \mathfrak{A}_i/\mathcal{F} \cong \mathfrak{A}_k$ となる.

補題 3.3.8 φ を原子論理式から $\wedge$ と $\exists$ のみで得られる論理式とすると, $a_1, \ldots, a_n \in \prod A_i$ について,

$$\prod \mathfrak{A}_i/\mathcal{F} \models \varphi([a_1], \ldots, [a_n]) \iff \|\varphi(a_1, \ldots, a_n)\| \in \mathcal{F}. \quad \square$$

証明 論理式の構成に関する帰納法によって証明する. φ が原子論理式の場合, 定義より明らか. φ が $\psi_1 \wedge \psi_2$ の形であれば, 帰納法の仮定とフィルターが $\cap$ に関して閉じていることから容易にいえる. φ が $\exists x\, \psi(x)$ の場合を示す. φ はパラメータ $a_1, \ldots, a_n \in \prod A_i$ を含んでよいが, 簡単のため省略して表す.

$$\begin{aligned}
\prod \mathfrak{A}_i/\mathcal{F} \models \exists x\, \psi(x) &\iff \text{ある } a \in \prod \mathfrak{A}_i \text{ に対し } \prod \mathfrak{A}_i/\mathcal{F} \models \psi([a]) \\
&\iff \text{ある } a \in \prod \mathfrak{A}_i \text{ に対し } \|\psi(a)\| \in \mathcal{F} \\
&\qquad\qquad (\because \text{帰納法の仮定}) \\
&\implies \|\exists x\, \psi(x)\| \in \mathcal{F} \quad (\because \|\psi(a)\| \subseteq \|\exists x\, \psi(x)\|).
\end{aligned}$$

逆に, $\|\exists x\, \psi(x)\| \in \mathcal{F}$ とすれば, 選択公理によって, 各 $i \in \|\exists x\, \psi(x)\|$ に対して $\mathfrak{A}_i \models \psi(a(i))$ となる $a \in \prod A_i$ を作れば, $\|\psi(a)\| \in \mathcal{F}$ となる. すると, 帰納法の仮定より $\prod \mathfrak{A}_i/\mathcal{F} \models \psi([a])$. したがって, $\prod \mathfrak{A}_i/\mathcal{F} \models \exists x\, \psi(x)$ となる. ∎

補題 3.3.9 $\varphi(x_1, \ldots, x_n)$ を基本ホーン論理式とすると, $a_1, \ldots, a_n \in$

$\prod A_i$ について,

$$\|\varphi(a_1,\ldots,a_n)\| \in \mathcal{F} \quad \Longrightarrow \quad \prod \mathfrak{A}_i/\mathcal{F} \models \varphi([a_1],\ldots,[a_n]). \qquad \square$$

証明　簡単のため，論理式のパラメータ $a_1,\ldots,a_n \in \prod A_i$ を省略する．φ を基本ホーン文 $(\theta_0\vee)\neg\theta_1 \vee \cdots \vee \neg\theta_n$ とする．ここで，θ_i $(i \leq n)$ は原子文である．$\|\varphi\| \in \mathcal{F}$ かつ $\prod \mathfrak{A}_i/\mathcal{F} \not\models \varphi$ を仮定して矛盾を導く．

まず，後者の仮定より，$\prod \mathfrak{A}_i/\mathcal{F} \models \theta_1 \wedge \cdots \wedge \theta_n$ だから，補題 3.3.8 より $\|\theta_1 \wedge \cdots \wedge \theta_n\| \in \mathcal{F}$ がいえる．φ が θ_0 を含まない場合，$\varnothing = \|\varphi\| \cap \|\theta_1 \wedge \cdots \wedge \theta_n\| \in \mathcal{F}$ で，フィルターの定義に反する．φ が θ_0 を含む場合，$\|\theta_0\| \subseteq \|\varphi\| \cap \|\theta_1 \wedge \cdots \wedge \theta_n\| \in \mathcal{F}$ だから，補題 3.3.8 より $\prod \mathfrak{A}_i/\mathcal{F} \models \theta_0$ となり，仮定 $\prod \mathfrak{A}_i/\mathcal{F} \not\models \varphi$ に反する．∎

補題 3.3.10　$\varphi(x_1,\ldots,x_n)$ をホーン論理式とすると，$a_1,\ldots,a_n \in \prod A_i$ について,

$$\|\varphi(a_1,\ldots,a_n)\| \in \mathcal{F} \quad \Longrightarrow \quad \prod \mathfrak{A}_i/\mathcal{F} \models \varphi([a_1],\ldots,[a_n]). \qquad \square$$

証明　ホーン論理式は，基本ホーン論理式から $\wedge, \forall, \exists$ で作られる論理式であり，その構成に関する帰納法で補題を証明する．基本ホーン論理式の場合は，補題 3.3.9 からしたがう．ホーン論理式が $\wedge$ または $\exists$ で構成されるステップについては，補題 3.3.8 の証明と同様である．$\forall$ のステップについては,

$$\begin{aligned}
\|\forall x\,\varphi(x)\| \in \mathcal{F} \quad &\Longrightarrow \quad \forall a\,\|\varphi(a)\| \in \mathcal{F} \\
&\Longrightarrow \quad \forall a\,\prod \mathfrak{A}_i/\mathcal{F} \models \varphi([a]) \\
&\Longleftrightarrow \quad \prod \mathfrak{A}_i/\mathcal{F} \models \forall x\,\varphi(x)
\end{aligned}$$

よりいえる．∎

この補題により，ホーン論理式が約積で保存されること，つまりあるホーン論理式のモデルたちの約積が再びもとのホーン論理式のモデルになることがわかる．したがって，ホーン理論のモデルのクラスは約積，とくに直積でも閉じていることになる．そして，この逆も成り立つことが知られており，そ

れを加えた形で述べておく.

定理 3.3.11（キースラー - ギャルヴィン）　次の 2 条件は同値である.

(1)　$\mathrm{Mod}(T)$ は約積に関して閉じている.

(2)　ホーン理論 T' が存在して，$\mathrm{Mod}(T) = \mathrm{Mod}(T')$.

(1) ⇒ (2) の証明は，文献 [39] の定理 6.2.5 を参照．マンスフィールド (1972) による別証明もある.

この定理の応用として，例えば，正則環の約積が正則環であることがわかる.

もう一度直積の話にもどる．まず，直積で閉じていて，約積で閉じていないクラスがある．その例として，原子をもつブール代数を考える．ブール代数の理論は $\forall$ 理論で，原子 a をもつという主張は次の $\exists\forall$ 文で表される.

$$\exists a\,\forall x\,(a \neq 0 \wedge (a \bullet x = x \rightarrow x = a \vee x = 0)).$$

そのようなブール代数の直積 $\prod \mathfrak{A}_i$ においては，ある i において原子 $a \in |\mathfrak{A}_i|$ を値とし，それ以外のところで 0 を値とする関数 f を考えると，それが $\prod \mathfrak{A}_i$ の原子になる．他方，約積に対しては，フレシェ・フィルター $\mathcal{F}$ をとって，$\prod \mathfrak{A}_i/\mathcal{F}$ を考える．もし，$\prod \mathfrak{A}_i/\mathcal{F}$ が原子 $[g]$ をもったとすると，それはゼロ $0^{\prod \mathfrak{A}_i/\mathcal{F}}$ ではないから，無限集合 $J \subseteq I$ に対して 0 以外の値をとる．J を 2 つの無限集合 J_1, J_2 に分割して，g の J_2 での値を 0 に置き換えた関数を h とすれば，$[g] \bullet [h] = [h]$, $[h] \neq [g]$, $[h] \neq 0$ となり，$[g]$ が原子であることに反する.

では，直積を保存するような文全体がどのようなものになるかというと，容易には記述できない．実際，それが計算不可能であるという結果がマコーバー (1960) によって得られている.

文献によっては，基本ホーン論理式の前にいくつかの $\forall$ をつけた文（本書の言葉では，$\forall$ ホーン文）を単にホーン文とよび，その集まりをホーン理論（本書の言葉では，$\forall$ ホーン理論）とよぶことがある．$\forall$ ホーン理論は，等式理論のきれいな拡張になっており，次のような定理が導ける．基本的にはバーコフの等式クラス定理(定理1.3.13)と同様に証明できるが，詳細は読者に委ねる．

定理 3.3.12　$\mathcal{K}$ を $\mathcal{L}$ 構造のクラスとすると，次の3条件は同値である．

(1)　$\mathcal{K}$ は直積と部分構造と同型に関して閉じている．

(2)　$\mathcal{K}$ は約積と部分構造と同型に関して閉じている．

(3)　$\forall$ ホーン理論 T が存在して，$\mathrm{Mod}(T) = \mathcal{K}$.

3.4　超積

ある構造のクラスが述語論理で公理化できるための，つまり $\mathrm{Mod}(T)$ と表されるための必要十分条件を考えるのが本節の目的である．

定義 3.4.1　$\mathcal{L}$ 構造のクラス $\mathcal{K}$ が**初等クラス**(elementary class)であるとは，$\mathcal{K} = \mathrm{Mod}(T)$ となる文の集合 T が存在するときをいう．このとき，

$$\mathcal{K} \in \mathsf{EC}_\Delta$$

と書く．　□

初等クラスの特徴づけを行うための有用な道具が，約積の一種である「超積」である．それを定義するために，まず超フィルターを導入する．

定義 3.4.2　I 上のフィルター $\mathcal{F}$ が**超フィルター**(ultrafilter, maximal filter)であるとは，次の性質を満たすことである．

$$\forall X \subset I\,(X \in \mathcal{F} \vee I - X \in \mathcal{F}).$$　□

補題 3.4.3　どんなフィルター $\mathcal{F}$ も超フィルター $\mathcal{U}$ に拡大できる．　□

証明　与えられたフィルター $\mathcal{F}$ の拡大フィルター全体を考えると，これは鎖の和について閉じているから，ツォルンの補題が使えて，極大なフィルター $\mathcal{U}$ の存在がいえる．これが超フィルターである．　■

単項フィルターは超フィルターである．そうでない超フィルターを**非単項**

超フィルター(nonprincipal ultrafilter)という.

補題 3.4.4 任意の無限集合 I の上に,非単項超フィルター $\mathcal{U}$ が存在する.

□

証明 I を無限集合として,$\mathcal{F}$ をその上のフレシェ・フィルター(I の部分集合で,その補集合が有限であるものの全体)とする.補題 3.4.3 によってこれを拡大して超フィルター $\mathcal{U}$ が得られる.これは非単項である.なぜなら,各 $i \in I$ に対し,$I - \{i\} \in \mathcal{F} \subseteq \mathcal{U}$ だから,$\{i\} \notin \mathcal{U}$. ∎

超フィルターを使って,ストーンの表現定理(第 1 章の定理 1.4.8)を証明する.

定理 1.4.8 (ストーンの表現定理) 任意のブール代数 $\mathfrak{B}$ に対し,ある集合 X が存在し,$\mathfrak{B}$ はそのベキ集合代数 $\mathfrak{P}(X)$ に埋め込める(とくに $\mathfrak{B}$ が有限であれば,$\mathfrak{P}(X)$ と同型にできる).

証明 $\mathfrak{B} = (B, \vee, \wedge, \neg, 0, 1)$ を任意のブール代数とする.$x \leq y \iff x \wedge y = x$ による順序のもとで,フィルター(定義 3.3.2),超フィルター(定義 3.4.2) などは,自然に $F \subseteq B$ に対しても定義できる.そして,X を B の超フィルター全体とし,そのベキ集合 $\mathcal{P}(X)$ を考える.

いま,$f : B \longrightarrow \mathcal{P}(X)$ を次のように定義する.各 $b \in B$ に対し,$f(b)$ は,b を含む超フィルターの全体である.すると,f が単射であることは次のようにしてわかる.$a \neq b$ であれば,$a \wedge (\neg b) \neq 0$ または $(\neg a) \wedge b \neq 0$ である.前者の場合,$\{a, \neg b\}$ は有限交叉性をもつので,それを含む超フィルター $\mathcal{U} \subseteq B$ がある.よって,$\mathcal{U} \in f(a)$ かつ $\mathcal{U} \notin f(b)$ となって,$f(a) \neq f(b)$ を得る.後者の場合も同様である.

さらに,フィルター F の性質 $(a \wedge b \in F \iff a \in F$ かつ $b \in F)$ より $f(a \wedge b) = f(a) \cap f(b)$ がいえ,また超フィルター $\mathcal{U}$ の性質 $(a \notin \mathcal{U} \iff \neg a \in$

$\mathcal{U}$) より $f(\neg a) = X - f(a)$ がいえる．すなわち，$f : B \longrightarrow \mathcal{P}(X)$ は埋め込みになっている．

また，$\mathfrak{B}$ が有限であれば，超フィルターは単項フィルターしかなく，その生成元は $\mathfrak{B}$ における 0 でない極小元(すなわち，原子)である．そのような元を集めた集合を X とすれば，$\mathfrak{B}$ と $\mathfrak{P}(X)$ が同型になることは容易にわかる． ∎

次に，超積を定義する．

定義 3.4.5　超フィルター $\mathcal{U}$ に対する約積 $\prod \mathfrak{A}_i/\mathcal{U}$ を**超積**(ultraproduct) とよぶ． □

定理 3.4.6 (ウォッシュ)　$\mathcal{U}$ を超フィルターとする．任意の論理式 $\varphi(x_1, \ldots, x_n)$ と $a_1, \ldots, a_n \in \prod A_i$ について，

$$\prod \mathfrak{A}_i/\mathcal{U} \models \varphi([a_1], \ldots, [a_n]) \iff \|\varphi(a_1, \ldots, a_n)\| \in \mathcal{U}.$$

証明　論理式の構成に関する帰納法によって証明する．原子論理式の場合，および論理式が $\wedge$ と $\exists$ で構成されるステップについては，約積に関する補題 3.3.8 の証明のままである．$\vee$ と $\forall$ は $\wedge, \exists$ と否定 $\neg$ によって表されるので，あとは否定 $\neg\varphi$ の場合を示せばよい．

$$\begin{aligned}\prod \mathfrak{A}_i/\mathcal{U} \models \neg\varphi &\iff \prod \mathfrak{A}_i/\mathcal{U} \not\models \varphi \\ &\iff \|\varphi\| \notin \mathcal{U} \quad (\because \text{帰納法の仮定}) \\ &\iff \|\neg\varphi\| \in \mathcal{U} \quad (\because \mathcal{U} \text{の極大性}).\end{aligned}$$ ∎

この定理を使って，第 2 章で登場したコンパクト性定理の別証明を与える．

系 3.4.7 (コンパクト性定理)　理論 T がモデルをもつための必要十分条件は，T の任意の有限部分集合がモデルをもつことである． □

証明　必要性は明らかなので，十分性を示す．理論 T の有限部分集合全体を I とする．文 $\varphi \in T$ に対して $J_\varphi = \{i \in I \mid \varphi \in i\}$ とおくと，$\{J_\varphi \mid \varphi \in T\}$ は有限交叉性をもつ ($\because \{\varphi_1, \ldots, \varphi_n\} \in J_{\varphi_1} \cap \cdots \cap J_{\varphi_n}$)．したがって，補題 3.3.3 と補題 3.4.3 により，超フィルター $\mathcal{U} \supseteq \{J_\varphi \mid \varphi \in T\}$ が存在する．各 $i \in I$ に対するモデルを $\mathfrak{A}_i$ として，$\mathfrak{A} = \prod \mathfrak{A}_i/\mathcal{U}$ とおくとき，$\mathfrak{A}$ が T のモデルとなることを以下に示す．

まず，任意の $\varphi \in T$ をとる．$i \in J_\varphi \Longrightarrow \varphi \in i \Longrightarrow \mathfrak{A}_i \models \varphi$ より，$J_\varphi \subseteq \{i \mid \mathfrak{A}_i \models \varphi\}$ である．ここで，$J_\varphi \in \mathcal{U}$ だから，フィルターの条件から，$\|\varphi\| = \{i \mid \mathfrak{A}_i \models \varphi\} \in \mathcal{U}$．最後に，ウォッシュの定理(定理 3.4.6)によって，$\mathfrak{A} \models \varphi$ となる．∎

［**問題 9**］　任意の体 $\mathcal{F}$ が代数的閉包 $\overline{\mathcal{F}}$ をもつことを超積を使って示せ．（ヒント．代数閉体等の基本知識は，第 6 章を参照．$\mathcal{F}_P$ を多項式 P の分解体とし，各 $Q \in \mathcal{F}[X]$ に対して，$J_Q = \{P \in \mathcal{F}[X] \mid Q$ は $\mathcal{F}_P$ の上で 1 次式の積に分解できる$\}$ とおく．そして，$\{J_Q \mid Q \in \mathcal{F}[X]\}$ を含む超フィルターを $\mathcal{U}$ として，超積 $\prod \mathcal{F}_P/\mathcal{U}$ を考えよ．）

定理 3.4.8（フレイン - モーレル - スコット）　構造のクラス $\mathcal{K}$ が初等クラス (EC_Δ) になるための必要十分条件は，それが初等的同値と超積に関して閉じていることである．

証明　必要性は明らかである．十分性を示すために，$\mathcal{K}$ が初等的同値と超積に関して閉じているとして，$T = \{\sigma \mid \forall \mathfrak{A} \in \mathcal{K},\ \mathfrak{A} \models \sigma\}$ とおき，$\mathcal{K} = \mathrm{Mod}(T)$ をいう．明らかに $\mathcal{K} \subseteq \mathrm{Mod}(T)$ だから，$\mathrm{Mod}(T) \subseteq \mathcal{K}$ をいえばよい．そこで，$\mathfrak{B} \in \mathrm{Mod}(T)$ をとり，I を $\mathrm{Th}(\mathfrak{B})$ ($\mathfrak{B}$ で真となる文の集合)の有限部分集合全体とする．

まず，任意の $i \in I$ に対して，$\mathfrak{A}_i \in \mathcal{K}$ が存在して，$\mathfrak{A}_i \models i$ となることを背理法で示す．ある $i \in I$ について，$\forall \mathfrak{A} \in \mathcal{K}$ ($\mathfrak{A} \not\models i$) とする．$i = \{\varphi_1, \ldots, \varphi_n\}$ とおくと，任意の $\mathfrak{A} \in \mathcal{K}$ について $\mathfrak{A} \models \neg\varphi_1 \vee \cdots \vee \neg\varphi_n$．よって，$\neg\varphi_1 \vee \cdots \vee \neg\varphi_n \in T$．$\mathfrak{B} \models T$ だから，ある $\varphi_k \in i$ について $\mathfrak{B} \models \neg\varphi_k$

である．これは $\varphi_k \in i \subseteq \mathrm{Th}(\mathfrak{B})$ と矛盾する．

あとは，系 3.4.7 の証明と同じように，$T = \mathrm{Th}(\mathfrak{B})$ のモデル $\mathfrak{A}$ を超積を使って作れば，$\mathcal{K}$ が超積について閉じていることから $\mathfrak{A} \in \mathcal{K}$ となる．また，$\mathcal{K}$ は初等的同値についても閉じていて，$\mathfrak{A} \equiv \mathfrak{B}$ だから $\mathfrak{B} \in \mathcal{K}$ である． ∎

定義 3.4.9 各 $i \in I$ について $\mathfrak{A}_i = \mathfrak{A}$ のとき，$\prod \mathfrak{A}_i/\mathcal{U}$ を $\mathfrak{A}$ の**超ベキ** (ultrapower) とよび，$\mathfrak{A}^I/\mathcal{U}$ で表す． □

$a \in |\mathfrak{A}|$ に対して，常に値 a をとる関数 $\lambda i.a \in \prod \mathfrak{A}_i$ をとり，${}^*a = [\lambda i.a] \in |\mathfrak{A}^I/\mathcal{U}|$ とおく．このとき，$d(a) = {}^*a$ で定まる関数 $d : |\mathfrak{A}| \longrightarrow |\mathfrak{A}^I/\mathcal{U}|$ を $\mathfrak{A}$ の $\mathfrak{A}^I/\mathcal{U}$ への**自然な埋め込み** (canonical embedding) という．

定義 3.4.10 埋め込み $\phi : \mathfrak{A} \longrightarrow \mathfrak{B}$ が**初等的埋め込み** (elementary embedding) であるとは，$\phi(\mathfrak{A}) \prec \mathfrak{B}$ が成り立つことである． □

定理 3.4.11 $\mathfrak{A}^I/\mathcal{U}$ を $\mathfrak{A}$ の超ベキとする．このとき，自然な埋め込み $d : |\mathfrak{A}| \longrightarrow |\mathfrak{A}^I/\mathcal{U}|$ は初等的埋め込みである．とくに，$\mathfrak{A} \equiv \mathfrak{A}^I/\mathcal{U}$ が成り立つ．

証明 任意の論理式 $\varphi(x_1, \ldots, x_n)$ と $a_1, \ldots, a_n \in |\mathfrak{A}|$ について，ウォッシュの定理 (定理 3.4.6) より

$$\begin{aligned}\mathfrak{A}^I/\mathcal{U} \models \varphi({}^*a_1, \ldots, {}^*a_n) \quad &\Longleftrightarrow \quad \{i \in I \mid \mathfrak{A} \models \varphi(a_1, \ldots, a_n)\} \in \mathcal{U} \\ &\Longleftrightarrow \quad \mathfrak{A} \models \varphi(a_1, \ldots, a_n).\end{aligned}$$

よって，d は初等的埋め込みである．$d(\mathfrak{A}) \cong \mathfrak{A}$ だから，$\mathfrak{A} \equiv \mathfrak{A}^I/\mathcal{U}$ は明らか． ∎

次の定理は，初等的同値性を超ベキの言葉で表現したものである．

定理 3.4.12 (キースラー - シェラハ) $\mathfrak{A} \equiv \mathfrak{B} \iff$ ある I とその上の超フィルター $\mathcal{U}$ が存在して $\mathfrak{A}^I/\mathcal{U} \cong \mathfrak{B}^I/\mathcal{U}$.

(⇐) は定理 3.4.11 からただちに導けるが，(⇒) の証明は専門的に高度になりすぎるので省略する．詳細は文献 [39] をみよ．そして，この定理を仮定すれば，次の系が得られる．

系 3.4.13 構造のクラス $\mathcal{K}$ が初等クラス (EC_Δ) になるための必要十分条件は，以下の 2 条件が成立することである．

(1) $\mathcal{K}$ は超積と同型に関して閉じている．

(2) $\mathfrak{A}^I/\mathcal{U} \in \mathcal{K} \Longrightarrow \mathfrak{A} \in \mathcal{K}$ (超根(超ベキの逆演算)に関して閉じている)．

□

証明 必要性は明らかなので，十分性を示す．それには，$\mathcal{K}$ が初等的同値性で閉じていることをいえばよい．$\mathfrak{A} \equiv \mathfrak{B}$ かつ $\mathfrak{A} \in \mathcal{K}$ とする．上の定理 3.4.12 より，$\mathfrak{A}^I/\mathcal{U} \cong \mathfrak{B}^I/\mathcal{U}$ となる超ベキ $\mathcal{U}$ がある．$\mathcal{K}$ は超積で閉じているので，$\mathfrak{A}^I/\mathcal{U} \in \mathcal{K}$．すると，$\mathcal{K}$ は同型で閉じているので，$\mathfrak{B}^I/\mathcal{U} \in \mathcal{K}$．さらに，$\mathcal{K}$ は超根に関して閉じているので，$\mathfrak{B} \in \mathcal{K}$ となる． ∎

言語 $\mathcal{L}$ における構造のクラス $\mathcal{K}$ が，**射影クラス** (projective class, pseudo-elementary class) であるとは，ある拡張言語 $\mathcal{L}' \supseteq \mathcal{L}$ における初等クラス $\mathcal{K}' \in \mathsf{EC}_\Delta$ が存在して，$\mathcal{K}'$ に属する構造の言語 $\mathcal{L}$ への縮約全体と，$\mathcal{K}$ が一致する場合をいう．射影クラス全体を PC_Δ で表す．例えば，順序付け可能な群のクラスは，射影クラスである．

PC_Δ も超積と同型に関して閉じていることは容易にわかる．PC_Δ に対しても，さまざまな特徴づけが知られているが，とくに次の結果は興味深く，またこれからクレイグの補間定理などを導くことができるという応用面からも重要である．

定理 3.4.14 $\mathcal{K}, \mathcal{K}' \in \mathsf{PC}_\Delta$ かつ $\mathcal{K} \cap \mathcal{K}' = \varnothing$ ならば，$\mathcal{J} \in \mathsf{EC}$ が存在して，$\mathcal{K} \subseteq \mathcal{J}$ かつ $\mathcal{J} \cap \mathcal{K}' = \varnothing$．ただし，$\mathcal{J} \in \mathsf{EC}$ とは，ただ 1 つの文 σ によって $\mathcal{J} = \mathrm{Mod}(\{\sigma\})$ と表せるものをいう．

3.5　超準解析入門

前節で導入した超ベキを用いて，自然数，実数，関数空間などのさまざまな構造に対し，それらを初等的部分構造として真に含む大きな構造(超準モデル)を作ることができる．とくに，実数の超準モデルは，標準モデルからみての無限大や無限小を要素として含んでおり，ライプニッツ流の無限小解析に初めて合理的なモデルを与えたものとして重要な意義をもつ．超準的手法は数学のさまざまな分野に応用されるようになっているが，とくに解析学への応用は超準解析とよばれ，大きな研究領域になっている．

この節を通して，自然数 $\omega\,(=\mathbb{N})$ 上の非単項超フィルター $\mathcal{U}$ を 1 つ固定する．構造 $\mathfrak{A}$ の超ベキ $\mathfrak{A}^{\omega}/\mathcal{U}$ を ${}^*\mathfrak{A}$ で表す．前節で示したように，$\mathfrak{A}$ から ${}^*\mathfrak{A}$ へは自然な埋め込み $d(a)={}^*a$ があり，$\mathfrak{A}$ とその像 $d(\mathfrak{A})$ を同一視すれば，$\mathfrak{A}$ は ${}^*\mathfrak{A}$ の初等的部分構造とみなせる．$\mathfrak{N}=(\mathbb{N},+,\bullet,0,1,<)$ や $\mathfrak{R}=(\mathbb{R},+,\bullet,0,1,<)$ など我々が数学的な経験の中で自然に理解している構造を**標準モデル**(standard model)といい，${}^*\mathfrak{N}$ や ${}^*\mathfrak{R}$ などをそれらの**超準モデル**(nonstandard model)という．

標準モデルとそれに対応する超準モデルは，初等的命題の真偽に関して差はないが，基本的な性質でも初等的に表現できないものがあることに注意しておきたい．この節で我々があつかうのは，実数の超準モデル ${}^*\mathfrak{R}$ であるが，そのアルキメデス性は初等的に表現できない．ここで，順序体 $\mathfrak{A}$ が，**アルキメデス的**(Archimedian)であるとは，任意の正の元 $a,b\in|A|$ に対し，十分大きな自然数 $n\in\mathbb{N}$ が存在して，$b<\overbrace{a+a+\cdots+a}^{n\text{ 個}}$ となることである．

定理 3.5.1　${}^*\mathfrak{R}$ は，非アルキメデス順序体である．

証明　$\mathfrak{R}$ は順序体であり，“順序体である” ことは初等的に記述できる性質であるから，${}^*\mathfrak{R}$ も順序体である．次に，非アルキメデス性をいうために，

$s = \langle 1, 2, 3, \ldots \rangle \in |\mathfrak{R}^\omega|$ とし，$N = [s] \in |{}^*\mathfrak{R}|$ とおく．このとき，任意の自然数 $n \in \mathbb{N}$ に対して，$N > \overbrace{{}^*1 + {}^*1 + \cdots + {}^*1}^{n\text{個}}$ となる．なぜなら，$\{i \mid a(i) > n\} \in \mathcal{U}$ だからである． ▮

定義 3.5.2 $|{}^*\mathfrak{R}|$ の元 a が**無限大**(infinite)であるとは，$\forall b \in \mathbb{R}\ b < |a|$ となることをいう．また，無限大でない元は**有限**(finite)であるという．$|{}^*\mathfrak{R}|$ の元 a が**無限小**(infinitesimal)であるとは，$\forall b\,(> 0) \in \mathbb{R}\ |a| < b$ となることをいう(**図 3**)． □

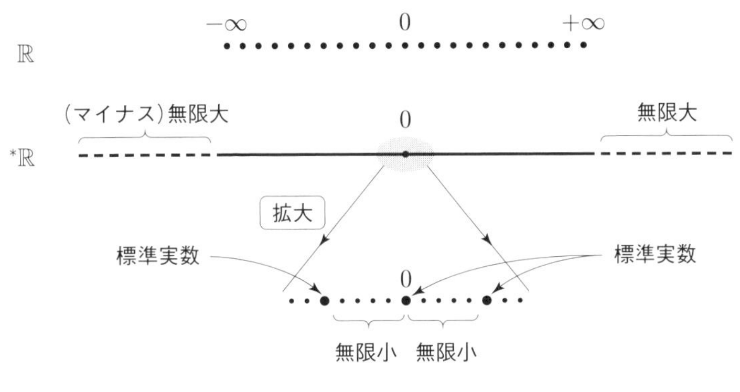

図 3 実数の超準モデル ${}^*\mathfrak{R}$

例 4 $N = [\langle 1, 2, 3, \ldots \rangle]$ は無限大であり，$1/N = [\langle 1/1, 1/2, 1/3, \ldots \rangle]$ は無限小である．

[**問題 10**] (1) 無限小全体が $+$ と $\cdot$ の演算で閉じていることを示せ．

(2) a が無限大であることと，$1/a$ が無限小であることは同値であることを示せ．

定義 3.5.3 $a, b \in |{}^*\mathfrak{R}|$ に対し，

$$a \approx b \iff a - b\ \text{は無限小}. \qquad \square$$

$\approx$ は同値関係であり，さらに $+$ と $\cdot$ の演算を保存していることも容易にわかる．

補題 3.5.4 有限実数 $a \in |{}^*\mathfrak{R}|$ に対し，$a \approx b$ となる $b \in \mathbb{R}$ がただ1つ存在する. □

証明 $b = \inf\{x \in \mathbb{R} \mid a < x\}$ とおけばよい．一意性は明らか. ∎

上の補題 3.5.4 で存在が示された b を，a の**標準部分** (standard part) とよび，$\mathrm{st}(a)$ で表す．容易にわかるように，$a - \mathrm{st}(a)$ は無限小である．したがって，すべての有限超実数 a は，標準実数 $\mathrm{st}(a)$ と無限小の和で一意に表せる.

補題 3.5.5 $s = \langle a_i \rangle \in \mathbb{R}^\omega$ かつ $\lim a_i = a$ ならば，$[s] \approx {}^*a$ である. □

証明 任意の正数 $\varepsilon \in \mathbb{R}$ に対し，$\{i \mid |a_i - a| < \varepsilon\} \in \mathcal{U}$．よって，$[s] - {}^*a$ は無限小である. ∎

定義 3.5.6 $f : \mathbb{R} \longrightarrow \mathbb{R}$ に対し，${}^*f : |{}^*\mathfrak{R}| \longrightarrow |{}^*\mathfrak{R}|$ を以下のように定める．$s \in |\mathfrak{R}^\omega|$ に対して，

$$ {}^*f([s]) = [\lambda i.f(s(i))]. $$ □

この定義 3.5.6 が妥当であることは，

$$ \|s = s'\| \in \mathcal{U} \quad \Longrightarrow \quad \|\lambda i.f(s(i)) = \lambda i.f(s'(i))\| \in \mathcal{U} $$

からしたがう．また，次のように考えても同じ ${}^*f$ が得られる．$\mathfrak{R} \cup \{f\} = (\mathbb{R}, f, +, \bullet, 0, 1, <)$ の超ベキを ${}^*\mathfrak{R} \cup \{{}^*f\}$ とする.

定理 3.5.7 $f : \mathbb{R} \longrightarrow \mathbb{R}$ は $a \in \mathbb{R}$ で連続である $\iff$ 任意の $x \approx a$ に対して，${}^*f(x) \approx f(a)$.

証明 ($\Rightarrow$) $f : \mathbb{R} \longrightarrow \mathbb{R}$ は $a \in \mathbb{R}$ で連続であるとし，$x = [\langle x_i \rangle] \approx a$ とする．正数 $\varepsilon \in \mathbb{R}$ を任意にとる．f の連続性から，ある正数 $\delta \in \mathbb{R}$ が存在して，

$$ \forall y \in \mathbb{R}\,(|y - a| < \delta \to |f(y) - f(a)| < \varepsilon). $$

したがって，

$$\{i \mid |x_i - a| < \delta\} \subseteq \{i \mid |f(x_i) - f(a)| < \varepsilon\}.$$

いま $x \approx a$ だから, $\{i \mid |x_i - a| < \delta\} \in \mathcal{U}$. よって $\{i \mid |f(x_i) - f(a)| < \varepsilon\} \in \mathcal{U}$ となる．すなわち，${}^*f(x) \approx f(a)$.

$(\Leftarrow)$ f が $a \in \mathbb{R}$ で連続でないと仮定する．すなわち，ある正数 $\varepsilon \in \mathbb{R}$ が存在して，任意の $i \in \omega$ に対して，

$$|x_i - a| < \frac{1}{i+1} \wedge |f(x_i) - f(a)| \geq \varepsilon$$

となる x_i が存在する．そこで，$x = [\langle x_i \rangle]$ とおけば，$x \approx a$ だが，$|{}^*f(x) - f(a)| \geq \varepsilon$. すなわち，${}^*f(x) \not\approx f(a)$ となる． ∎

この補題から，連続関数 $f : \mathbb{R} \longrightarrow \mathbb{R}$ については，任意の $a \in |{}^*\mathfrak{R}|$ に対して，

$$\mathrm{st}({}^*f(a)) = f(\mathrm{st}(a))$$

となることがわかる．

$\mathfrak{R}$ の関係 $S \subseteq \mathbb{R}^n$ も自然に ${}^*\mathfrak{R}$ の関係 ${}^*S$ に拡張できる．とくに，${}^*\mathbb{N}$ や ${}^*\mathbb{Q}$ を $|{}^*\mathfrak{R}|$ の部分集合として考えることができ，$N = [\langle 1, 2, 3, \ldots \rangle] \in {}^*\mathbb{N}$ である．

いま，${}^*\mathfrak{R}$ において，区間 $[0,1]$ の N 分割 $\{0, 1/N, \ldots, (N-1)/N, N/N\}$ を考える．$[0,1]$ の標準実数 a が与えられたとき，$i/N \leq a \leq (i+1)/N$ となる $i \in {}^*\mathbb{N}$ をとれば，$a = \mathrm{st}(i/N)$ である．つまり，どんな標準実数も超準分数で表せる．

以上の考察にもとづいて，解析学の多くの定理が超準解析の手法で証明できるが，ここでは 2 つだけ特徴的な例をあげる．

定理 3.5.8 連続関数 $f : [0,1] \longrightarrow \mathbb{R}$ は，最大値をもつ．

証明 ${}^*\mathfrak{R}$ の中で, 集合 $\{{}^*f(0),\ {}^*f(1/N),\ \ldots,\ {}^*f((N-1)/N), {}^*f(N/N)\}$ を考える．その最大値を ${}^*f(i/N)$ とすれば，関数 f は $x = \mathrm{st}(i/N)$ で最大値 $\mathrm{st}({}^*f(i/N))$ をとる． ∎

上の証明について一言付け加えると，$\mathfrak{R}$ において，任意の標準数 n について，$[0,1]$ の n 分割における $\{f(0), f(1/n), \ldots, f((n-1)/n), f(n/n)\}$ の最大値 $f(i/n)$ がとれるので，${}^*\mathfrak{R}$ の中で，無限大 N に対する $[0,1]$ の N 分割においても，最大値 ${}^*f(i/N)$ がとれるのである(初等同値性)．次の定理は，さらに証明が大ざっぱになるので，興味のある方は文献 [46] などで確認されたい．

定理 3.5.9（ペアノ）　$f : [0,1]^2 \longrightarrow \mathbb{R}$ を任意の連続関数とする．このとき，次の微分方程式は解をもつ．

$$dy/dx = f(x,y), \qquad y(0) = 0.$$

証明のアイデア　解のもとになる関数 $Y : \{0, 1/N, \ldots, N/N\} \longrightarrow {}^*\mathfrak{R}$ を次のように帰納的に定義する．

$$Y(k/N) = \sum_{i=0}^{k-1} {}^*f(Y(i/N), i/N) \bullet 1/N.$$

そして，$y : [0,1] \longrightarrow \mathbb{R}$ を次のように定める．$[0,1]$ の標準実数 a が与えられたとき，$k/N \leq a \leq (k+1)/N$ となる $k \in {}^*\mathbb{N}$ をとり，$y(a) = \mathrm{st}(Y(k/N))$ とする．∎

第 2 部

自然数と実数の形式体系

第4章 1階算術と不完全性定理

本章では，まず，**ペアノ算術**とその部分体系のさまざまな性質，とくに**表現可能性**と**証明可能性**を調べる．これらの考察を総合して導かれる結果が，「どんな算術の体系にも証明も反証もできない文が存在する」というゲーデルの**第一不完全性定理**である．そして，さらに精密な分析により「どんな算術の体系も自らの無矛盾性を証明できない」という**第二不完全性定理**を得る．「どんな算術の体系」といっても，2つの定理で要求される仮定が若干異なる．第一定理の証明においてメタ的に使用される原始再帰的関数の役割が，第二定理の証明では体系内の形式的対象としてあつかわれ，その議論に Σ_1 帰納法を用いる．これら2つの証明の質の差を理解することで，数学基礎論という学問の奥行きの深さを掴んでほしい．他方，演算が足し算だけに制限された体系(**プレスバーガー算術**)においては，このような不完全現象は生じない．プレスバーガー算術の完全性と決定可能性の証明には，**量化記号消去**を用いる．

4.1　ペアノ算術と部分体系

本節では，ペアノ算術 PA とその代表的な部分体系 PA^-, $\mathsf{I}\Sigma_n$, Q などを定義し，その基本的な性質を調べる．

まず，言語 $\mathcal{L}_{\mathsf{OR}}$ を順序環の記号集合 $\{+, \bullet, 0, 1, <\}$ とする．ペアノ算術はこの言語における理論として，次のように定義される．

定義 4.1.1　**ペアノ算術**(Peano arithmetic, PA と略す)は，次の公理からなる $\mathcal{L}_{\mathsf{OR}}$ の理論である．

A1.　$\forall x\, \neg(x + 1 = 0)$.

A2.　$\forall x\, \forall y\, (x + 1 = y + 1 \to x = y)$.

A3.　$\forall x\, (x + 0 = x)$.

A4.　$\forall x\, \forall y\, (x + (y + 1) = (x + y) + 1)$.

A5.　$\forall x\, (x \bullet 0 = 0)$.

A6.　$\forall x\, \forall y\, (x \bullet (y + 1) = x \bullet y + x)$.

A7.　$\forall x\, \neg(x < 0)$.

A8.　$\forall x\, \forall y\, (x < y + 1 \leftrightarrow x < y \lor x = y)$.

A9.　$\varphi(0) \land \forall x\, (\varphi(x) \to \varphi(x+1)) \to \forall x\, \varphi(x)$, ただし $\varphi(x)$ は任意の $\mathcal{L}_{\mathsf{OR}}$ 論理式で，x 以外にも自由変数を含んでいてよい．　□

A1, A2 は次の数 $x + 1$ の性質を規定する最も基本的な公理であり，いわゆる「ペアノの公理」にもある．A3, A4 は足し算，A5, A6 は掛け算，A7, A8 は不等号をそれぞれ帰納的に定める公理であり，どれも「ペアノの公理」には規定されていない．A9 は**帰納法**(induction)を表す公理図式(axiom scheme)であり，論理式 $\varphi(x)$ ごとに規定される公理をまとめて書いたものである．「ペアノの公理」では，帰納法を集合の言葉で表現していたが，公理図式を用いることで集合論を前提としなくなったところがこの形式化の重要なポイントである．

自然数の構造 $\mathfrak{N} = (\mathbb{N}, +, \bullet, 0, 1, <)$ は PA の**標準モデル**(standard model) である．また，順序数 ω^ω 上に順序数の和積演算などを備えた構造 $(\omega^\omega, +, \bullet, 0, 1, <)$ は A1〜A8 のモデルになる[*1]．

「ペアノの公理」に足し算や掛け算などの公理がないのは，必要に応じてあとから関数を追加することを許していたからである．現代の公理論的な立場でも，定義による関数の追加はできるが，それは保存的拡大によってのみ行われる(第 2 章 定義 2.4.1)．つまり，$T \vdash \forall x \, \exists y \, \varphi(x, y)$ が成り立つときに限り，$\forall x \, \forall y \, (\varphi(x, y) \leftrightarrow f(x) = y)$ となる関数 f を理論 T に追加できる(第 2 章 定理 2.4.2)．しかし，掛け算がない体系 (PA $- \{\mathrm{A5}, \mathrm{A6}\}$) では，掛け算 $x \bullet y = z$ を足し算だけの論理式 $\varphi(x, y, z)$ で表せないので，PA $- \{\mathrm{A5}, \mathrm{A6}\}$ は PA より真に弱い体系である(掛け算がない体系については，4.4 節であつかう)．

他方，不等号の公理 A7, A8 は取り除いてしまっても，次の定義によって $<$ を導入することができる．

A7.5.　$\forall x \, \forall y \, (x < y \leftrightarrow \exists z \, (z + (x + 1) = y))$.

しかし，我々は $\mathcal{L}_{\mathsf{OR}}$ の論理式をその形によって分類したいので，$<$ を定義された記号，つまり A7.5 の右辺の略記として考えると具合が悪い．A7, A8 の代わりに A7.5 を用いるにしても，それを公理として最初から仮定しておかなければならない．

注　公理 A1〜A6 のもとで，A7.5→A7 であるが，A7+A8 と A7.5 は互いに比較不能である．実際，構造 $(\omega^\omega, +, \bullet, 0, 1, <)$ は A7.5 を成り立たせないし，p.115 の問題 1 の (2) の略解にあるような構造に A7.5 を定義として $<$ を入れれば，公理 A1〜A7+A7.5 を満たし，A8 を満たさないものになる．公理 A1〜A6+A9 で，A7+A8 と A7.5 が一致することは，系 4.1.6 およびそれに続く問題 2 から明らかである．

各自然数 i について，論理式のクラス Σ_i と Π_i を帰納的に定義する．

定義 4.1.2　原子式から命題結合記号と有界量化記号 $\forall x < t$, $\exists x < t$ だけを

[*1] 集合論の慣用で，超限順序数は，それより小さな超限順序数の集合と同一視される．ω^ω は，$+$ と $\bullet$ で閉じた ω の次の順序数である．

使って作られる論理式を**有界な**(bounded)論理式，Σ_0 論理式あるいは Π_0 論理式とよぶ．ここで，$\forall x<t$ は $\forall x\,(x<t\to\cdots)$, $\exists x<t$ は $\exists x\,(x<t\wedge\cdots)$ と同じ意味を表す(置き換え可能な)論理式で，t は x を含まない項とする．φ が Σ_i 論理式のとき $\forall x_1\ \cdots\ \forall x_k\,\varphi$ (ただし，k は任意の自然数)を Π_{i+1} 論理式，φ が Π_i 論理式のとき $\exists x_1\ \cdots\ \exists x_k\,\varphi$ (ただし，k は任意の自然数)を Σ_{i+1} 論理式という．Σ_i 論理式全体の集合を Σ_i で表し，Π_i についても同様とする． □

注　例えば，$\exists x<y+1\,(1+1<x)$ は $\exists x\,(x<y+1\wedge 1+1<x)$ と同じ意味を表すが，単なるその略記ではなく，形式上前者は Σ_0 論理式，後者は Σ_1 論理式としてあつかう．また，$\forall x>t$ を $\forall x\,(x>t\to\cdots)$, $\exists x>t$ を $\exists x\,(x>t\wedge\cdots)$ の意味に用いる場合もあるが，これらは単に略記とする．

例 1　「x は素数である」という意味の論理式 $\mathrm{P}(x)$ は，$\Sigma_0(=\Pi_0)$ で以下のように表現される．

$$\mathrm{P}(x)\equiv\neg\exists d<x\,\exists e<x\,(d\cdot e=x)\wedge\neg(x=0)\wedge\neg(x=1).$$

「4 以上のすべての偶数は 2 つの素数の和になる」という命題(ゴールドバッハ予想)は，

$$\forall x>(1+1)+1\,\exists p<x\,\exists q<x\,(x=p+q\wedge\mathrm{P}(p)\wedge\mathrm{P}(q))$$

となるので，Π_1 論理式で表現される．「素数が無限個存在する」という論理式は，$\forall x\,\exists y>x\,\mathrm{P}(y)$ と表せば，Π_2 論理式である．

定義 4.1.2 では，どのクラスにも属さない論理式が多数ある．例えば，φ が Π_i 論理式 $(i\neq 0)$ のとき，$\neg\varphi$ は定義 4.1.2 の分類に属さない．しかし，$\neg\varphi$ と論理的に同値な Σ_i 論理式がド・モルガンの法則でみつかるので，これも通常 Σ_i 論理式とよぶ．任意の論理式に対して，それと同値な論理式で上の分類に入るものをみつける手続きがあるが，当面その事実を必要としないので説明を省く．

定義 4.1.3　ペアノ算術 PA における帰納法を表す公理図式 A9 に現れる論理式 φ の動く範囲を集合 Γ に制限してできる公理系を $\mathrm{I}\Gamma$ とよぶ． □

この形で表されるとくに重要な部分体系は，IOpen, $\mathsf{I}\Sigma_0$, $\mathsf{I}\Sigma_1$ である．ただし，Open は量化記号なしの論理式の集合である．また，IOpen より弱い体系に PA^-, $\mathsf{Q}_<$, R などがある(後述)．すなわち，

$$\mathsf{PA} \supset \cdots \supset \mathsf{I}\Sigma_1 \supset \mathsf{I}\Sigma_0 \supset \mathsf{IOpen} \supset \mathsf{PA}^- \supset \mathsf{Q}_< \supset \mathsf{R}.$$

ここで，$T_1 \supset T_2$ は「T_2 の公理(および定理)はすべて T_1 の定理になる」ことを表す．

次に定義する体系 Q は，しばしば最も簡単な算術体系としてあつかわれる(これより弱い R は無限個の公理をもつ)．

定義 4.1.4　**ロビンソンの体系** Q は，環の言語 $\mathcal{L}_{\mathsf{AR}} = \{+, \bullet, 0, 1\}$ における理論で，帰納法をもたず，PA の公理 A1〜A6 および次の公理からなる．

A10.　$\forall x\,(x \neq 0 \to \exists y\,(y + 1 = x))$.

また，体系 Q に不等号の公理 A7.5 を加えたものを $\mathsf{Q}_<$ とする．　□

［**問題 1**］　次のことを証明せよ．

(1)　$\mathsf{Q} \vdash 0 + 1 = 1$.

(2)　$\mathsf{Q} - \{\mathrm{A10}\} \nvdash 0 + 1 = 1$.

(3)　$\mathsf{Q} \nvdash \forall x\,(0 + x = x)$.

補題 4.1.5　$\mathsf{I}\Sigma_0$ において，以下の性質が証明できる．これを**離散的順序半環の理論**(PA^- とよぶ) という．

(1)　半環の公理(可換環の公理から加法逆元の存在を除く)．

(2)　差の公理 $x < y \to \exists z\,(z + (x + 1) = y)$.

(3)　0 を最小元とする線形順序で，離散的 $(0 < x \leftrightarrow 1 \leq x)$.

(4)　演算と順序の関係 $x < y \to x + z < y + z \wedge (x \bullet z < y \bullet z \vee z = 0)$.

□

証明　(1) は，等式(の前に全称記号 ∀ をつけた文)の集まりである．例えば，加法の結合律 $(x + y) + z = x + (y + z)$ が含まれているが，これは z に

関する帰納法によって簡単に示せる．他の等式についても，ある 1 つの変数に関して帰納法を用い，他の変数はそのまま自由変数として，証明できる．

次に (2) であるが，$x < y \to \exists z{<}y\,(z + x + 1 = y)$ は Σ_0 論理式であり，y についての帰納法で証明すればよい．まず，$y = 0$ のときは自明に成り立つ．y のときを仮定して，$y + 1$ の場合を考える．$x < y + 1$ とすると，$x < y$ か $x = y$ (定義 4.1.1 の公理 A8) である．前者の場合は帰納法の仮定がそのまま使え，$\exists z{<}y\,(z + x + 1 = y)$ であるから，(1) で示した加法の可換性を用いて，$\exists z'{<}y + 1\,(z' + x + 1 = y + 1)$ がいえる．後者については，$\exists z{<}y + 1\,(z + y + 1 = y + 1)$ をいえばよいが，これは $z = 0$ として明らかである．

(3) と (4) は，開論理式 (の前に全称記号 $\forall$ をつけた文) の集まりである．(3) は x について，(4) は z についての帰納法で証明する．∎

系 4.1.6　$\mathsf{Q}_<$ は，離散的順序半環の理論 PA^- の部分体系であり，したがって $\mathsf{I}\Sigma_0$ の部分体系である．□

証明　公理 A7.5 と A10 を PA^- で証明すればよい．まず，A10 であるが，$x \neq 0 \to x > 0$ は補題 4.1.5(3) の中に含まれる主張であるから，これと同補題の (2) を用いれば，ただちに A10 を得る．

次に，A7.5 であるが，$\to$ は補題 4.1.5 の (2) であるから，$\leftarrow$ を示せばよい．$\exists z\,(z + x + 1 = y)$ を仮定し，$x < y$ でないとして矛盾を導く．同補題の (3) より全順序の公理が成り立っているから，$x = y$ または $x > y$ である．$x = y$ のときは $z + y + 1 = y$ であるが，$z + 1 > 0$ より $z + y + 1 > y$ だから矛盾となる．$x > y$ のときは，$\to$ より $\exists z'(z' + y + 1 = x)$，よって $z + z' + y + 1 + 1 = y$ となり，同様に矛盾となる．∎

［**問題 2**］　開論理式についての帰納法を $\mathsf{Q}_<$ に加えた体系は，PA^- を包含し，IOpen と等しいことを確かめよ．

問題 1 でみたように，$\mathsf{Q}_<$ では $\forall x\,(0+x=x)$ も証明できないし，PA^- に比べても非常に弱い体系である．にもかかわらず，Σ_1 文についてなら，真なるものはすべて $\mathsf{Q}_<$ の定理となること（$\mathsf{Q}_<$ の Σ_1 完全性）がわかる．Σ_1 完全性をもつ体系としては，さらに弱いものとしてモストウスキ‐ロビンソン‐タルスキの体系 R がある．これは無限個の公理をもち，形式体系としての自然さには欠けるが，不完全性定理の本質を探る上では重要なので，次節でこの体系を重点的にあつかおう．

4.2　算術の最弱体系 R

本節であつかう体系 R は，PA の部分体系として考えられるものの中ではおよそ最弱の体系であり，これより弱いと算術計算のレベルでの欠陥を含むことになる．にもかかわらず，R は任意の再帰的関数を表現する力をもっており，それにより第一不完全性定理の議論を展開することができる．しかし，原始再帰的関数を体系内の関数として定義するには R は非力で，次節のように $\mathsf{I}\Sigma_1$ が必要となる．

まず，自然数 n に対して，言語 $\mathcal{L}_{\mathsf{AR}}$ におけるその形式表現である**数項**（numeral）$\overline{n}$ を次のように定める．$n>0$ のとき $\overline{n}=\overbrace{1+\cdots+1}^{n\text{ 個}}$ とし，$n=0$ のときは $\overline{0}=0$ とする（左辺 $\overline{0}$ の 0 は整数のゼロを表し，右辺 0 はゼロを表す記号である．同じ文字でも，それが記号か，記号が指すものかは，文脈から判断できる）．体系 R は，自然数に関する真なる等式と不等式を数項を用いて表現した定理からなる．

定義 4.2.1　**モストウスキ‐ロビンソン‐タルスキの体系** R は，順序環の言語 $\mathcal{L}_{\mathsf{OR}}$ における理論で，次の公理図式からなる．任意の自然数 m,n に対して，

R1.　$\overline{m}\neq\overline{n}$　（$m\neq n$ のとき）．

R2.　$\neg(x<\overline{0})$．

R3.　$x < \overline{n+1} \leftrightarrow x = \overline{0} \vee \cdots \vee x = \overline{n}$.

R4.　$x < \overline{n} \vee x = \overline{n} \vee \overline{n} < x$.

R5.　$\overline{m} + \overline{n} = \overline{m+n}$.

R6.　$\overline{m} \bullet \overline{n} = \overline{m \bullet n}$.　□

注　R2 以外は，m と n の数値ごとの式を集めた図式になっていることに注意せよ．したがって，R は無限個の公理からなり，有限公理化はできない．なぜなら，もし R に対する有限個の公理が存在するなら，その連言(論理積) σ は R から，したがって R の有限部分から証明できる．すると，その有限部分はそこに現れる $\overline{m}$ に対応する要素だけからなる有限モデルをもつので，σ も有限モデルをもつことになる．他方，R 全体のモデルは R1 から無限なので，これは不合理である．

補題 4.2.2　R は $\mathsf{Q}_<$ の部分体系である．　□

証明　R2 は，$\mathsf{Q}_<$ の公理から明らか(公理 A7.5 の後の説明をみよ)．それ以外の図式に対しては，(m を任意に固定し) n に関するメタ帰納法で証明する．ここで，すべての n について $\mathsf{Q}_< \vdash \varphi(\overline{n})$ が成り立つことと，$\mathsf{Q}_< \vdash \forall x\, \varphi(x)$ が成り立つことの違いに注意せよ．後者の証明には体系内の帰納法が必要であるが，前者はメタな立場の主張であり，帰納法の使用に制約はない．

まず，R1 を示す．$n = 0$ とし，$m \neq n = 0$ と仮定する．このとき，$\overline{m}$ は定義より $t+1$ と書けるので，公理 A1 より $\overline{m} \neq 0$ が証明できる．次に，帰納法のステップを示すために，$m \neq n+1$ とする．$m = 0$ であれば，$\overline{m} = 0 \neq \overline{n+1}$ がいえる．$m \neq 0$ であれば，$m-1 \neq n$ だから，帰納法の仮定を用いて，$\overline{m-1} \neq \overline{n}$ が証明される．したがって，公理 A2 の対偶より，$\overline{m} \neq \overline{n+1}$ がいえる．

R3 を示す前に，まず $x < y \leftrightarrow x+1 < y+1$ を $\mathsf{Q}_<$ で示しておく．$\rightarrow$ は自明であり，$\leftarrow$ は公理 A7.5 および A2 による．さて，$n = 0$ のとき，R3 は明らかに成立する．いま，n について $y < \overline{n+1} \leftrightarrow y = \overline{0} \vee \cdots \vee y = \overline{n}$ を仮定すれば，$y+1 < \overline{n+2} \leftrightarrow y+1 = \overline{1} \vee \cdots \vee y+1 = \overline{n+1}$ である．公理 A10 より $\forall x\,(x \neq 0 \rightarrow \exists y\,(y+1 = x))$ であるから，$\forall x\,(x \neq 0 \rightarrow (x < \overline{n+2} \leftrightarrow x =$

$\overline{1} \vee \cdots \vee x = \overline{n+1}))$. よって，$x < \overline{n+2} \leftrightarrow x = \overline{0} \vee x = \overline{1} \vee \cdots \vee x = \overline{n+1}$ となり，帰納法のステップが示された．

R4 を示す．まず，$n = 0$ の場合，$x \neq 0$ とすると，公理 A10 と A7.5 より $x > 0$ となるから，成立している．n において $x < \overline{n} \vee x = \overline{n} \vee \overline{n} < x$ とする．R3 より，$x < \overline{n} \vee x = \overline{n} \to x < \overline{n+1}$ である．また，$\overline{n} < x$ ならば，$z + \overline{n} + 1 = x$ となる z がある．$z = 0$ ならば，$\overline{n+1} = 0 + \overline{n} + 1 = x$ である．$z \neq 0$ ならば，公理 A10 より $z = y + 1$ とおくと，$y + \overline{n+1} + 1 = z + \overline{n} + 1 = x$ より $\overline{n+1} < x$ である．よって，$x < \overline{n+1} \vee x = \overline{n+1} \vee \overline{n+1} < x$ となり，帰納法のステップが示された．

R5, R6 は，$\mathsf{Q}_<$ の公理からただちに導ける． ∎

R はこのように弱い体系であるが，次のことがいえる．

> **定理 4.2.3**（R の Σ_1 完全性）　φ を Σ_1 文とすると，
> $$\mathfrak{N} \models \varphi \quad \Longrightarrow \quad \mathsf{R} \vdash \varphi.$$

証明　Σ_1 文 φ の構成に関する帰納法で証明する．変数を含まない項 t の値が n であるとき，つまり $\mathfrak{N} \models t = \overline{n}$ であれば，$\mathsf{R} \vdash t = \overline{n}$ となることは，R5, R6 を用い，項の構成に関する帰納法でいえる．よって，文 $s = t$ に対し $\mathfrak{N} \models s = t \Longrightarrow \mathsf{R} \vdash s = t$ がいえる．また，R1 より，$\mathfrak{N} \models s \neq t \Longrightarrow \mathsf{R} \vdash s \neq t$ もいえる．$\mathfrak{N} \models \overline{m} < \overline{n}$ であれば，$m < n$ であり，$\mathsf{R} \vdash \overline{m} = \overline{0} \vee \cdots \vee \overline{m} = \overline{n-1}$ となるから，R3 より $\mathsf{R} \vdash \overline{m} < \overline{n}$．$\mathfrak{N} \models \overline{m} \not< \overline{n}$ であれば，$m \geq n$ であり，$\mathsf{R} \vdash \overline{m} \neq \overline{0} \wedge \cdots \wedge \overline{m} \neq \overline{n-1}$ となるから，R3 より $\mathsf{R} \vdash \overline{m} \not< \overline{n}$．以上によって，$\varphi$ が原子文もしくはその否定のときに，定理の主張が証明された．

φ が $\psi_1 \vee \psi_2$ または $\psi_1 \wedge \psi_2$ のときは，容易に帰納法の仮定に還元できる．φ が $\forall x{<}t\, \psi(x)$ のとき，$\mathfrak{N} \models \forall x{<}t\, \psi(x)$ とする．$\mathfrak{N} \models t = \overline{n}$ とおくと，$\mathfrak{N} \models \psi(\overline{0}) \wedge \cdots \wedge \psi(\overline{n-1})$ となるから，帰納法の仮定により $\mathsf{R} \vdash \psi(\overline{0}) \wedge \cdots \wedge \psi(\overline{n-1})$．すなわち，$\mathsf{R} \vdash \forall x\, ((x = \overline{0} \vee \cdots \vee x = \overline{n-1}) \to \psi(x))$

だから，R3 より $\mathsf{R} \vdash \forall x < t\, \psi(x)$ となる．φ が $\exists x < t\, \psi(x)$ のときも同様にあつかえる．φ が $\neg\psi$ のときは，ド・モルガンの法則を用いて否定記号 $\neg$ を原子式の直前にもっていけば，以上のケースに還元できるので，φ が Σ_0 のときに定理の主張が証明された．

最後に，φ が $\exists x\, \psi(x)$ で，$\mathfrak{N} \models \exists x\, \psi(x)$ とする．このとき，$\mathfrak{N} \models \psi(\overline{n})$ となる n がある．すると，帰納法の仮定より $\mathsf{R} \vdash \psi(\overline{n})$ であり，したがって $\mathsf{R} \vdash \exists x\, \psi(x)$ となる．以上で，定理の主張が証明された．∎

系 4.2.4　$\mathsf{Q}_<$, PA^-, $\mathsf{I}\Sigma_n$, PA はすべて Σ_1 完全である．□

以下では，体系 R における集合と関数の表現可能性を調べる．最初に次の定義を与える．

定義 4.2.5　T を言語 $\mathcal{L}_{\mathsf{AR}}$ もしくはその拡張における自然数論の公理系とする．集合 $A \subseteq \mathbb{N}^l$ が T において論理式 $\varphi(x_1, \ldots, x_l)$ で**表現される** (representable) とは，以下が成り立つことである．

$$(m_1, \ldots, m_l) \in A \quad \Longrightarrow \quad T \vdash \varphi(\overline{m_1}, \ldots, \overline{m_l}),$$
$$(m_1, \ldots, m_l) \notin A \quad \Longrightarrow \quad T \vdash \neg\varphi(\overline{m_1}, \ldots, \overline{m_l}).$$

また，関数 $f : \mathbb{N}^l \longrightarrow \mathbb{N}$ が T において論理式 $\varphi(x_1, \ldots, x_l, y)$ で(**関数的に**)**表現される** ((functionally) representable)[*2] とは，$(l+1)$ 項関係 $f(x_1, \ldots, x_l) = y$ が論理式 $\varphi(x_1, \ldots, x_l, y)$ で表現され，かつ任意の自然数 $m_1, \ldots, m_l$ について，

$$T \vdash \forall y \forall y' \, (\varphi(\overline{m_1}, \ldots, \overline{m_l}, y) \land \varphi(\overline{m_1}, \ldots, \overline{m_l}, y') \to y = y')$$

がいえることである．□

定義 4.2.6　$\mathfrak{N} = (\mathbb{N}, +, \bullet, 0, 1, <)$ を PA の標準モデルとする．集合 $A \subseteq \mathbb{N}^l$ が Σ_i であるとは，Σ_i 論理式 $\varphi(x_1, \ldots, x_l)$ が存在して，以下が成り立つ

*2 関数 f のグラフの集合としての表現可能性からは，この性質は一般的に導けない．

ことである.

$$(m_1,\ldots,m_l)\in A \iff \mathfrak{N}\models\varphi(\overline{m_1},\ldots,\overline{m_l}).$$

同様に $\mathfrak{N}$ の上で Π_i 論理式で表せる集合を Π_i という．そして，Σ_i にも Π_i にもなる集合を Δ_i という． □

定理 4.2.7 任意の Δ_1 集合は，R において Σ_1 論理式で表現可能である.

証明 任意の Δ_1 集合 $A\subseteq\mathbb{N}^l$ をとる．簡単のため $l=1$，すなわち $A\subseteq\mathbb{N}$ とすると，Σ_0 論理式 $\theta_1(x,z)$ および $\theta_2(y,z)$ があって，

$$n\in A\iff\mathfrak{N}\models\exists x\,\theta_1(x,\overline{n})\quad\text{かつ}\quad n\notin A\iff\mathfrak{N}\models\exists y\,\theta_2(y,\overline{n})$$

となる(先頭の存在記号を 1 つにできることは，$\exists x_1\cdots\exists x_l\,\theta\leftrightarrow\exists u\,\exists x_1<u\cdots\exists x_l<u\,\theta$ からいえる)．いま $\varphi(z)\equiv\exists x\,(\theta_1(x,z)\wedge\forall y<x\,\neg\theta_2(y,z))$ とおく．A がこの Σ_1 論理式 φ によって表現されることをみる．まず，$n\in A$ の場合，明らかに $\mathfrak{N}\models\varphi(\overline{n})$ だから，R の Σ_1 完全性により $\mathrm{R}\vdash\varphi(\overline{n})$ となる．次に，$n\notin A$ とする．$\mathfrak{N}\models\forall x\,\neg\theta_1(x,\overline{n})\wedge\exists y\,\theta_2(y,\overline{n})$ より，$m\in\mathbb{N}$ が存在し，$\mathfrak{N}\models\theta_2(\overline{m},\overline{n})\wedge\forall x\leq\overline{m}\,\neg\theta_1(x,\overline{n})$ である．これに R の Σ_1 完全性を適用し，$\mathrm{R}\vdash\theta_2(\overline{m},\overline{n})\wedge\forall x\leq\overline{m}\,\neg\theta_1(x,\overline{n})$ となる．したがって，$\mathrm{R}\vdash\theta_2(\overline{m},\overline{n})\wedge\forall x\,(\theta_1(x,\overline{n})\to\overline{m}<x)$，さらに $\mathrm{R}\vdash\forall x\,(\theta_1(x,\overline{n})\to\overline{m}<x\wedge\theta_2(\overline{m},\overline{n}))$ となって，$\mathrm{R}\vdash\forall x\,(\theta_1(x,\overline{n})\to\exists y<x\,\theta_2(y,\overline{n}))$，すなわち $\mathrm{R}\vdash\neg\varphi(\overline{n})$ を得る. ■

定理 4.2.8 Δ_1 関数は，R において Σ_1 論理式で関数的に表現可能である.

証明 Δ_1 関数 $f:\mathbb{N}^l\longrightarrow\mathbb{N}$ が与えられたとし，R においてそれを関数的に表現する論理式が存在することをまず示す．簡単のため $l=1$ としておく．上の定理 4.2.7 から，R において $f(x)=y$ を表現する Σ_1 論理式 $\varphi(x,y)$ が

ある．そこで，

$$\chi(x,y) \equiv \varphi(x,y) \wedge \forall y' < y \, \neg\varphi(x,y')$$

とおく．χ は Σ_1 ではないが，f がこれによって表現されることをみる．いま，$f(m) = n$ とする．このとき，$\mathsf{R} \vdash \chi(\overline{m},\overline{n})$ は容易にわかる．次に，$\chi(\overline{m},y) \wedge y \neq \overline{n}$ と仮定して，R において矛盾を導く．$y < \overline{n}$ のとき，$\chi(\overline{m},\overline{n})$ より $\neg\varphi(\overline{m},y)$ となり，$\chi(\overline{m},y)$ に矛盾する．$\overline{n} < y$ のとき，$\chi(\overline{m},y)$ より $\neg\varphi(\overline{m},\overline{n})$ となり，$\chi(\overline{m},\overline{n})$ に矛盾する．したがって，R において $\chi(\overline{m},y) \to y = \overline{n}$ が示された．これは，$f(m) \neq n \Longrightarrow \mathsf{R} \vdash \neg\chi(\overline{m},\overline{n})$ と，$\mathsf{R} \vdash \exists! y \, \chi(\overline{m},y)$ を同時に意味しており，f は論理式 $\chi(x,y)$ によって関数的に表現可能となる．

次に，f が Σ_1 論理式で関数的に表現可能であることを示す．f を表現する Σ_1 論理式を $\varphi(x,y) \equiv \exists z \, \theta(x,y,z)$ (θ は Σ_0 論理式) とする．そして，以下で定める $\psi(x,y,z)$ を用いて，$\chi'(x,y) = \exists z \, \psi(x,y,z)$ と定義される Σ_1 論理式が f を関数的に表現することをいう．

$$\begin{aligned}&\psi(x,y,z)\\ &\quad \equiv \theta(x,y,z) \wedge \forall y' \leq y+z \; \forall z' \leq y+z \; (y'+z' < y+z \to \neg\theta(x,y',z')).\end{aligned}$$

いま，$f(m) = n$ とし，$\theta(\overline{m},\overline{n},\overline{k})$ を成り立たせる最小の k を固定する．このとき，$\psi(\overline{m},\overline{n},\overline{k})$ も成り立つ．そして，$\psi(\overline{m},y,z) \wedge y \neq \overline{n}$ を仮定し，上と同様に $y + z \leq \overline{n} + \overline{k}$ と $\overline{n} + \overline{k} < y + z$ の場合に分けて矛盾を導き，関数的表現可能性が示される．前者の場合，$y = \overline{n'} \neq \overline{n}$ として，$\varphi(\overline{m},\overline{n'})$ が導けるので，$\varphi(x,y)$ が f を表現することに反する．後者の場合，$\psi(\overline{m},y,z)$ の仮定から，$\neg\theta(\overline{m},\overline{n},\overline{k})$ となり，やはり矛盾である．∎

Δ_1 集合（関数）のクラスは再帰的集合（関数）のクラスと標準モデル $\mathfrak{N} = (\mathbb{N}, +, \bullet, 0, 1, <)$ の上で一致する．この事実は，$\mathsf{I}\Sigma_1$ における（したがって，$\mathfrak{N}$ における）原始再帰的関数の定義可能性を使って，次節の最後に示す．なお，集合 $A \subset \mathbb{N}^l$ が再帰的（原始再帰的）であるとは，その特性関数 $\chi_A : \mathbb{N}^l \longrightarrow \{0,1\}$ が再帰的（原始再帰的）であることをいう．

4.3 体系 $\mathsf{I}\Sigma_1$ と原始再帰的関数

本節では，$\mathsf{I}\Sigma_1$ のいくつかの基本性質，とくに原始再帰的関数の定義可能性について述べる．この性質は第二不完全性定理の証明において重要な役割を果たすだけでなく，その素朴なバージョンは「再帰的集合のクラスと Δ_1 集合のクラスが一致する」という形で第一不完全性定理に用いられる．

まず，有界量化のあつかいを簡単にする採集原理について述べておこう．

定義 4.3.1 $\mathcal{L}_{\mathsf{OR}}$ の論理式 $\varphi(x, y_1, \ldots, y_k)$ に対して，次の論理式

$$\begin{aligned}&\forall x < u\, \exists y_1 \cdots \exists y_k\, \varphi(x, y_1, \ldots, y_k)\\ &\quad \to \exists v\, \forall x < u\, \exists y_1 < v \cdots \exists y_k < v\, \varphi(x, y_1, \ldots, y_k)\end{aligned}$$

を $\varphi(x, y_1, \ldots, y_k)$ の**採集原理**(collection principle)[*3]とよび，$(\mathsf{B}\varphi)$ と書く．ここで，$\varphi(x, y_1, \ldots, y_k)$ は u, v 以外なら表示されていない変数を含んでよく，採集原理を文としてあつかう場合は，その全称閉包を考える．Γ を論理式のクラスとして，

$$\mathsf{B}\Gamma = \mathsf{I}\Sigma_0 \cup \{(\mathsf{B}\varphi) \mid \varphi \in \Gamma\}$$

とおく． □

任意の n について, Σ_{n+1} 論理式 $\varphi(x, y_1, \ldots, y_k)$ $(\equiv \exists z_1 \cdots \exists z_l\, \theta(x, y_1, \ldots, y_k, z_1, \ldots, z_l))$ の採集原理は，$k+l$ 個の変数に関する Π_n 論理式 $\theta(x, y_1, \ldots, y_k, z_1, \ldots, z_l)$ の採集原理から導けるので，$\mathsf{B}\Sigma_{n+1}$ と $\mathsf{B}\Pi_n$ の同値性はただちにわかる．

補題 4.3.2 $\mathsf{B}\Sigma_n (n \geq 1)$ において，Σ_n 論理式の前に有界量化記号 $\forall x < t$, $\exists x < t$ をつけたものは, Σ_n 論理式と同値になる．Π_n 論理式についても同様． □

証明 n に関するメタ帰納法による．まず, $n = 1$ の場合を示す．任意の Σ_1 論理式 $\exists y_1 \cdots \exists y_k\, \varphi(x, y_1, \ldots, y_k)$ に対して，$\mathsf{B}\Sigma_1$ より，$\forall x < t\, \exists y_1 \cdots \exists y_k$

[*3] **有界原理**(bounding principle)ともいう．2 階算術では $(\mathsf{B}\Gamma) = \{(\mathsf{B}\varphi) \mid \varphi \in \Gamma\}$ を単に $\mathsf{B}\Gamma$ と書くことが多いので注意を要する．

$\varphi(x, y_1, \ldots, y_k) \to \exists v\, \forall x < t\, \exists y_1 < v \cdots \exists y_k < v\, \varphi(x, y_1, \ldots, y_k)$ であり，また明らかに逆 $\leftarrow$ もいえる．右辺は Σ_1 論理式であるから，Σ_1 論理式の前に $\forall x < t$ をつけたものは Σ_1 論理式と同値である．Σ_1 論理式の前に $\exists x < t$ をつけた論理式が，Σ_1 論理式に直せることは明らかである．Π_1 論理式についても同様に示せる．$n > 1$ については，上と同様な議論によって，Σ_n 論理式の冠頭の存在記号と有界量化記号 $\forall x < t$ の順番を逆転させ，帰納法の仮定によって有界量化つきの Π_{n-1} 論理式を Π_{n-1} 論理式に直せばよい．Π_n 論理式についても同様．∎

補題 4.3.3　任意の $n \geq 1$ について，$\mathsf{B}\Sigma_n$ は $\mathsf{I}\Sigma_n$ の部分体系である．□

証明　$\exists z_1 \cdots \exists z_l\, \varphi(x, y_1, \ldots, y_k, z_1, \ldots, z_l)$ を任意の Σ_n 論理式とし，$\varphi(x, y_1, \ldots, y_k, z_1, \ldots, z_l)$ を Π_{n-1} 論理式とする（厳密には，n に関するメタ帰納法を使う）．$\forall x < u\, \exists y_1 \cdots \exists y_k\, \exists z_1 \cdots \exists z_l\, \varphi(x, y_1, \ldots, y_k, z_1, \ldots, z_l)$ を仮定する[*4]．下記の論理式は，帰納法の仮定 $\mathsf{B}\Sigma_{n-1}$（$n = 1$ のときは明らか）を用い，先の補題 4.3.2 から Σ_n 論理式になるので，これを $\psi(w)$ とおく．

$$(\exists v\, \forall x < w\, \exists y_1 < v \cdots \exists y_k < v\, \exists z_1 < v \cdots \exists z_l < v\, \varphi) \vee u < w.$$

$\forall w\, \psi(w)$ を帰納法で証明する．$\psi(0)$ は明らかに成り立つ．$\psi(w)$ を仮定し，$\psi(w+1)$ を示す．$u < w+1$ のときはただちに $\psi(w+1)$ であるから，$w < u$ の場合を考える．最初の前提から，$\varphi(w, y'_1, \ldots, y'_k, z'_1, \ldots, z'_l)$ を成り立たせる $y'_1, \ldots, y'_k, z'_1, \ldots, z'_l$ があり，帰納法の仮定 $\psi(w)$ から，$\forall x < w\, \exists y_1 < v \cdots \exists y_k < v\, \exists z_1 < v \cdots \exists z_l < v\, \varphi$ となる v がある．そこで，

$$v' = \max\{v, y'_1 + 1, \ldots, y'_k + 1, z'_1 + 1, \ldots, z'_l + 1\}$$

とおけば，$\forall x < w + 1\, \exists y_1 < v' \cdots \exists y_k < v'\, \exists z_1 < v' \cdots \exists z_l < v'\, \varphi$ となり，$\psi(w+1)$ が成り立つ．よって，Σ_n 帰納法により，すべての w で $\psi(w)$ が成立するから，とくに $w = u$ として，$\exists v\, \forall x < u\, \exists y_1 < v \cdots \exists y_k < v\, \exists z_1 < v \cdots$

[*4] 形式的な議論では，u およびその他の自由変数をいったん新しい定数に置き換えて，意味を固定させる必要がある．そして，証明の最後に元の変数に戻す．

$\exists z_l < v\,\varphi$. したがって，$\exists v \forall x < u \exists y_1 < v \cdots \exists y_k < v \exists z_1 \cdots \exists z_l\,\varphi$ を得る．

▮

補題 4.3.2 と補題 4.3.3 を用いることで，次のようなことが示せる．

補題 4.3.4　任意の n について，$\mathsf{I}\Sigma_n$ と $\mathsf{I}\Pi_n$ は同値である．　□

証明　$\mathsf{I}\Sigma_1$ で，$\mathsf{I}\Pi_1$ が証明できることを示す．逆の証明もほぼ同様である．$\varphi(x)$ を Π_1 論理式として，$\varphi(0) \wedge \forall x\,(\varphi(x) \to \varphi(x+1))$ と仮定する．そして，$\neg\varphi(c)$ として矛盾を導く．基本的な戦略としては，Σ_1 論理式 $\neg\varphi(c-x)$ についての帰納法を用いる．これは，$\neg\varphi(c-0)$ で成り立ち，$\neg\varphi(c-x) \to \neg\varphi(c-(x+1))$ も $\varphi(x)$ についての仮定からいえるので，$\neg\varphi(0)$ となって矛盾する．厳密には，次のような論理式を用いて証明すればよい．$\psi(x) \equiv \exists y \leq c\,(x+y = c \wedge \neg\varphi(y)) \vee c < x$ とおく．これが Σ_1 論理式になることは，補題 4.3.3 からいえる．なお，$\varphi(x)$ に含まれる x 以外の自由変数も一度定数に置き換えて議論する必要がある．任意の n に対する，$\mathsf{I}\Sigma_n$ と $\mathsf{I}\Pi_n$ との同値性も同様に示せる．▮

［**問題 3**］　次を示せ．

(1)　次の論理式を論理式 φ に関する**最小数原理**(least number principle) といい，$\mathsf{L}\varphi$ で表す．

$$\exists x\,\varphi(x) \to \exists x\,(\varphi(x) \wedge \forall y < x\,\neg\varphi(y))$$

$\mathsf{I}\Sigma_n$ は，任意の Σ_n 論理式 φ についての $\mathsf{L}\varphi$ と (PA^- 上で) 同値になることを示せ．

(2)　任意の n について，$\mathsf{B}\Sigma_{n+1} \supset \mathsf{I}\Sigma_n$ を示せ．

$\mathsf{I}\Sigma_{n+1} \supset \mathsf{B}\Sigma_{n+1} \supset \mathsf{I}\Sigma_n$ の関係は厳密である．つまり，逆向きが成り立たないことが知られている (pp.259–260 の注，および文献 [50], [55] を参照)．

以下では，$\mathsf{I}\Sigma_1$ における原始再帰的関数の定義可能性について説明する．まず，$\mathsf{I}\Sigma_1$ において，有限集合や有限列を自然数でコード化するための道具となる補題を証明する．

補題 4.3.5　$\mathsf{I}\Sigma_1$ において，任意の Σ_1 論理式 $\varphi(x)$ と Π_1 論理式 $\psi(x)$ に対

して，次が証明できる．

$$\forall x\,(\varphi(x) \leftrightarrow \psi(x))$$
$$\to \forall u\,\exists m, n > 0\,\forall x < u\,(\varphi(x) \leftrightarrow m(x+1)+1 \text{ は } n \text{ の約数}). \qquad \square$$

証明　まず，u を任意に固定する．すべての $i<u$ を約数としてもつような数 m の存在は Σ_1 帰納法で簡単にいえる．すると，すべての $i<u$ について，$m(i+1)+1$ は互いに素となる．なぜなら，$i<j<u$ として，$m(i+1)+1$ と $m(j+1)+1$ がともに素数 d の倍数であると仮定すれば，d は m の約数になることはなく，したがって $d \geq u$ である．他方，$(m(j+1)+1)-(m(i+1)+1) = m(j-i)$ も d の倍数になるはずだが，素数 d は m の約数でなく，$d \geq u > j-i$ だから矛盾である．

次に，$\varphi(x)$ を Σ_1 論理式，$\psi(x)$ を Π_1 論理式として，$\forall x\,(\varphi(x) \leftrightarrow \psi(x))$ を仮定する．そして，j についての Σ_1 帰納法で，以下を証明する．

$$\exists n\,\forall x < j\,[(\psi(x) \to m(x+1)+1 \text{ は } n \text{ の約数})$$
$$\wedge\,(m(x+1)+1 \text{ は } n \text{ の約数} \to \varphi(x))] \vee u < j.$$

$j=0$ のときは明らかである．j のときに上式を満たす最小の n を n_j とする（最小数原理，問題 3 参照）．いま，$\varphi(j)$ ならば $n_{j+1} = n_j \bullet (m(j+1)+1)$ とおき，そうでなければ $n_{j+1} = n_j$ とする（すべての $i<u$ について $m(i+1)+1$ は互いに素であり，n_j はその最小性から $m(j+1)+1$ の因数を含まないことに注意）．すると，$j+1 \leq u$ に対して n_{j+1} は上式を満たす．したがって，任意の j について上式が証明されたので，$j=u$ として補題が成り立つ．　▌

上の補題 4.3.5 において，$\forall x < u\,(\varphi(x) \leftrightarrow m(x+1)+1$ は n の約数) を満たす 3 つ組 (u, m, n) を，Σ_1 論理式 $\varphi(x)$ と Π_1 論理式 $\psi(x)$ が定める Δ_1 集合 $\{x \mid \varphi(x)\}$ の u **切片コード** (u-piece code) とよぶ．この結果を，多変数の論理式に拡張するのは容易である．まず，自然数のペア (x, y) を 1 つの自然数 $\langle x, y\rangle = \frac{(x+y)(x+y+1)}{2} + x$ に対応させる．このとき，$u = \langle u_1, u_2\rangle$ とすると，任意の $x < u_1$, $y < u_2$ に対して $\langle x, y\rangle < u$ となることに注意せよ．する

と，補題 4.3.4 より，Σ_1 論理式 $\varphi(x,y)$ に対して，

$$\forall x < u_1\, \forall y < u_2\, (\varphi(x,y) \leftrightarrow m(\langle x,y\rangle + 1) + 1 \text{ は } n \text{ の約数})$$

となる u 切片コード $c = (u,m,n)$ が求まる．これを 2 変数の場合の (u_1,u_2) 切片コードと考えることができる．一般に，n 組 $(x_1,x_2,\ldots,x_n)$ は，$\langle\langle\cdots\langle x_1,x_2\rangle,\ldots\rangle,x_n\rangle$ によって自然数と 1 対 1 に対応させて，2 変数の場合と同様に論理式を 1 変数化してコードを求めればよい．

このようなコード化を用いて，原始再帰的関数の定義可能性を示すことができる．

定理 4.3.6（原始再帰的関数の定義可能性）　IΣ_1 において，原始再帰的関数 f（のグラフ）は，Σ_1 論理式 $\varphi(x_1,\ldots,x_l,y,z)$ でも Π_1 論理式 $\psi(x_1,\ldots,x_l,y,z)$ でも表現され，かつそれらが関数を表すこと，すなわち $\forall x_1 \cdots \forall x_l\, \forall y\, \exists! z\, \varphi(x_1,\ldots,x_l,y,z)$ および $\forall x_1 \cdots \forall x_l\, \forall y\, \exists! z\, \psi(x_1,\ldots,x_l,y,z)$ が証明できる[*5]．

証明　原始再帰的関数の構成に関する帰納法で証明するが，問題になるのは原始再帰法による定義の部分だけである．そこで，l 変数関数 g と $(l+2)$ 変数関数 h がともに Σ_1 論理式でも Π_1 論理式でも表せるとして，

$$f(x_1,\ldots,x_l,0) = g(x_1,\ldots,x_l),$$
$$f(x_1,\ldots,x_l,y+1) = h(x_1,\ldots,x_l,y,f(x_1,\ldots,x_l,y))$$

を満たす $(l+1)$ 変数関数 f が Σ_1 論理式 $\varphi(x_1,\ldots,x_l,y,z)$ でも Π_1 論理式 $\psi(x_1,\ldots,x_l,y,z)$ でも表せることをいえばよい．このとき，$\forall x_1 \cdots \forall x_l\, \forall y\, \exists! z\, \varphi(x_1,\ldots,x_l,y,z)$ となることは，IΣ_1 から容易に導ける．以下，簡単のため，$l=0$ とする．したがって，$g()$ は定数 g である．

最初に，「$m(x+1)+1$ は n の約数である」を表す Σ_0 論理式を $\gamma(x,m,n) \equiv \exists d < n\, (m(x+1)+1) \bullet d = n$ とする．そして，Σ_0 論理式 $\delta(u,m,n)$ を以下

*5 f が関数的に表現可能であることよりも真に強い．

のように定義する．$u = \langle u_1, u_2 \rangle$ として，

$$\begin{aligned}\delta(u,m,n) \equiv \forall y < u_1\, \exists z < u_2\, \gamma(\langle y, z\rangle, m, n) \\ \wedge \forall z < u_2\, (\gamma(\langle 0, z\rangle, m, n) \leftrightarrow z = g) \\ \wedge \forall y < u_1 - 1\, \forall z < u_2\, (\gamma(\langle y+1, z\rangle, m, n) \\ \leftrightarrow \exists z' < u_2\, (z = h(y, z') \wedge \gamma(\langle y, z'\rangle, m, n))).\end{aligned}$$

このとき，先の補題 4.3.5 の証明と同様にして，$\mathrm{I}\Sigma_1$ より，$\forall u_1\, \exists u_2\, \exists m\, \exists n\, \delta(\langle u_1, u_2\rangle, m, n)$ がいえる．よって，

$$\begin{aligned} f(y) = z \quad &\Longleftrightarrow \quad \exists u\, \exists m\, \exists n\, (u_1 = y + 1 \wedge \delta(u, m, n) \wedge \gamma(\langle y, z\rangle, m, n)) \\ &\Longleftrightarrow \quad \forall u\, \forall m\, \forall n\, (u_1 = y + 1 \wedge \delta(u, m, n) \rightarrow \gamma(\langle y, z\rangle, m, n)) \end{aligned}$$

となる． ∎

この定理により，$\mathrm{I}\Sigma_1$ に原始再帰的関数に対する記号とその定義式を加えても保存的拡大であることがわかる．また，原始再帰的関数を加えても，Σ_n や Π_n 論理式 $(n > 0)$ のクラスも本質的に変わらないことがわかる．つまり，原始再帰的関数を含む Σ_n 論理式は，その中の原始再帰的関数をそれを定義する Σ_1 論理式や Π_1 論理式で置き換えることによって，同値で原始再帰的関数を含まない Σ_n 論理式に直すことができる．

補題 4.3.5 で，Σ_1 論理式と Π_1 論理式で定める集合の u 切片コードの存在を示したが，自然数の有限列 $s = (s_0, \ldots, s_{n-1})$ が自然数 c でコードされる場合，s と c を同一視し，s_i を c_i と書く．ここで，$(c, i) \mapsto c_i$ は原始再帰的である．

最後に，再帰的関数のグラフあるいは再帰的集合が Δ_1 集合と一致することを示す．

補題 4.3.7　再帰的集合(関数)のクラスと Δ_1 集合(関数)のクラスは(標準構造 $\mathfrak{N} = (\mathbb{N}, +, \bullet, 0, 1, <)$ で)一致する． □

証明　再帰的関数(計算可能関数)に対するクリーネの標準形定理(第 1 章 定理 1.5.4)から，それは原始再帰的関数を使って Σ_1 論理式でも Π_1 論理式でも

表せる．実際，簡単のため $n=1$ として，

$$f(x)=z \iff \exists y\,((T_1(e,x,y)\land \forall y'<y\,\neg T_1(e,x,y'))\land U(y)=z),$$
$$f(x)=z \iff \forall y\,((T_1(e,x,y)\land \forall y'<y\,\neg T_1(e,x,y'))\to U(y)=z)$$

である．定理4.3.6 (p.127)より，T_1 や U は Σ_1 でも Π_1 でも表せるので，上式は Σ_1，下式は Π_1 である．よって，再帰的集合(関数のグラフ)は Δ_1 集合になる．

逆に，Δ_1 集合 A の特性関数は再帰的関数になることを示す．Σ_1 集合 $A\subset\mathbb{N}$ は Σ_0 関係の前に存在記号をつけて表せるので，原始再帰的特性関数 $f(x,y)$ が存在して，$x\in A \iff \exists y f(x,y)=1$ と表せる．A の補集合も Σ_1 になるから，原始再帰的特性関数 $f'(x,y)$ が存在して，$x\notin A \iff \exists y f'(x,y)=1$ と表せる．よって，A の特性関数は $f(x,\mu y(f(x,y)+f'(x,y)=1))$ という再帰的関数で表せ，A は再帰的である． ▮

4.4　第一不完全性定理

本節では，ゲーデルの第一不完全性定理とそのいくつかのバリエーションを証明する．この節を通して，すべての理論 T は言語 $\mathcal{L}_{\mathsf{OR}}$ で与えられており，最低限 R を含むものとする．

定義 4.4.1　理論 T が **1 無矛盾**(1-consistent)であるとは，任意の Σ_1 文 σ に対し，$T\vdash\sigma \Longrightarrow \mathfrak{N}\models\sigma$ となるときをいう． □

Q や PA など普通の算術理論は，標準モデル $\mathfrak{N}$ で真なるものだけを公理にしているので，当然 1 無矛盾である．1 無矛盾性は，無矛盾性より真に強い概念である．例えば，$\mathsf{Q}\cup\left\{\exists x\,(0+x\neq x)\right\}$ (4.1 節の問題 1 (3) を参照)は，無矛盾だが 1 無矛盾でない．なお，ゲーデルは 1 無矛盾性よりさらに強い概念である「ω 無矛盾性」を第一不完全性定理の証明で仮定している[*6]．

[*6] T が ω 無矛盾であるとは，すべての自然数 n について $\varphi(\overline{n})$ が T で証明できるような論理式 $\varphi(x)$ については，$\exists x\,\neg\varphi(x)$ は T で証明できないことをいう．この $\varphi(x)$ を Δ_1 に制限した ω 無矛盾性が，1 無矛盾性に一致する(演習問題)．

補題 4.4.2　T が 1 無矛盾であれば，任意の Σ_1 集合 S に対し，ある Σ_1 論理式 $\varphi(x)$ が存在して，$n \in S \Longleftrightarrow T \vdash \varphi(\overline{n})$. □

証明　Σ_1 集合は $\mathfrak{N}$ 上において Σ_1 論理式 $\varphi(x)$ で表現できる．そして，T は R を含み，R は Σ_1 完全である（定理 4.2.3）から，

$$\mathfrak{N} \models \varphi(\overline{n}) \quad \Longrightarrow \quad \mathsf{R} \vdash \varphi(\overline{n}) \quad \Longrightarrow \quad T \vdash \varphi(\overline{n}).$$

また，T が 1 無矛盾だから，

$$T \vdash \varphi(\overline{n}) \quad \Longrightarrow \quad \mathfrak{N} \models \varphi(\overline{n})$$

もいえる．よって，$n \in S \Longleftrightarrow T \vdash \varphi(\overline{n})$. ∎

メタ数学の算術化を行うために，ゲーデル数を導入する．その前に原始再帰的関係について，簡単に復習する．n 項関係 $R \subset \mathbb{N}^n$ が**原始再帰的**（primitive recursive）であるとは，

$$\chi_R(x_1, \ldots, x_n) = \begin{cases} 1 & (R(x_1, \ldots, x_n) \text{ のとき}) \\ 0 & (\text{そうでないとき}) \end{cases}$$

となる特性関数 $\chi_R : \mathbb{N}^n \longrightarrow \{0, 1\}$ が原始再帰的になることである．

例 2　$x < y$ は原始再帰的である．実際，

$$\chi_<(x, y) = (y \dot{-} x) \dot{-} \mathrm{M}(y \dot{-} x)$$

である．

補題 4.4.3　原始再帰的な n 項関係 A, B に対し，

$$\neg A,\ A \wedge B,\ A \vee B$$

も原始再帰的である． □

証明　$\chi_{\neg A} = 1 \dot{-} \chi_A$. $\chi_{A \wedge B} = \chi_A \bullet \chi_B$. $\chi_{A \vee B} = 1 \dot{-} \{(1 \dot{-} \chi_A) \bullet (1 \dot{-} \chi_B)\}$. ∎

［**問題 4**］　関係 $A(x_1, \ldots, x_n, y)$ が原始再帰的ならば，$\forall y{<}z\, A(x_1, \ldots, x_n, y)$ および $\exists y{<}z\, A(x_1, \ldots, x_n, y)$ も原始再帰的であることを示せ．

例 3　$\mathrm{prime}(x) \equiv$ “x は素数である” は原始再帰的関係である．実際，

$$\mathrm{prime}(x) \iff x > 1 \land \neg\exists y < x\, \exists z < x\, (y \bullet z = x).$$

補題 4.4.4　$A(x_1, \ldots, x_n, y)$ が原始再帰的ならば，

$$\mu y < zA(x_1, \ldots, x_n, y) = \min(\{y < z \mid A(x_1, \ldots, x_n, y)\} \cup \{z\})$$

で定義される関数 $\mu y < zA$ は原始再帰的関数である． □

証明　$\mu y < zA = \Sigma_{w<z}\Pi_{y\le w}\chi_{\neg A}$. ∎

例 4　$p(x) =$ “$x+1$ 番目の素数” とする．すなわち，$p(0) = 2$, $p(1) = 3$, $p(2) = 5, \ldots$. このとき，$p(x)$ は次のように定義される原始再帰的関数である．

$$p(0) = 2, \qquad p(x+1) = \mu y < p(x)! + 2\ (p(x) < y \land \mathrm{prime}(y)).$$

例 5　自然数の有限列 $(x_0, \ldots, x_{n-1})$ を 1 つの自然数 $x = p(0)^{x_0+1} \bullet p(1)^{x_1+1} \bullet \cdots \bullet p(n-1)^{x_{n-1}+1}$ に対応させる．n を固定すれば，この対応は $\mathbb{N}^n$ から $\mathbb{N}$ への原始再帰的関数である．逆に，自然数 x に対し，それに対応する列の i 番目の要素 x_i を取り出す関数 $c(x,i)$ は，

$$x_i = c(x,i) = \mu y < x\,(\neg\exists z < x\,(p(i)^{y+2} \bullet z = x))$$

で与えられ，列の長さ $\mathrm{leng}(x)$ は

$$\mathrm{leng}(x) = \mu i < x\,(\neg\exists z < x\,(p(i) \bullet z = x))$$

で与えられる．さらに，自然数 x が列のコードになる条件 $\mathrm{Seq}(x)$ は

$$\mathrm{Seq}(x) \iff \forall i < x\, \forall z < x\,(p(i) \bullet z = x \to i \le \mathrm{leng}(x))$$

と表せる．

定義 4.4.5　Ω を記号の(有限もしくは可算無限)集合とし，単射 $\phi : \Omega \longrightarrow \mathbb{N}$ が与えられているとする．記号列 $s = a_0 \cdots a_{n-1}$ に対し，自然数 $\psi(s) = p(0)^{\phi(a_0)+1} \bullet p(1)^{\phi(a_1)+1} \bullet \cdots \bullet p(n-1)^{\phi(a_{n-1})+1}$ を対応させれば，記号列全体 Ω^* から $\mathbb{N}$ への単射が得られる．このとき，$\psi(s)$ を s の**ゲーデル数**(Gödel number)といい，$\ulcorner s \urcorner$ で表す． □

例 6　$\Omega = \{0, 1, +, (,)\}$ とし，$\phi(0) = 0$, $\phi(1) = 1$, $\phi(+) = 3$, $\phi(“(”) = 5$,

ϕ(")") $= 6$ とする．このとき，

$$\ulcorner (1+0)+1 \urcorner = 2^6 \cdot 3^2 \cdot 5^4 \cdot 7^1 \cdot 11^7 \cdot 13^4 \cdot 17^2$$

である．

［**問題 5**］　上の例の記号集合 Ω において，「項」を次のように定める．

(1)　0, 1 は項である．

(2)　s と t が項ならば，$(s+t)$ は項である．

例えば，$((1+0)+1)$ は項であるが，$(1+0)+1$ は項でない．このとき，「x がある項のゲーデル数になる」ことを表す述語 $\mathrm{Term}(x)$ は原始再帰的であることを示せ．

定義 4.4.6　記号集合 Ω の理論 T が Σ_i (Π_i，Δ_i，原始再帰的等) であるとは，その公理のゲーデル数の集合 $\{\ulcorner\sigma\urcorner \mid \sigma \in T\}$ が Σ_i (Π_i，Δ_i，原始再帰的等) であることをいう．　□

数学に現れる理論は，大抵有限かせいぜい原始再帰的である．本章で導入された算術体系 (PA, IΣ_1 など) は，すべて原始再帰的である．不完全性定理を成り立たせる条件の 1 つに，理論 T が Σ_1 であることがあるが，それは次の補題によりいつでも原始再帰的理論に置き換えることができる．

補題 4.4.7　**(クレイグの補題)**　Σ_1 理論 T に対し，それと同等な (つまり同じ定理を証明する) 原始再帰的理論 T' が存在する．　□

証明　T を Σ_1 理論として，それを表現する Σ_1 論理式を $\varphi(x) \equiv \exists y\, \theta(x,y)$ (θ は Σ_0) とする．すなわち，$\sigma \in T \Longleftrightarrow \mathfrak{N} \models \varphi(\overline{\ulcorner\sigma\urcorner})$．そして，原始再帰的理論 T' を以下のように定義する．

$$T' = \{\overbrace{\sigma \wedge \sigma \wedge \cdots \wedge \sigma}^{n+1\text{ 個}} \mid \theta(\overline{\ulcorner\sigma\urcorner}, \overline{n})\}.$$

$\vdash \sigma \leftrightarrow \sigma \wedge \sigma \wedge \cdots \wedge \sigma$ であるから，T と T' は同等であり，T' は原始再帰的である[*7]．　∎

[*7] この証明において，T' を Σ_0 であるとは簡単に結論づけられない．なぜなら，証明の中のゲーデル数化と復号，そして論理式の繰り返しなどは原始再帰的には単純な操作であるが，Σ_0 では容易に表せないからである．

さて,「証明」の概念は原始再帰法(定義 1.5.1(2b))で定義されていたから,「論理式の有限列(もしくは有限木) P が T における証明である」という主張も(T をパラメータにして)原始再帰的になる.なお,Σ_1 理論 T は補題 4.4.7 により随時,原始再帰的理論に直す.そこで,我々は次の定義をする.

定義 4.4.8 T を Σ_1 理論とする.原始再帰的な述語 Proof_T を以下のように定義する.

$\mathrm{Proof}_T(\ulcorner P \urcorner, \ulcorner \sigma \urcorner) \iff P$ は,T における論理式 σ の証明である.

多少乱暴ではあるが,Proof_T を R において表現する Σ_1 論理式または Π_1 論理式も Proof_T と書くことにする(定理 4.3.6).その上で,Σ_1 論理式 Bew_T を以下のように定める.

$$\mathrm{Bew}_T(x) \equiv \exists y\, \mathrm{Proof}_T(y, x).$$ □

論理式 $\mathrm{Bew}_T(x)$ は,「x は T で証明可能な論理式のゲーデル数である」ことを表している[*8].容易にわかるように,T が Σ_i 理論のときには,$\mathrm{Bew}_T(x)$ ないし T の定理のゲーデル数の集合 $\{\ulcorner \sigma \urcorner \mid T \vdash \sigma,\ \sigma$ は文である $\}$ は Σ_i である $(i \geq 1)$.

以下では,不完全性定理とそのいくつかのバリエーションを述べるが,なかでも重要な定理はゲーデルのオリジナルな定理における 1 無矛盾性の仮定を単なる無矛盾性に弱めたロッサーの仕事(定理 4.4.12)とタルスキの真理定義不可能性(定理 4.4.14)である(第二不完全性定理は,次節であつかう).まず,オリジナルな主張の核になるのが,次の補題である.

補題 4.4.9 **(対角化補題**(diagonal lemma),**不動点補題**(fixed point lemma)) T は,R を含む理論とする.x のみを自由変数とする任意の論理式 $\psi(x)$ に対し,ある文 σ が存在して,$T \vdash \sigma \leftrightarrow \psi(\overline{\ulcorner \sigma \urcorner})$ となる(この σ を ψ の**不動点**とよぶ). □

[*8] Bew は,独語の beweisbar (証明可能)からとっている.

証明　x のみを自由変数とする論理式を再帰的に $\varphi_0(x), \varphi_1(x), \ldots$ と並べ上げ，$f(n) = \ulcorner \varphi_n(\overline{n}) \urcorner$ とおくと，f は再帰的関数になる[*9]．したがって，定理 4.2.8 により，

$$f(m) = n \quad \Longrightarrow \quad T \vdash \chi(\overline{m}, \overline{n}) \land \forall y \neq \overline{n} \, \neg\chi(\overline{m}, y)$$

となる Σ_1 論理式 χ が存在する．いま，論理式 $\exists y\,(\chi(x,y) \land \psi(y))$ を考えると，これは x のみを自由変数とする論理式なので，ある $\varphi_k(x)$ に数え上げられている．この k に対して $\sigma \equiv \varphi_k(\overline{k})$ とおくと，$f(k) = \ulcorner \sigma \urcorner$ なので $T \vdash \chi(\overline{k}, \overline{\ulcorner \sigma \urcorner})$ となる．したがって，T において，

$$\psi(\overline{\ulcorner \sigma \urcorner}) \to \exists y\,(\chi(\overline{k}, y) \land \psi(y)) \; (\equiv \varphi_k(\overline{k}) \equiv \sigma)$$

である．他方，$T \vdash \forall y \neq \overline{\ulcorner \sigma \urcorner} \, \neg\chi(\overline{k}, y)$ だから，T において，

$$\neg\psi(\overline{\ulcorner \sigma \urcorner}) \to \forall y\,(\neg\psi(y) \lor \neg\chi(\overline{k}, y)) \to \neg\exists y\,(\chi(\overline{k}, y) \land \psi(y)) \; (\equiv \neg\sigma)$$

である．よって，σ は ψ の不動点となっている．∎

では，1 無矛盾の仮定のもとで，ゲーデルの第一不完全性定理を証明する．

定理 4.4.10（ゲーデルの第一不完全性定理(first incompleteness theorem)**）**　T が 1 無矛盾な Σ_1 理論[*10]であれば，$T \nvdash \sigma$ かつ $T \nvdash \neg\sigma$ となる文 σ が存在する．

証明　補題 4.4.9 の対角化補題により，$\neg\mathrm{Bew}_T(x)$ の不動点 σ が存在する．つまり，$T \vdash \sigma \leftrightarrow \neg\mathrm{Bew}_T(\overline{\ulcorner \sigma \urcorner})$ となる．この σ が T で証明も反証もできないことが以下のようにしてわかる．

$T \vdash \sigma$ とすると，$\mathrm{Bew}_T(\ulcorner \sigma \urcorner)$ が成り立つ，つまり $\mathfrak{N} \models \mathrm{Bew}_T(\overline{\ulcorner \sigma \urcorner})$ である．したがって，Σ_1 完全性より $T \vdash \mathrm{Bew}_T(\overline{\ulcorner \sigma \urcorner})$ となり，σ が $\neg\mathrm{Bew}_T(x)$ の不動点であることから $T \vdash \neg\sigma$ となって矛盾する．

[*9] f は原始再帰的にもとれる．

[*10] この節では，すべての理論は R を含むことを仮定している．

他方，$T \vdash \neg\sigma$ とすると，σ が不動点であることから $T \vdash \mathrm{Bew}_T(\ulcorner\sigma\urcorner)$．ここで，$T$ の 1 無矛盾性を用いると，$\mathfrak{N} \models \mathrm{Bew}_T(\ulcorner\sigma\urcorner)$，すなわち $T \vdash \sigma$ となって矛盾する． ∎

上の証明中の σ を**ゲーデル文**(Gödel sentence)という．$T \nvdash \sigma$ であるから $\mathfrak{N} \models \neg\mathrm{Bew}_T(\ulcorner\sigma\urcorner)$ となり，また σ が T においての $\neg\mathrm{Bew}_T(x)$ の不動点であることから，$\mathfrak{N} \models T$ であれば，$\mathfrak{N} \models \sigma$ である．つまり，$\mathfrak{N}$ をモデルにもつような自然な体系のゲーデル文は「真なる Π_1 文」である．あとで述べるように(T が $\mathrm{I}\Sigma_1$ を含むなら)，ゲーデル文は T の無矛盾性を表す文と同値になる．

さて，ロッサーは 1 無矛盾性の仮定なしに不完全性定理を証明するために，$\mathrm{Bew}_T(x)$ を次のように改良した．

$$\mathrm{Bew}^*_T(x) \equiv \exists y\,(\mathrm{Proof}_T(y,x) \wedge \forall z{<}y\,\neg\mathrm{Proof}_T(z,\neg x)).$$

ただし，$\neg x$ は，x が論理式 φ のコードであるときの $\neg\varphi$ のコードを意味する．

補題 4.4.11 T を Σ_1 理論とする．このとき，任意の文 σ について，

(1) $T \vdash \sigma \quad \Longrightarrow \quad T \vdash \mathrm{Bew}^*_T(\ulcorner\sigma\urcorner)$,

(2) $T \vdash \neg\sigma \quad \Longrightarrow \quad T \vdash \neg\mathrm{Bew}^*_T(\ulcorner\sigma\urcorner)$. □

証明 T が矛盾していれば，補題は自明に成り立っているので，T は無矛盾と仮定する．また，(1) については，$T \vdash \sigma$ ならば，$\mathrm{Bew}^*_T(\ulcorner\sigma\urcorner)$ が真となることは容易にわかるので，Σ_1 完全性よりただちにいえる．

(2) を示すために，$T \vdash \neg\sigma$ と仮定する．すると，$n \in \mathbb{N}$ が存在して，

$$\mathrm{Proof}_T(\overline{n}, \ulcorner\neg\sigma\urcorner) \wedge \forall z{\leq}\overline{n}\,\neg\mathrm{Proof}_T(z, \ulcorner\sigma\urcorner)$$

が $\mathfrak{N}$ で真となる．Σ_1 完全性より，上式は T で証明可能である．そこで，T において，

$$\mathrm{Proof}_T(y, \ulcorner\sigma\urcorner) \to \left(y > \overline{n} \to \exists z{<}y\,\mathrm{Proof}_T(z, \ulcorner\neg\sigma\urcorner)\right)$$

となる．すなわち，T において，

$$\forall y\left(\neg\mathrm{Proof}_T(y, \ulcorner\sigma\urcorner) \vee \exists z{<}y\,\mathrm{Proof}_T(z, \ulcorner\neg\sigma\urcorner)\right)$$

が証明できることになり，すなわち $T \vdash \neg\mathrm{Bew}^*_T(\ulcorner\sigma\urcorner)$ となる. ∎

$\neg\mathrm{Bew}^*_T(x)$ に対する不動点，つまり $T \vdash \sigma \leftrightarrow \neg\mathrm{Bew}^*_T(\ulcorner\sigma\urcorner)$ なる文 σ を**ロッサー文**(Rosser sentence)という.

> **定理 4.4.12 (ゲーデル - ロッサー)**　T が無矛盾な Σ_1 理論(R を含む)であれば，$T \nvdash \sigma$ かつ $T \nvdash \neg\sigma$ となる文 σ が存在する.

証明　クレイグの補題 4.4.7 により，T を R の無矛盾な原始再帰的拡大としてよい. σ をそのロッサー文とする. $T \vdash \sigma$ ならば，補題 4.4.11 より $T \vdash \mathrm{Bew}^*_T(\ulcorner\sigma\urcorner)$ だから，不動点 σ の定義より $T \vdash \neg\sigma$ となり，T は矛盾する. 逆に，$T \vdash \neg\sigma$ ならば，補題 4.4.11 より $T \vdash \neg\mathrm{Bew}^*_T(\ulcorner\sigma\urcorner)$ だから，不動点 σ の定義より $T \vdash \sigma$ となり，やはり T は矛盾する. ∎

さらにいくつか対角化補題の応用をみてみよう.

補題 4.4.13　無矛盾な理論 T において，任意の文 σ に対して，$T \vdash \sigma \leftrightarrow \psi(\ulcorner\sigma\urcorner)$ となるような論理式 $\psi(x)$ はない. □

証明　そのような $\psi(x)$ があったとすると，$\neg\psi(x)$ に対する不動点 σ を代入してみれば，明らかに矛盾である. ∎

上の補題において，T として，$\mathfrak{N}$ で真となる文全体 $\mathrm{Th}(\mathfrak{N})$ を考えれば，次の定理が得られる.

> **定理 4.4.14 (タルスキの真理定義不可能性**(undefinability of truth)**)**　任意の文 σ に対して，$\mathfrak{N} \models \sigma \leftrightarrow \psi(\ulcorner\sigma\urcorner)$ となるような論理式 $\psi(x)$ はない.

補題 4.4.15　無矛盾な理論 T において，任意の文 σ について，

$$T \vdash \sigma \quad \Longrightarrow \quad T \vdash \psi(\ulcorner\sigma\urcorner),$$

$$T \nvdash \sigma \quad \Longrightarrow \quad T \vdash \neg\psi(\ulcorner\sigma\urcorner)$$

となるような論理式 $\psi(x)$ はない．□

証明　そのような $\psi(x)$ があったとすると，$\neg\psi(x)$ に対する不動点 σ をとり，ゲーデル-ロッサーの不完全性定理の証明と同様に矛盾が導かれる．∎

補題 4.4.16　無矛盾な理論 T で証明可能な文のゲーデル数の集合 $\{\ulcorner\sigma\urcorner \mid T \vdash \sigma, \sigma$ は文である$\}$ は再帰的でない．□

証明　T の定理の集合が再帰的であれば，前節の結果より R で表現可能になり，すなわち上の補題 4.4.15 の $\psi(x)$ が存在することになる．∎

定理 4.4.17（チャーチの述語論理決定不可能性（undecidability of predicate calculus)**）**　言語 $\mathcal{L}_{\mathsf{OR}}$（または $\mathcal{L}_{\mathsf{AR}}$）において，述語論理の公理だけから証明できる文のゲーデル数の集合 $\{\ulcorner\sigma\urcorner \mid \vdash \sigma, \sigma$ は文である$\}$ は再帰的でない．

証明　$\mathsf{Q}_<$ は有限理論であるから，その公理をすべて $\wedge$ でつないで，1 つの文にしたものを ξ とおく．演繹定理から $\mathsf{Q}_< \vdash \sigma \Longleftrightarrow \vdash \xi \to \sigma$ であるから，$\{\ulcorner\sigma\urcorner \mid \vdash \sigma\}$ が再帰的であれば，$\{\ulcorner\sigma\urcorner \mid \vdash \xi \to \sigma\} = \{\ulcorner\sigma\urcorner \mid \mathsf{Q}_< \vdash \sigma\}$ も再帰的になり，上の補題 4.4.16 に反する．∎

4.5　第二不完全性定理

ゲーデルの第一不完全性定理は，算術の公理系 T に対して証明も反証もできない文の存在を示したものだが，第二不完全性定理は「T が無矛盾である」という意味をもつ具体的な文が T で証明できないことを主張する．大雑把にいえば，第二定理は，第一定理の証明を体系 T 内で形式化することによって得られるのだが，それには異次元の緻密さが要求される．端的には，第一定理の証明でメタ的立場で使っていた原始再帰的関数を体系内の関数として使う必要があり，それを可能にするために $\mathsf{I}\Sigma_1$ が仮定される(定理 4.3.6).

以下この節では，どの理論 T も $\mathsf{I}\Sigma_1$ を含む無矛盾な Σ_1 理論であるとし，さらにすべての原始再帰的関数 f と原始再帰的関係 R に対する記号 $\mathtt{f}$ と $\mathtt{R}$，およびそれらの定義式が公理として与えられているものとする[*11].

また，T の証明可能性を表す述語 $\mathrm{Bew}_T(\ulcorner\varphi\urcorner)$ の定義についても少し注意が必要である．この定義のもとになる述語 Proof_T は原始再帰的に定義できるから，それは T の中で関係記号 $\mathtt{Proof}_T$ で表される．そして，

$$\mathrm{Bew}_T(x) \equiv \exists y\, \mathtt{Proof}_T(y, x)$$

とする．以上のもとで，$\mathrm{Bew}_T(\ulcorner\varphi\urcorner)$ に関して次の補題が成り立つ.

補題 4.5.1 (**ヒルベルト - ベルナイス - レーブの導出可能性補題**(derivability lemma))　T の文 φ, ψ に対して，次の 3 つの条件が成り立つ.

D1.　$T \vdash \varphi \quad \Longrightarrow \quad T \vdash \mathrm{Bew}_T(\overline{\ulcorner\varphi\urcorner})$.

D2.　$T \vdash \mathrm{Bew}_T(\overline{\ulcorner\varphi\urcorner}) \land \mathrm{Bew}_T(\overline{\ulcorner\varphi \to \psi\urcorner}) \to \mathrm{Bew}_T(\overline{\ulcorner\psi\urcorner})$.

D3.　$T \vdash \mathrm{Bew}_T(\overline{\ulcorner\varphi\urcorner}) \to \mathrm{Bew}_T\left(\overline{\ulcorner\mathrm{Bew}_T(\overline{\ulcorner\varphi\urcorner})\urcorner}\right)$.　□

証明の概略　D1 は，$\mathrm{Bew}_T(\ulcorner\varphi\urcorner)$ が Σ_1 論理式であるから，Σ_1 完全性(系 4.2.4)によってただちに得られる．D2 については，φ の証明と $\varphi \to \psi$ の証明を三段論法でつないだものが ψ の証明であるから，Proof_T の定義(定義 4.4.8)が三段論法の規則を反映していることさえ確認すればよい．最後に，D3 は D1 を T で形式化したものであるが，その作業を直接行うことは容易でない．その対処法はいくつか知られているが，以下では原始再帰的関数の表現可能性を体系内であつかうやり方について簡単に説明する(基本的にスモリンスキーの文献 [52], [53] による．文献 [34] も参照).

---

*11 正確にいえば，同じ原始再帰的関数の定義は複数ありうるので，定義ごとに記号 $\mathtt{f}$ が与えられる．原始再帰的関係はその特性関数となる原始再帰的関数で表現されており，その関数の定義ごとに記号 $\mathtt{R}$ を与える.

最初に，1 つ記法を導入する．数 n からその数項のゲーデル数「$\bar{n}$」への対応は原始再帰的なので，その関数を $\dot{x}$ で表す[*12]．そして，論理式等の表現 $\varphi(x)$ において，変数 x のすべての自由な出現にゲーデル数 $\dot{a}$ をもつ項を代入した表現を $\varphi(\dot{a})$ で表す．このとき，a の値が標準自然数 n であれば，これは数項 $\bar{n}$ の代入に他ならないが，一般の a に対する $\varphi(\dot{a})$ はあくまでも Bew_T 内における表現形式である．この記法の下で，

$$T \vdash \mathtt{Proof}_T(x,y) \to \mathrm{Bew}_T\left(\overline{\ulcorner \mathtt{Proof}_T(\dot{x},\dot{y})\urcorner}\right) \tag{1}$$

を証明する．これは，任意の原始再帰的関数 f に対して，

$$T \vdash \mathtt{f}(x_1,\ldots,x_k) = y \to \mathrm{Bew}_T\left(\overline{\ulcorner \mathtt{f}(\dot{x_1},\ldots,\dot{x_k}) = \dot{y})\urcorner}\right) \tag{2}$$

を証明すると考えれば，原始再帰的関数の定義に関するメタ帰納法と $\mathsf{I}\Sigma_1$ によって素直に示すことができる．

例えば，足し算 $x+y=z$ について (2) を示してみよう． 変数 y に関する Σ_1 帰納法で(それ以外の変数は任意の定数とみなして)，$x+y=z \to \mathrm{Bew}_T\left(\overline{\ulcorner \dot{x}+\dot{y}=\dot{z}\urcorner}\right)$ を証明する．まず，$y=0$ の場合，$x+0=z$ ならば $z=x$ であり，ペアノ算術の公理 A3 から $\mathrm{Bew}_T\left(\overline{\ulcorner \dot{x}+0=\dot{x}\urcorner}\right)$ であるので，$x+0=z \to \mathrm{Bew}_T\left(\overline{\ulcorner \dot{x}+0=\dot{z}\urcorner}\right)$ が成り立つ．次に，$x+y=w \to \mathrm{Bew}_T\left(\overline{\ulcorner \dot{x}+\dot{y}=\dot{w}\urcorner}\right)$ を仮定して，$x+(y+1)=z \to \mathrm{Bew}_T\left(\overline{\ulcorner \dot{x}+(\dot{y}+1)=\dot{z}\urcorner}\right)$ をいう．ここで，原始再帰的関数 $\dot{x}$ の定義から，$u=y+1 \to \mathrm{Bew}_T\left(\overline{\ulcorner \dot{u}=\dot{y}+1\urcorner}\right)$ となることを注意しておく．さて，$x+(y+1)=z$ とすると，足し算の公理 A4 から $x+(y+1)=(x+y)+1$ であるので，$x+y=w$ として $z=w+1$ がいえる．すると，$\mathrm{Bew}_T\left(\overline{\ulcorner \dot{x}+\dot{y}=\dot{w}\urcorner}\right)$ と $\mathrm{Bew}_T\left(\overline{\ulcorner \dot{z}=\dot{w}+1\urcorner}\right)$ が成り立つ．Bew_T の中で公理 A4 を使えば，前者から $\mathrm{Bew}_T\left(\overline{\ulcorner \dot{x}+(\dot{y}+1)=\dot{w}+1\urcorner}\right)$ が得られ，さらに後者を用いて $\mathrm{Bew}_T\left(\overline{\ulcorner \dot{x}+(\dot{y}+1)=\dot{z}\urcorner}\right)$ を得る．以上から，$\mathsf{I}\Sigma_1$ によって，$x+y=z \to \mathrm{Bew}_T\left(\overline{\ulcorner \dot{x}+\dot{y}=\dot{z}\urcorner}\right)$ が示せた．他の原始再帰的

[*12] 数 n から数項 $\bar{n}$ への関数は素朴に原始再帰的に定義されるが，数論的関数でないため算術体系ではあつかえない．したがって，$\dot{x}$ を「$\bar{x}$」と直接書くこともできないのだが，素朴に解してそのような意味をもつ $\dot{x}$ は原始再帰的関数として定義できる．

関数についても，理論 T にその定義式が公理として与えられているので，同様な議論で (2) が証明できる．

D3を示すために，T に加えて $\mathrm{Bew}_T\left(\overline{\ulcorner\varphi\urcorner}\right)$ を仮定する．すると，$\mathtt{Proof}_T\left(\mathtt{c}, \overline{\ulcorner\varphi\urcorner}\right)$ を満たす定数 c があるとしてよい．したがって，(1) から $\mathrm{Bew}_T\left(\overline{\ulcorner\mathtt{Proof}_T\left(\dot{\mathtt{c}}, \dot{\ulcorner\varphi\urcorner}\right)\urcorner}\right)$ が得られる．ここで，$\dot{\ulcorner\varphi\urcorner}$ は標準自然数であるから，$\overline{\ulcorner\varphi\urcorner}$ に他ならない．さて，量化記号に関する 1 階論理の公理から，$T \vdash \mathtt{Proof}_T\left(\dot{\mathtt{c}}, \overline{\ulcorner\varphi\urcorner}\right) \to \exists x\, \mathtt{Proof}_T\left(x, \overline{\ulcorner\varphi\urcorner}\right)$ であるから，$T \vdash \mathtt{Proof}_T\left(\dot{\mathtt{c}}, \overline{\ulcorner\varphi\urcorner}\right) \to \mathrm{Bew}_T\left(\overline{\ulcorner\varphi\urcorner}\right)$．したがって，D1 より，

$$T \vdash \mathrm{Bew}_T\left(\overline{\ulcorner\mathtt{Proof}_T\left(\dot{\mathtt{c}}, \overline{\ulcorner\varphi\urcorner}\right) \to \mathrm{Bew}_T\left(\overline{\ulcorner\varphi\urcorner}\right)\urcorner}\right).$$

さらに，D2 により，

$$T \vdash \mathrm{Bew}_T\left(\overline{\ulcorner\mathtt{Proof}_T\left(\dot{\mathtt{c}}, \overline{\ulcorner\varphi\urcorner}\right)\urcorner}\right) \to \mathrm{Bew}_T\left(\overline{\ulcorner\mathrm{Bew}_T\left(\overline{\ulcorner\varphi\urcorner}\right)\urcorner}\right)$$

がいえる．よって，T の三段論法により $\mathrm{Bew}_T\left(\overline{\ulcorner\mathrm{Bew}_T\left(\overline{\ulcorner\varphi\urcorner}\right)\urcorner}\right)$ が導かれる．以上により，D3 が証明された．∎

さて，π_G を第一不完全性定理の証明で構成したゲーデル文とする．つまり，

$$T \vdash \pi_G \leftrightarrow \neg\mathrm{Bew}_T\left(\overline{\ulcorner\pi_G\urcorner}\right)$$

が成り立っている．4.3 節では，これが T で証明も反証もできない文であることを示した．そして，いま

$$\mathrm{Con}(T) \equiv \neg\mathrm{Bew}_T\left(\overline{\ulcorner 0 = 1 \urcorner}\right)$$

とおく．$\mathrm{Con}(T)$ は「T が無矛盾(consistent)であること」を意味しており，π_G のような自己言及文ではないが，以下が示される．

補題 4.5.2　$T \vdash \mathrm{Con}(T) \leftrightarrow \pi_G.$ □

証明　最初に，$\mathrm{Con}(T) \to \pi_G$ を示す．まず，$T \vdash \neg\pi_G \leftrightarrow \mathrm{Bew}_T\left(\overline{\ulcorner\pi_G\urcorner}\right)$ と D1 より，

$$T \vdash \mathrm{Bew}_T\left(\overline{\ulcorner\mathrm{Bew}_T\left(\overline{\ulcorner\pi_G\urcorner}\right) \to \neg\pi_G\urcorner}\right).$$

これに D2 を用いて,

$$T \vdash \mathrm{Bew}_T\left(\overline{\ulcorner \mathrm{Bew}_T(\overline{\ulcorner \pi_G \urcorner}) \urcorner}\right) \to \mathrm{Bew}_T(\overline{\ulcorner \neg\pi_G \urcorner}).$$

D3 より, $T \vdash \mathrm{Bew}_T(\overline{\ulcorner \pi_G \urcorner}) \to \mathrm{Bew}_T\left(\overline{\ulcorner \mathrm{Bew}_T(\overline{\ulcorner \pi_G \urcorner}) \urcorner}\right)$ だから,

$$T \vdash \mathrm{Bew}_T(\overline{\ulcorner \pi_G \urcorner}) \to \mathrm{Bew}_T(\overline{\ulcorner \neg\pi_G \urcorner}).$$

$T \vdash \pi_G \to (\neg\pi_G \to 0 = 1)$ と D2 を用いて, 上のことから

$$T \vdash \mathrm{Bew}_T(\overline{\ulcorner \pi_G \urcorner}) \to \mathrm{Bew}_T(\overline{\ulcorner 0 = 1 \urcorner})$$

を得る. 対偶をとって,

$$T \vdash \neg\mathrm{Bew}_T(\overline{\ulcorner 0 = 1 \urcorner}) \to \neg\mathrm{Bew}_T(\overline{\ulcorner \pi_G \urcorner}),$$

すなわち, $T \vdash \mathrm{Con}(T) \to \pi_G$ が示された.

逆は簡単である. $T \vdash 0 = 1 \to \pi_G$ だから, D1 と D2 によって,

$$T \vdash \mathrm{Bew}_T(\overline{\ulcorner 0 = 1 \urcorner}) \to \mathrm{Bew}_T(\overline{\ulcorner \pi_G \urcorner}).$$

対偶をとって, $T \vdash \pi_G \to \mathrm{Con}(T)$ を得る. ∎

定理 4.5.3 (ゲーデルの第二不完全性定理 (second incompleteness theorem)) T が $\mathsf{I}\Sigma_1$ を含む無矛盾な Σ_1 理論であれば, $T \nvdash \mathrm{Con}(T)$. つまり, T は自らの無矛盾性 $\mathrm{Con}(T)$ を証明できない.

証明 第一不完全性定理により, $T \nvdash \pi_G$. 上の補題 4.5.2 によって $T \vdash \mathrm{Con}(T) \leftrightarrow \pi_G$ だから, $T \nvdash \mathrm{Con}(T)$. ∎

第一不完全性定理は単に証明可能性の限界を示したという意味でネガティブな結果なのに対し, 第二不完全性定理は $\mathrm{Con}(T)$ という具体的命題が T で証明できないことを示しており, 少なくとも応用面ではかなりポジティブな成果である. 例えば, 2 つの公理系が相異なることを示す常套手段として, 一方において他方の無矛盾性を証明することがある. また, 第二不完全性定理とその補題の証明には, 他にもいろいろな方法が知られている. 例えば, 完全

性定理を用いる方法もある(8.2 節を参照)．さらに，1977 年のパリスとハーリントンの仕事以降，ペアノ算術などの公理系 T に対して，$\mathrm{Con}(T)$ 以外の独立命題が多数発見されている(文献 [34])．

[**問題 6**]　次を示せ．

(1)　自分自身が矛盾すること $(\neg\mathrm{Con}(T))$ を証明する無矛盾な算術の公理系 T を作れ．

(2)　$\mathrm{Bew}^{\sharp}_T(x) \equiv \left(\mathrm{Bew}_T(x) \wedge x \neq \overline{\ulcorner 0 = 1 \urcorner}\right)$ とおくと，$\mathrm{Bew}^{\sharp}_T(x)$ も証明可能性を表すが，$\neg\mathrm{Bew}^{\sharp}_T\left(\overline{\ulcorner 0 = 1 \urcorner}\right)$ は明らかに証明可能になる．なぜ第二不完全性定理の証明が適用できないかを考えよ．ロッサーの証明可能述語 $\mathrm{Bew}^{*}_T(x)$ の場合はどうか．

ゲーデル文の変種として，「この文は証明可能である」という意味をもつ文は**ヘンキン文**(Henkin sentence)として知られている．すなわち，$\mathrm{H} \leftrightarrow \mathrm{Bew}_T\left(\overline{\ulcorner \mathrm{H} \urcorner}\right)$ となる文 H である．H が証明可能な真な文であれば，両辺とも真で問題はない．また，偽で証明不可能な場合も両辺は同値になるので，この文は証明可能であるとか真であるとか確定できないようにも思えるが，実は証明可能になる．

これを考えるのに，まず「この文は T と矛盾しない」という文を C としよう．すると，理論 T+C は自らの無矛盾性を証明するので，第二不完全性定理によって矛盾している．つまり，C の主張が T で否定され，C の否定が証明される．一方，C の否定は「この文は T と矛盾する」，つまり「この文の否定が証明可能である」という意味だから，結局 C の否定は H と同じであり，したがって H は証明可能である．

この事実をもう少しわかりやすく述べたのが次の定理である．

定理 4.5.4 (レーブの定理(Löb's theorem)**)**　T を $\mathrm{I}\Sigma_1$ を含む無矛盾な Σ_1 理論とする．もし T が「T が σ を証明すれば，σ である」ことを証明するなら，T は σ を証明する．

証明 「T が σ を証明すれば，σ である」ことが T で証明されるとする．それは「$\neg\sigma$ ならば，T が σ を証明しないこと，つまり $T+\neg\sigma$ が無矛盾である」ことが T で証明されることを意味する．すなわち，$T+\neg\sigma$ が $T+\neg\sigma$ の無矛盾性を証明することになるので，第二不完全性定理より $T+\neg\sigma$ は矛盾している．よって，T が σ を証明することが導かれる． ∎

ヘンキン文 H は，上の定理の σ の仮定を満たすので証明可能になる．また，この定理から導かれるパラドキシカルな事実は，どんな命題 σ を証明するのにも，σ の証明があると仮定して証明してもいいということである．

4.6 プレスバーガー算術と量化記号消去

これまでは，ペアノ算術 PA とその部分体系について，不完全性や決定不可能性をみた．本節では，ペアノ算術から掛け算を取り除いた公理系（プレスバーガーの体系）が完全で，そして決定可能になることをみる．ここで証明に用いる**量化記号消去**（quantifier elimination）とよばれる手法は，後の章でも使われる強力な手段である．

まず，理論の完全性や決定可能性に対し，改めて定義を与える．

定義 4.6.1 T を言語 $\mathcal{L}$ の理論とする．T が**完全**（complete）であるとは，$\mathcal{L}$ のあらゆる文 σ について，$T \vdash \sigma$ または $T \vdash \neg\sigma$ が成立するときをいう．T が**決定可能**（decidable）であるとは，$T \vdash \sigma$ か $T \not\vdash \sigma$ かが有限的な手段で判定できるとき，より正確には，集合 $\{\ulcorner\sigma\urcorner \mid T \vdash \sigma\}$ が再帰的であるときをいう． □

T の決定可能性を議論する場合，記号集合 $\mathcal{L}$ が可算であることは暗黙の了解である．理論 T が Σ_1 とか再帰的であるというのは，集合 $\{\ulcorner\sigma\urcorner \mid \sigma \in T\}$ が Σ_1 や再帰的であることであったが，その場合も当然言語は可算である．以下の事実は「完全性」と「決定可能性」との基本的な関係を示すものである．

補題 4.6.2　完全な Σ_1 理論 T は，決定可能である．　□

証明　もしも T が矛盾していれば，すべての文が証明できるから決定可能である．よって，T は無矛盾とする．T が Σ_1 だから，T の定理(のコード)の集合も Σ_1，つまりすべての定理を再帰的に並べ上げることができる．T は完全だから，任意の命題 σ について，σ か $\neg\sigma$ のどちらかは上の並び上げに出てくることになる．T の無矛盾性から $T \vdash \neg\sigma$ は $T \nvdash \sigma$ を意味している．つまり，$T \vdash \sigma$ か $T \nvdash \sigma$ を，(σ と $\neg\sigma$ のどちらが先に並べられるかを調べることによって)有限時間内に判定できることになる．　∎

数学のほとんどの公理系は Σ_1 理論だから，その決定可能性を調べるためには完全性をいえばよいことがわかる．しかし，不完全でも決定可能になる Σ_1 理論はたくさんある(例．アーベル群の理論)．

定義 4.6.3　T を言語 $\mathcal{L}$ の理論とする．T で**量化記号が消去できる**(admit elimination of quantifier)とは，言語 $\mathcal{L}$ の任意の論理式 φ に対し，ある開論理式(量化記号のない論理式) ψ が存在して，$T \vdash \varphi \leftrightarrow \psi$ となるときをいう．　□

量化記号が消去できる理論では，どの論理式も「原子論理式を $\neg, \wedge, \vee$ で結合させた」形に直せるので，その真偽を判定するのは比較的容易である．ただし，原子論理式の真偽がいつも再帰的に判定できるわけではなく，複雑な原子論理式をたくさん追加すれば，どの理論も量化記号消去が可能な理論に修正することができる．すなわち，次の補題が成り立つ．

補題 4.6.4　任意の理論は，量化記号消去が可能な保存的拡大をもつ．　□

証明　T を言語 $\mathcal{L}$ の理論とする．$\mathcal{L}$ のすべての論理式 $\varphi(x_1, \ldots, x_n)$ に対し，新しい n 項関係記号 $\mathtt{R}_\varphi$ を用意し，

$$\forall x_1 \cdots \forall x_n \, (\mathtt{R}_\varphi(x_1, \ldots, x_n) \leftrightarrow \varphi(x_1, \ldots, x_n))$$

の形の文をすべて T に加えた理論を T' とする．T' は，定義による拡大であ

るから，保存的拡大になっている．そして，拡張言語の論理式 ψ' は，それに含まれる各々の関係記号 R_φ を φ に置き換えることで，T' において同値となる言語 $\mathcal{L}$ の論理式 ψ になる．したがって，ψ' は，原始式 R_ψ と T' において同値である． ▮

［**問題 7**］ 任意の理論は，量化記号消去が可能な ∀∃ 理論を保存的拡大にもつことを示せ．

以下の補題は，量化記号消去が可能であるかどうかを調べるための基本的手段である．

補題 4.6.5 T を言語 $\mathcal{L}$ の任意の理論とする．T において，「自由変数 x をもつ原子論理式またはその否定 $\alpha_1, \alpha_2, \ldots, \alpha_n$ に対し，ある開論理式 φ が存在して，$T \vdash \varphi \leftrightarrow \exists x\,(\alpha_1 \wedge \alpha_2 \wedge \cdots \wedge \alpha_n)$」が成り立てば，$T$ において量化記号消去が可能である．さらに，原子論理式の否定が，否定を用いない開論理式と同値になる場合には，自由変数 x をもつ原子論理式を連言記号 $\wedge$ でつないだ論理式の前に $\exists x$ がついた論理式が開論理式で表せさえすれば，任意の論理式の量化記号消去が可能である． □

証明 最初に，$\exists x\,\theta$ (θ は開論理式) の形の論理式が開論理式と同値になることをいえば，任意の論理式の量化記号が消去できることをいう．まず，任意に論理式が与えられたとき，$\forall x\,\varphi \leftrightarrow \neg\exists x\,\neg\varphi$ によって全称記号 ∀ をすべて消去する．できた論理式が存在記号 ∃ を含んでいれば，必ず $\exists x\,\theta$ (θ は開論理式) の形の部分論理式を含むので，その部分をそれと同値な開論理式に置き換える (補題 2.4.5)．そうして作られた論理式は，∃ が 1 つ少ないものになるので，この操作を繰り返して存在記号 ∃ を減らしていけば，最終的にもとの論理式と同値な開論理式が得られる．

次に，開論理式 θ は，原子論理式またはその否定 $\alpha_{i,j}$ を用いて，次のような**選言標準形** (disjunctive normal form) (積和標準形ともいう)

$$\theta \leftrightarrow (\alpha_{1,1} \wedge \alpha_{1,2} \wedge \cdots \wedge \alpha_{1,k_1}) \vee (\alpha_{2,1} \wedge \cdots \wedge \alpha_{2,k_2}) \vee \cdots \vee (\alpha_{m,1} \wedge \cdots \wedge \alpha_{m,k_m})$$

に表される(同値になる)ことをみる．このように表せる開論理式全体を F とおく．F が選言記号 $\vee$ で閉じていることは自明である．$\wedge$ について閉じていることは，分配則(例．$(\alpha_1 \vee \alpha_2) \wedge \beta \leftrightarrow (\alpha_1 \wedge \beta) \vee (\alpha_2 \wedge \beta)$)による．否定記号についても，ド・モルガンの法則(第 2 章の 2.2 節)と分配則からいえる．したがって，F はすべての開論理式を含む．

最後に，

$$\exists x\,((\alpha_{1,1} \wedge \cdots \wedge \alpha_{1,k_1}) \vee (\alpha_{2,1} \wedge \cdots \wedge \alpha_{2,k_2}) \vee \cdots \vee (\alpha_{m,1} \wedge \cdots \wedge \alpha_{m,k_m}))$$
$$\leftrightarrow \exists x\,(\alpha_{1,1} \wedge \cdots \wedge \alpha_{1,k_1}) \vee \cdots \vee \exists x\,(\alpha_{m,1} \wedge \cdots \wedge \alpha_{m,k_m})$$

であるから，各部分 $\exists x\,(\alpha_{i,1} \wedge \cdots \wedge \alpha_{i,k_i})$ が開論理式と同値になれば，全体も開論理式と同値になる．もし，$\alpha_{i,1}$ が自由変数 x をもたなければ，$\exists x\,(\alpha_{i,1} \wedge \cdots \wedge \alpha_{i,k_i}) \leftrightarrow \alpha_{i,1} \wedge \exists x\,(\alpha_{i,2} \wedge \cdots \wedge \alpha_{i,k_i})$ のようにそれを $\exists x$ の外に移動させることができるので，どの $\alpha_{i,j}$ も自由変数 x を含むとしてよい．つまり，自由変数 x をもつ原子論理式またはその否定を連言記号 $\wedge$ でつないだ論理式の前の $\exists x$ が消去できるなら，任意の論理式の量化記号消去が可能であることが示せた．

さらに，任意の原子論理式の否定が，否定を含まない開論理式と同値になるような理論を考える．このとき，任意の開論理式は，否定を含まない開論理式と同値になるから，それを分配則等で変形すれば，否定を含まない選言標準形が得られる．あとは，上と同様な議論により，自由変数 x をもつ原子論理式を連言記号 $\wedge$ でつないだ論理式の前の $\exists x$ が消去できるなら，任意の論理式の量化記号消去が可能であることが示せる． ∎

量化記号の消去可能な理論の例として，自然数上の不等式の理論 $\mathsf{P}_<$ について考える．これは，ペアノ算術から演算 $+$, $\bullet$ に関する公理 A3〜A6 を除いて作られるが，足し算 $+$ がないので，不等号 $<$ の性質を記述するために後者関数 $\mathrm{S}(x) = x + 1$ を用いる．

定義 4.6.6 理論 $\mathsf{P}_<$ は，定数記号 0, 1 変数関数記号 $\mathtt{S}$ および 2 項関係 $<$ からなる言語 $\mathcal{L}_<$ をもち，以下の公理(厳密には，下の各論理式を適当な全称記号で束縛して，文に直したもの)で構成される[*13].

S1. $\mathtt{S}(x) \neq 0.$

S2. $\mathtt{S}(x) = \mathtt{S}(y) \to x = y.$

S7. $x \not< 0.$

S8. $x < \mathtt{S}(y) \leftrightarrow x < y \vee x = y.$

S9. $\varphi(0) \wedge \forall x\,(\varphi(x) \to \varphi(\mathtt{S}(x))) \to \forall x\,\varphi(x)$, ただし $\varphi(x)$ は任意の $\mathcal{L}_<$ 論理式で，x 以外に自由変数を含んでいてよい. □

補題 4.6.7 理論 $\mathsf{P}_<$ において以下が証明できる.

$<$ は線形順序：

$x < y \vee x = y \vee y < x$; $x < y \to y \not< x$; $(x < y \wedge y < z) \to x < z.$

S10. $y \neq 0 \to \exists x\,(\mathtt{S}(x) = y).$ □

証明は，演習問題とする．（ヒント．まず x についての帰納法で $0 < \mathtt{S}(x)$, y についての帰納法で $x < y \to \mathtt{S}(x) < \mathtt{S}(y)$ を示しておく．これらを用いて，x についての帰納法で $x < y \vee x = y \vee y < x$ を導く．また，z についての帰納法で $x < y \wedge y < z \to x < z$ が証明できる．次に帰納法で $\mathtt{S}(x) \neq x$ を示し，さらに帰納法で $x \not< x$ を示すと，$x < y \to y \not< x$ を得る．S10 は y についての帰納法で容易に示せる.）

定義 4.6.8 理論 $\mathsf{P}_<^-$ を，$<$ の線形順序性 + S7 + S8 + S10 とおく. □

定義から明らかなように，$\mathsf{P}_<^-$ は $\mathsf{P}_<$ の部分体系で，しかも有限個の公理からなる．したがって，両者の関係は PA と PA^- の関係に類似しているが，これから示すように $\mathsf{P}_<$ と $\mathsf{P}_<^-$ は一致する．我々は，$\mathsf{P}_<^-$ において量化記号消去が可能であることを示し，それから $\mathsf{P}_<^-$ が完全であることを導く．その結果

[*13] 定義 4.1.1 のペアノ算術の公理と比較せよ.

として $\mathsf{P}_<$ が $\mathsf{P}_<^-$ と一致することがわかる．

補題 4.6.9　理論 $\mathsf{P}_<^-$ において以下が証明できる．

S1, S2 および

S11.　$\mathsf{S}^n(x) \neq x$ ($\mathsf{S}^n(x)$ は $\overbrace{\mathsf{S}(\mathsf{S}(\cdots(\mathsf{S}}^{\mathsf{S}\text{ が } n \text{ 個}}(x))\cdots))$ を表す．$n > 0$ は任意の自然数であり，これは無限個の公理を図式として表したものである)．　□

定理 4.6.10　理論 $\mathsf{P}_<^-$ において，量化記号消去が可能である．

証明　補題 4.6.5 を使うために，まず理論 $\mathsf{P}_<^-$ における原子論理式の否定が否定を含まない開論理式で表せることをみる．原子論理式には，

$$\mathsf{S}^m(u) = \mathsf{S}^n(v) \text{ と } \mathsf{S}^m(u) < \mathsf{S}^n(v) \qquad (u, v \text{ は，定数 } 0 \text{ または変数})$$

の 2 つの形がある．それらの否定であるが，

$$\mathsf{S}^m(u) \neq \mathsf{S}^n(v) \leftrightarrow (\mathsf{S}^m(u) < \mathsf{S}^n(v)) \vee (\mathsf{S}^n(v) < \mathsf{S}^m(u)),$$

$$\mathsf{S}^m(u) \not< \mathsf{S}^n(v) \leftrightarrow (\mathsf{S}^m(u) = \mathsf{S}^n(v)) \vee (\mathsf{S}^n(v) < \mathsf{S}^m(u))$$

が $<$ の線形性からただちに証明できる．したがって，自由変数 x をもつ原子論理式 $\alpha_1, \alpha_2, \ldots, \alpha_k$ に対し，

$$\mathsf{P}_<^- \vdash \varphi \leftrightarrow \exists x\,(\alpha_1 \wedge \alpha_2 \wedge \cdots \wedge \alpha_k)$$

となる開論理式 φ があることをいえば，補題 4.6.5 (の証明) より $\mathsf{P}_<^-$ において量化記号消去が可能である．

自由変数 x をもつ原子論理式のうち，$\mathsf{S}^m(x) = \mathsf{S}^n(x)$ と $\mathsf{S}^m(x) < \mathsf{S}^n(x)$ は x の値によらず，m, n の大小関係のみで真偽が決定する．もう少し正確にいえば，これらはそれぞれ文 $\mathsf{S}^m(0) = \mathsf{S}^n(0)$ と $\mathsf{S}^m(0) < \mathsf{S}^n(0)$ に同値になることが $\mathsf{P}_<^-$ で証明できる．したがって，量化記号消去を考える際の原子論理式 $\alpha_1, \alpha_2, \ldots, \alpha_k$ は，3 つの形

$$\mathsf{S}^m(x) = \mathsf{S}^n(u), \quad \mathsf{S}^m(x) < \mathsf{S}^n(u), \quad \mathsf{S}^m(u) < \mathsf{S}^n(x)$$

(u は，0 または x 以外の変数)

のいずれかであると仮定してよい．

まず，原子論理式 $\alpha_1, \alpha_2, \ldots, \alpha_k$ が等式を含む場合を考える．簡単のため，α_1 が $\mathsf{S}^m(x) = \mathsf{S}^n(u)$ であると仮定する．各 $i > 1$ に対し，α_1 のもとで α_i と同値になる α_i' を以下のように定義する．$\alpha_i \equiv \mathsf{S}^l(x) \lesseqgtr \mathsf{S}^{l'}(v)$ ($\lesseqgtr$ は $=, <$, または $>$ の意) のとき，α_i は $\mathsf{S}^{l+m}(x) \lesseqgtr \mathsf{S}^{l'+m}(v)$ と同値だから，α_1 のもとでは $\mathsf{S}^{l+n}(u) \lesseqgtr \mathsf{S}^{l'+m}(v)$ と同値となり，これを α_i' とする．α_i' は，自由変数 x をもたないから，

$$\mathsf{P}^-_< \vdash \exists x\,(\alpha_1 \wedge \alpha_2 \wedge \cdots \wedge \alpha_k) \leftrightarrow \mathsf{S}^m(0) < \mathsf{S}^{n+1}(u) \wedge \alpha_2' \wedge \cdots \wedge \alpha_k'$$

となって，量化記号が消去される．

次に，すべての α_i が $\mathsf{S}^m(u) < \mathsf{S}^n(v)$ (u か v の一方が x である) の形をしているときを考えよう．このとき，$\exists x\,(\alpha_1 \wedge \alpha_2 \wedge \cdots \wedge \alpha_k)$ は，

$$\exists x \bigwedge_{i,j} \bigl(s_i < \mathsf{S}^{m_i}(x) \wedge \mathsf{S}^{n_j}(x) < t_j\bigr)$$

と表せる．ここで，s_i, t_j は，x を含まない項である．すると，上式は

$$\exists x \bigwedge_{i,j} \bigl(\mathsf{S}^{n_j}(s_i) < \mathsf{S}^{m_i+n_j}(x) < \mathsf{S}^{m_i}(t_j)\bigr)$$

と同値で，さらに

$$\bigwedge_{i,j} \bigl(\mathsf{S}^{n_j+1}(s_i) < \mathsf{S}^{m_i}(t_j)\bigr) \wedge \bigwedge_{j} \bigl(\mathsf{S}^{n_j}(0) < t_j\bigr)$$

と同値になり，これは開論理式であるから量化記号が消去できた．　▮

系 4.6.11　理論 $\mathsf{P}^-_<$ は完全である．よって，決定可能である．　□

証明　先の定理 4.6.10 から，この言語における任意の文は，$\mathsf{S}^m(0) = \mathsf{S}^n(0)$ や $\mathsf{S}^m(0) < \mathsf{S}^n(0)$ の形の論理式を $\wedge$ や $\vee$ で有限個つなげた文と同値になる．明らかに $m = n \iff \mathsf{P}^-_< \vdash \mathsf{S}^m(0) = \mathsf{S}^n(0)$ および $m \neq n \iff \mathsf{P}^-_< \vdash \mathsf{S}^m(0) \neq \mathsf{S}^n(0)$ であるから，$\mathsf{P}^-_< \vdash \mathsf{S}^m(0) = \mathsf{S}^n(0)$ か $\mathsf{P}^-_< \vdash \mathsf{S}^m(0) \neq \mathsf{S}^n(0)$ の一方は成り立つ．同様に，$\mathsf{P}^-_< \vdash \mathsf{S}^m(0) < \mathsf{S}^n(0)$ か $\mathsf{P}^-_< \vdash \mathsf{S}^m(0) \not< \mathsf{S}^n(0)$ の一方も成り立つ．したがって，$\mathsf{S}^m(0) = \mathsf{S}^n(0)$ や $\mathsf{S}^m(0) < \mathsf{S}^n(0)$ の形の論

理式を ∧ や ∨ で有限個つなげた文についても，それ自身かその否定が $\mathsf{P}_<^-$ で証明でき，ひいては，任意の文について，それ自身かその否定が $\mathsf{P}_<^-$ で証明できる．つまり，$\mathsf{P}_<^-$ は完全である．それが決定可能であることは，この理論が Σ_1 であることと補題 4.6.2 による． ∎

理論 $\mathsf{P}_<^-$ の定理全体が再帰的であるというのが上の系の主張であるが，じつは原始再帰的であることもいえる．理論 $\mathsf{P}_<^-$ において，任意の論理式をそれと同値な開論理式に変形する操作は原始再帰的であることが，定理 4.6.10 の証明よりわかる．さらに，開文の真偽判定は原始再帰的にできるので，任意の文が $\mathsf{P}_<^-$ で証明できるか否かも原始再帰的にできるのである．

系 4.6.12　理論 $\mathsf{P}_<^-$ と理論 $\mathsf{P}_<$ は一致する．したがって，理論 $\mathsf{P}_<$ も，量化記号消去可能，完全，決定可能である． □

証明　理論 $\mathsf{P}_<$ の定理 σ で，理論 $\mathsf{P}_<^-$ で証明できないものがあったとすれば，$\mathsf{P}_<^-$ は完全であるから $\neg\sigma$ を証明する．しかし，$\mathsf{P}_<^-$ は $\mathsf{P}_<$ の部分体系であるから，$\mathsf{P}_<$ は $\neg\sigma$ も証明することになって矛盾する．$\mathsf{P}_<$ は自然数論の標準構造をモデルにもつので，これは不合理である． ∎

［**問題 8**］　理論 $\mathsf{P_S}$ は，定数記号 0 と 1 変数関数記号 S のみからなる言語 $\mathcal{L}_\mathsf{S}$ をもち，上で述べた S1, S2, S10, S11 を公理とする．この理論が，量化記号消去可能，完全，決定可能であることを示せ．

次に，$\mathsf{P}_<^-$ に足し算を加えたプレスバーガーの体系を定義する[*14]．

定義 4.6.13　**プレスバーガー算術**(Presburger arithmetic) P_+ は，次の公理からなる $\mathcal{L}_+ = \{+, 0, 1, <\}$ の理論である．

A1.　$\neg(x + 1 = 0)$.

A2.　$x + 1 = y + 1 \to x = y$.

[*14] PA の公理(定義 4.1.1)から A5, A6 を除いたものである．厳密には，各式の全称閉包を公理とする．

A3. $x + 0 = x$.

A4. $x + (y + 1) = (x + y) + 1$.

A7. $\neg(x < 0)$.

A8. $x < y + 1 \leftrightarrow x < y \vee x = y$.

A9. $\varphi(0) \wedge \forall x\,(\varphi(x) \to \varphi(x+1)) \to \forall x\,\varphi(x)$, ただし $\varphi(x)$ は任意の $\mathcal{L}_+$ 論理式で，x 以外にも自由変数を含んでいてよい． □

［**問題 9**］ 理論 P_+ において，次が証明可能であることを調べよ．

(1) $+$ に関する可換モノイドの公理．

(2) 差の公理 $x < y \to \exists z\,(z + x + 1 = y)$.

(3) 0 を最小元とする離散的線形順序の公理．

(4) 演算と順序の関係 $x < y \to x + z < y + z$.

(5) $\forall x\,\exists y\,\exists r < n\,(x = \overbrace{y + \cdots + y}^{n\text{ 個}} + r)$, $n > 0$ は任意の自然数．

以下の議論は，上の問題 9 の (1)〜(5) を公理とする理論についても成り立つ．したがって，P_+ と (1)〜(5) は同等になることもいえるが，その詳しい議論は読者に委ねる．

さて，理論 P_+ は，この言語のままでは量化記号消去が可能にはならない．例えば，「x は偶数である」という意味の論理式 $\exists y\,(x = y + y)$ を，開論理式で置き換えることは一見して難しそうである．そこで，各自然数 m に対して，次の関係 $\equiv_m$ を導入する．

$$x \equiv_m y \iff \exists w\,(x = \overbrace{w + \cdots + w}^{m\text{ 個}} + y \vee y = \overbrace{w + \cdots + w}^{m\text{ 個}} + x).$$

これによって拡張された言語と理論をそれぞれ $\mathcal{L}_{+,\equiv}$ と $\mathsf{P}_{+,\equiv}$ と表す．我々は，$\mathsf{P}_{+,\equiv}$ において，量化記号消去が可能になることを示す．

定理を述べる前に，さらにいくつかの便宜的な記法を導入する．これらは，新しい記号の定義というより，単なる略記である．まず，$\overbrace{u + \cdots + u}^{k\text{ 個}}$ を ku と書く（掛け算が導入されたわけではない！）．とくに，$k1$ は k とも書く（以前には，$\overline{k}$ と書いた)．さらに，引き算 $-$ を使う．例えば，$s_1 - s_2 < t_1 - t_2$ のような表現を用いるが，これは形式的には $s_1 + t_2 < t_1 + s_2$ を表すものとする．例えば，$x \equiv_m y$ は $\exists w\,(x - y = mw \vee y - x = mw)$ と表せる．

定理 4.6.14　理論 $\mathsf{P}_{+,\equiv}$ において，量化記号消去が可能である．

証明　まず，理論 $\mathsf{P}_{+,\equiv}$ において，原子論理式の否定が否定を含まない開論理式で表せることをみる．原子論理式には，$s = t$, $s < t$，そして $s \equiv_m t$ の 3 つの形がある．それらの否定であるが，

$$s \neq t \leftrightarrow s < t \vee t < s,$$

$$s \not< t \leftrightarrow s = t \vee t < s,$$

$$s \not\equiv_m t \leftrightarrow s + 1 \equiv_m t \vee \cdots \vee s + (m-1) \equiv_m t$$

が $\mathsf{P}_{+,\equiv}$ において簡単に証明できる．したがって，自由変数 x をもつ原子論理式 $\alpha_1, \alpha_2, \ldots, \alpha_l$ が任意に与えられたとして，$\psi \equiv \alpha_1 \wedge \alpha_2 \wedge \cdots \wedge \alpha_l$ とおき，$\exists x\,\psi$ と同値になる開論理式 φ があることをいえば，$\mathsf{P}_{+,\equiv}$ において量化記号消去が可能である．

原子論理式 $\alpha_1, \alpha_2, \ldots, \alpha_l$ を，少し見やすく変形すると，次のような 4 つの形ができる．

$$nx = t, \quad nx < t, \quad nx > t, \quad nx \equiv_m t.$$

ここで，$n > 0$ であり，t は x を含まない項である．等式や不等式の両辺に正の数を掛けても，$\mathsf{P}_{+,\equiv}$ において同等な式になる．合同式 $x \equiv_m y$ の場合は，$\mathsf{P}_{+,\equiv}$ において $kx \equiv_{km} ky$ と同等である．よって，$\alpha_1, \alpha_2, \ldots, \alpha_l$ に含まれる等式，不等式，合同式における x の係数 n (形式的には，x の出現回数) はすべて等しいと仮定してよい．そうすると，各式において $y = nx$ と置き換えて，全体の連言で x が存在するという代わりに，y が存在するという主張に直す．このとき，置換 $y = nx$ の潜在条件として，$y \equiv_n 0$ を連言の原子論理式に追加する必要がある．

以上の考察にもとづき，(変数 y を再び x と改め) 各原子論理式 $\alpha_1, \alpha_2, \ldots, \alpha_l$ は，次の形のどれかであると仮定することができる．

$$x = t, \quad x < t, \quad x > t, \quad x \equiv_m t.$$

さらに，もし等式 $x = t$ がそのなかに現れているなら，その等式を $t + 1 > 0$ で置き換え，それ以外の式の x を t で置き換えれば，x を含まないで同値な連言が得られるので，その前の $\exists x$ も消すことができる．よって，原子論理式 $\alpha_1, \alpha_2, \ldots, \alpha_l$ は，次のどれかであると仮定する．

$$x < t, \quad x > t, \quad x \equiv_m t.$$

すなわち，

$$\exists x \left(\bigwedge_i r_i < x \wedge \bigwedge_j x < s_j \wedge \bigwedge_k x \equiv_{m_k} t_k \right) \qquad (*)$$

が開論理式と同値になることをいう．以下の作業において，$x \geq 0$ の条件を見失わないようにするため，ある i について $r_i = 0 - 1$ であると仮定しておく．

$\bigwedge_k x \equiv_{m_k} t_k$ が含まれない場合，上の式は開論理式

$$\bigwedge_{i,j} r_i + 1 < s_j$$

と同値になることが容易にわかる．そこで，$\bigwedge_k x \equiv_{m_k} t_k$ が含まれているとして，すべての m_k の最小公倍数を M とする．すると，すべての k について $x \equiv_{m_k} x \pm M$ であるから，$\bigwedge_k x \equiv_{m_k} t_k$ が解 x をもつなら，任意の L に対して $(L, L + M]$ の範囲に解 x をもつことがわかる．したがって，式 $(*)$ は次のように表せる．

$$\bigvee_{i_0} \bigvee_{0<p\leq M} \left(\bigwedge_i (r_i < r_{i_0} + p) \wedge \bigwedge_j (r_{i_0} + p < s_j) \wedge \bigwedge_k (r_{i_0} + p \equiv_{m_k} t_k) \right).$$

以上によって，理論 $\mathsf{P}_{+,\equiv}$ の量化記号消去が可能であることが証明された． ∎

系 4.6.15 プレスバーガー算術 P_+ は完全である．よって，決定可能である． □

証明　定理 4.6.14 から，$\mathsf{P}_{+,\equiv}$ が完全であることは容易にわかる．$\mathsf{P}_{+,\equiv}$ は P_{+} の保存的拡大だから，P_{+} の完全性もそれからただちに得られる．P_{+} が決定可能であることは，この理論が Σ_1 であることと補題 4.6.2 による． ∎

理論 $\mathsf{P}^{-}_{<}$ について述べたことと同様の理由により，P_{+} の定理の集合も原始再帰的になる．プレスバーガー算術 P_{+} に掛け算の公理を加えたのがペアノ算術であるが，ペアノ算術は不完全だから，P_{+} において掛け算は定義できないことがわかる．逆に，掛け算だけの算術 $\mathrm{Th}((\mathbb{N}, \bullet))$ (簡単な公理では表現できない) も再帰的集合になることが知られていて，掛け算で足し算が定義できないこともわかる (文献 [54] を参照)．また A. L. セメノフ (1980) によると，プレスバーガー算術 P_{+} に指数演算 $2^{x+1} = 2^x + 2^x$ を加えた体系は，合同関係の他に対数関数を加えた言語で量化記号消去が可能である．

［**問題 10**］　理論 $\mathrm{Th}((\mathbb{Q}, +, 0, 1, <))$ において，量化記号消去が可能であることを示せ．

第5章
1階算術の超準モデル

本章の目的は2つある．第1の目的は，1階算術の超準(非標準)モデル，とくに可算超準モデルの性質を調べることである．なかでも，**自己埋め込み性**(自己同型の始切片の存在)に関するH. フリードマンらの結果は算術の超準モデルの際立った特徴付けであり，この定理は第8章で2階算術に拡張される．

第2の目的は，証明に使われる超準モデルの構成法についての一般的理解にある．**排除タイプ定理**や**再帰的飽和モデル**や**往復論法**などは，算術に限らず，幅広い応用がある．最後の節では，自らの充足関係を内在するような**麗質モデル**について調べる．

5.1　超準モデルと過剰原理

本節では，算術の超準モデルの一般的な特徴，とくにその順序構造の性質について述べる．$\mathrm{I}\Sigma_0$ の超準モデルは，可算であっても再帰的に定義できないこと(テンネンバウムの定理(文献 [34]))が知られており，その構造を完璧に記述することは不可能である．しかし，順序構造だけを取り出して眺めてみると，比較的単純でわかりやすい形になっている．

$\mathcal{L}_{\mathrm{OR}}$ 構造 $\mathfrak{A}$ を $\mathrm{I}\Sigma_0$ のモデルとする．$\mathfrak{A}$ は PA^- のモデルにもなっているので，$<$ は A 上の離散的な線形順序である．A は，各数項 $\overline{n}$ に対する元を含んでいるから，それを標準自然数 n と同一視すれば，$\mathfrak{A}$ は標準構造 $\mathfrak{N}$ を部分構造として含んでいると考えられる．しかも，$\neg\exists x\,(\overline{n} < x < \overline{n+1})$ が成り立っているので，標準自然数 n 以外の元 a を A が含めば，それは $\mathbb{N}$ のどの元よりも大きい．このような元 a を**超準元**(non-standard element)とか**無限大元**(infinite element)という．超準元を含む算術のモデルを**超準モデル**(non-standard model)という．

いま，$\mathfrak{A}$ の 2 つの元 a, b に対し，$|a-b| \in \mathbb{N}$ のとき $a \sim b$ として，同値関係 $\sim$ を定める．超準元 a の同値類 $[a]_\sim$ は，$a \pm n$ $(n \in \mathbb{N})$ で表される元の集合になるから，その中の順序型は整数の順序と同型である．以上から，$\mathfrak{A}$ 全体の順序型は，次のような形になる(**図 4**)．

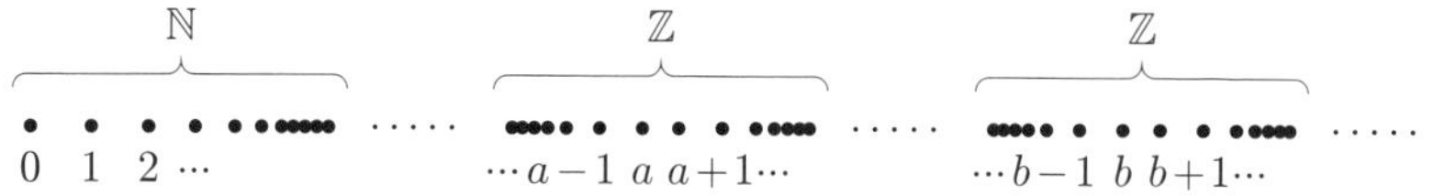

図 4　算術の超準モデルの順序型

つまり，$\mathfrak{A}$ の順序型は，η をある線形順序として，

$$\mathbb{N} + \mathbb{Z} \cdot \eta$$

で表される．η は $(\mathfrak{A} - \mathfrak{N})/\sim$ の順序型である．η が最大元をもたないことは，$[a]_\sim < [a+a]_\sim$ より明らかで，ここまでは PA^- のモデルにもいえることである．

さて，$\mathfrak{A}$ が $\mathsf{I}\Sigma_0$ のモデルのときは，$[a]_\sim < [b]_\sim$ に対して，$[a]_\sim < [c]_\sim < [b]_\sim$ となる c の存在がいえる．$(a+b=2c)\vee(a+b=2c+1)$ となる $c \sim (a+b)/2$ がとれるからである（PA^- ではこの性質は証明できない）．またこれにより，任意の超準元 b に対して，$[c]_\sim < [b]_\sim$ となる超準元 c の存在もいえる．よって，η は最大・最小をもたない稠密な線形順序である．後の節で登場するカントルの定理（付録 A）によれば，最大・最小をもたない稠密な線形順序で可算なものはどれも有理数全体の順序と同型になるので，$\mathfrak{A}$ が可算のとき，その順序型は

$$\mathbb{N} + \mathbb{Z} \bullet \mathbb{Q}$$

に一意に決まる．

以上の議論を定理にまとめておく．

定理 5.1.1　PA^- の超準モデルの順序型は $\mathbb{N}+\mathbb{Z}\bullet\eta$ であり，η は最大元をもたない線形順序である．$\mathsf{I}\Sigma_0$ の超準モデルの順序型は $\mathbb{N}+\mathbb{Z}\bullet\eta$ であり，η は最大・最小をもたない稠密な線形順序である．とくに，$\mathsf{I}\Sigma_0$ の可算超準モデルの順序型は，$\mathbb{N}+\mathbb{Z}\bullet\mathbb{Q}$ である．

例 1　$\mathbb{Z}[X]$ を，X を変数とする整数係数の多項式全体の集合とすると，その上には自然に $+$, $\bullet$, 0, 1 が定義されて環になる．$p \in \mathbb{Z}[X]$ に対し，その最高次の係数が正になるとき $p > 0$ と定め，さらに $p > q \Longleftrightarrow p - q > 0$ によって 2 つの多項式 p, q の間に順序を定める．そして，

$$\mathbb{Z}[X]^+ = \{p \in \mathbb{Z}[X] \mid p \geq 0\}$$

とおくと，$\mathbb{Z}[X]^+$ は，PA^- の超準モデルとなる（確かめよ）．また，$\mathbb{Z}[X]^+$ において，X より小さな超準元は $X - n$ と書けるものしかないので，X を含む同値類と標準部分 $\mathbb{N}$ の間に元はない．つまり，$\mathbb{Z}[X]^+$ は $\mathsf{I}\Sigma_0$ のモデルにならない．

補題 5.1.2　$n \geq 0$ として，$\mathsf{I}\Sigma_n$ の任意の超準モデル $\mathfrak{A}$ において，$\mathbb{N}$ は Σ_n 論理式では定義できない．つまり，$i \in \mathbb{N} \Longleftrightarrow \mathfrak{A}_A \models \varphi(i)$ となる Σ_n 論理式 $\varphi(x)$ は存在しない．　□

証明　背理法で示す．$\mathsf{I}\Sigma_n$ の超準モデル $\mathfrak{A}$ において，$\mathbb{N}$ を定義する Σ_n 論理式 $\varphi(x)$ が存在したとする．すると，

$$\mathfrak{A} \models \varphi(0) \land \forall x\,(\varphi(x) \to \varphi(x+1))$$

が成り立つから，$\mathfrak{A} \models \forall x\,\varphi(x)$ となり，$\varphi(x)$ は $\mathbb{N}$ の定義にならない．∎

この補題の証明から，次のことも容易にわかる．つまり，$\mathsf{I}\Sigma_n$ のモデル $\mathfrak{A}$ において，0 を含み，$x+1$ で閉じた真部分集合は Σ_n 論理式で定義できない．

次の定理も補題 5.1.2 からただちに導ける．

定理 5.1.3（過剰原理(overspill principle)**）**　$n>0$ とし，$\mathfrak{A}$ を $\mathsf{I}\Sigma_n$ の任意の超準モデル，$\varphi(x)$ を任意の Σ_n 論理式とする．無限個の $i \in \mathbb{N}$ に対し $\mathfrak{A}_A \models \varphi(i)$ が成立するなら，ある超準元 a が存在して $\mathfrak{A}_A \models \varphi(a)$ が成立する．

証明　もし，$\mathfrak{A}_A \models \varphi(a)$ となる超準元 a が存在しないと，Σ_n 論理式 $\psi(x) \equiv \exists y\,(x<y \land \varphi(y))$ によって $\mathbb{N}$ が定義され，補題 5.1.2 に反する．∎

次の一般化も容易である．$\mathsf{I}\Sigma_n$ のモデル $\mathfrak{A}$ の $x+1$ で閉じた真部分集合において，Σ_n 論理式 $\varphi(x)$ を満たす元の集合が上界をもたないなら，その部分集合の外にも $\varphi(x)$ を満たす元がある．

例 2　$\mathbb{N}+\mathbb{Z}\bullet\mathbb{R}$ の順序型をもつ $\mathsf{I}\Sigma_0$ の超準モデルは存在しない．もし，そのようなモデル $\mathfrak{A}$ があれば，a を超準元として，$\{[na]_\sim \mid n \in \mathbb{N}\}$ は上界 $[aa]_\sim$ をもつので，$\mathbb{R}$ の性質から上限 $[b]_\sim$ をもつ．しかし，任意の $n \in \mathbb{N}$ について $na<b$ ならば，過剰原理により，ある超準元 c で $ca<b$ となる．すると，$[(c-1)a]_\sim < [b]_\sim$ であって，$[(c-1)a]_\sim$ も $\{[na]_\sim \mid n \in \mathbb{N}\}$ の上界だから，$[b]_\sim$ の最小性に反する．

［**問題 1**］　PA^- の超準モデルにも，$\mathbb{N}+\mathbb{Z}\bullet\mathbb{R}$ の順序型をもつものは存在しないことを示せ．

5.2 排除タイプ定理と終拡大

本節では，与えられた超準モデルを“後ろに引き伸ばして”別のモデルを作る方法について述べる．一般に，ある条件(ここでは「タイプ」とよぶ)を満たす元をモデルにつけ足す方法は，そのような元が存在することと与えられたモデルの(初等)ダイヤグラムが無矛盾であることを示して，完全性定理を使ってモデルの拡大を構成するものである．しかし，この方法では，ほしくない元もたくさん入ってしまう可能性がある．算術のモデルを後ろに延長するときに，“前の方”にも元が入ってしまうことは避けたい．そこで，特定の条件(タイプ)を満たす元を排除しながらモデルを拡大する方法が必要になる．それを与えるのが，排除タイプ定理である．

定義 5.2.1 $\mathcal{L}$ を任意の言語とする．n 個の変数 $\vec{x} = (x_1, \ldots, x_n)$ 以外に自由変数をもたない $\mathcal{L}$ 論理式の集合 $\Phi(\vec{x})$ を n **タイプ**(n-type)，もしくは単に**タイプ**(type)という．$\mathcal{L}$ 構造 $\mathfrak{A}$ の n 個の要素 $\vec{a} = (a_1, \ldots, a_n)$ が $\Phi(\vec{x})$ のすべての論理式 $\varphi(\vec{x})$ を満たす(すなわち，$\mathfrak{A}_A \models \varphi(\vec{a})$ となる)とき，$\mathfrak{A}$ は $\vec{a}$ によって $\Phi(\vec{x})$ を**実現する**(realize)という．$\mathfrak{A}$ がどんな $\vec{a}$ によっても $\Phi(\vec{x})$ を実現しないとき，$\mathfrak{A}$ は $\Phi(\vec{x})$ を**排除する**(omit)という． □

定義 5.2.2 T を言語 $\mathcal{L}$ の理論とする．タイプ $\Phi(\vec{x})$ が**理論 T のタイプ**であるとは，$T \cup \Phi(\vec{c})$ ($\vec{c}$ は新しい定数の列)が無矛盾，すなわち $\Phi(\vec{x})$ を実現するような T のモデルが存在するときをいう．次に，$\mathfrak{A}$ を $\mathcal{L}$ 構造とし，C を $\mathfrak{A}$ の領域の部分集合とする．**構造 $\mathfrak{A}$ における C 上のタイプ**とは，言語 $\mathcal{L}_C$ における理論 $\mathrm{Th}(\mathfrak{A}_C)$ のタイプのことである． □

補題 5.2.3 次の条件は同値である．

(1) $\Phi(\vec{x})$ は，構造 $\mathfrak{A}$ における C 上のタイプである．

(2) $\Phi(\vec{x})$ は言語 $\mathcal{L}_C$ におけるタイプであって，次の条件($\Phi(\vec{x})$ の**有限充足性**(finite satisfiability)とよぶ)がいえる．任意有限個の $\varphi_1(\vec{x}), \ldots,$

$\varphi_k(\vec{x}) \in \Phi(\vec{x})$ に対し，

$$\mathfrak{A}_C \models \exists\vec{x}\,(\varphi_1(\vec{x}) \wedge \cdots \wedge \varphi_k(\vec{x})). \qquad \square$$

証明　(1) を仮定して，(2) を示す．(1) より，$\Phi(\vec{x})$ は言語 $\mathcal{L}_C$ における理論 $\mathrm{Th}(\mathfrak{A}_C)$ のタイプであり，よって $\mathrm{Th}(\mathfrak{A}_C)$ のモデル $\mathfrak{B}$ で，$\Phi(\vec{x})$ を実現するものが存在する．当然 $\mathfrak{B}$ の上では $\Phi(\vec{x})$ の有限充足性が成り立っており，$\mathfrak{A}_C$ と $\mathfrak{B}$ は言語 $\mathcal{L}_C$ において初等的同値だから，$\mathfrak{A}_C$ で $\Phi(\vec{x})$ の有限充足性がいえる．したがって，(2) が成り立つ．

次に，(2) を仮定して，(1) を示す．(2) とコンパクト性定理 2.3.10 により，$\mathrm{Th}(\mathfrak{A}_C) \cup \Phi(\vec{b})$ は無矛盾であり，モデル $\mathfrak{B}$ をもつ．$\mathfrak{B}$ は $\mathrm{Th}(\mathfrak{A}_C)$ のモデルで，$\Phi(\vec{x})$ を実現する．よって，$\Phi(\vec{x})$ は言語 $\mathcal{L}_C$ における理論 $\mathrm{Th}(\mathfrak{A}_C)$ のタイプである．すなわち，(1) が成り立つ．∎

例 3　$\Phi_1(x) = \{\exists y\,(x = y + y),\ \overline{2} < x,\ x < \overline{5}\}$ や $\Phi_2(x) = \{\overline{n} < x \mid n \in \mathbb{N}\}$ は算術の標準モデル $\mathfrak{N}$ における（$C = \varnothing$ 上の）タイプである．$\mathfrak{N}$ は 4 によって $\Phi_1(x)$ を実現するが，$\Phi_2(x)$ を排除する．しかし，ペアノ算術 PA の（任意の）超準モデルは無限大元によって $\Phi_2(x)$ を実現するので，$\Phi_2(x)$ は PA のタイプである．

定義 5.2.4　$\mathcal{L}$ 理論 T のタイプ $\Phi(\vec{x})$ が**単生成** (principal) タイプであるとは，$\mathcal{L}$ の論理式 $\psi(\vec{x})$ が存在して，$T \cup \{\exists\vec{x}\,\psi(\vec{x})\}$ が無矛盾であり，かつ任意の $\varphi(\vec{x}) \in \Phi(\vec{x})$ に対して，

$$T \vdash \forall\vec{x}\,(\psi(\vec{x}) \to \varphi(\vec{x}))$$

が成り立つことをいう．このとき，$\psi(\vec{x})$ は $\Phi(\vec{x})$ を**生成する** (generate) ともいう．単生成タイプでないタイプは**非単生成** (non-principal) タイプという．また，$\mathcal{L}$ 構造 $\mathfrak{A}$ における C 上のタイプ $\Phi(\vec{x})$ が**単生成**タイプであるとは，それが（言語 $\mathcal{L}_A$ における）理論 $\mathrm{Th}(\mathfrak{A}_A)$ のタイプとして単生成タイプになることをいう（理論 $\mathrm{Th}(\mathfrak{A}_C)$ でないことに注意せよ）．$\square$

任意の $\mathcal{L}$ 構造 $\mathfrak{A}$ は，その単生成タイプ $\Phi(\vec{x})$ をすべて実現する．実際，

$\psi(\vec{x})$ が $\Phi(\vec{x})$ を生成するなら，定義から $\mathrm{Th}(\mathfrak{A}_A) \cup \{\exists \vec{x}\, \psi(\vec{x})\}$ は無矛盾だから $\exists \vec{x}\, \psi(\vec{x})$ は完全理論 $\mathrm{Th}(\mathfrak{A}_A)$ に含まれ，$\mathfrak{A}_A \models \exists \vec{x}\, \psi(\vec{x})$ となる．よって，$\psi(\vec{x})$ および $\Phi(\vec{x})$ は $\mathfrak{A}$ で実現される．

例 4 $\Phi(x) = \{\overline{n} < x \,|\, n \in \mathbb{N}\}$ は，標準モデル $\mathfrak{N}$ で排除されるので，そこで非単生成タイプであることがわかる．したがって，それは PA の非単生成タイプでもある．他方，超準モデルにおいては，a を任意の無限大元として $\psi(x) \equiv x > a$ が $\Phi(x)$ を生成するので，$\Phi(x)$ は単生成タイプになる．

我々の関心事は，ある理論 T の非単生成タイプに対し，それを排除する T のモデルがあるか否かである．それに答えるのが，次の定理である．

> **定理 5.2.5（排除タイプ定理**(omitting type theorem)**）** $\mathcal{L}$ を可算言語とし，T を言語 $\mathcal{L}$ における無矛盾な理論とする．T の非単生成タイプ $\Phi_i(x_1, \ldots, x_{n_i})$ が可算個 $(i \in \mathbb{N})$ 与えられたとき，T の可算モデルですべての Φ_i を排除するものが存在する．

証明 T を可算言語 $\mathcal{L}$ における無矛盾な理論とし，$\Phi_i(x_1, \ldots, x_{n_i})$ $(i \in \mathbb{N})$ をその非単生成タイプとする．我々は，ゲーデルの完全性定理 2.3.9 に対するヘンキンの証明に多少の細工を加えることで，すべての Φ_i を排除するような T の可算モデルを構成する．すなわち，T の完全ヘンキン拡大 T_ω で，以下の性質をもつものを作る．C をヘンキン定数（$\mathcal{L}$ にない新しい定数）の可算集合として，

$$\forall i \quad \forall \vec{\mathsf{c}}_i \in C \quad \exists \varphi(\vec{x}_i) \in \Phi_i(\vec{x}_i) \quad \neg\varphi(\vec{\mathsf{c}}_i) \in T_\omega. \tag{♮}$$

完全性定理の証明にならって，C から可算構造 $\mathfrak{A}$ を定義すれば，

$$\forall i \quad \neg\exists \vec{a}_i \in A \quad \forall \varphi(\vec{x}_i) \in \Phi_i(\vec{x}_i) \quad \mathfrak{A}_A \models \varphi(\vec{a}_i)$$

となるから，$\mathfrak{A}$ はすべての Φ_i を排除する．

T_ω は，無矛盾な理論の可算列 $T = T_0 \subseteq T_1 \subseteq \cdots$ の極限として得られるので，最初は各理論 T_m $(m = 0, 1, \ldots)$ を定義するための準備を行う．

まず，言語 $\mathcal{L}_C = \mathcal{L} \cup C$ の文をすべて並べ上げて，$\{\sigma_m\}$ とする．次に，$\{(i, \vec{\mathrm{c}}) \mid i \in \mathbb{N},\ \vec{\mathrm{c}} \in C^{n_i}\}$[*1] も可算集合だから，これを並べて $\{\gamma_m\}$ とする．この 2 つの無限列 $\{\sigma_m\}$ と $\{\gamma_m\}$ を使って，T_m を帰納的に定義していく．

いま，T_m が定義されているとし，次の 3 つの場合にしたがって，高々 3 個の文をそれに加えたものを T_{m+1} とする．

(1) $T_m \cup \{\sigma_m\}$ が無矛盾であれば，$T'_{m+1} = T_m \cup \{\sigma_m\}$ とし，そうでなければ $T'_{m+1} = T_m$ とする．

(2) $T_m \cup \{\sigma_m\}$ が無矛盾で，さらに $\sigma_m \equiv \exists x\, \theta(x)$ のとき，T'_{m+1} に含まれないヘンキン定数 $\mathrm{d} \in C$ を適当に選んで $T''_{m+1} = T'_{m+1} \cup \{\theta(\mathrm{d})\}$ とし，そうでなければ $T''_{m+1} = T'_{m+1}$ とする．

(3) $\gamma_m = (i, \vec{\mathrm{c}}_i)$ のとき，$T''_{m+1} \cup \{\neg\varphi(\vec{\mathrm{c}}_i)\}$ が無矛盾になる $\varphi(\vec{x}_i) \in \Phi_i(\vec{x}_i)$ を選んで，$T_{m+1} = T''_{m+1} \cup \{\neg\varphi(\vec{\mathrm{c}}_i)\}$ とする．

上の定義において，(1) と (2) は完全性定理の証明にも使われる構成法なので，ここに説明を繰り返す必要はないだろう．これらによって T_ω は T の完全ヘンキン拡大になる．(3) がいえれば T_ω が望むべき性質 (♮) を満たすことは明らかであるから，あとは (3) の条件に合う $\varphi(\vec{x}_i) \in \Phi_i(\vec{x}_i)$ が常にとれることを確認すればよい．

それを背理法で示すため，すべての $\varphi(\vec{x}_i) \in \Phi_i(\vec{x}_i)$ に対し，$T''_{m+1} \cup \{\neg\varphi(\vec{\mathrm{c}}_i)\}$ が矛盾すると仮定する．いま，$T''_{m+1} - T$ は有限集合だから，それら全部の連言 $\wedge$ をとって $\delta(\vec{\mathrm{c}}_i, \vec{\mathrm{d}})$ と表す．ここで，$\vec{\mathrm{d}}$ は，δ に含まれる $\vec{\mathrm{c}}_i$ 以外のヘンキン定数の列である．すると，すべての $\varphi(\vec{x}_i) \in \Phi_i(\vec{x}_i)$ に対し，

$$T \vdash \delta(\vec{\mathrm{c}}_i, \vec{\mathrm{d}}) \to \varphi(\vec{\mathrm{c}}_i)$$

である．$\vec{\mathrm{d}}$ は T や $\varphi(\vec{\mathrm{c}}_i)$ に現れないから，自由変数のようにあつかうことが

[*1] 各 i に対して，n_i は Φ_i がもつ変数の個数である．以下で，$\vec{\mathrm{c}} = (c_1, \ldots, c_{n_i})$ をしばしば $\vec{\mathrm{c}}_i$ と記すが，添字の i は列としての順番ではなく，タイプ Φ_i への対応を表すことに注意．

でき，

$$T \vdash \exists \vec{y}\, \delta(\vec{\mathrm{c}}_i, \vec{y}) \to \varphi(\vec{\mathrm{c}}_i)$$

を得る．さらに，$\vec{c}_i$ は T に現れないので，

$$T \vdash \forall \vec{x}_i\, (\exists \vec{y}\, \delta(\vec{x}_i, \vec{y}) \to \varphi(\vec{x}_i))$$

となる．$\delta(\vec{\mathrm{c}}_i, \vec{\mathrm{d}})$ は T''_{m+1} で証明可能であるから，$\exists \vec{x}_i\, \exists \vec{y}\, \delta(\vec{x}_i, \vec{y})$ も T''_{m+1} で証明可能な文であり，したがって T に加えても無矛盾である．よって，$\exists \vec{y}\, \delta(\vec{x}_i, \vec{y})$ は $\Phi(\vec{x}_i)$ を生成することになり，$\Phi(\vec{x}_i)$ が非単生成タイプであるという前提に反する．以上によって，$T''_{m+1} \cup \{\neg\varphi(\vec{\mathrm{c}}_i)\}$ が無矛盾となるような $\varphi(\vec{x}_i) \in \Phi_i(\vec{x}_i)$ が常に存在することがいえた．∎

上の定理には数多くの応用があるが，これから述べる初等的終拡大の存在証明は代表的なものであり，その証明をみることで上の定理の意味がより鮮明になると思う．ここでは算術の場合をあつかうが，初等的終拡大の存在定理には集合論のバージョンも知られている．そこで，多少の知識があれば集合論のバージョンも同時に導けるような一般的な枠組みで議論を進めることにしたい．

定義 5.2.6 $\mathcal{L}$ を 2 項関係記号 $<$ を含む任意の言語とし，$\mathfrak{A}, \mathfrak{B}$ を 2 つの $\mathcal{L}$ 構造として，$\mathfrak{B}$ が $\mathfrak{A}$ の部分構造になっているとする．このとき，$\mathfrak{A}$ が $\mathfrak{B}$ の**終拡大**(end-extension) である，もしくは $\mathfrak{B}$ が $\mathfrak{A}$ の**始切片**(initial segment) であるというのは，以下が成り立つことで，$\mathfrak{B} \subseteq_e \mathfrak{A}$ で表す．

$$(b \in |\mathfrak{B}| \wedge \mathfrak{A} \models a < b) \quad \Longrightarrow \quad a \in |\mathfrak{B}|.$$

$\mathfrak{B}$ が $\mathfrak{A}$ の初等的部分構造であって，かつ $\mathfrak{A}$ が $\mathfrak{B}$ の終拡大になるなら，$\mathfrak{A}$ は $\mathfrak{B}$ の**初等的終拡大**(elementary end-extension) といい，それが $\mathfrak{B}$ を真に含むなら，**真の初等的終拡大**(proper elementary end-extension) という．□

算術においては，記号 $<$ を普通の大小関係と解釈して，上の定義の意味するところは明らかであろう．集合論では，$<$ を $\in$ や $\subsetneq$ などと解釈することに

なるが，$\in$ は $<$ とは違い，一般には推移律を満たしていないことに注意されたい．ここで，4.3 節で導入した採集原理を算術以外でも使えるような形で述べておく．

定義 5.2.7　**(定義 4.3.1 のいい換え)**　2 項関係 $<$ を含む言語 $\mathcal{L}$ において，次の図式を**採集原理**(collection principle)という．

$$\forall x < u\, \exists y_1 \cdots \exists y_k\, \varphi(x, y_1, \ldots, y_k)$$
$$\to \exists v\, \forall x < u\, \exists y_1 < v \cdots \exists y_k < v\, \varphi(x, y_1, \ldots, y_k).$$

ここで，$\varphi(x, y_1, \ldots, y_k)$ は $\mathcal{L}$ の任意の論理式で，v 以外なら表示されていない変数も含むことができる．　□

PA で採集原理が成り立つことは，前章の補題 4.3.3 から得られる．集合論において，$<$ を $\in$ と解したときが，フレンケルの公理(「採集原理」とも「置換公理」ともよばれる)の一種である．むしろ，算術の採集原理がこのフレンケルの公理を模倣したものである．また，集合論で $<$ を $\subsetneq$ と解しても，採集原理が(ZF 集合論で)証明できる．

定理 5.2.8　2 項関係記号 $<$ を含む可算言語 $\mathcal{L}$ において，採集原理と推移律を満たす可算無限構造は，真の初等的終拡大をもつ．

証明　$<$ を含む可算言語 $\mathcal{L}$ における可算無限構造 $\mathfrak{A}$ が，採集原理と推移律を満たしているとする．最初に，$\mathfrak{A} \models \forall x\, \forall y\, (x \not< y)$ となる特殊な場合を考える．このとき，$\mathfrak{A}$ の任意の初等的拡大 $\mathfrak{B}$ はやはり $\forall x\, \forall y\, (x \not< y)$ を満たすので，自明な意味で終拡大になっている．真の初等的拡大の存在はコンパクト性定理などから，簡単にいえる．

以下では，$\mathfrak{A}_A \models d < e$ となる 2 元 d, e が存在すると仮定する．すると，有限個の $a_1, \ldots, a_k \in A$ に対し，$a_1 < a_0, \ldots, a_k < a_0$ となる $a_0 \in A$ があることも，採集原理から導ける．なぜなら，採集原理の図式で $\varphi(x, y_1, \ldots, y_k)$ を $y_1 = a_1 \wedge \cdots \wedge y_k = a_k$ とおき，さらに $u = e$ とおいて，$x = d$ の場合を

考えればよい．

さて，c を $\mathcal{L}_A$ に入らない定数とし，$\mathcal{L}_A \cup \{\mathsf{c}\}$ における理論 T を以下のように定める．

$$T = \mathrm{Th}(\mathfrak{A}_A) \cup \{a < \mathsf{c} \mid a \in A\}.$$

この理論がモデルをもつことをみておこう．上で示したように，任意の $a_1, \ldots, a_k \in A$ に対し，$a_1 < a_0, \ldots, a_k < a_0$ となる $a_0 \in A$ があるから，T の任意の有限部分集合は $\mathfrak{A}_A$ に c の適当な解釈を加えたものをモデルとする．したがって，コンパクト性定理により，T 自身もモデルをもち，それは c の解釈となる無限大元（どの $a \in A$ より大きな元）を含んでいて，さらに $\mathfrak{A}$ の初等的拡大になっている．しかし，終拡大になる保証はない（我々は $\mathfrak{A}$ に無限大元だけを加えて，$\mathfrak{A}$ がそのまま始切片になるようなモデルを構成したいのだが，これを可能にするのが排除タイプ定理なのである）．

各 $a \in A$ に対し，$\mathcal{L}_A$ のタイプ Φ_a を定義する．

$$\Phi_a(x) = \{x < a\} \cup \{x \neq b \mid b < a\}.$$

これらのタイプが，T の非単生成タイプであることをいう．ある $a \in A$ について，$\Phi_a(x)$ を生成する $\mathcal{L}_A \cup \{\mathsf{c}\}$ の論理式 $\psi(x, \mathsf{c})$ が存在するとして矛盾を導く（このとき，$T \cup \{\exists x\, \psi(x, \mathsf{c})\}$ を無矛盾とすることに注意）．

いま，$b < a$ を任意にとる．

$$T \vdash \psi(x, \mathsf{c}) \to x \neq b$$

だから，とくに $x = b$ とすれば，

$$T \vdash \neg\psi(b, \mathsf{c})$$

となる．$T = \mathrm{Th}(\mathfrak{A}_A) \cup \{a < \mathsf{c} \mid a \in A\}$ だから，有限個の $a_1, \ldots, a_k \in A$ が存在して，

$$\mathrm{Th}(\mathfrak{A}_A) \vdash (a_1 < \mathsf{c} \wedge \cdots \wedge a_k < \mathsf{c}) \to \neg\psi(b, \mathsf{c}).$$

c は $\mathrm{Th}(\mathfrak{A}_A)$ に現れないので，変数と同様にあつかえ，

$$\mathrm{Th}(\mathfrak{A}_A) \vdash \forall y\, ((y > a_1 \wedge \cdots \wedge y > a_k) \to \neg\psi(b, y))$$

を得る．採集原理により $a_0 > a_1, \ldots, a_0 > a_k$ となる $a_0 \in A$ をとれば，推移律から，

$$\mathrm{Th}(\mathfrak{A}_A) \vdash \forall y > a_0 \, \neg\psi(b, y)$$

となる．よって

$$\mathfrak{A}_A \models \exists z \, \forall y > z \, \neg\psi(b, y)$$

であり，$b < a$ は任意にとったので，

$$\mathfrak{A}_A \models \forall x < a \, \exists z \, \forall y > z \, \neg\psi(x, y)$$

を得る（a_0 は b に依存していたため，$\forall x < a \, \forall y > a_0 \, \neg\psi(x, y)$ などとは書けないことに注意）．

さて，ここで採集原理を用いて，

$$\mathfrak{A}_A \models \forall x < a \, \exists z < a' \, \forall y > z \, \neg\psi(x, y)$$

となる $a' \in A$ があり，推移律を用いて，

$$\mathfrak{A}_A \models \forall x < a \, \forall y > a' \, \neg\psi(x, y)$$

を導く．そして，$T = \mathrm{Th}(\mathfrak{A}_A) \cup \{a < \mathsf{c} \mid a \in A\}$ だから，

$$T \vdash \forall x < a \, \neg\psi(x, \mathsf{c})$$

すなわち，

$$T \vdash \forall x \, (\psi(x, \mathsf{c}) \to x \not< a)$$

を得る．他方，$\psi(x, \mathsf{c})$ は $\Phi_a(x)$ を生成し，$T \vdash \forall x \, (\psi(x, \mathsf{c}) \to x < a)$ であるから，

$$T \vdash \forall x \, \neg\psi(x, \mathsf{c})$$

となり，これは $T \cup \{\exists x \, \psi(x, \mathsf{c})\}$ が無矛盾であるという仮定に反する． ∎

系 5.2.9　ペアノ算術 PA の可算モデルは，真の初等的終拡大をもつ． □

この系の主張は，非可算モデルに拡張することも可能であり，その拡張を含めてマクドウェル‐スペッカーの定理とよばれている．拡張についての証明

は，文献 [55] などを参照されたい．また，ZF 集合論に対する初等的終拡大の証明は [39] にある．付言すると，集合論の結果については，非可算の場合に拡張できないことも知られている．

[**問題 2**] $\mathrm{I}\Sigma_0$ のモデル $\mathfrak{A}$ が真の初等的終拡大をもつとき，$\mathfrak{A}$ は PA のモデルになることを示せ．

5.3 再帰的飽和モデルと自己埋め込み定理

本節のテーマは，なるべく多くのタイプ $\Phi(\vec{x})$ を実現するような可算構造をみつけることである．例えば，言語が可算で，論理式の総数が可算でも，タイプ $\Phi(\vec{x})$ は非可算個存在し得るので，それらのすべてを可算構造で実現するのは無理であろう．そこで登場するのが，再帰的なタイプだけを実現する再帰的飽和モデルである．これを使って，算術の可算超準モデルに関する画期的発見であるフリードマンの自己埋め込み定理を証明する．

可算言語におけるタイプ $\Phi(\vec{x})$ が再帰的であるとは，それに含まれる論理式のゲーデル数の集合が再帰的であることをいう．クレイグの補題(補題 4.4.7)と同様な議論により，タイプは Σ_1 でも再帰的でも，あるいは原始再帰的でも実質上変わらない．

定義 5.3.1 $\mathcal{L}$ を可算言語とする．$\mathcal{L}$ 構造 $\mathfrak{A}$ が**再帰的飽和**(recursively saturated)であるとは，($\mathfrak{A}$ における)任意有限集合 $\{a_1, \ldots, a_n\} \subseteq A$ 上の再帰的 1 タイプが必ず $\mathfrak{A}$ で実現されること，すなわち任意の再帰的タイプ $\Phi(x_0, x_1, \ldots, x_n) = \{\varphi_i(x_0, x_1, \ldots, x_n) \mid i \in \mathbb{N}\}$ と任意の $a_1, \ldots, a_n \in A$ について，

$$\begin{aligned}&\forall j\, \exists a \in A\, \forall i < j\ \mathfrak{A}_A \models \varphi_i(a, a_1, \ldots, a_n)\\ &\quad \Longrightarrow \quad \exists a \in A\, \forall i\ \mathfrak{A}_A \models \varphi_i(a, a_1, \ldots, a_n)\end{aligned}$$

となることをいう． □

[**問題 3**] 任意の有限構造は，再帰的飽和になることを示せ．

算術の標準モデル $\mathfrak{N}$ は，明らかに再帰的飽和でない．しかし，これから示す補題により，$\mathfrak{N}$ と初等同値な可算超準モデルで再帰的飽和なものが存在する．

補題 5.3.2　可算言語の可算構造は，再帰的飽和になる可算初等的拡大をもつ．□

証明　$\mathfrak{A}$ を可算言語の可算構造とする．各再帰的タイプ $\Phi = \{\varphi_i(x_0, x_1, \ldots, x_n) \mid i \in \mathbb{N}\}$ と各 $a_1, \ldots, a_n \in A$ に対し，新しい定数 $c_{\Phi,a_1,\ldots,a_n}$ を用意する．その上で，

$$
\begin{aligned}
T_1 = \mathrm{Th}(\mathfrak{A}_A) \\
\cup \{\exists x\, \forall i < j\, \varphi_i(x, a_1, \ldots, a_n) \to \forall i < j\, \varphi_i(c_{\Phi,a_1,\ldots,a_n}, a_1, \ldots, a_n) \mid \\
j \in \mathbb{N} \text{ かつ } c_{\Phi,a_1,\ldots,a_n} \text{ は新しい定数}\}
\end{aligned}
$$

とおく．定理 2.3.10（コンパクト性定理）と定理 2.3.11（レーベンハイム-スコーレムの下降定理）から T_1 は可算モデル $\mathfrak{A}_1$ をもつ．このとき，$\mathfrak{A} \prec \mathfrak{A}_1$ であり，また $\mathfrak{A}_1$ は（$\mathfrak{A}_1$ における）A の任意有限部分集合上の再帰的1タイプをすべて実現する．同様に，A_1 の有限部分集合上の再帰的1タイプをすべて実現する可算モデル $\mathfrak{A}_2 \succ \mathfrak{A}_1$ を構成することができる．さらに $\mathfrak{A}_2 \prec \mathfrak{A}_3 \prec \mathfrak{A}_4 \prec \cdots$ を作って，最後に $\mathfrak{A}_\infty$ をこの初等鎖の和 $\bigcup_k \mathfrak{A}_k$ とする．定理 3.1.10 から $\mathfrak{A}_\infty$ は $\mathfrak{A}$ の初等的拡大であり，また可算であることも明らかである．再帰的飽和性をみるため，$\mathfrak{A}_\infty$ から任意に有限個の元を選んでその上の再帰的タイプを考える．それは十分大きな k に対する A_k 上のタイプになっており，$\mathfrak{A}_\infty$ の初等的部分構造 $\mathfrak{A}_{k+1}$ で実現される．したがって，その初等的拡大 $\mathfrak{A}_\infty$ でも実現されることになる．∎

以下，本節の最後まで，算術 $\mathsf{I}\Sigma_n$ とそのモデルについて考察する．それらのモデルは再帰的飽和とは限らないが，制限された論理式のクラスに対してはある種の飽和性を成り立たせており，その性質は充足関係の定義とも深く関わっている．まず，前章の補題 4.4.13 を次のようにいい換えておく．この形でタルスキの真理定義不可能性定理とよばれることもある．

補題 5.3.3 T を $\mathsf{I}\Sigma_1$ の無矛盾な拡大とする．このとき，次のような論理式 $\mathrm{Sat}(x,y)$ は存在しない．任意の $\mathcal{L}_{\mathsf{OR}}$ 論理式 $\varphi(v_1,\ldots,v_k)$ (ただし，$v_1,\ldots,v_k$ 以外の自由変数を含まない)に対して，

$$T\vdash\forall x\,(\mathrm{Sat}(\overline{\ulcorner\varphi\urcorner},x)\leftrightarrow\varphi(x_1,\ldots,x_k)).$$

ここで，x は列 $(x_1,\ldots,x_k)$ をコード化する[*2]. □

補題 5.3.3 における論理式 $\varphi(v_1,\ldots,v_k)$ を文に制限して，$\mathrm{Sat}(x,\varnothing)$ が存在しないというのが補題 4.4.13 だったから，上の補題はそれからただちに導ける．しかし，$\varphi(v_1,\ldots,v_k)$ の形を Σ_n 等に制限すれば一種の $\mathrm{Sat}(x,y)$ が存在するというのが次の補題である．次節では，言語を拡張することで $\mathrm{Sat}(x,y)$ をあつかうことになる．

補題 5.3.4 各 $n\in\mathbb{N}$ について，言語 $\mathcal{L}_{\mathsf{OR}}$ の論理式 $\mathrm{Sat}_{\Sigma_n}(x,y)$ と $\mathrm{Sat}_{\Pi_n}(x,y)$ が存在して，任意の Σ_n 論理式 $\varphi(v_1,\ldots,v_k)$ と Π_n 論理式 $\psi(v_1,\ldots,v_k)$ (どちらも $v_1,\ldots,v_k$ 以外の自由変数を含まない)に対して，

$$\mathsf{I}\Sigma_1\vdash\forall x\,(\mathrm{Sat}_{\Sigma_n}(\overline{\ulcorner\varphi\urcorner},x)\leftrightarrow\varphi(x_1,\ldots,x_k)),$$
$$\mathsf{I}\Sigma_1\vdash\forall x\,(\mathrm{Sat}_{\Pi_n}(\overline{\ulcorner\psi\urcorner},x)\leftrightarrow\psi(x_1,\ldots,x_k)).$$

ここで, x は列 $(x_1,\ldots,x_k)$ のコードである．また, $n>0$ のとき, $\mathrm{Sat}_{\Sigma_n}\in\Sigma_n$, $\mathrm{Sat}_{\Pi_n}\in\Pi_n$ にとることができる． □

注 4.5 節において，第二不完全性定理の証明で用いられた $\mathrm{Bew}_T(x)$ については，Σ_1 論理式 $\varphi(v)$ に対して

$$\varphi(v)\to\mathrm{Bew}_T(\overline{\ulcorner\varphi(\dot{v})\urcorner})$$

は示せるが, 逆 ($\leftarrow$) はいえない．とくに, φ を $0=1$ とすれば, $\mathrm{Bew}_T(\overline{\ulcorner 0=1\urcorner})\to 0=1$ は $\mathrm{Con}(T)$ に他ならないことに注意.

証明 最初に，$n=0$ の場合を考える．大雑把にいうと，Σ_0 の文の真偽は原始再帰的に定義されるので，前章の定理 4.3.6 によって，Sat_{Σ_0} は $\mathsf{I}\Sigma_1$ にお

[*2] x_i は，x がコード化する列の i 番目の要素を取り出す関数 $c(x,i)$ の値である (p.131, 例 5).

いて Σ_1 でも Π_1 でも表せることになる．その構成をもう少し具体的にみていこう．

まず，$u = t(v_1, \ldots, v_k)$ の形の原子論理式に対して，Sat_{Σ_0} を定義する．ここで，t は $v_1, \ldots, v_k$ 以外の自由変数を含まない項であり，u は変数とする．いま，t の部分項すべてを適当に並べて $t_0, t_1, \ldots, t_{l_t}$ とする．$\ulcorner t \urcorner$ と列 $(\ulcorner t_0 \urcorner, \ldots, \ulcorner t_{l_t} \urcorner)$ のコードの対応は，原始再帰的であるとしてよい．このような理解の上で，

$$
\begin{aligned}
&\mathrm{Sat}_{\Sigma_0}(\ulcorner u = t(v_1, \ldots, v_k)\urcorner, (y, x_1, \ldots, x_k)) \\
&\leftrightarrow \exists z\,(z = (z_0, z_1, \ldots, z_{l_t}) \wedge \forall i, i', i'' \leq l_t \\
&\qquad ((\ulcorner t_i \urcorner = \ulcorner 0 \urcorner \rightarrow z_i = 0) \wedge (\ulcorner t_i \urcorner = \ulcorner 1 \urcorner \rightarrow z_i = 1) \\
&\qquad \wedge (\ulcorner t_i \urcorner = \ulcorner v_{i'} \urcorner \rightarrow z_i = x_{i'}) \\
&\qquad \wedge (\ulcorner t_i \urcorner = \ulcorner t_{i'} + t_{i''} \urcorner \rightarrow z_i = z_{i'} + z_{i''}) \\
&\qquad \wedge (\ulcorner t_i \urcorner = \ulcorner t_{i'} \bullet t_{i''} \urcorner \rightarrow z_i = z_{i'} \bullet z_{i''}) \\
&\qquad \wedge (\ulcorner t_i \urcorner = \ulcorner t \urcorner \rightarrow z_i = y)))
\end{aligned}
$$

とおく．すると，$u = t(v_1, \ldots, v_k)$ の形の Σ_0 論理式に対しては，$\mathrm{Sat}_{\Sigma_0}(\overline{\ulcorner u = t(v_1, \ldots, v_k)\urcorner}, (y, x_1, \ldots, x_k))$ が $y = t(x_1, \ldots, x_k)$ と同値になることが容易にわかる[*3]．また，上の論理式は Σ_1 で表されているが，これを同値な Π_1 論理式（$\forall z\,(z = (z_0, z_1, \ldots, z_{l_t}) \rightarrow \cdots)$ の形）で表すのも容易である．

一般の Σ_0 論理式についても，それを部分論理式にバラして，各部分で満たすべき条件（タルスキの真理定義条項）を満たしているように記述すればよいだけである．詳細は読者に委ねるが，必要なら [50] か [55] を参照していただきたい．なお，Sat_{Π_0} は，Sat_{Σ_0} と同値な Δ_1 論理式とする．

次に，Sat_{Σ_n} を用いて，$\mathrm{Sat}_{\Sigma_{n+1}}$ を定義する．Sat_{Σ_0} の定義には，体系内の

---

*3 厳密には，t の構成に関する帰納法を用いる．Sat を適用するのは，具体的な論理式 φ だとしても，$\mathrm{Sat}_{\Sigma_0}(x, y)$ は任意の Σ_0 論理式のゲーデル数 x に対して定義されないといけないので，この事実は t を体系内の変数として帰納法で示す必要がある．

帰納法が使われているのに対し，以下ではメタ変数 n に関する帰納法が使われることに注意してほしい．Σ_{n+1} 論理式 $\exists u_1 \cdots \exists u_j\, \varphi(u_1, \ldots, u_j, v_1, \ldots, v_k)$ (ここで，$\varphi \in \Pi_n$) に対する $\mathrm{Sat}_{\Sigma_{n+1}}$ は，以下のように定義する．

$$\begin{aligned}&\mathrm{Sat}_{\Sigma_{n+1}}(\ulcorner \exists u_1 \cdots \exists u_j\, \varphi(u_1, \ldots, u_j, v_1, \ldots, v_k)\urcorner, (x_1, \ldots, x_k))\\ &\leftrightarrow \exists y\, \mathrm{Sat}_{\Pi_n}(\ulcorner \varphi(u_1, \ldots, u_j, v_1, \ldots, v_k)\urcorner, (y_1, \ldots, y_j, x_1, \ldots, x_k)).\end{aligned}$$

こうして定義された $\mathrm{Sat}_{\Sigma_{n+1}}$ が定理の条件を満たしていることもメタ帰納法で証明される．すなわち，標準の Σ_{n+1} 論理式 $\exists u_1 \cdots \exists u_j\, \varphi(u_1, \ldots, u_j, v_1, \ldots, v_k)$ に対して，$\mathsf{I}\Sigma_1$ において以下が証明できる．

$$\begin{aligned}&\mathrm{Sat}_{\Sigma_{n+1}}(\overline{\ulcorner \exists u_1 \cdots \exists u_j\, \varphi(u_1, \ldots, u_j, v_1, \ldots, v_k)\urcorner}, (s_1, \ldots, s_k))\\ &\leftrightarrow \exists y\, \mathrm{Sat}_{\Pi_n}(\overline{\ulcorner \varphi(u_1, \ldots, u_j, v_1, \ldots, v_k)\urcorner}, (y_1, \ldots, y_j, s_1, \ldots, s_k))\\ &\leftrightarrow \exists y\, \varphi(y_1, \ldots, y_j, s_1, \ldots, s_k)\\ &\leftrightarrow \exists u_1 \cdots \exists u_j\, \varphi(u_1, \ldots, u_j, s_1, \ldots, s_k).\end{aligned}$$

最後に，$\mathrm{Sat}_{\Pi_{n+1}}$ の定義も同様にできる． ∎

充足関係の存在とモデルの飽和性には密接な関連がある．次に述べる補題も，それを表すものの 1 つである．

補題 5.3.5 各 $n > 0$ について，$\mathsf{I}\Sigma_n$ の超準モデル $\mathfrak{A}$ は，Σ_n 論理式だけからなる A の有限部分集合上の任意の再帰的 1 タイプを実現する．このとき $\mathfrak{A}$ は，Σ_n **再帰的飽和**(Σ_n-recursively saturated) であるという． □

証明 $\Phi(x_0, x_1, \ldots, x_k)$ を Σ_n 論理式だけからなる再帰的タイプとする．クレイグの補題より，Φ は原始再帰的として仮定してよい．定理 4.3.6 より，$\Phi(x_0, x_1, \ldots, x_k)$ に属する論理式のゲーデル数全体は Π_1 論理式 $\varphi(x)$ で表せる．すると，$\Phi(x_0, a_1, \ldots, a_k)$ の有限充足可能性は，次のように表現できる．各 $j \in \mathbb{N}$ について，次の論理式が成り立つ．

$$\exists x\, \forall i < \bar{j}\, (\varphi(i) \to \mathrm{Sat}_{\Sigma_n}(i, (x, a_1, \ldots, a_k))).$$

上の論理式が Σ_n であることは $\mathsf{B}\Sigma_n (\subseteq \mathsf{I}\Sigma_n)$ で証明できる．そこで，いま $\mathfrak{A}$

を $\mathrm{I}\Sigma_n$ の超準モデルとすると，各 $j \in \mathbb{N}$ について上式が成り立つので，過剰原理より，ある無限大元 j' でも上式が成り立つ．この j' に対して上式を満たす $x = a$ は，任意の標準自然数 i について，$\varphi(\bar{i}) \to \mathrm{Sat}_{\Sigma_n}(\bar{i}, (a, a_1, \ldots, a_k))$ を満たす．したがって，i が $\Phi(x_0, x_1, \ldots, x_k)$ に属する論理式のゲーデル数であれば，$\varphi(\bar{i})$ が成り立ち，$\mathfrak{A}_A \models \mathrm{Sat}_{\Sigma_n}(\bar{i}, (a, a_1, \ldots, a_k))$ となる．すなわち $\Phi(a, a_1, \ldots, a_k)$ が成り立つ．よって，有限充足可能な Σ_n 再帰的タイプは実現されることがわかった． ∎

注　上の補題により，PA の任意の超準モデルは，各 $n > 0$ について Σ_n 再帰的飽和であることがいえるが，このことから一般の再帰的飽和性を導くことはできない．実際，再帰的飽和でない超準モデルの構成法の 1 つを次の問題で与える．また，もしも PA において充足関係 $\mathrm{Sat}(x, y)$ が定義されているなら，上の証明と同様にして PA の任意の超準モデルが再帰的飽和になってしまうので，PA で充足関係が定義できないことの別証明が得られたことになる．

［**問題 4**］　$\mathfrak{A}$ を PA の超準モデルとし，$a \in A$ を任意の超準元とする．そして，$\mathfrak{A}$ において論理式 $\varphi(x, a)$（a 以外のパラメータを含まない）で定義できる元 $b \in A$（すなわち，$\mathfrak{A}_{\{a,b\}} \models \forall x\,(x = b \leftrightarrow \varphi(x, a))$）の全体を $\mathrm{K}(\mathfrak{A}\,; a)$ とおく．このとき，以下を示せ．

(1)　$\mathfrak{A}$ の関数や関係を $\mathrm{K}(\mathfrak{A}\,; a)$ に制限することで，$\mathrm{K}(\mathfrak{A}\,; a)$ は $\mathfrak{A}$ の部分構造とみることができる．$\mathrm{K}(\mathfrak{A}\,; a)$ は，$\mathfrak{A}$ の初等的部分構造になる．

(2)　$\Phi(x, a) = \{\exists v\, \varphi(v, a) \to \exists v < x\, \varphi(v, a) \mid \varphi(v, u)$ は u, v 以外の自由変数やパラメータを含まない$\}$ は再帰的で有限充足可能だが，$\mathrm{K}(\mathfrak{A}\,; a)$ では実現できない．

［**問題 5**］　$\mathfrak{A} = (A, +, \bullet, 0, 1, <)$ を $\mathrm{I}\Sigma_1$ の超準モデルとすると，$\mathfrak{A}' = (A, +, 0, 1, <)$ は再帰的飽和であることを示せ（この定理の逆を次節の例 5 で取り上げる）．

さて，先程の補題 5.3.5 において，再帰的飽和性をもう少し一般的な条件に拡張する．そのため，次の概念を導入する．

定義 5.3.6　$\mathfrak{A}$ を $\mathrm{I}\Sigma_1$ のモデルとし，$a \in A$ を任意の元とする．このとき，

集合 $\{n \in \mathbb{N} \mid \mathfrak{A} \models \overline{p(n)}|a\}$ を $\mathfrak{A}$ において a **でコード化される集合**(the set coded by a) という．ここで，$p(n)$ は $n+1$ 番目の素数を表す原始再帰的関数であり，$u|v \equiv \exists w \leq v\,(u \bullet w = v)$ である．また，$\mathfrak{A}$ においてある元でコード化される集合全体を $\mathfrak{A}$ の**標準システム**(standard system) とよび，$\mathrm{SSy}(\mathfrak{A})$ と書く． □

補題 5.3.7 (スコット) $\mathfrak{A}$ を $\mathrm{I}\Sigma_1$ の超準モデルとする．いま，共通部分をもたない 2 つの Σ_1 集合が与えられたとき，それらを分離する集合が $\mathrm{SSy}(\mathfrak{A})$ からとれる．とくにどんな再帰的集合も $\mathrm{SSy}(\mathfrak{A})$ に属する． □

証明 共通部分をもたない 2 つの集合を ($\mathfrak{N}$ において) 表す Σ_1 論理式を $\exists y\,\theta_i(x,y)$ (θ_i は Σ_0 論理式，$i=0,1$) とする．これらに対して，$\exists v\,\forall x, y < \overline{j}\,((\theta_0(x,y) \to p(x)|v) \wedge (\theta_1(x,y) \to p(x) \nmid v))$ とおく．するとこの論理式は Σ_1 論理式で，$\mathrm{I}\Sigma_1$ の超準モデル $\mathfrak{A}$ において，任意の標準自然数 j について成り立つから，過剰原理からある超準元 $j=b$ でも成り立つ．$j=b$ のとき，上の論理式を満たす v を c とおくと，c によってコード化される集合が，最初に与えられた 2 つの Σ_1 集合を分離することが以下のようにしてわかる．

$$\mathfrak{N} \models \exists y\,\theta_0(\overline{n}, y) \implies \mathfrak{A}_{\{b\}} \models \exists y < b\,\theta_0(\overline{n}, y) \implies \mathfrak{A}_{\{c\}} \models \overline{p(n)}|c,$$
$$\mathfrak{N} \models \exists y\,\theta_1(\overline{n}, y) \implies \mathfrak{A}_{\{b\}} \models \exists y < b\,\theta_1(\overline{n}, y) \implies \mathfrak{A}_{\{c\}} \models \overline{p(n)} \nmid c.$$

■

注 一般に，2 つの Σ_1 集合を分離する集合は再帰的にとれない．つまり，$\mathrm{SSy}(\mathfrak{A})$ は再帰的集合のクラスより真に大きい．補題 7.3.6 と系 7.3.7 を参照．

補題 5.3.8 $n > 0$ とし，$\mathfrak{A}$ を $\mathrm{I}\Sigma_n$ の超準モデルとする．このとき，A の有限部分集合上のタイプ $\Phi(\vec{x})$ が Σ_n 論理式だけからなり，コード化されるならば，$\mathfrak{A}$ は $\Phi(\vec{x})$ を実現する． □

証明は，補題 5.3.5 の証明とまったく同様である．そして，この補題に対しては，次のような逆が成り立つ．

補題 5.3.9 $n > 0$ とし，$\mathfrak{A}$ を $\mathrm{I}\Sigma_n$ の超準モデルとする．$\vec{a} \in A^k$ を任意に固定する．このとき，次のような k タイプ

$$\Phi(\vec{x}) = \{\varphi(\vec{x}) \mid \varphi(\vec{x}) \in \Sigma_n \wedge \mathfrak{A} \models \varphi(\vec{a})\},$$

$$\Psi(\vec{x}) = \{\psi(\vec{x}) \mid \psi(\vec{x}) \in \Pi_n \wedge \mathfrak{A} \models \psi(\vec{a})\}$$

は，コード化される． □

証明 $\mathrm{I}\Sigma_1$ において，$\mathrm{Sat}_{\Sigma_n}(x,y)$ と $\mathrm{Sat}_{\Pi_n}(x,y)$ が定義できるから，補題の $\Phi(\vec{x})$ と $\Psi(\vec{x})$ は，それぞれ Σ_n 論理式 $\varphi_1(y,\vec{x})$ と Π_n 論理式 $\psi_1(y,\vec{x})$ が存在して，$\varphi \in \Phi \leftrightarrow \varphi_1(\overline{\ulcorner\varphi\urcorner},\vec{x})$ および $\psi \in \Psi \leftrightarrow \psi_1(\overline{\ulcorner\psi\urcorner},\vec{x})$ が成り立つ．すると，$\mathrm{I}\Sigma_n$ の超準モデル $\mathfrak{A}$ の超準元 c に対し，有界切片 $U = \{b < c \mid \varphi_1(b,\vec{a})\}$, $V = \{b < c \mid \psi_1(b,\vec{a})\}$ のコード $\Pi_{b\in U}p(b)$, $\Pi_{b\in V}p(b)$ が $\mathfrak{A}$ で存在することが，Σ_n 帰納法からいえる．そして，これらのコードがそれぞれ $\Phi(\vec{x})$ と $\Psi(\vec{x})$ を符号化していることは明らかである． ∎

以上の準備のもとで，フリードマンの自己埋め込み定理の説明に入る．次の補題はこの定理の証明の核となるもので，定理のバリエーションを考える際にも重要である．

補題 5.3.10 $n > 0$ として，$\mathfrak{A}, \mathfrak{B}$ を $\mathrm{I}\Sigma_n$ の可算超準モデルとする．$a_0 \in A$ と $b_0, c \in B$ を任意にとる．このとき，次の2条件は同値である．

(1) $c \notin B'$ となる $\mathfrak{B}' \subseteq_e \mathfrak{B}$ が存在し，$\mathfrak{A}$ と $\mathfrak{B}'$ の間に $h(a_0) = b_0$ となる同型 h があって，さらに任意の Π_{n-1} 論理式 $\varphi(x_1,\ldots,x_k)$ と任意の $\vec{b} \in B'^k$ について，

$$\mathfrak{B}'_{\{\vec{b}\}} \models \varphi(\vec{b}) \iff \mathfrak{B}_{\{\vec{b}\}} \models \varphi(\vec{b})$$

が成り立つ．

(2) $\mathrm{SSy}(\mathfrak{A}) = \mathrm{SSy}(\mathfrak{B})$，かつ任意の Π_{n-1} 論理式 $\varphi(\vec{v},u)$ について，

$$\mathfrak{A}_A \models \exists\vec{v}\,\varphi(\vec{v},a_0) \implies \mathfrak{B}_B \models \exists\vec{v}{<}c\,\varphi(\vec{v},b_0)$$

が成り立つ．ただし，$\vec{v} = (v_1,\ldots,v_k)$ として，$\exists\vec{v} < c$ は $\exists v_1 < c \cdots \exists v_k < c$ の意． □

証明　最初に (1) を仮定し，(2) の前半を示す．$\mathfrak{A} \cong \mathfrak{B}'$ より，$\mathrm{SSy}(\mathfrak{A}) = \mathrm{SSy}(\mathfrak{B}')$ は明らか．また，$\mathfrak{B}' \subseteq_e \mathfrak{B}$ より，$\mathrm{SSy}(\mathfrak{B}') \subseteq \mathrm{SSy}(\mathfrak{B})$ も明らかである．そこで，いま $R \in \mathrm{SSy}(\mathfrak{B})$ とし，R は r によってコード化されているとしよう．B' の超準元 l を任意にとる．$\mathfrak{B}'$ も $\mathrm{I}\Sigma_n$ $(n > 0)$ のモデルだから，$l+1$ 番目の素数 $p(l)$ は B' に属し，さらに $p(l)! \in B'$ もいえる．そこで，$\mathfrak{B}$ において r と $p(l)!$ の最大公約数 m をとれば，$\mathfrak{B}'$ は $\mathfrak{B}$ の始切片だから，$m \in B'$ である．このとき，m も R をコード化することは明らかである．以上から，$\mathrm{SSy}(\mathfrak{A}) = \mathrm{SSy}(\mathfrak{B})$ を得る．

(1) から (2) の後半を示すために，$\varphi(\vec{v}, u)$ を Π_{n-1} 論理式として，$\mathfrak{A}_A \models \exists\vec{v}\,\varphi(\vec{v}, a_0)$ とする．まず，$\mathfrak{A}$ と $\mathfrak{B}'$ の間の同型から，$\mathfrak{B}'_{B'} \models \exists\vec{v}\,\varphi(\vec{v}, b_0)$ である．すなわち $\vec{d} \in B'$ が存在して，$\mathfrak{B}'_{B'} \models \varphi(\vec{d}, b_0)$ となるから，(1) の仮定より $\mathfrak{B}_B \models \varphi(\vec{d}, b_0)$ であり，よって $\mathfrak{B}_B \models \exists\vec{v}{<}c\,\varphi(\vec{v}, b_0)$ となる．

次に，(2) を仮定して，(1) を示す．これは，いわゆる**往復論法**(back-and-forth argument)(本章の付録 A 参照)の応用である．A の要素の並べ上げ $a_0, a_1, \ldots$ と B' の要素の並べ上げ $b_0, b_1, \ldots$ を交互に作っていき，$h(a_i) = b_i$ によって $\mathfrak{A}$ と $\mathfrak{B}'$ の間に同型 h を定義する．いま，$a_0, a_1, \ldots, a_{2k}$ と $b_0, b_1, \ldots, b_{2k}$ が選ばれて，任意の Π_{n-1} 論理式 $\varphi(\vec{v}, \vec{u})$ について，

$$\mathfrak{A}_A \models \exists\vec{v}\,\varphi(\vec{v}, a_0, \ldots, a_{2k}) \Longrightarrow \mathfrak{B}_B \models \exists\vec{v}{<}c\,\varphi(\vec{v}, b_0, \ldots, b_{2k}) \qquad (\sharp)$$

が成り立っているとする．我々は，この条件を保存させるように，a_{2k+1}, a_{2k+2} と b_{2k+1}, b_{2k+2} を選ぶ．これによって，(1) が得られることは後で述べる．

A は可算だから，自然数によって番号づけられており，$a_0, a_1, \ldots, a_{2k}$ に現れない元の中から，番号の最小なものを選んで a_{2k+1} とする(これによって，$A = \{a_i \mid i \in \mathbb{N}\}$ となることが保証される)．いまから，$(\sharp)$ が成り立つような b_{2k+1} を探す．$\mathfrak{A}$ において，$a_0, \ldots, a_{2k}, a_{2k+1}$ で成り立つ Σ_n 論理式 $\exists\vec{v}\,\varphi(\vec{v}, x_0, \ldots, x_{2k+1})$ $(\varphi \in \Pi_{n-1})$ を集めて $\Phi(\vec{x})$ とする．補題 5.3.9 により，$\Phi(\vec{x})$ は $\mathfrak{A}$ においてコード化され，$\mathrm{SSy}(\mathfrak{A}) = \mathrm{SSy}(\mathfrak{B})$ だから，$\mathfrak{B}$ においてもコード化される．さらに，

$$\Phi'(x_0, \ldots, x_{2k+1}, x_{2k+2}) \\ = \{\exists \vec{v} < x_{2k+2}\, \varphi(\vec{v}, x_0, \ldots, x_{2k+1}) \mid \exists \vec{v}\, \varphi(\vec{v}, x_0, \ldots, x_{2k+1}) \in \Phi\}$$

とおくとき，Φ と Φ' の間には原始再帰的な変換があるから，Φ' も $\mathfrak{B}$ においてコード化される．あとは，$\Phi'(b_0, \ldots, b_{2k}, x, c)$ が $\mathfrak{B}$ において有限充足可能となることをいえば，補題 5.3.5 により $\Phi'(b_0, \ldots, b_{2k}, x, c)$ を実現する元 $x = b$ が存在するので，それを b_{2k+1} とおいて，(♯) が成り立つことは明らかである．そこで，$\Phi'(b_0, \ldots, b_{2k}, x, c)$ から有限個の論理式を任意に選んで，$\exists \vec{v} < c\ \varphi_i(\vec{v}, b_0, \ldots, b_{2k}, x)$ $(i \leq j)$ としよう．Φ' の定義から，各 $i \leq j$ について $\exists \vec{v}\, \varphi_i(\vec{v}, a_0, \ldots, a_{2k}, a_{2k+1})$ が $\mathfrak{A}$ で成り立つので，

$$\mathfrak{A}_A \models \exists \vec{v}_0 \cdots \exists \vec{v}_j\, \exists x \bigwedge_{i \leq j} \varphi_i(\vec{v}_i, a_0, \ldots, a_{2k}, x)$$

となる．これに対し，(♯) を用いると，

$$\mathfrak{B}_B \models \exists \vec{v}_0 < c \cdots \exists \vec{v}_j < c\, \exists x < c \bigwedge_{i \leq j} \varphi_i(\vec{v}_i, b_0, \ldots, b_{2k}, x)$$

であるから，簡単な論理変形により，

$$\mathfrak{B}_B \models \exists x \bigwedge_{i \leq j} \exists \vec{v} < c\ \varphi_i(\vec{v}, b_0, \ldots, b_{2k}, x)$$

を得る．すなわち，$\Phi'(b_0, \ldots, b_{2k}, x, c)$ は有限充足可能であり，b_{2k+1} が求められた．

今度は，b_{2k+2} を先に選んで，対応する a_{2k+2} を探す．$\{b_0, \ldots, b_{2k}, b_{2k+1}\}$ が，$\mathfrak{B}$ の始切片を形成するときは，$b_{2k+2} = b_{2k+1}$, $a_{2k+2} = a_{2k+1}$ とおき，これで (♯) が成り立っている．そうでないとき，$b < \max\{b_0, \ldots, b_{2k}, b_{2k+1}\}$ で，$b_0, \ldots, b_{2k}, b_{2k+1}$ に現れない b があるので，その中から B にあらかじめ与えられている順番で最小の元を b_{2k+2} とする（これによって，最終的に $\{b_i \mid i \in \mathbb{N}\}$ が $\mathfrak{B}$ の始切片を形成するようになる）．b_{2k+2} に対応する a_{2k+2} を求める．$\mathfrak{B}$ において，$b_0, \ldots, b_{2k+1}, b_{2k+2}, c$ について成り立つ Σ_n 論理式 $\forall \vec{v} < x_{2k+3}\, \psi(\vec{v}, x_0, \ldots, x_{2k+2})$ を集めて $\Psi(\vec{x})$ とすると，これは $\mathfrak{B}$ でコード

化される．したがって，

$$\begin{aligned}&\Psi'(x_0,\ldots,x_{2k+1},x_{2k+2})\\&\quad=\{\forall\vec{v}\,\psi(\vec{v},x_0,\ldots,x_{2k+2})\,|\,\forall\vec{v}<x_{2k+3}\,\psi(\vec{v},x_0,\ldots,x_{2k+2})\in\Psi\}\end{aligned}$$

とおくとき，上と同様な議論によって，Ψ' は $\mathfrak{A}$ においてコード化される．あとは，$\Psi'(a_0,\ldots,a_{2k+1},x)$ が $\mathfrak{A}$ において有限充足可能となることをいえばよい．そこで，$\Psi'(a_0,\ldots,a_{2k+1},x)$ から有限個の論理式を任意に選んで，$\forall\vec{v}\,\psi_i(\vec{v},a_0,\ldots,a_{2k+1},x)$ $(i\leq j)$ としよう．これら有限個の論理式を実現する $x=a$ が $a<\max\{a_0,\ldots,a_{2k},a_{2k+1}\}$ の範囲でとれることを背理法で示す．つまり，

$$\mathfrak{A}_A\models\forall x<\max\{a_0,\ldots,a_{2k},a_{2k+1}\}\,\exists\vec{v}\bigvee_{i\leq j}\neg\psi_i(\vec{v},a_0,\ldots,a_{2k+1},x)$$

と仮定して矛盾を導く．Σ_n 帰納法で証明できる Σ_n 採集原理により，

$$\begin{aligned}\mathfrak{A}_A\models\exists y\,\forall x<\max\{a_0,\ldots,a_{2k},a_{2k+1}\}\\\exists\vec{v}<y\bigvee_{i\leq j}\neg\psi_i(\vec{v},a_0,\ldots,a_{2k+1},x).\end{aligned}$$

これに対し，$(\sharp)$ を用いると，

$$\begin{aligned}\mathfrak{B}_B\models\exists y<c\,\forall x<\max\{b_0,\ldots,b_{2k},b_{2k+1}\}\\\exists\vec{v}<y\bigvee_{i\leq j}\neg\psi_i(\vec{v},b_0,\ldots,b_{2k+1},x)\end{aligned}$$

であるから，簡単な論理変形により，

$$\mathfrak{B}_B\models\forall x<\max\{b_0,\ldots,b_{2k},b_{2k+1}\}\,\exists\vec{v}<c\bigvee_{i\leq j}\neg\psi_i(\vec{v},b_0,\ldots,b_{2k+1},x)$$

を得る．これは，$b_0,\ldots,b_{2k+1},b_{2k+2},c$ が $\Psi(\vec{x})$ を実現することに反する．以上から，$\Psi'(a_0,\ldots,a_{2k+1},x)$ は有限充足可能であり，求める a_{2k+2} が存在する．

さて，このようにして，A の要素の並べ上げ $a_0,a_1,\ldots$ と B' の要素の並べ上げ $b_0,b_1,\ldots$ が完成したとしよう．上の作り方の中で述べたように，$A=\{a_i\,|\,i\in\mathbb{N}\}$ であり，$B'=\{b_i\,|\,i\in\mathbb{N}\}$ が $\mathfrak{B}$ の始切片を形成することは問題

ない．また，$c \notin B'$ も明らかである．次に，$h(a_i) = b_i$ によって $\mathfrak{A}$ と $\mathfrak{B}'$ の間に関数 h を定義すると，これが同型になることは (♯) からいえる．実際，原子論理式 $\varphi(x_0, \ldots, x_k)$ に対し，

$$\mathfrak{A}_A \models \varphi(a_0, \ldots, a_k) \quad \Longrightarrow \quad \mathfrak{B}_B \models \varphi(b_0, \ldots, b_k)$$

となるから，h が演算や関係 $<$ を保存していることは明らか．また，任意の Π_{n-1} 論理式 $\varphi(x_0, \ldots, x_k)$ について，

$$\mathfrak{A}_A \models \varphi(a_0, \ldots, a_k) \quad \Longleftrightarrow \quad \mathfrak{B}_B \models \varphi(b_0, \ldots, b_k)$$

が成り立つことも (♯) から容易にいえる．まず，(⇒) は (♯) より明らかである．(⇐) については $\mathfrak{A}_A \not\models \varphi(a_0, \ldots, a_k)$ とすると，$\mathfrak{A}_A \models \neg\varphi(a_0, \ldots, a_k)$ であり，$\neg\varphi(a_0, \ldots, a_k)$ は Σ_{n-1} 論理式なので，(♯) から $\mathfrak{B}_B \models \neg\varphi(b_0, \ldots, b_k)$ となり，$\mathfrak{B}_B \not\models \varphi(b_0, \ldots, b_k)$ である．ところで，h が同型であることから，任意の論理式 $\varphi(x_0, \ldots, x_k)$ について，

$$\mathfrak{A}_A \models \varphi(a_0, \ldots, a_k) \quad \Longleftrightarrow \quad \mathfrak{B}'_{B'} \models \varphi(b_0, \ldots, b_k)$$

となっているので，任意の Π_{n-1} 論理式 $\varphi(x_0, \ldots, x_k)$ について，

$$\mathfrak{B}'_{B'} \models \varphi(b_0, \ldots, b_k) \quad \Longleftrightarrow \quad \mathfrak{B}_{B'} \models \varphi(b_0, \ldots, b_k)$$

となり，(1) が得られた． ∎

定理 5.3.11（フリードマンの自己埋め込み定理(self-embedding theorem)**）** $n > 0$ とし，$\mathfrak{A}$ を $\mathsf{I}\Sigma_n$ の可算超準モデルとして，$a \in A$ を任意にとる．このとき，$\mathfrak{A}$ の始切片 $\mathfrak{A}'$ で，$a \in A'$ だが $A' \subsetneq A$ となるものが存在し，任意の Π_{n-1} 論理式 $\varphi(x_1, \ldots, x_k)$ と任意の $\vec{a'} \in A'^k$ について，

$$\mathfrak{A}'_{A'} \models \varphi(\vec{a'}) \quad \Longleftrightarrow \quad \mathfrak{A}_{A'} \models \varphi(\vec{a'})$$

となる．

証明　補題 5.3.10 において，$\mathfrak{A} = \mathfrak{B}$ の場合を考える．同補題の (2) の条件

が満たされるためには，任意の Π_{n-1} 論理式 $\varphi(\vec{v}, u)$ について，

$$\mathfrak{A}_{\{a\}} \models \exists \vec{v}\, \varphi(\vec{v}, a) \quad \Longrightarrow \quad \mathfrak{A}_{\{a,c\}} \models \exists \vec{v} < c\, \varphi(\vec{v}, a)$$

となる c がとれればよい．いま，

$$\Phi(x) = \{\exists \vec{v}\, \varphi(\vec{v}, a) \rightarrow \exists \vec{v} < x\, \varphi(\vec{v}, a) \mid \varphi(\vec{v}, u) \in \Pi_{n-1}\}$$

とおく．これは Π_n 論理式だけからなる再帰的タイプであり，明らかに有限充足可能である．よって，$\Phi(x)$ を実現する c が存在する．したがって，補題 5.3.10 から，$\mathfrak{A}$ の始切片 $\mathfrak{A}'$ で定理の条件を満たすものが存在する． ∎

この定理のエッセンスは，$\mathrm{I}\Sigma_1$ の可算超準モデルは，自らと同型な始切片をもつというものである．H. フリードマンは，はじめこの定理をペアノ算術の可算超準モデルに対して証明し，それが何人かの手によって定理 5.3.11 の形に拡張された（文献 [50], [55]）．ちなみに，非可算モデルの場合は同様の定理は成り立たないし，また $\mathrm{I}\Sigma_0$ の可算超準モデルについても一般には成り立たないことが知られている．さらに，これに関連した重要な結果として，$\mathrm{I}\Sigma_0$ の可算超準モデルは，ペアノ算術 PA のモデルとなる始切片をもつというマカルーンの定理がある．

5.4　麗質モデルと充足関係

構造の再帰的飽和性は，妥当な再帰的条件を満たす「元」を常に豊富に含んでいることを表しているが，この性質を関係や関数に一般化することで新たな概念を導入する．言語 $\mathcal{L}$ における構造 $\mathfrak{A}$ が“麗質性(れいしつせい)(resplendency)”をもつというのは，$\mathcal{L}$ に属さないいくつかの記号 $\vec{\mathrm{R}}$ を含んだ論理式 $\varphi(\vec{\mathrm{R}})$ が $\mathrm{Th}(\mathfrak{A}_A)$ と無矛盾であれば，$\vec{\mathrm{R}}$ を $\mathfrak{A}$ において適当に解釈して $\varphi(\vec{\mathrm{R}})$ を真にできるというものである．算術の麗質モデルの場合，新しい関係記号として，始切片を表す関係や充足関係などをとることで，構造に内在する性質をみつけることができる．

改めて，麗質の正確な定義を与える．

定義 5.4.1 　$\mathcal{L}$ 構造 $\mathfrak{A}$ が**麗質**(resplendent)であるとは，任意の言語 $\mathcal{L}^+ \supseteq \mathcal{L}_A$ における文 φ について，$\mathrm{Th}(\mathfrak{A}_A) \cup \{\varphi\}$ が無矛盾であれば，$\mathfrak{A}$ の $\mathcal{L}^+$ 拡張 $\mathfrak{A}^+$ が存在して，$\mathfrak{A}^+ \models \varphi$ となることをいう． □

構造の拡張については，定義 2.1.7 を見よ．また $\mathrm{Th}(\mathfrak{A}_A) \cup \{\varphi\}$ が無矛盾であるということは，φ が $\mathfrak{A}$ の初等的拡大の $\mathcal{L}^+$ 拡張で成り立つことと同値である．つまり，麗質構造はその初等的拡大において顕在化される関係や関数の性質を潜在的に有するものと考えられる．また，φ に含まれる A の元(を示す定数)の並びを $\vec{a}$ とするとき，この条件は $\mathrm{Th}(\mathfrak{A}_{\{\vec{a}\}}) \cup \{\varphi\}$ が無矛盾であるということと同値である．なぜなら，$\mathrm{Th}(\mathfrak{A}_A) \cup \{\varphi\}$ が矛盾すれば，$\mathrm{Th}(\mathfrak{A}_A)$ の文 $\psi(\vec{a}, \vec{b})$ が存在して，$\vdash \psi(\vec{a}, \vec{b}) \to \neg\varphi$ となるから，$\vdash (\exists \vec{y}\, \psi(\vec{a}, \vec{y})) \to \neg\varphi$ となり，$(\exists \vec{y}\, \psi(\vec{a}, \vec{y})) \in \mathrm{Th}(\mathfrak{A}_{\{\vec{a}\}})$ より $\mathrm{Th}(\mathfrak{A}_{\{\vec{a}\}}) \cup \{\varphi\}$ も矛盾している．逆は，明らかである．

有限構造は麗質である．なぜなら，有限構造の初等的拡大はそれ自身しかないからである．また，上の「麗質」の定義は再帰的飽和性の直接的な一般化にはなっていないので，さらに次の定義を導入する．

定義 5.4.2 　$\mathcal{L}$ 構造 $\mathfrak{A}$ が**強麗質**(strongly resplendent)であるとは，$\mathcal{L}$ の有限拡大 $\mathcal{L}^+$ ($\mathcal{L}^+ = \mathcal{L} \cup \{$有限個の追加記号$\}$)における任意の再帰的 k タイプ $\Phi(\vec{x})$ と任意の $\vec{a} \in A^k$ について，$\mathrm{Th}(\mathfrak{A}_A) \cup \Phi(\vec{a})$ が無矛盾であれば，$\mathfrak{A}$ を $\mathcal{L}^+$ 構造に拡張し，$\Phi(\vec{a})$ のモデルにできることをいう． □

強麗質の定義において，タイプ $\Phi(\vec{x})$ を 1 つの論理式からなるものと制限すれば麗質の定義が得られ，また $\mathcal{L}^+ = \mathcal{L} \cup \{\mathsf{c}\}$ とすると再帰的飽和性の定義となる．つまり，強麗質構造は，麗質かつ再帰的飽和である．また，麗質の場合と同様に，$\mathrm{Th}(\mathfrak{A}_A) \cup \Phi(\vec{a})$ が無矛盾であるという条件は，$\mathrm{Th}(\mathfrak{A}_{\{\vec{a}\}}) \cup \Phi(\vec{a})$ が無矛盾であるという条件と一致することにも注意しておく．

以下で，ある種の自然な仮定のもとで，これら 3 つの性質が一致することをみていく．

定理 5.4.3（バーワイズ-ルセイア） 可算な再帰的飽和構造は強麗質である．

証明 $\mathfrak{A}$ を可算言語 $\mathcal{L}$ の可算構造で，再帰的飽和とする．さらに，$\mathcal{L}$ の有限拡大言語 $\mathcal{L}^+$ における再帰的 k タイプ $\Phi(\vec{x})$ と $\vec{a} \in A^k$ が与えられていて，$\mathrm{Th}(\mathfrak{A}_A) \cup \Phi(\vec{a})$ は無矛盾であると仮定する．すると，ヘンキンの方法（2.3 節）でその理論に対してモデルが作れるが，その構成で $\mathfrak{A}$ の再帰的飽和性を用いるとヘンキン定数を A の元から選ぶことができ，領域 $|\mathfrak{A}|$ を拡大せずにモデル $\mathfrak{A}^+$ を構築できるというのが以下の粗筋である．

では，$\mathfrak{A}^+$ の構成の細部をみていく．まず，再帰的 k タイプ $\Phi(\vec{x})$ と $\vec{a} = (a_1, \ldots, a_k)$ が与えられて，$\mathrm{Th}(\mathfrak{A}_A) \cup \Phi(\vec{a})$ は無矛盾であると仮定する．$\mathcal{L}_A$ における x のみを自由変数とする論理式を並べ上げて，$\{\varphi_n(x) \mid n \in \omega\}$ とする．このリストを用いて，A の有限部分集合の列 $A_0 = \{a_1, \ldots, a_k\} \subseteq A_1 \subseteq A_2 \subseteq \cdots$ と $\mathcal{L}_A^+$ における再帰的理論の列 $T_0 = \Phi(\vec{a}) \subseteq T_1 \subseteq T_2 \subseteq \cdots$ を，次の条件を満たすように構成する．

各 n について，

(1) T_n は $\mathcal{L}_{A_n}^+$ の文の再帰的集合で，$T_n \cup \mathrm{Th}(\mathfrak{A}_A)$ は無矛盾である．

(2) ある $a \in A$ について $\varphi_n(a) \in T_{n+1}$ となるか，$\neg\exists x\, \varphi_n(x) \in T_{n+1}$ となる．

上の構成が完了したら，$T_\omega = \bigcup_n T_n$ とおく．(1) より，$T_\omega \cup \mathrm{Th}(\mathfrak{A}_A)$ が無矛盾であることは明らかである．また，$\mathcal{L}_A^+$ の文 σ（$\equiv \varphi_n$．ただし，自由変数 x を含まない）について $T_\omega \nvdash \sigma$ であれば，$\sigma \notin T_{n+1}$ であるから，(2) より $\neg\exists x\, \sigma \in T_{n+1}$ となり，$T_\omega \vdash \neg\sigma$ がいえる．つまり T_ω は完全であり，よっ

て $\mathrm{Th}(\mathfrak{A}_A) \subseteq T_\omega$ がいえる．また，$T_\omega \vdash \exists x\, \varphi_n(x)$ であれば，(2) からある $a \in A$ について $\varphi_n(a) \in T_\omega$ となる．以上によって，T_ω は完全ヘンキン理論であり，これからヘンキンの方法で A を領域とする構造 $\mathfrak{A}^+$ を構成すれば，$T_\omega = \mathrm{Th}(\mathfrak{A}^+_A)$ であり，したがって $\mathfrak{A}^+ \models \Phi(\vec{a})$ となる．

最後に，$\{A_n\}, \{T_n\}$ が構成できることをみる．A_n, T_n がすでに得られているとして，$\varphi_n(x)$ をとる．$B = A_n \cup \{\varphi_n(x)$ に含まれる A の元$\}$ として，

$$\Psi(x) = \{\psi(x) \mid \psi(x) \text{ は } \mathcal{L}_B \text{ における1変数の論理式で，} \\ T_n \vdash \varphi_n(x) \to \psi(x)\}$$

とおく．このとき，$\Psi(x)$ は Σ_1 になるが，クレイグの方法（補題 4.4.7）によって，$\mathcal{L}_B$ における再帰的タイプとしてあつかうことができる．

構造 $\mathfrak{A}$ は再帰的飽和だから，$\Psi(x)$ を実現する $a \in A$ がとれるか，$\Psi(x)$ の有限部分集合 $\{\psi_i(x) \mid i \leq j\}$ が存在して，

$$\mathfrak{A}_A \models \neg\exists x \bigwedge_{i \leq j} \psi_i(x)$$

となる．

まず，前者の場合は，

$$A_{n+1} = B \cup \{a\}, \qquad T_{n+1} = T_n \cup \{\varphi_n(a)\}$$

とおけばよい．ここで確認すべきところは，$T_{n+1} \cup \mathrm{Th}(\mathfrak{A}_A)$ の無矛盾性である．そのためには，T_{n+1} の定理となる $\mathcal{L}_{A_{n+1}}$ 文が $\mathrm{Th}(\mathfrak{A}_A)$ に属することを示せばよい．いま，$\psi(x)$ を $\mathcal{L}_B$ の論理式として，$T_{n+1} \vdash \psi(a)$ とする．$a \notin B$ のときは，$T_n \vdash \varphi_n(a) \to \psi(a)$ から $T_n \vdash \varphi_n(x) \to \psi(x)$ となるので，$\psi(x) \in \Psi(x)$ である．a は $\Psi(x)$ を実現しているから，$\psi(a) \in \mathrm{Th}(\mathfrak{A}_A)$ を得る．他方，$a \in B$ のときは，$T_n \vdash \varphi_n(x) \to (x = a \to \psi(x))$ と書き換えて $(x = a \to \psi(x)) \in \Psi(x)$ となるから，$(a = a \to \psi(a)) \in \mathrm{Th}(\mathfrak{A}_A)$，よって $\psi(a) \in \mathrm{Th}(\mathfrak{A}_A)$ を得る．

次に，$\mathfrak{A}_A \models \neg\exists x \bigwedge_{i \leq j} \psi_i(x)$ の場合をあつかう．このときは，

$$A_{n+1} = A_n, \qquad T_{n+1} = T_n \cup \{\neg\exists x\, \varphi_n(x)\}$$

とおけばよい．$T_n \vdash \neg\exists x \bigwedge_{i\le j}\psi_i(x) \to \neg\exists x\,\varphi_n(x)$ は明らかだから，あとは $T_n \cup \{\neg\exists x \bigwedge_{i\le j}\psi_i(x)\} \cup \mathrm{Th}(\mathfrak{A}_A)$ の無矛盾性を示す．そこで ψ を $\mathcal{L}_B$ の文として，$T_n \vdash \neg\exists x \bigwedge_{i\le j}\psi_i(x) \to \psi$ とする．帰納法の仮定より $T_n \cup \mathrm{Th}(\mathfrak{A}_A)$ は無矛盾だから，$\mathcal{L}_B$ の文 $\neg\exists x \bigwedge_{i\le j}\psi_i(x) \to \psi$ は $\mathrm{Th}(\mathfrak{A}_A)$ に含まれる．一方，$\mathfrak{A}_A \models \neg\exists x \bigwedge_{i\le j}\psi_i(x)$ という前提があるので，$\psi \in \mathrm{Th}(\mathfrak{A}_A)$ となる．

以上によって，証明が完成した． ▮

例 5 前節の問題 5 で，$\mathfrak{A} = (A, +, \bullet, 0, 1, <)$ を $\mathsf{I}\Sigma_1$ の超準モデルとすると，$\mathfrak{A}' = (A, +, 0, 1, <)$ が再帰的飽和になることを示した．逆に，いま $\mathfrak{A}' = (A, +, 0, 1, <)$ がプレスバーガー算術の再帰的飽和なモデルで，かつ可算とする．すると，先の定理 5.4.3 から，$\mathfrak{A}'$ は強麗質である．一方，プレスバーガー算術は完全で，その定理の集合は $\mathrm{Th}(\mathfrak{A}')$ と一致するから，$\mathrm{Th}(\mathfrak{A}') \cup \mathsf{PA}$ は PA に他ならず，PA は再帰的な無矛盾集合だから，$\bullet$ の適当な解釈が存在して，$\mathfrak{A} = (A, +, \bullet, 0, 1, <)$ は PA のモデルになる．以上をまとめれば，$\mathsf{I}\Sigma_1$ の可算モデル $\mathfrak{A} = (A, +, \bullet, 0, 1, <)$ は，掛け算の解釈を替えて，PA のモデル $\mathfrak{A}' = (A, +, \bullet', 0, 1, <)$ にできることになる（「ボタンの掛け替え定理」と筆者はよんでいる）．

さて，$\mathcal{L}$ が有限の場合には，麗質と強麗質が同値になることが，次のクリーネの定理から導ける．

定理 5.4.4（クリーネ） $\mathcal{L}$ を有限とし，$\Phi(\vec{v})$ をその再帰的タイプとする．このとき，ある有限拡大言語 $\mathcal{L}^+ \supseteq \mathcal{L}$ における論理式 $\varphi(\vec{v})$ が存在して，

(1) $\mathcal{L}^+$ における構造 $\mathfrak{A}^+$ が $\varphi(\vec{a})$ を成り立たせれば，その $\mathcal{L}$ への縮約 $\mathfrak{A}$ は $\Phi(\vec{a})$ を成り立たせる．

(2) $\mathcal{L}$ における無限構造 $\mathfrak{A}$ が $\Phi(\vec{a})$ を成り立たせるなら，その $\mathcal{L}^+$ への拡張 $\mathfrak{A}^+$ で $\varphi(\vec{a})$ を成り立たせるものが存在する．

第 4 章では，R のような弱い算術の体系でも，すべての再帰的集合が表現

可能であり (定理 4.2.7)，また算術のメタ数学がある程度展開できることをみた．ここでは，一般の $\mathcal{L}$ 構造についてのメタ数学的議論を形式化することになるが，その際，無限個の公理をもつ R よりも，有限の公理体系 $\mathsf{Q}_<$ の方があつかいやすい．$\mathsf{Q}_<$ を含むように言語を拡大しておくことで，$\mathcal{L}$ 構造に関する論理式の再帰的タイプは 1 つの論理式で表現できるようになる．

証明　基本的な考え方としては，$\mathcal{L}$ に $\mathsf{Q}_<$ の言語 $\mathcal{L}_{\mathsf{OR}}$ を加えることで $\mathcal{L}$ 構造についてのメタ数学的議論を数学的対象にする．そのとき，自然数の領域を $\mathcal{L}$ 構造の外に作るのではなく，領域の一部を自然数の世界に見立てて，算術の仕組みを埋め込むことになる．いま，拡大言語 $\mathcal{L}^+$ は，$\mathcal{L}$ に次の記号を加えたものとする．

$$\mathtt{N}(x),\ +,\ \bullet,\ 0,\ 1,\ <,\ \mathtt{Eval}(n,x),\ \mathtt{Sat}(n,x),\ \pi(x,i).$$

ここで，$\mathtt{N}(x)$ は算術の仮想領域 N を，$\mathtt{Eval}(n,x)$ はゲーデル数 n の $\mathcal{L}$ の項の x での値を求める関数を，$\mathtt{Sat}(n,x)$ は $\mathcal{L}$ 構造におけるゲーデル数 n の論理式 $\varphi(x)$ の充足関係を表し，そして $\pi(x,i)=x_i$ は無限列 $(x_0,x_1,\ldots)$ のコード x から i 成分 x_i を取り出す射影関数を表す．

$\mathcal{L}$ における再帰的タイプ $\Phi(\vec{v})$ の意味を，$\mathcal{L}^+$ の論理式 $\varphi(\vec{v})$ として表現したいわけだが，それをここでは 6 つの構成要素 σ_i $(i=1,\ldots,6)$ に分けて定義する．σ_i $(i=1,\ldots,5)$ はそれぞれ 1 つの文であり，σ_6 は変数 $\vec{v}$ を含んだ論理式，そして

$$\varphi(\vec{v})\equiv\sigma_1\wedge\sigma_2\wedge\cdots\wedge\sigma_6$$

とする．

1.　σ_1 は，$\mathtt{N}(x)$ の基本性質を表す次の文である．

$$\mathtt{N}(0)\wedge\mathtt{N}(1)\wedge\forall x\,\forall y\,(\mathtt{N}(x)\wedge\mathtt{N}(y)\rightarrow\mathtt{N}(x+y)\wedge\mathtt{N}(x\bullet y)).$$

2.　σ_2 は，$(N,+,\bullet,0,1,<)\models\mathsf{Q}_<$ を表す．すなわち，$\mathsf{Q}_<$ の 8 つの公理に対し，それらの量化記号をすべて N に制限した文を作り，連言記号 $\wedge$ でつないだものである．例えば，p.113 の公理 A7.5 に対しては，

$$\forall x\,(\mathtt{N}(x) \to (x \neq 0 \to \exists y\,(\mathtt{N}(y) \wedge y+1=x))).$$

$\mathsf{Q}_<$ において，N 上のすべての原始再帰的関数が表現可能であるから，$\mathcal{L}$ の項や論理式に対するゲーデル数も N の要素としてあつかえる．

3. σ_3 は，射影関数 $\pi(x,i)$ に関するもので，簡単のため変数 i,j は N の上だけを動くとして，次の文で与えられる．

$$\forall x\,\forall i\,\forall z\,\exists y\,(\forall j\neq i\,(\pi(y,j)=\pi(x,j)) \wedge \pi(y,i)=z).$$

この y は，$x=(x_0,x_1,\ldots)$ の i 番目の要素を z に置き換えてできる列のコードを表す．以下，この y を $x[z/i]$ と書くことにする．

注 後述のように，ここであつかう無限列は，有限個の要素を除いてすべての要素が 0 になるものと考えてよく，したがって，N の要素でコード化できる．

また，$0=(0,0,0,\ldots)$ として $0[u_0/\overline{0}][u_1/\overline{1}]\cdots[u_{k-1}/\overline{k-1}]$ を $\vec{u}=(u_0,u_1,\ldots,u_{k-1})$ とも書く．σ_3 は無限列一般の存在を主張するものではなく，有限部分について任意に指定できることを述べている．

4. σ_4 は，$\mathcal{L}$ の項の値を求める関数 $\mathtt{Eval}(n,x)$ を記述する次の文の連言である．$\mathcal{L}$ の変数を $v_0,v_1,\ldots$ として，

$$\forall i(\in N)\,\forall a\,(\mathtt{Eval}(\ulcorner v_i \urcorner,a)=\pi(a,i)).$$

$\mathcal{L}$ の有限個の m 変数関数記号 $\mathtt{f}$ について，

$$\forall t_0,\ldots,t_{m-1}(\in N)\,\forall a\,(\mathtt{Eval}(\ulcorner \mathtt{f}(t_0,\ldots,t_{m-1})\urcorner,a)$$
$$=\mathtt{f}(\mathtt{Eval}(\ulcorner t_0\urcorner,a),\ldots,\mathtt{Eval}(\ulcorner t_{m-1}\urcorner,a))).$$

5. σ_5 は，$\mathcal{L}$ 構造の充足関係 $\mathtt{Sat}(n,x)$ を記述するもので，以下のような文からなる．まず，$\mathcal{L}$ の有限個の m 項関係記号 R (等号を含む)について，

$$\forall t_0,\ldots,t_{n-1}\,\forall a\,(\mathtt{Sat}(\ulcorner \mathrm{R}(t_0,\ldots,t_{m-1})\urcorner,a)$$
$$\leftrightarrow \mathrm{R}(\mathtt{Eval}(\ulcorner t_0\urcorner,a),\ldots,\mathtt{Eval}(\ulcorner t_{m-1}\urcorner,a))).$$

そして，各論理記号について，

$$\forall a\,(\mathtt{Sat}(\ulcorner \psi_0\wedge\psi_1\urcorner,a)\leftrightarrow(\mathtt{Sat}(\ulcorner\psi_0\urcorner,a)\wedge\mathtt{Sat}(\ulcorner\psi_1\urcorner,a))),$$

$$\forall a\,(\mathtt{Sat}(\ulcorner\exists v_i\,\psi\urcorner, a) \leftrightarrow \exists b\,\mathtt{Sat}(\ulcorner\psi\urcorner, a[b/i]))$$

などである．

6.　σ_6 は，$\Phi(\vec{v})$ を Sat を使って表現する論理式である．再帰的タイプ $\Phi(\vec{v})$ に対し，そのゲーデル数の集合を $\mathsf{Q}_<$ で表現する論理式を $\gamma(n)$ とおき，σ_6 を次の論理式とする．

$$\forall n \in N\,(((N, +, \bullet, 0, 1, <) \models \gamma(\overline{n})) \to \mathtt{Sat}(n, \vec{v})).$$

ここで，$\vec{v}$ は無限列 $(v_0, v_1, \ldots, v_{k-1}, 0, 0, \ldots)$ を表す．

こうして得られた論理式 σ_1～σ_6 からなる $\varphi(\vec{v})$ が，定理の条件を満たすことを調べる．まず，条件 (1) をいうため，$\mathcal{L}^+$ における構造 $\mathfrak{A}^+$ が $a = (a_0, \ldots, a_{l-1})$ によって $\varphi(\vec{v})$ を成り立たせているとして，その $\mathcal{L}$ への縮約 $\mathfrak{A}$ をとる．$\Phi(\vec{v})$ に属する各 $\psi(\vec{v})$ に対して，$\mathsf{Q}_< \vdash \gamma(\overline{\ulcorner\psi(\vec{v})\urcorner})$ であるから，σ_2, σ_6 により，

$$\mathfrak{A}^+ \models \mathtt{Sat}(\ulcorner\psi\urcorner, a)$$

となる．さらに，

$$\mathfrak{A}^+ \models \mathtt{Sat}(\ulcorner\psi\urcorner, a) \leftrightarrow \psi(a_0, \ldots, a_{l-1})$$

であることも，σ_4, σ_5 を使って論理式 ψ の構成に関するメタ帰納法で証明できる．よって，

$$\mathfrak{A}^+ \models \psi(a_0, \ldots, a_{l-1})$$

となるので，$\mathfrak{A}$ においても $\psi(a_0, \ldots, a_{l-1})$ が成り立つ．$\psi(\vec{v}) \in \Phi(\vec{v})$ は任意だから，$\mathfrak{A}$ は $\Phi(\vec{a})$ を満たし，条件 (1) がいえた．

逆に，$\mathcal{L}$ における無限構造 $\mathfrak{A}$ が $\Phi(\vec{a})$ を成り立たせるとする．このとき，$|\mathfrak{A}|$ の可算無限集合 N を選び，$(N, +, \bullet, 0, 1, <)$ が自然数論の標準構造と同型になるように N 上で $+$, $\bullet$, 0, 1, $<$ を定める．N の外でも演算 $+$, $\bullet$ は適当な値をとるようにしておく．すると，σ_1, σ_2 は明らかに成立している．また，A は無限集合だから，その有限列全体 $A^{<\omega}$ との間に 1 対 1 の対応があり，したがって有限個を除いて 0 であるような無限列の全体 $B(\subset A^\omega)$ とも 1 対 1 の対応が

ある．いま，$h : A \longrightarrow B$ を全射として，$\pi(a,i)$ を $h(a) = (b_0, b_1, \ldots)$ の i 番目の要素 b_i を値とする関数と定めれば，σ_3 が成り立つ．さらに，$\mathtt{Eval}(\ulcorner t \urcorner, a)$ は項 t の a における値とし，また充足関係 $\mathtt{Sat}(n, x)$ を

$$\mathtt{Sat}(\ulcorner \psi \urcorner, a) \quad \Longleftrightarrow \quad \mathfrak{A} \models \psi(a_0, \ldots, a_{l-1})$$

で導入すれば，σ_4, σ_5 がいえる．最後に，σ_6 については，

$$\begin{aligned}(N, +, \bullet, 0, 1, <) \models \gamma(\overline{\ulcorner \psi \urcorner}) \quad &\Longleftrightarrow \quad \psi(\vec{v}) \in \Phi(\vec{v}) \\ \Longrightarrow \quad \psi(a_0, \ldots, a_{l-1}) \quad &\Longleftrightarrow \quad \mathtt{Sat}(\overline{\ulcorner \psi \urcorner}, a))\end{aligned}$$

となり，$\vec{v} = \vec{a}$ としてやはり成り立つ．よって，条件 (2) がいえた． ▮

系 5.4.5 **(バーワイズ)**　有限言語 $\mathcal{L}$ における麗質構造は強麗質，したがって再帰的飽和である． □

証明　$\mathcal{L}$ を有限言語とし，$\mathfrak{A}$ をその麗質構造とする．$\mathfrak{A}$ が有限構造であれば強麗質であることはすでにわかっている（定理 5.4.3）ので，$\mathfrak{A}$ は無限構造と仮定してよい．いま，強麗質の定義 5.4.2 に沿って，$\mathrm{Th}(\mathfrak{A}_A) \cup \Phi(\vec{a})$ が無矛盾となる再帰的タイプ $\Phi(\vec{v})$ が与えられたとする．クリーネの定理 5.4.4 によって，$\varphi(\vec{v})$ を作る．すると，$\Phi(\vec{a})$ を成り立たせる $\mathfrak{A}$ の初等拡大において，$\varphi(\vec{a})$ が成り立ち，麗質性からそれは $\mathfrak{A}$ の拡張において成り立つ．よって，$\Phi(\vec{a})$ も $\mathfrak{A}$ の拡張において成り立つ． ▮

いま，算術構造 $\mathfrak{A}$ に対するクリーネの定理 5.4.4 について考えてみよう．$\mathcal{L}$ が最初から算術の言語 $\mathcal{L}_{\mathsf{OR}}$ を含んでいて，$\mathcal{L}$ 構造 $\mathfrak{A}$ が $\mathsf{Q}_<$ のモデルになっているなら，あえて $+, \bullet, 0, 1, <, \mathtt{Eval}(n, x), \pi(x, i)$ を加える必要はない．クリーネの定理の証明を行うには，$\mathtt{N}(x), \mathtt{Sat}(n, x)$ を用いれば十分である．$\mathfrak{A}$ が麗質構造であれば，$\mathtt{N}(x), \mathtt{Sat}(n, x)$ を $\mathfrak{A}$ の関係として導入できることがわかるが，このときそれらにいろいろな条件を加えて $\mathfrak{A}$ の性質を導くことができる．代表的な応用を次に述べよう．

定理 5.4.6　ペアノ算術 PA の任意の可算麗質モデル $\mathfrak{A}$ に対し，自らと同型な（真の）始切片が存在して，$\mathfrak{A}$ はその始切片の初等的拡大になる．

証明　算術の言語 $\mathcal{L}_{\mathsf{OR}}$ に，$\mathtt{N}(x)$，$\mathtt{Sat}(n,x)$ の他，N の充足関係を表す $\mathtt{Sat}_N(n,x)$ および同型を表す $\mathtt{f}(x)$ を加える．そして，N が全体 $\mathfrak{A}$ と同型な始切片で，かつその初等的部分構造になっているという主張を考えると，これは 5.3 節のフリードマンの自己埋め込み定理より $\mathrm{Th}(\mathfrak{A}_A)$ と無矛盾であるから，麗質性より N が $\mathfrak{A}$ の始切片として実現できる．∎

定理 5.4.7　ペアノ算術 PA の麗質モデル $\mathfrak{A}$ に対して，充足関係 Sat が存在し，$\mathcal{L}_{\mathsf{OR}}$ の論理式 ψ について，

$$(\mathfrak{A}, Sat) \models \forall a\,(\mathtt{Sat}(\ulcorner\psi\urcorner, a) \leftrightarrow \psi(a_0, \ldots, a_{l-1}))$$

となり，かつ $(\mathfrak{A}, Sat)$ は $\mathcal{L}_{\mathsf{OR}} \cup \{\mathtt{Sat}\}$ の論理式について帰納法を満たす．逆に，ペアノ算術 PA のモデル $\mathfrak{A}$ にそのような Sat が存在すれば，$\mathfrak{A}$ は再帰的飽和であり，したがって，可算であれば，麗質である．

証明　定理 5.4.4 の証明から，充足関係 Sat の存在は明らか．また，$\mathcal{L}_{\mathsf{OR}} \cup \{\mathtt{Sat}\}$ の論理式に対する帰納法を表す文全体の再帰的集合が，$\mathrm{Th}(\mathfrak{A}_A)$ と無矛盾であることからその成立もすぐに導ける．後半は，補題 5.3.5 とそのあとの注より明らかである．∎

付録 A　往復論法

補題 5.3.10 の証明に用いた往復論法について補足しておく．往復論法は，この分野では頻繁に用いられるが，その起源はカントルによる次の事実の証明にある．すなわち，稠密な可算線形順序が最大・最小をもたなければ，有理数全体の順序と同型になる（**カントルの定理**）．

再帰的飽和性の定義 5.3.1 において，タイプが再帰的であるという制限を

外すと (ω) 飽和性の定義が得られる[*4]．有理数の順序構造 $(\mathbb{Q}, <)$ は飽和性をもっており，次の定理はカントルの定理の自然な拡張として得られる．

定理 5.A.1　$\mathfrak{A}, \mathfrak{B}$ が可算な飽和構造で，$\mathfrak{A} \equiv \mathfrak{B}$ であれば，$\mathfrak{A} \cong \mathfrak{B}$.

証明　A の要素の並べ上げ $a_0, a_1, \ldots$ と B の要素の並べ上げ $b_0, b_1, \ldots$ を交互に作っていき，$h(a_i) = b_i$ によって $\mathfrak{A}$ と $\mathfrak{B}$ の間に同型が定義できるようにする．いま，$a_0, a_1, \ldots, a_{2k}$ と $b_0, b_1, \ldots, b_{2k}$ が選ばれているとする．a_{2k+1} をそれまでに現れていない A の元で，あらかじめ与えられている A の順番で最初のものとして，

$$\Phi(x) = \{\varphi(b_0, b_1, \ldots, b_{2k}, x) \mid \mathfrak{A} \models \varphi(a_0, a_1, \ldots, a_{2k}, a_{2k+1})\}$$

を $\mathfrak{B}$ 上で実現する元を b_{2k+1} とする．次に，b_{2k+2} をそれまでに現れていない B の最初の元とし，それに対応する $\mathfrak{A}$ の元を a_{2k+2} とする．こうして同型が定義できることは明らかである．∎

カントルの定理を直接得るには，$\mathfrak{A}$ と $\mathfrak{B}(=\mathbb{Q})$ を稠密な可算線形順序で，最大・最小をもたないとして，上の証明におけるタイプ $\Phi(x)$ を単に不等式の集合とみて順序の部分同型を拡張していけばよい．ちなみに，飽和構造は再帰的飽和であるが，逆はいえない．また，任意の無矛盾な理論が飽和モデルをもつわけではないので，一般の理論の性質を飽和モデルを用いて証明することは難しい．そこで，定理 5.A.1 の再帰的飽和バージョンがほしいのだが，それを述べるためにいくつか概念の導入が必要になる．

定義 5.A.2　$\mathfrak{A}, \mathfrak{B}$ を言語 $\mathcal{L}$ の構造とする．いま，2 つの関係記号 $\mathrm{U}_A(x)$, $\mathrm{U}_B(x)$ を用意し，さらに $\mathcal{L}$ のコピーを $\mathcal{L}'$ として，言語 $\mathcal{L} \cup \mathcal{L}' \cup \{\mathrm{U}_A, \mathrm{U}_B\}$ における構造 $\mathfrak{C}$ を考える．$\mathfrak{C}$ 上で U_A, U_B の解釈として得られる C の部分集

[*4] ただし，有限集合 $C(\subseteq A)$ 上のタイプに限る．一般に，濃度 κ 未満の C 上のタイプの飽和性を κ 飽和性といい，濃度 κ の構造が κ 飽和性をもつとき，単に飽和であるという．したがって，ω 飽和な可算構造は飽和である．

合が A, B であって，$\mathfrak{C}$ における $\mathcal{L}$ の記号の解釈と $\mathcal{L}'$ の記号の解釈をそれぞれ A, B に加えてできる構造が $\mathfrak{A}$, $\mathfrak{B}$ と一致するなら，$\mathfrak{C}$ を $\mathfrak{A}$, $\mathfrak{B}$ の**モデル対**(model pair) とよび，$(\mathfrak{A}, \mathfrak{B})$ で表す． □

言語 $\mathcal{L}$ に関数記号が入っている場合，例えば $\mathfrak{A}$ の関数を $(\mathfrak{A}, \mathfrak{B})$ でも関数とするような処理が必要になるので，簡単のため関数は関係で表すことにしておこう．

先の定理 5.A.1 と同様な議論により，次が得られる．

定理 5.A.3　$(\mathfrak{A}, \mathfrak{B})$ が可算な再帰的飽和なモデル対で，$\mathfrak{A} \equiv \mathfrak{B}$ であれば，$\mathfrak{A} \cong \mathfrak{B}$.

この定理の証明が，定理 5.A.1 の証明と違うのは，

$$\Phi(x) = \{\varphi(a_0, a_1, \ldots, a_{2k}, a_{2k+1}) \to \varphi'(b_0, b_1, \ldots, b_{2k}, x)$$

$|\,\varphi$ は言語 $\mathcal{L}$ の論理式で，φ' は φ の記号を言語 $\mathcal{L}'$ の記号に置き換えたもの$\}$,

$$\Psi(x) = \{\psi'(b_0, b_1, \ldots, b_{2k+1}, b_{2k+2}) \to \psi(a_0, a_1, \ldots, a_{2k+1}, x)$$

$|\,\psi'$ は言語 $\mathcal{L}'$ の論理式で，ψ は ψ' の記号を言語 $\mathcal{L}$ の記号に置き換えたもの$\}$

という再帰的タイプを使う点だけである．また，同様にして，次のこともいえる．

定理 5.A.4　$(\mathfrak{A}, \mathfrak{B})$ が可算な再帰的飽和なモデル対で，$\mathfrak{A}$ で成り立つ否定記号なし (論理記号は $\wedge$, $\vee$, $\forall$, $\exists$ のみ) の文が $\mathfrak{B}$ でも成り立つならば，$\mathfrak{B}$ は $\mathfrak{A}$ の準同型像である．

この定理の証明では，

$$\Phi(x) = \{\varphi(a_0, a_1, \ldots, a_{2k}, a_{2k+1}) \to \varphi'(b_0, b_1, \ldots, b_{2k}, x)\,|$$

φ は否定を含まない $\mathcal{L}$ の論理式で，φ' は φ の記号を

言語 $\mathcal{L}'$ の記号に置き換えたもの},

$$\Psi(x) = \{\neg\psi'(b_0, b_1, \ldots, b_{2k+1}, b_{2k+2}) \to \neg\psi(a_0, a_1, \ldots, a_{2k+1}, x) \mid$$

ψ' は否定を含まない $\mathcal{L}'$ の論理式で，ψ は ψ' の記号を

言語 $\mathcal{L}$ の記号に置き換えたもの}

を用いる．$h(a_i) = b_i$ は，$\mathfrak{A}$ から $\mathfrak{B}$ の上への準同型になる．この定理から，構造のクラスの特徴づけに関する次の定理が得られる (3.2 節参照)．なお，ここでは可算言語のみ考えている．

定理 3.2.4（リンドンの定理） 次の 2 条件は同値である．

(1) $\mathrm{Mod}(T)$ は準同型像に関して閉じている．

(2) 否定記号 $\neg$ なしの論理式からなる理論 T' が存在して，$\mathrm{Mod}(T') = \mathrm{Mod}(T)$.

証明 否定記号なしの論理式の真偽が準同型で保存されることは明らかなので，(2)⇒(1) はよい．

逆を示すために，(1) を仮定する．いま，T から導かれる否定なしの文全体を T' として，$\mathrm{Mod}(T') = \mathrm{Mod}(T)$ を示したい．$\mathrm{Mod}(T') \supseteq \mathrm{Mod}(T)$ は明らかだから，逆の包含関係を示せばよい．そこで，$\mathfrak{A}$ を T' の可算モデルとする．次に，否定なし文の否定 $\neg\sigma$ で，$\mathfrak{A}$ で成り立つものをすべて T に加えた理論を考えると，これは無矛盾なので可算モデル $\mathfrak{B}$ をもつ．つまり，$\mathfrak{B}$ は T の可算モデルで，そこで成り立つ否定なし文はすべて $\mathfrak{A}$ で成り立つ．いま，$(\mathfrak{A}, \mathfrak{B})$ に対して，可算な初等拡大となる再帰的飽和モデル対 $(\mathfrak{A}', \mathfrak{B}')$ を作る．すると，定理 5.A.4 から，$\mathfrak{A}'$ は $\mathfrak{B}'$ の準同型像であることがわかる．$\mathfrak{B}'$ は T のモデルだから，$\mathfrak{A}'$ は T のモデル，したがって $\mathfrak{A}$ も T のモデルになる． ▌

この付録で述べた議論は，バーワイズ-シュリップ [57] による．バーワイズは，再帰的飽和構造や麗質モデルを用いることで，古典的な定理に対して，見通しのよい別証明が得られることを強調した．上の証明を文献 [39] や [30]

に載っている初等鎖を用いた証明と比較されたい．ただし，初等鎖の議論は非可算言語にも適用できるという優位点もある．

付録 B　麗質モデルの応用

1 階論理に関する古典的な定理に対して麗質性を応用した面白い証明を紹介しよう．ここでの議論も基本的にバーワイズとシェリップ [57] によるものである．

定理 5.B.1（ロビンソンの合併無矛盾性定理(joint consistency theorem)）　$\mathcal{L}=\mathcal{L}_1\cap\mathcal{L}_2$ とし，T を言語 $\mathcal{L}$ の完全理論，T_1, T_2 をそれぞれ言語 $\mathcal{L}_1, \mathcal{L}_2$ における T の拡大とする．このとき，$T_1\cup T_2$ が無矛盾であるための必要十分条件は，T_1, T_2 がそれぞれ無矛盾になることである．

証明　必要性は明らかなので，十分性を示す．いま T_1, T_2 が無矛盾で，$T_1\cup T_2$ が矛盾すると仮定する．$T_1 \cup T_2$ が矛盾しているから，有限集合 $S_1 \subseteq T_1$ と $S_2 \subseteq T_2$ が存在して，$S_1 \cup S_2$ からも矛盾が導ける．S_1, S_2 をそれぞれ有限言語 $\mathcal{L}'_1, \mathcal{L}'_2$ の理論とし，さらに $\mathcal{L}'=\mathcal{L}'_1\cap\mathcal{L}'_2$ とおく，そして，T から導かれる $\mathcal{L}'$ 文全体を T' とすると，T が $\mathcal{L}$ で完全であるから，この T' は $\mathcal{L}'$ において完全な無矛盾集合である．さらに，$S'_1 = S_1 \cup T'$, $S'_2 = S_2 \cup T'$ とおくと，これらはそれぞれ T_1, T_2 の部分集合だから無矛盾である．

いま，T' の可算麗質モデル $\mathfrak{A}$ を考える．T' は完全なので，$T' = \mathrm{Th}(\mathfrak{A})$ である．$S'_1 = S_1 \cup \mathrm{Th}(\mathfrak{A})$ の無矛盾性と $\mathfrak{A}$ の麗質性より，$\mathfrak{A}$ は S_1 のモデルとなる $\mathcal{L}'_1$ 構造 $\mathfrak{A}_1$ に拡張できる．同様に，$\mathfrak{A}$ は S_2 のモデルとなる $\mathcal{L}'_2$ の構造 $\mathfrak{A}_2$ に拡張できる．そこで，$\mathcal{L}'_1-\mathcal{L}'$ の記号解釈を $\mathfrak{A}_1$ と同じとし，$\mathcal{L}'_2-\mathcal{L}'$ の記号解釈を $\mathfrak{A}_2$ と同じとして，$\mathfrak{A}$ を $\mathcal{L}'_1\cup\mathcal{L}'_2$ の構造 $\mathfrak{A}'$ に拡張する．すると，この $\mathfrak{A}'$ は $S_1 \cup S_2$ のモデルになるので，$S_1 \cup S_2$ は無矛盾となり，仮定に反する．よって，十分性が証明された．∎

系 5.B.2（**クレイグの補間定理**(interpolation theorem)）　文 $\varphi \to \psi$ が論理の公理だけから証明可能 ($\vdash \varphi \to \psi$) ならば，φ と ψ に共通して含まれる記号と論理記号(= を含む)で構成される文 θ が存在して $\vdash \varphi \to \theta$ かつ $\vdash \theta \to \psi$ となる．　□

定理 5.B.1 を満たす文 θ は，φ と ψ の**補間文**(interpolant)とよばれる．φ と ψ に共通して含まれる記号がまったくなくても，等式 = から論理式が作れるので，補間文の候補がなくなるわけではないことに注意しておく．

証明　$\vdash \varphi \to \psi$ で，補間文 θ が存在しないとする．そこで，φ と ψ に共通の記号からなる言語 $\mathcal{L}$ の文 ξ で，$\vdash \varphi \to \xi$ となるものを集めて T_0 とおくと，T_0 のどの有限部分も ψ を含意しないので，$T_0 \cup \{\neg\psi\}$ は無矛盾である．いま，$T_0 \cup \{\neg\psi\}$ のモデルを $\mathfrak{A}$ として，T を $\mathrm{Th}(\mathfrak{A})$ に含まれる $\mathcal{L}$ 文の全体とおく．すると，もちろん $T \cup \{\neg\psi\}$ は無矛盾であるが，$T \cup \{\varphi\}$ が無矛盾であることも次のようにわかる．$T \cup \{\varphi\}$ が矛盾するとすれば，T の文 σ が存在して，$\vdash \varphi \to \neg\sigma$ であるが，すると $\neg\sigma \in T_0 \subseteq T$ となって，T 自身が矛盾する．ここで定理 5.B.1 (ロビンソンの合併無矛盾性定理)により，$T \cup \{\varphi, \neg\psi\}$ も無矛盾である．これは，$\vdash \varphi \to \psi$ という仮定に反する．　∎

第6章

実閉体の完全性と決定可能性

自然数の理論は必ず不完全になることをゲーデルが示したあと，タルスキが発見した対照的な事実は，実数や複素数の理論には完全な公理系が存在することであった．その証明の鍵となったのは，第5章で用いた**量化記号消去**の手法である．のちにさまざまな改良が加えられたが，それでも実数の理論に対して，式変形による量化記号消去を直接示すことは容易でない．ここでは，アルティンとシュライアーによって創始された実閉体理論の結果を用いて，量化記号が消去可能であるという事実を間接的(モデル理論的)に導こう．

最初に6.1節で実係数の多項式についての基本的事実を復習し，6.2節で実閉体理論の要となるアルティン-シュライアーの定理を証明する．これを用いて，6.3節で量化記号消去を示し，さらに実閉体理論の完全性と決定可能性を導く．6.4節では複素数体の理論を代数閉体の理論としてあつかって完全性と決定可能性を示し，さらにその応用について述べる．付録Aでは，実閉体理論の完全性を応用した，ヒルベルトの第17問題の解法について説明する．付録Bでは，実閉体理論の発展となる順序極小理論について簡単に述べる．

6.1　実係数の 1 変数多項式

本節では，実数論のウォーミングアップとして，実数を係数とする 1 変数多項式の基本的な性質をみる．以下の諸定理は，それらの主張をみる限り，解析学の初歩と何ら変わるところはないが，その証明には解析的な概念(例．極限 lim)がまったく使われていないことに注目されたい．さらにいうと，実数とは何かといった説明も不要であって，厳密には 6.2 節で導入する実閉順序体の公理を満たす任意の構造で成り立つ事実について述べているに過ぎない．実数の定義やそれにもとづく解析的議論は第 7 章で行う．

最初に「代数学の基本定理」を仮定する．この定理は，どんな複素係数の多項式 $P(x)$ も 1 次式の積で表せることを主張する．しかし，この定理に依存する部分は 6.2 節以降の議論で消去できるので，ここでは「代数学の基本定理」を証明なしに仮定しておく．なお，この定理に対する 1 つの厳密な証明を第 8 章で与える．

さっそくだが，「代数学の基本定理」を用いて，次の補題を示しておこう．

補題 6.1.1　最高次の係数が 1 であるような実係数の多項式 $P(x)$ は，実係数の 1 次式 $x+a$ と 2 次式 x^2+bx+c (ただし $b^2<4c$) の積で表せる．　□

証明　「代数学の基本定理」を仮定すると，どんな実多項式 $P(x)$ も，複素数を使って 1 次式の積で表せる．任意の複素数 z とその共役複素数 $\overline{z}$ に対して，$P(\overline{z})=\overline{P(z)}$ であるから，実数でない複素数 z が $P(x)$ の根なら，$\overline{z}$ も異なる根になり，$P(x)$ は 2 次式 $(x-z)(x-\overline{z})=x^2-(z+\overline{z})x+z\overline{z}$ を因子にもつ．このとき，$z=r+is$ ($i=\sqrt{-1}, r, s\in\mathbb{R}$) とおいて，$z+\overline{z}=2r$ と $z\overline{z}=r^2+s^2$ が実数になること，また $(z+\overline{z})^2-4z\overline{z}=(z-\overline{z})^2=(2is)^2=-4s^2<0$ となることに注意する．　■

定理 6.1.2 (中間値の定理)　$P(x)$ を実係数の多項式とする．いま，$a<b$ を 2 つの実数として，$P(a)P(b)<0$ とする．このとき，$P(c)=0$

となる c が区間 (a,b) の中にある．

証明　与えられた多項式 $P(x)$ の最高次の係数が 1 であると仮定しても，一般性を失わない．このとき，補題 6.1.1 より $P(x)$ は 1 次式 $x+r$ と 2 次式 x^2+sx+t（ただし $s^2<4t$）の積で表せる．2 次式 x^2+sx+t については，

$$x^2+sx+t=\left(x+\frac{s}{2}\right)^2+\frac{4t-s^2}{4}>0$$

により，常に正である．したがって，$P(a)P(b)<0$ とすれば，どれかの 1 次因子 $x+r$ について，$a+r$ と $b+r$ の符号が異なるはずである．いま，$a<b$ であるから，$a<-r<b$ の可能性しかなく，$c=-r$ として，$P(c)=0$ を得る． ∎

定理 6.1.3　$P(x)$ を実係数の多項式とする．任意の $a\in\mathbb{R}$ に対して，$P(a)>0$ ならば，ある $\varepsilon>0$ が存在して，区間 $(a-\varepsilon,a+\varepsilon)$ において $P(x)>0$ となる．

証明　先の定理 6.1.2 と同様に，与えられた多項式 $P(x)$ の最高次の係数が 1 であると仮定し，それを 1 次式と 2 次式の積に分解し，さらに 1 次因子を $x-r_1,\dots,x-r_m$ とする．$|a-r_1|,\dots,|a-r_m|$ の最小値より小さな正数 $\varepsilon>0$ をとれば，区間 $(a-\varepsilon,a+\varepsilon)$ において $x-r_1,\dots,x-r_m$ の符号は変わらないから，$P(x)>0$ となる． ∎

定理 6.1.4（ロルの定理）　$P(x)$ を実係数の多項式とし，$P'(x)$ をその導関数となる多項式とする．いま，$a<b$ として，$P(a)=P(b)$ とする．このとき，$P'(c)=0$ となる c が区間 (a,b) の中にある．

証明　簡単のため，$P(a)=P(b)=0$ とする．さらに，a,b の間に $P(x)=0$ の解がない，つまり，a,b がその隣合う解であるとしても一般性を失わない．いま，$P(x)=(x-a)^m(x-b)^nQ(x)$ と表す $(m\geq 1,\ n\geq 1)$．ここで，

$Q(a) \neq 0$, $Q(b) \neq 0$ であるが，区間 (a, b) において $Q(x) \neq 0$ だから，中間値の定理の対偶より $Q(a) \cdot Q(b) > 0$ となる．$P(x)$ の導関数を求めると，

$$P'(x) = (x-a)^{m-1}(x-b)^{n-1}R(x),$$

ただし，

$$R(x) = (m(x-b) + n(x-a))Q(x) + (x-a)(x-b)Q'(x).$$

すると，

$$R(a) \cdot R(b) = -mn(a-b)^2 Q(a)Q(b) < 0$$

だから，中間値の定理より，$R(c) = 0$ となる c が (a, b) の中にある．このとき，$P'(c) = 0$ となり，定理が証明された．∎

定理 6.1.5　$P(x) = x^n + a_{n-1}x^{n-1} + a_{n-2}x^{n-2} + \cdots + a_1 x + a_0$ を実係数の多項式とする．M を $|a_{n-1}|, |a_{n-2}|, \ldots, |a_1|, |a_0|$ の最大値とおく．すると，$P(x) = 0$ のすべての実数解は，区間 $(-M-1, M+1)$ の中にある．

証明　$M = 0$ の場合は明らか．

いま，$M > 0$ として，$|x| \geq M + 1$ とする．このとき，

$$|P(x) - x^n| \leq M(|x|^{n-1} + |x|^{n-2} + \cdots + |x| + 1) = M\frac{|x|^n - 1}{|x| - 1} \leq |x|^n - 1$$

である．$P(x) = 0$ とおくと上の不等式が成り立たないので，$P(x) = 0$ は $|x| \geq M + 1$ で解をもたないことがわかる．∎

次の定理を述べるためには，多少準備が必要である．$P(x)$ を実係数の多項式とする．$P_0 = P$, $P_1 = P'$ とおき，さらに $P_2, P_3, \ldots$ を 以下のように定める．

> P_{i+2} は P_i を P_{i+1} で割った余りに -1 を掛けたもの，
> すなわち $P_i = Q_{i+1}P_{i+1} - P_{i+2}$ とする．

このとき，各 $a \in \mathbb{R}$ に対して，

$$P_0(a), P_1(a), P_2(a), \ldots$$

を**スツルム列**(Sturm sequence)とよび，そこで符号 $(+,-)$ の交代が生じる回数を $\omega_P(a)$ で表す．例えば，スツルム列 $(1,0,2,-1,0,1)$ における符号交代回数は 2 回である．

> **定理 6.1.6（スツルムの定理）** $P(x)$ を実係数の多項式とし，$a<b$ かつ $P(a)P(b)\neq 0$ とする．このとき，$\omega_P(a)-\omega_P(b)$ は，$P(x)$ が区間 (a,b) の中でもつ(異なる)根の個数である．

証明は，文献 [58], [59], [60] をご覧いただきたい．ここで述べておきたいことは，これから証明するタルスキの定理は，この定理の一般化になっていることである．スツルムの定理は，多項式がある区間 (a,b) の中でいくつの解をもつかだけを数式で表しているのに対して，タルスキの定理は，順序体の言語で表現されたどんな条件も等号と不等号の命題結合だけで表せることを主張する．

6.2 実閉順序体

本節では，実閉順序体の公理系を導入し，そのモデルの基本的な性質を証明する．順序体は，順序環の記号集合 $\mathcal{L}_{\mathsf{OR}}=\{+,\bullet,0,1,<\}$ でも原理的にあつかうことができるが，マイナス記号 $-$ と割り算 y/x はあらかじめ言語に加えておく方が便利である(ただし，我々は全域的な演算のみをあつかうので，便宜上，$x/0=0$ とおく)．以下では，順序体の言語 $\mathcal{L}_{\mathsf{OF}}=\{+,-,\bullet,/,0,1,<\}$ を用いて，公理系を定める．

定義 6.2.1 **体**(field)の理論 AF[*1] は，体の言語 $\mathcal{L}_{\mathsf{AF}}=\{+,-,\bullet,/,0,1\}$ における以下の公理よりなる．

$$x+0=x,\quad x+y=y+x,\quad x+(y+z)=(x+y)+z,\quad x+(-x)=0,$$

[*1] 単に F と記すと，構造と区別しにくいため，Axioms of Fields の意味で AF とする．

$$x \bullet 0 = 0, \quad x \bullet 1 = x, \quad x \bullet y = y \bullet x, \quad x \bullet (y \bullet z) = (x \bullet y) \bullet z,$$
$$x/0 = 0, \quad x \neq 0 \to x \bullet (y/x) = y,$$
$$1 \neq 0, \quad x \bullet (y + z) = (x \bullet y) + (x \bullet z).$$

順序体 (ordered field) の理論 OF は，順序体の言語 $\mathcal{L}_{\mathsf{OF}} = \{+, -, \bullet, /, 0, 1, <\}$ における理論で，AF に以下の公理を加えたものである．

$$< \text{は線形順序}, \qquad 0 < 1,$$
$$(x > 0 \land y > 0) \to (x + y > 0 \land xy > 0).$$

実閉順序体 (real-closed ordered field) の理論 RCOF は，OF に以下の公理図式を加えたものとする．

$$\forall x_0 \, \forall x_1 \, \cdots \, \forall x_n \, \forall y \, \forall z$$
$$((y < z \land x_0 + x_1 y + \cdots + x_n y^n < 0 < x_0 + x_1 z + \cdots + x_n z^n)$$
$$\to \exists u \, (y < u < z \land x_0 + x_1 u + \cdots + x_n u^n = 0)) \qquad (n > 0).$$
□

この定義では，中間値の定理の形を使って実閉性を定義しているが，これとは少し違った形式化として，平方根の存在と奇数次の多項式の根の存在を公理にするものがある．とくに，(順序なしの) **実閉体** (real-closed field) の理論 RCF を定義するときはそうせざるを得ないが，本書では RCF の公理系を直接導入せず，構造としての実閉体は実閉順序体の縮約と定める．

例 1　実数の順序体 $\mathfrak{R} = (\mathbb{R}, +, -, \bullet, /, 0, 1, <)$ は，RCOF の自然なモデルである．また，代数的実数 (整数係数多項式の解になる実数) からなる順序体も実閉順序体になるが，これは可算であり，RCOF のどんなモデルもこれと同型な部分構造を含んでいる．

6.1 節で実数の順序体 $\mathfrak{R}$ について証明した補題や定理は，すべて任意の実閉順序体について成り立っている．6.1 節の議論でただ 1 つ問題なのが補題 6.1.1 における代数学の基本定理の使用である．この定理は RCOF において証明可能ではあるが，簡単ではないので，次の点に注意して，その使用を避けよう．まず，定理 6.1.2 は RCOF の公理になるので証明の必要はない．定理 6.1.3 については，補題 6.1.1 によらない証明を与える．

定理 6.2.2（定理 6.1.3 再掲）　順序体 $\mathfrak{K}$ において，$P(x)$ を $\mathfrak{K}$ 係数の多項式とする．任意に与えられた $a \in \mathbb{R}$ に対して，$P(a) > 0$ ならば，ある $\varepsilon > 0$ が存在して，区間 $(a-\varepsilon, a+\varepsilon)$ において $P(x) > 0$ となる．

証明　$P(x)$ が定数のとき題意は明らかなので，いまその次数を $N > 0$ とする．$P(x+a) - P(a)$ は定数項を含まない多項式であり，その係数の絶対値の最大値を $M > 0$ とおくと，$|x| \leq 1$ に対して $|P(x+a) - P(a)| \leq NM|x|$ である．したがって，$\varepsilon = \min\{1, |P(a)|/NM\}$ とおけば，$|x| < \varepsilon$ に対して $|P(x+a) - P(a)| < |P(a)|$ となる．$P(a) > 0$ だから，$P(x+a) > 0$ でなければこの不等式は成り立たない．　■

すべての体が代数的閉体に埋め込めること，さらに代数的閉包をもつことを第 3 章で問題 9 とした．これと類似の結果として，すべての順序体が実閉順序体に埋め込めること，さらに実閉包をもつことがいえる．しかし，代数的閉体の構成をそのまま真似して，直接に実閉体を作ることは難しい．ここでは，前もって代数的閉体を作っておいて，その中に実閉体を作る作業を行う．

定理 6.2.3（アルティン - シュライアー）　すべての順序体は，実閉順序体に埋め込める．

証明　$\mathfrak{K}$ を順序体とし，$P(x)$ を $\mathfrak{K}$ 係数の多項式で，中間値の定理を成り立たせない最小次数のものとする．すなわち，$a < b \in K$ が存在して，$P(a)P(b) < 0$ であり，$P(c) = 0$ となる $c \in (a, b)$ はないとする．このとき，$P(x)$ は既約である．そうでないと，$P(x) = Q(x)R(x)$ と分解でき，$Q(a)Q(b) < 0$ か $R(a)R(b) < 0$ である．もし $Q(a)Q(b) < 0$ であれば，$P(x)$ の最小性から $Q(c) = 0$ となる $c \in (a, b)$ が存在し，この c に対して $P(c) = 0$ となるから

矛盾である．$R(a)R(b)<0$ の場合も同様である．

$\mathfrak{K}[x]$ を $\mathfrak{K}$ の多項式がなす可換環とし，その上に $P(x)$ を法とする同値関係 $\approx$ を定める．すなわち，$Q(x)\approx R(x) \iff$ “$Q(x)-R(x)$ は $P(x)$ で割り切れる”．その同値類(剰余類)全体がなす剰余代数を $\mathfrak{K}[x]/P(x)$ とおく．このとき，$\mathfrak{K}[x]/P(x)$ も可換環であることはほとんど自明だが，さらに体になることも次のようにしていえる．$\mathfrak{K}[x]/P(x)$ において，$[Q(x)]_\approx \neq 0=[P(x)]_\approx$ とする．$P(x)$ は既約だから，$Q(x)$ と $P(x)$ は互いに素であり，$R(x)Q(x)+S(x)P(x)=1$ となる $R(x)$ と $S(x)$ が存在することが(互除法を使って)いえる．すると，$[R(x)]_\approx[Q(x)]_\approx=1$ となっているので，$[Q(x)]_\approx$ は乗法逆元 $[R(x)]_\approx$ をもつ．

いま，一般性を失わず，$P(a)<0,\ P(b)>0$ としてよい．そして，

$$A=\{a'\in[a,b]\mid \exists x\in[a,b]\,(a'\leq x\wedge P(x)<0)\},$$
$$B=[a,b]-A$$

とおく．このとき，A が最大値をもたないこと，B が最小値をもたないことは，定理 6.2.2 からいえる．

さて，$\mathfrak{K}[x]/P(x)$ の元 $[Q(x)]_\approx$ に対する代表元 $Q(x)$ は，$P(x)$ より小さな次数をもつとしてよいから，$Q(x)$ については中間値の定理が成り立っている．その実根の個数は $Q(x)$ の次数以下であり，2つの隣り合う実根に挟まれた区間では $Q(x)$ は符号を変えない．したがって，十分近くの $a'\in A,\ b'\in B$ をとれば，$Q(x)$ の符号は (a',b') で一定であり，その符号をもって $[Q(x)]_\approx$ の符号とする．こうして導入した順序のもとで，$\mathfrak{K}[x]/P(x)$ が $\mathfrak{K}$ の拡大順序体になることが以下のようにいえる．

まず，$\mathfrak{K}[x]/P(x)$ が $\mathfrak{K}$ を部分構造として含むことは明らかである．$\mathfrak{K}[x]/P(x)$ の順序が線形で，かつ正数部分が $+$ で閉じていることも容易にわかる．あとは，正数部分が $\cdot$ で閉じていること，つまり $[Q(x)]_\approx>0\wedge[R(x)]_\approx>0\rightarrow[Q(x)R(x)]_\approx>0$ をいえばよい．ここで，$Q(x),\ R(x)$ は $P(x)$ より小さな次数をもつ多項式としてよい．さらに $Q(x)R(x)=S(x)P(x)+T(x)$ として，$S(x),\ T(x)$ も $P(x)$ より小さな次数をもつ多項式とする．すると，$a'\in A$,

$b' \in B$ がとれて，$Q(x)$, $R(x)$, $S(x)$, $T(x)$ はすべて (a', b') で一定符号であるとしてよい．このとき，$Q(x)R(x)$ は常に正で，$S(x)P(x)$ は必ず符号を変えるので，$T(x)$ は常に正である．すなわち，$[Q(x)R(x)]_{\approx} = [T(x)]_{\approx} > 0$.

次に，$\mathfrak{K}[x]/P(x)$ が（順序を除けば）$\mathfrak{K}$ の代数的閉包 $\overline{\mathfrak{K}}$ に埋め込めることを示す．いま，$\overline{\mathfrak{K}}$ の元 u について $P(u) = 0$ が成り立っているとしよう．このとき，$I = \{Q \in K[x] \mid Q(u) = 0\}$ とおくと，これがイデアルであること，すなわち，任意の $Q_1, Q_2 \in I$ に対して $Q_1 + Q_2 \in I$，任意の $R \in K[x]$ と $Q \in I$ に対して $R \bullet Q \in I$ は容易にわかる．さらに，$P(x)$ はこれに属し，$P(x)$ より次数の小さなものは属さないから，$P(x)$ はその生成元である（つまり，$Q(u) = 0$ であれば，$Q(x) = R(x)P(x)$ と書ける）．そこで，準同型 $f : \mathfrak{K}[x] \longrightarrow \mathfrak{K}[u]$ を $f(Q(x)) = Q(u)$ によって定める．I は f の核 $\mathrm{Ker}(f) = \{Q \mid f(Q(x)) = 0\}$ に他ならないから，準同型定理 1.2.9 から次がいえる．

$$\mathfrak{K}[x]/P(x) \cong \mathfrak{K}[x]/\mathrm{Ker}(f) \cong \mathfrak{K}[u].$$

最左辺 $\mathfrak{K}[x]/P(x)$ は体であることがわかっているから，最右辺 $\mathfrak{K}[u]$ も体になり，これは u による拡大体 $\mathfrak{K}(u)$ と一致する．$\mathfrak{K}(u)$ は $\overline{\mathfrak{K}}$ の部分体であるから，$\mathfrak{K}[x]/P(x)$ は $\overline{\mathfrak{K}}$ に埋め込める．したがって，$\overline{\mathfrak{K}}$ は $\mathfrak{K}[x]/P(x)$ の代数的閉包でもある．

さて，$\overline{\mathfrak{K}}$ の部分体でうまく順序を入れれば $\mathfrak{K}$ の拡大順序体になるようなものの全体集合を考える．ツォルンの補題（選択公理）によって，この集合における極大な順序体 $\mathfrak{L}$ を選ぶ．もしこれが中間値の定理を成り立たせなければ，上の議論によって $\mathfrak{L}$ をさらに拡大することができるので，その極大性に反する．したがって，$\mathfrak{L}$ は実閉順序体である． ∎

［**問題 1**］ 定理 6.2.3 を使って，次のことを示せ．言語 $\mathcal{L}_{\mathsf{OF}}$ の任意の開論理式 φ について，

$$\mathsf{RCOF} \vdash \varphi \iff \mathsf{OF} \vdash \varphi.$$

$\mathfrak{K} \subseteq \mathfrak{L}$ を 2 つの体とする．$\mathfrak{K}$ 上で代数的になる（つまり $\mathfrak{K}$ の多項式の解と

なる) $\mathfrak{L}$ の元を集めてできる $\mathfrak{L}$ の部分構造を $\overline{\mathfrak{K}}^{\mathfrak{L}}$ とすると，$\overline{\mathfrak{K}}^{\mathfrak{L}}$ も体になる．そして，$\mathfrak{K} \subseteq \mathfrak{M} \subseteq \overline{\mathfrak{K}}^{\mathfrak{L}}$ となる体 $\mathfrak{M}$ に対しては，$\overline{\mathfrak{M}}^{\mathfrak{L}} = \overline{\mathfrak{K}}^{\mathfrak{L}}$ となることもすぐわかる．

補題 6.2.4 **(同型条件)**　$\mathfrak{K}_1 \cong \mathfrak{K}_2$ を 2 つの順序体とし，その間に同型 $f : \mathfrak{K}_1 \longrightarrow \mathfrak{K}_2$ があるとする．各 $i = 1, 2$ について，$\mathfrak{K}_i \subseteq \mathfrak{L}_i$ となる実閉体 $\mathfrak{L}_i$ をとると，f は $\overline{\mathfrak{K}_1}^{\mathfrak{L}_1}$ と $\overline{\mathfrak{K}_2}^{\mathfrak{L}_2}$ の間の同型に一意に拡張される．　□

証明　$\overline{\mathfrak{K}_1}^{\mathfrak{L}_1} = \mathfrak{K}_1$ であれば，$\overline{\mathfrak{K}_2}^{\mathfrak{L}_2} = \mathfrak{K}_2$ もいえ，題意は自明である．いま，$\overline{\mathfrak{K}_1}^{\mathfrak{L}_1} \neq \mathfrak{K}_1$ として，$|\overline{\mathfrak{K}_1}^{\mathfrak{L}_1}| - |\mathfrak{K}_1|$ の元を根にもつ $\mathfrak{K}_1$ の多項式のなかで次数が最小になるものを選んで $P(x)$ とし，その根を u としておく．

$\mathfrak{K}_1(u)$ には $\mathfrak{L}_1$ の部分構造として順序が入るが，それは定理 6.2.3 の証明で構成した $\mathfrak{K}_1[x]/P(x)$ の埋め込みによるものと一致する．なぜなら，$\mathfrak{K}_1[x]/P(x)$ の元 $[Q(x)]_{\approx}$ の符号は，u の近傍における $Q(x)$ の符号で定義されているから，$Q(u)$ が存在するならその符号とも一致しなければならない．

さて，$P(x)$ の次数の最小性から，$P'(u) \neq 0$ である．とくに，$P'(u) > 0$ としても，一般性を失わない．したがって，定理 6.2.2 から，$a < u < b$ となる $a, b \in |\mathfrak{K}_1|$ が存在して，区間 (a, b) において $P'(x) > 0$ となる．すると，ロルの定理 6.1.4 (の対偶) により，$P(x)$ はこの区間で狭義に単調増加であり，根 u は $P(x)$ により一意に決まる．よって，同型 $f : \mathfrak{K}_1 \longrightarrow \mathfrak{K}_2$ により $P(x)$ が $R(x)$ に移されるとすると，$R(x)$ は $(f(a), f(b))$ において $\overline{\mathfrak{K}_2}^{\mathfrak{L}_2}$ の元 v を一意に定める．すると，順序体として，以下の同型が成り立つ．

$$\mathfrak{K}_1(u) \cong \mathfrak{K}_1[x]/P(x) \cong \mathfrak{K}_2[x]/R(x) \cong \mathfrak{K}_2(v).$$

そこで，u に v を対応させて，f を $\mathfrak{K}_1(u)$ から $\mathfrak{K}_2(v)$ の同型に拡張することができる．

さて，$\mathfrak{K}_1 \subseteq \mathfrak{M}_1 \subseteq \overline{\mathfrak{K}_1}^{\mathfrak{L}_1}$ となる順序体 $\mathfrak{M}_1$ で，$\mathfrak{K}_2 \subseteq \mathfrak{M}_2 \subseteq \overline{\mathfrak{K}_2}^{\mathfrak{L}_2}$ となるある順序体 $\mathfrak{M}_2$ との間に f の拡張となる同型が存在するようなもの全体を考える．ツォルンの補題によって，このクラスから極大な順序体 $\mathfrak{M}_1$ を選ぶ．も

し，$\mathfrak{M}_1 \subsetneq \overline{\mathfrak{M}_1}^{\mathfrak{L}_1} = \overline{\mathfrak{K}_1}^{\mathfrak{L}_1}$ であれば，上の議論によって $\mathfrak{M}_1$ を拡大できるので，極大性に反する．よって，$\mathfrak{M}_1 = \overline{\mathfrak{K}_1}^{\mathfrak{L}_1}$．このとき，$\mathfrak{M}_1$ と同型になる $\mathfrak{M}_2$ が $\overline{\mathfrak{K}_2}^{\mathfrak{L}_2}$ と一致していることも明らかである．最後に，$\overline{\mathfrak{K}_1}^{\mathfrak{L}_1}$ の各 u は $\mathfrak{K}$ の多項式 $P(x)$ の何番目の根であるかによって一意に決まるので，対応する $\overline{\mathfrak{K}_2}^{\mathfrak{L}_2}$ の元 v も一意に定まり，同型の拡張は一意的である． ▮

先の定理 6.2.3 と補題 6.2.4 により，任意の順序体 $\mathfrak{K}$ に対し，その代数拡大となる実閉順序体が同型を除いて一意に決まることがわかる．そのような実閉順序体を $\mathfrak{K}$ の**実閉包**(real closure)とよぶ．

次の 6.3 節では，実閉順序体の量化記号消去を証明するが，そのために必要な補題をもう 1 つ証明しておく．

補題 6.2.5 **(1 モデル完全性)** $\mathfrak{K} \subseteq \mathfrak{L}$ を 2 つの実閉順序体とする．言語 $\mathcal{L}_{\mathrm{OF}}$ における開論理式 $\varphi(\vec{x}, y)$ と $\mathfrak{K}$ の元 $\vec{a}$ が任意に与えられ，$\mathfrak{L}_{\{\vec{a}\}} \models \exists y\, \varphi(\vec{a}, y)$ ならば，すでに $\mathfrak{K}_{\{\vec{a}\}} \models \exists y\, \varphi(\vec{a}, y)$ である． □

証明 開論理式 $\varphi(\vec{x}, y)$ を選言標準形で表す(補題 4.4.5 を参照)．このとき，$u \neq v \leftrightarrow u < v \vee v < u$ および $u \not< v \leftrightarrow u = v \vee v < u$ を用いれば，$\varphi(\vec{x}, y)$ は否定を使わず，原子論理式の連言($\wedge$ 結合)の選言($\vee$ 結合)で表せる．よって，$\exists y\, \varphi(\vec{x}, y)$ は $\exists y\, (\alpha_1(\vec{x}, y) \wedge \cdots \wedge \alpha_k(\vec{x}, y))$ (α_i は原子論理式)の形の論理式の選言によって表せる．したがって，$\exists y\, (\alpha_1(\vec{a}, y) \wedge \cdots \wedge \alpha_k(\vec{a}, y))$ の論理式が $\mathfrak{L}$ で成り立つと仮定して，$\mathfrak{K}$ で成り立つことをいえばよい．

さて，$\alpha_1(\vec{a}, y) \wedge \cdots \wedge \alpha_k(\vec{a}, y)$ は，y に関する等式と不等式でできていると考えられる．y を本質的に含まない式は量化記号 $\exists y$ の外に出して構わないので，各 $\alpha_i(\vec{a}, y)$ は $P(y) = 0$ もしくは $Q(y) > 0$ の形で表せるものとしてよい．もしそれが等式 $P(y) = 0$ を含んでいれば，$\mathfrak{L}$ で $P(y) = 0$ を満たす y は代数的な元であるから，実閉体 $\mathfrak{K}$ にすでに入っていなければならない．そして，$\alpha_1(\vec{a}, y) \wedge \cdots \wedge \alpha_k(\vec{a}, y)$ が $\mathfrak{L}$ で成り立っていれば，$\mathfrak{K}$ でも成り立つことは明らかである．

次に，$\alpha_1(\vec{a},y)\wedge\cdots\wedge\alpha_k(\vec{a},y)$ が，不等式 $Q_i(y)>0$ だけで構成されているとする．すべての i $(1\leq i\leq k)$ について $Q_i(y)=0$ のすべての実数解 y を集めて S とおくと，それは $\mathfrak{L}$ で考えても $\mathfrak{K}$ で考えても同じ集合である．いま，$\mathfrak{L}$ において $\exists y\,(Q_1(y)>0\wedge\cdots\wedge Q_k(y)>0)$ だから，中間値の定理によって，S における隣り合う 2 点 a,b が存在して，(a,b) の任意の点 z について $Q_1(z)>0\wedge\cdots\wedge Q_k(z)>0$ が成り立つか，あるいは S における最大もしくは最小の a について，$(a,+\infty)$ もしくは $(-\infty,a)$ の任意の点 z について $Q_1(z)>0\wedge\cdots\wedge Q_k(z)>0$ が成り立つ．したがって，$z=(a+b)/2$ もしくは $z=a\pm1$ は $\mathfrak{K}$ の元であって，$Q_1(z)>0\wedge\cdots\wedge Q_k(z)>0$ を満たす．■

6.3　実閉順序体の量化記号消去

本節では，実閉順序体の量化記号消去に関するタルスキの定理(系 6.3.6〜系 6.3.8)を証明する．タルスキの証明は，ヒルベルトの第 17 問題を解決したアルティンとシュライアーの方法を改良したものであるが，より簡明でより多くの応用をもっている．タルスキに続けて，A. ロビンソンは量化記号消去より弱い概念であるモデル完全性を使ってもさまざまな応用が可能であることを示し，さらにシェーンフィールドはモデル完全性にどんな条件を加えれば，量化記号消去が導けるかを示した．本節の議論の大枠は，シェーンフィールド [16] による．モデル理論を使わないタルスキの定理の証明については，文献 [61], [62] を参照されたい．

定義 6.3.1　理論 T が**同型条件**(isomorphism condition)を満たすというのは，以下のことである．各 $i=1,2$ について，$\mathfrak{L}_i$ を T のモデルとし，$\mathfrak{K}_i\subseteq\mathfrak{L}_i$ として，同型 $f:\mathfrak{K}_1\longrightarrow\mathfrak{K}_2$ があるとする．このとき，$\mathfrak{K}_i\subseteq\mathfrak{M}_i\subseteq\mathfrak{L}_i$ となる T のモデル $\mathfrak{M}_i$ が存在して，f は $\mathfrak{M}_1$ と $\mathfrak{M}_2$ の間の同型に拡張される．□

定義 6.3.2　言語 $\mathcal{L}$ の理論 T が **1 モデル完全**(1-model complete)であるというのは，以下のことである．$\mathfrak{K}\subseteq\mathfrak{L}$ を T の 2 つのモデルとする．言語 $\mathcal{L}$ の

開論理式 $\varphi(\vec{x}, y)$ と $\mathfrak{K}$ の元 $\vec{a}$ が任意に与えられ，$\mathfrak{L}_{\{\vec{a}\}} \models \exists y\, \varphi(\vec{a}, y)$ ならば，すでに $\mathfrak{K}_{\{\vec{a}\}} \models \exists y\, \varphi(\vec{a}, y)$ である． □

前節で示したように，実閉順序体の理論 RCOF は，同型条件を満たす 1 モデル完全な理論である．

定理 6.3.3（シェーンフィールド） 同型条件を満たす 1 モデル完全な理論は，量化記号を消去できる．

以下で 2 つの補題を証明してから，上の定理の証明に入る．この証明で重要な役割を果たすのが**開文**(open sentence)のクラスである．開論理式とは束縛変数をもたない論理式であり，文とは自由変数をもたない論理式であるから，開文はまったく変数をもたない論理式である．開文クラスをあつかうとき，変数を用いない代わりに，必要に応じて新しい定数を言語につけ足す操作を行う．このとき，次の補題は大切である．

補題 6.3.4 言語 $\mathcal{L}$ の理論 T が同型条件を満たすとき，新しい定数の集合 C を加えた言語 $\mathcal{L} \cup C$ においても T は同型条件を満たす．同様に，1 モデル完全な理論は，新しい定数の集合を加えて言語を拡大しても 1 モデル完全である． □

証明 言語 $\mathcal{L}$ の理論 T が同型条件を満たすとする．そして，各 $i = 1, 2$ について，$\mathfrak{L}_i$ を $\mathcal{L} \cup C$ における T のモデルとし，$\mathfrak{K}_i \subseteq \mathfrak{L}_i$ として，$\mathcal{L} \cup C$ における同型 $f : \mathfrak{K}_1 \longrightarrow \mathfrak{K}_2$ があるとする．このとき，$\mathfrak{K}_i$, $\mathfrak{L}_i$ の $\mathcal{L}$ への縮約をそれぞれ $\mathfrak{K}'_i$, $\mathfrak{L}'_i$ とすれば，f は $\mathcal{L}$ における同型 $f' : \mathfrak{K}'_1 \longrightarrow \mathfrak{K}'_2$ を定めるので，言語 $\mathcal{L}$ の理論としての T の同型条件より，T のモデル $\mathfrak{M}'_i \subseteq \mathfrak{L}'_i$ が存在して，f' は $\mathfrak{M}'_1$ と $\mathfrak{M}'_2$ の間の同型に拡張される．もともと C の定数は $\mathfrak{K}_i$ の元に解釈されているので，その解釈を $\mathfrak{M}'_i$ に加えて $\mathfrak{M}_i$ とすれば，f' は自然に $\mathfrak{M}_1$ と $\mathfrak{M}_2$ の間の同型に拡張され，これが最初の $f : \mathfrak{K}_1 \longrightarrow \mathfrak{K}_2$ の拡張になっていることは明らかである．

1 モデル完全性の保存についても，同様に証明できる. ∎

（定数を 1 つ以上含む言語における）2 つの構造 $\mathfrak{A}$, $\mathfrak{B}$ がすべての開文について真偽を同じくするなら，それらは**開文同値**(equivalent with respect to the open sentences) であるといい，$\mathfrak{A} \equiv_0 \mathfrak{B}$ と書く.

補題 6.3.5　$\mathcal{L}$ を定数を 1 つ以上含む言語とし，T を $\mathcal{L}$ の理論とする．すると，$\mathcal{L}$ の任意の文 σ に対して，以下の 2 条件は同値になる.

(1)　T の 2 つのモデル $\mathfrak{A}$, $\mathfrak{B}$ が開文同値であれば,

$$\mathfrak{A} \models \sigma \iff \mathfrak{B} \models \sigma.$$

(2)　$\mathcal{L}$ の開文 φ が存在して，$T \vdash \varphi \leftrightarrow \sigma$. □

証明　(2) ⇒ (1) は明らかであるから，(1) ⇒ (2) を示す．まず,

$$\Gamma = \{\varphi \,|\, T \vdash \sigma \to \varphi,\ \varphi \text{ は開文}\}$$

とおく．このとき，$T \cup \Gamma \vdash \sigma$ が示せれば，有限集合 $\{\varphi_1, \ldots, \varphi_n\} \subseteq \Gamma$ が存在して,

$$T \vdash (\varphi_1 \wedge \cdots \wedge \varphi_n) \leftrightarrow \sigma$$

であるから，(2) がいえる．そこで，$T \cup \Gamma \nvdash \sigma$ を仮定して，矛盾を導く.

完全性定理 2.3.9 により，$T \cup \Gamma \cup \{\neg\sigma\}$ はモデル $\mathfrak{A}$ をもつ．$\mathfrak{A}$ で真となる開文全体を Δ とおく．$T \cup \Delta$ の任意のモデル $\mathfrak{B}$ は，$\mathfrak{A}$ と開文同値になるから，(1) の仮定より，$\mathfrak{B} \models \neg\sigma$ である．再び完全性定理によって，$T \cup \Delta \vdash \neg\sigma$ を得る．すると，有限集合 $\{\psi_1, \ldots, \psi_m\} \subseteq \Delta$ が存在して,

$$T \vdash (\psi_1 \wedge \cdots \wedge \psi_m) \to \neg\sigma$$

であるから,

$$T \vdash \sigma \to (\neg\psi_1 \vee \cdots \vee \neg\psi_m)$$

となる．したがって，$(\neg\psi_1 \vee \cdots \vee \neg\psi_m) \in \Gamma \subseteq \Delta$ であるが，これは $\{\psi_1, \ldots, \psi_m\} \subseteq \Delta$ に反する. ∎

定理 6.3.3 の証明　T を同型条件を満たす 1 モデル完全な理論とする．φ を開論理式として，$\sigma \equiv \exists x\,\varphi$ の形の論理式に対して，同値な開論理式が存在することをいえばよい（補題 4.6.5 参照）．まず，$\exists x\,\varphi$ に含まれる自由変数をそれぞれ新しい定数で置き換え，（それらの定数を含めて）1 つ以上定数を含むように言語を拡張する．補題 6.3.4 により，こうしても同型条件や 1 モデル完全性は保たれる．

補題 6.3.5 により，T の任意の 2 つの開文同値モデル $\mathfrak{A} \equiv_0 \mathfrak{B}$ に対し，$\mathfrak{A} \models \sigma \iff \mathfrak{B} \models \sigma$ がいえればよい．$\mathfrak{A}$, $\mathfrak{B}$ の元で（変数を含まない）項 t の解釈 $t^{\mathfrak{A}}$, $t^{\mathfrak{B}}$ になるものの全体をそれぞれ A', B' とすると，それらは自然に $\mathfrak{A}$, $\mathfrak{B}$ の部分構造 $\mathfrak{A}'$, $\mathfrak{B}'$ を定める．そして，同じ項 t が指す A' の元 $t^{\mathfrak{A}}$ と B' の元 $t^{\mathfrak{B}}$ を対応させれば，$\mathfrak{A}'$ と $\mathfrak{B}'$ の間に同型 f が定義できる．

さて，同型条件を用いれば，$\mathfrak{A}' \subseteq \mathfrak{A}'' \subseteq \mathfrak{A}$ となる T のモデル $\mathfrak{A}''$，および $\mathfrak{B}' \subseteq \mathfrak{B}'' \subseteq \mathfrak{B}$ となる T のモデル $\mathfrak{B}''$ が存在して，f は $\mathfrak{A}''$ と $\mathfrak{B}''$ の間の同型に拡張することができる．T は 1 モデル完全だから，$\sigma \equiv \exists x\,\varphi$ に対し，

$$\mathfrak{A}'' \models \sigma \iff \mathfrak{A} \models \sigma, \qquad \mathfrak{B}'' \models \sigma \iff \mathfrak{B} \models \sigma$$

がいえる．一方，$\mathfrak{A}'' \cong \mathfrak{B}''$ より，$\mathfrak{A}'' \models \sigma \iff \mathfrak{B}'' \models \sigma$ だから，

$$\mathfrak{A} \models \sigma \iff \mathfrak{B} \models \sigma$$

となって，証明が完成した．■

系 6.3.6（**タルスキ**）　実閉順序体の理論 RCOF は，量化記号を消去できる．□

系 6.3.7（**タルスキ**）　RCOF はモデル完全，完全，決定可能である．□

証明　すべての論理式が ∀ 論理式と同値になることがモデル完全のための必要十分条件であるから，量化記号消去ができればモデル完全になることは明らか．量化記号が消去できれば，すべての文は開文と同値になるが，RCOF の開文は明らかに真偽の判定ができるものだけなので，RCOF は完全かつ決定可能である．■

系 6.3.8 (タルスキ)　RCF はモデル完全，完全，決定可能である．□

証明　$\mathfrak{K} \subseteq \mathfrak{L}$ を RCF の 2 つのモデルとする．

$$x < y \leftrightarrow \exists z\,(z^2 + x = y \wedge z \neq 0)$$

によって $<$ を導入すれば，$\mathfrak{K}$, $\mathfrak{L}$ はともに RCOF のモデル $\mathfrak{K}'$, $\mathfrak{L}'$ になる．系 6.3.7 で得た RCOF のモデル完全性より，$\mathfrak{K}'$ は $\mathfrak{L}'$ の初等的部分構造になり，それは $<$ を除いて考えても同じである．よって，RCF もモデル完全である．

RCF のどのモデルも有理数体 $\mathfrak{Q} = (\mathbb{Q}, +, -, \bullet, /, 0, 1)$ の実閉包と同型になる部分構造をもち，モデル完全性よりそれは初等的部分構造になっている．したがって，RCF のどのモデルも初等的同値であることがいえ，RCF は完全である．最後に，再帰的公理化可能な完全理論は決定可能であるから，RCF は決定可能である．■

注　RCF は，量化記号を消去できない．とくに，$x < y$ の意味を表す開論理式は作れない．

最後に，RCOF のモデルに含まれる算術の構造に関する最近の結果を紹介しておく．RCOF の任意のモデル $\mathfrak{M}$ には，IOpen を満たす非負整数部 $I \subset M$ (すなわち，M の任意の元 $r \geq 0$ に対して，$i \leq r < i+1$ となる $i \in I$ が一意に存在するような部分構造) が存在することをムルグ - ルセイア (1993) が示した．さらにダキーノ - ナイト - スタルチェンコ (2010) は，RCOF のモデル $\mathfrak{M}$ が PA を満たすような非負整数部をもつなら再帰的飽和であり，また $\mathfrak{M}$ が可算の場合は逆も成り立つことを示している．

6.4　複素数と零点定理

前節まで実数の構造を実閉体としてあつかったように，本節では複素数を代数的閉体としてあつかう．代数的閉体の理論もモデル完全であり，実閉体の場合と類似の議論を用いて，量化記号消去が示せる．この事実を応用して，ヒルベルトの零点定理などを導くことができる．

まず，代数的閉体の理論 ACF を定義する．

定義 6.4.1　**代数的閉体**(algebraically closed field)の理論 ACF は，体の言語 $\mathcal{L}_{\mathsf{AF}} = \{+, -, \bullet, /, 0, 1\}$ における体の理論 AF に，以下の無限個の公理を加えたものとする．

$$\forall x_0 \, \forall x_1 \cdots \forall x_{n-1} \, \exists y \; x_0 + x_1 y + \cdots + x_{n-1} y^{n-1} + y^n = 0 \qquad (n > 0).$$

ACF に，標数 p (≥ 2) を表す次の p 個の公理を加えたものを ACF(p) とする．

$$\overbrace{1 + 1 + \cdots + 1}^{n\text{ 個}} \neq 0 \quad (0 < n < p) \quad \text{かつ} \quad \overbrace{1 + 1 + \cdots + 1}^{p\text{ 個}} = 0.$$

ACF に，標数 0 を表す次の無限個の公理(すべての $n \geq 2$)を加えたものを ACF(0) とする．

$$\overbrace{1 + 1 + \cdots + 1}^{n\text{ 個}} \neq 0 \qquad (n \geq 2).$$

□

ACF(0) の代表的なモデルは，複素数体 $\mathfrak{C} = (\mathbb{C}, +, -, \bullet, /, 0, 1)$ である．下の補題 6.4.2 で示すように，ACF(0) の任意のモデルは，複素数体 $\mathfrak{C}$ と初等的同値になる．逆にいえば，複素数体 $\mathfrak{C}$ に関する(1 階論理の)性質を調べるのに，ACF(0) の他のモデル(例．有理数体 $\mathfrak{Q}$ の代数的閉包 $\overline{\mathfrak{Q}}$)を調べても同じ結果が得られることになる．体に対する標数 p (≥ 2) は，必ず素数になる．ACF(p) の代表的モデルには，整数環 $\mathfrak{Z}$ の剰余環(体) $\mathfrak{F}_p = \mathfrak{Z}/p\mathfrak{Z}$ の代数的閉包 $\Omega = \bigcup_{n \geq 1} \mathfrak{F}_{p^n}$ がある．

補題 6.4.2　ACF は有限モデルをもたない．　□

証明　ACF の有限モデル $\mathfrak{A}$ が存在したとして，その領域を $|\mathfrak{A}| = \{a_1, \ldots, a_k\}$ とする．すると，$f(x) = (x - a_1) \cdots (x - a_k) + 1$ は，$\{a_1, \ldots, a_k\}$ の中に根をもち得ないので，矛盾である．　∎

我々は，任意の体 $\mathfrak{A}$ が代数的閉体に埋め込め，さらにその最小なものとして，代数的閉包 $\overline{\mathfrak{A}}$ がとれることを知っている(第 3 章の問題 9)．ここでは証明しないが，代数的閉包は同型を除いて一意に定まることがいえる．したがって，ACF も同型条件を満たす 1 モデル完全な理論であり，量化記号を消去できる．

定理 6.4.3　ACF は，量化記号を消去できる．

RCOF の場合と違い，ACF の量化記号消去は直接式変形として実行するのもそれほど困難ではない．そのアイデアを示しておこう．まず，$f(x,\vec{y})$ と $g(x,\vec{y})$ を多項式として，次のような論理式の量化記号消去について考える．

$$\exists x\,(f(x,\vec{y}) = 0 \land g(x,\vec{y}) \neq 0).$$

これは次の論理式の否定であり，その量化記号がとれればよい．

$$\forall x\,(f(x,\vec{y}) = 0 \to g(x,\vec{y}) = 0).$$

この式は，f の次数程度に大きな n に対して，$f(x,\vec{y})$ が $g^n(x,\vec{y})$ を割り切ることと同値である．そして，多項式同士の割り算の余りが 0 になることは係数の四則演算で表せる．つまり，量化記号なしで表現できる．もう少し一般的な場合として，

$$\exists x\,(f_1(x,\vec{y}) = 0 \land f_2(x,\vec{y}) = 0 \land g_1(x,\vec{y}) \neq 0 \land g_2(x,\vec{y}) \neq 0).$$

はどうあつかえばよいだろうか．$g_1(x,\vec{y}) \neq 0 \land g_2(x,\vec{y}) \neq 0$ は，$g_1(x,\vec{y}) \cdot g_2(x,\vec{y}) \neq 0$ のように 1 つの式に直せる．$f_1(x,\vec{y})$ と $f_2(x,\vec{y})$ については，両者の次数の和に関する帰納法を用いて変形していく．$f_1(x,\vec{y})$ の次数が $f_2(x,\vec{y})$ のそれより低くないとする．このとき，$f_1(x,\vec{y})$ を $f_2(x,\vec{y})$ で割った余りの多項式を $f_1'(x,\vec{y})$ として，$f_1(x,\vec{y})$ をそれに置き換えても連立解の集合は変わらず，2 つの等式の次数の和は下がる．以上は，あくまでアイデアである．厳密な証明は読者に委ねる．

さて，上の定理から，次がいえる．

系 6.4.4　ACF はモデル完全，決定可能である．　□

系 6.4.5　ACF(0) はモデル完全，完全，決定可能である．　□

系 6.4.5 を応用して，ヒルベルトの零点定理を示す．その前に記法を定める．体 $\mathfrak{K}$ の元を係数とし，$X_1, \ldots, X_n$ を不定元とする多項式全体を $\mathfrak{K}[X_1, \ldots, X_n]$ で表し，これに自然な演算を与えた環を $\mathfrak{K}(X_1, \ldots, X_n)$ と書く．

定理 6.4.6（ヒルベルトの零点定理(Nullstellensatz)**）**　$\mathfrak{K}$ を代数的閉体とする．$\mathfrak{K}$ で共通根をもたない多項式の列 $P_1(X_1, \ldots, X_n), \ldots, P_m(X_1, \ldots, X_n) \in \mathfrak{K}[X_1, \ldots, X_n]$ に対して，$Q_1(X_1, \ldots, X_n), \ldots, Q_m(X_1, \ldots, X_n) \in \mathfrak{K}[X_1, \ldots, X_n]$ が存在して，

$$P_1(X_1, \ldots, X_n)Q_1(X_1, \ldots, X_n) + \cdots + P_m(X_1, \ldots, X_n)Q_m(X_1, \ldots, X_n) = 1.$$

証明　対偶を示す．$P_1(X_1, \ldots, X_n), \ldots, P_m(X_1, \ldots, X_n) \in \mathfrak{K}[X_1, \ldots, X_n]$ に対して，結論が成り立たないとする．このとき，

$$I = \{P_1(X_1, \ldots, X_n)Q_1(X_1, \ldots, X_n) + \cdots + P_m(X_1, \ldots, X_n)Q_m(X_1, \ldots, X_n) \mid Q_1(X_1, \ldots, X_n), \ldots, Q_m(X_1, \ldots, X_n) \in \mathfrak{K}[X_1, \ldots, X_n]\}$$

とおく．すなわち，I は $P_1(X_1, \ldots, X_n), \ldots, P_m(X_1, \ldots, X_n)$ で生成されるイデアルであって，1 を含まないから $\mathfrak{K}[X_1, \ldots, X_n]$ の真部分集合である．ツォルンの補題を用いて，I を極大イデアル J に拡大する．$P(X_1, \ldots, X_n) - Q(X_1, \ldots, X_n) \in J$ によって，$\mathfrak{K}[X_1, \ldots, X_n]$ 上に同値関係 $P(X_1, \ldots, X_n) \sim Q(X_1, \ldots, X_n)$ を定義し，剰余代数 $\mathfrak{K}[X_1, \ldots, X_n]/J$ を考えると，これが体になることは容易にわかる．つまり，$\mathfrak{K}[X_1, \ldots, X_n]/J$ は $\mathfrak{K}$ の拡大体と考えられる．

ここからが重要である．$\mathfrak{K}[X_1, \ldots, X_n]/J$ の上では，

$$P_1(X_1, \ldots, X_n) = 0, \quad \ldots, \quad P_m(X_1, \ldots, X_n) = 0$$

であるから(アルティンの定理 6.A.2 の証明を参照)，明らかに

$$\mathfrak{K}[X_1,\ldots,X_n]/J \models \exists x_1 \cdots \exists x_n \,(P_1(x_1,\ldots,x_n)=0 \wedge \cdots \wedge P_m(x_1,\ldots,x_n)=0)$$

がいえる．すると，$\mathfrak{K}[X_1,\ldots,X_n]/J$ の代数的閉包 $\mathfrak{L}$ においても，上式がいえる．ここで，代数的閉体のモデル完全性より，$\mathfrak{K}$ は $\mathfrak{L}$ の初等的部分構造であるから，

$$\mathfrak{K} \models \exists x_1 \cdots \exists x_n \,(P_1(x_1,\ldots,x_n)=0 \wedge \cdots \wedge P_m(x_1,\ldots,x_n)=0)$$

となり，$P_1(X_1,\ldots,X_n),\ldots,P_m(X_1,\ldots,X_n)$ は $\mathfrak{K}$ で共通根をもつことが示された．∎

つぎは，コンパクト性定理と組み合わせて得られる結果を紹介する．まず，有用な補題を示す．

補題 6.4.7　体の言語 $\mathcal{L}_{\mathsf{AF}}$ における任意の文 φ に対し，以下は同値である．

(i)　$\mathsf{ACF}(0) \vdash \varphi$.

(ii)　ある $m>0$ が存在し，任意の素数 $p>m$ に対して，$\mathsf{ACF}(p) \vdash \varphi$.

(iii)　任意の $m>0$ に対して，ある素数 $p>m$ が存在して，$\mathsf{ACF}(p) \vdash \varphi$.

□

証明　まず，(i) から (ii) は，証明の有限性(コンパクト性)よりわかる．どんな証明においても，標数0を表す公理 $1 \neq 0, 1+1 \neq 0, 1+1+1 \neq 0, \ldots$ の有限個しか用いないので，それらは十分大きな素数 $p>m$ に対する $\mathsf{ACF}(p)$ にも含まれるからである．また，(ii) から (iii) は自明である．(iii) から (i) を導くために，(i) が成り立たないと仮定する．つまり $\mathsf{ACF}(0) \nvdash \varphi$ とすれば，系 6.4.5 から $\mathsf{ACF}(0)$ は完全なので，$\mathsf{ACF}(0) \vdash \neg\varphi$ がいえる．すると，(i) から (ii) が導けることから，ある m が存在して，すべての素数 $p>m$ に対して $\mathsf{ACF}(p) \vdash \neg\varphi$ である．したがって，(iii) は偽となる．∎

この補題の興味深い応用はアックスによる次の定理の証明である．一見し

てロジックが関係しないような主張の中に，ロジックの奥義が隠れている．

定理 6.4.8（アックスの定理） $\mathbb{C}^n$ から $\mathbb{C}^n$ への多項式関数 F が単射であれば，それは全射でもある．

証明 n を任意に固定し，$\mathfrak{K}$ を任意の体とする．このとき，次数が高々 d であるような n 変数多項式 $F_1, F_2, \ldots, F_n$ で構成される多項式関数 $F = (F_1, F_2, \ldots, F_n) : K^n \longrightarrow K^n$ が単射であれば全射でもあるという主張は，体の言語 $\mathcal{L}_{\mathsf{AF}}$ において ∀∃ 文 φ_d で表現できる．これを簡単に説明すると，最大次数 d を固定してあるので，各多項式 F_i は高々 $(d+1)^n$ 個の項をもち，各項の係数を表す高々 $(d+1)^n$ 個のパラメータを導入して，それらを動かせば任意の多項式を表すことができる．したがって，多項式関数 F は高々 $n(d+1)^n$ 個の変数を用いて表現される．さらに，単射性は ∀ 論理式，全射性は ∀∃ 論理式で表現されるので，全体が ∀∃ 文であることがわかる．そこで，いま証明したいことは，任意の d に対して φ_d が複素数体 $\mathfrak{C}$ で成り立つことであり，つまり $\mathsf{ACF}(0) \vdash \varphi_d$ である．それには，系 6.4.5 により，任意の p に対して $\mathsf{ACF}(p) \vdash \varphi_d$ がいえればよい．

いま，$\mathsf{ACF}(p)$ のモデルとして，剰余体 $\mathfrak{F}_p = \mathfrak{Z}/p\mathfrak{Z}$ の代数的閉包 $\Omega = \bigcup_{n\geq 1} \mathfrak{F}_{p^n}$ を考える．有限体は明らかに φ_d を満たしているので，有限体の単調増加列の和である Ω も φ_d も満たすことは，φ_d（+体論 AF）が ∀∃ 文であることと，定理 3.2.7 よりいえる．$\mathsf{ACF}(p)$ は完全であるから，$\mathsf{ACF}(p) \vdash \varphi_d$ となる． ∎

付録 A　ヒルベルトの第 17 問題

1900 年にパリの国際数学者会議で，ヒルベルトが提起した 23 の問題の中の第 17 問題は，「$\mathbb{R}$ 上で常に非負の値をとる有理関数は，有理関数の 2 乗の和で表せるか」というものだった．1926 年に，アルティンはこれを肯定的に解いた．以下では，このような難解な定理も，ロジックを使えば，とても単純な主張から導けることを示す．

定義 6.A.1　$\mathfrak{K}$ を順序体として，有理関数 $f(\vec{x})$ が，$\mathfrak{K}$ 上で**正定値**(positive semi-definite)であるとは，任意の $\vec{a} \in K$ に対して，$f(\vec{a}) \geq 0$ となることをいう．　□

アルティンによる，ヒルベルトの第 17 問題に対する解は次のようなものである．

定理 6.A.2（アルティン）　実閉順序体 $\mathfrak{K}$ 上の正定値有理関数 $f(\vec{x})$ は，$\mathfrak{K}$ 上のいくつかの有理関数の 2 乗の和で表せる．

さて，この定理の核になる補題は次のようなものである．詳しくは代数学の教科書([60] など)を参照いただき，ここでは概要を示す．

補題 6.A.3　標数 2 以外の体 $\mathfrak{K}$ において，平方元の和で表せない元 a があれば，a を負にするような順序によって $\mathfrak{K}$ を順序体にすることができる．　□

証明の概要　$\mathfrak{K}$ を標数 2 以外の体として，a を平方元の和で表せない元とする．$\mathfrak{K}$ の代数閉包 $\overline{\mathfrak{K}}$ をとる．そして，$\mathfrak{M}$ を $\mathfrak{K}$ と $\overline{\mathfrak{K}}$ の中間体で，a が平方元の和で表せないという条件を保つ極大なものとする(ツォルンの補題を用いる)．すると，$\mathfrak{M}$ において，平方元の和が -1 になることはない．もしそうなら，

$$a = \left(\frac{1+a}{2}\right)^2 + (-1)\left(\frac{1-a}{2}\right)^2$$

より，a も平方元の和で表せるからである．また，$-a$ は $\mathfrak{M}$ において平方数である．そうでないと，$\mathfrak{M}(\sqrt{-a})$ は $\mathfrak{M}$ の真の拡大となり，そこでは a は平方元の和で表せる．そこで，$a = \sum\left(b_i + c_i\sqrt{-a}\right)^2$ とおくと，$a = \sum b_i^2 \left(1 + \sum c_i^2\right)^{-1} = \sum b_i^2 \left(1 + \sum c_i^2\right)\left(1 + \sum c_i^2\right)^{-2}$ となり，$\mathfrak{M}$ でも a が平方元の和で表せるので矛盾．最後に，$-a$ が平方数であれば，$\mathfrak{M}$ に

順序を入れたときに a は必ず負になり，その順序を $\mathfrak{K}$ に制限しても同様である．なお，$\mathfrak{M}$ の上の順序の存在は，0 を含まず，$\mathfrak{M}$ のすべての（正の）平方数を含み，和積演算で閉じているような極大集合を正数の集合と定義すればよい． ∎

定理 6.A.2 の証明　対偶を示す．実閉体 $\mathfrak{K}$ の元を係数とし，$X_1, \ldots, X_n$ を不定元とする有理関数全体を $K(X_1, \ldots, X_n)$ とすると，これは自然な演算により体 $\mathfrak{K}(X_1, \ldots, X_n)$ となる．いま，$f(X_1, \ldots, X_n) \in K(X_1, \ldots, X_n)$ が，有理関数の 2 乗の和で表せないなら，上の補題 6.A.3 により，それを負にするような順序を $\mathfrak{K}(X_1, \ldots, X_n)$ に入れることができる．このとき，$f(X_1, \ldots, X_n)$ を K の元および $X_1, \ldots, X_n$ から構成される項とみれば，

$$\mathfrak{K}(X_1, \ldots, X_n) \models \exists x_1 \cdots \exists x_n\, f(x_1, \ldots, x_n) < 0$$

が成り立つ．$\mathfrak{L}$ を $\mathfrak{K}(X_1, \ldots, X_n)$ の実閉包とすれば，$\mathfrak{L}$ でも $f(X_1, \ldots, X_n)$ は正定値でない．ここで，$\mathfrak{K} \subseteq \mathfrak{L}$ であるから，実閉体のモデル完全性より，$\mathfrak{K}$ は $\mathfrak{L}$ の初等的部分構造である．よって，

$$\mathfrak{K} \models \exists x_1 \cdots \exists x_n\, f(x_1, \ldots, x_n) < 0$$

となり，$f(\vec{x})$ は $\mathfrak{K}$ 上で正定値でない． ∎

系 6.A.4　有理数体 $\mathfrak{Q}$ 上の正定値有理関数 $f(\vec{x})$ は，$\mathfrak{Q}$ 上のいくつかの有理関数の 2 乗の和で表せる． □

証明　$f(X_1, \ldots, X_n) \in \mathbb{Q}(X_1, \ldots, X_n)$ が，有理関数の 2 乗の和で表せないとすると，上と同様な議論で，適当な順序が入った $\mathfrak{Q}(X_1, \ldots, X_n)$ の実閉包において $f(X_1, \ldots, X_n)$ は正定値でなく，したがって $\mathfrak{Q}$ の実閉包 $\mathfrak{K}$ においても正定値でなくなる．すると，$f(X_1, \ldots, X_n)$ の連続性と $\mathbb{Q}$ の稠密性により，

$$\mathfrak{Q} \models \exists x_1 \cdots \exists x_n\, f(x_1, \ldots, x_n) < 0$$

がいえる． ∎

いま，多項式 $P(x_1, \ldots, x_n)$ の次数を，それぞれの x_i に関する多項式とみての次数の最大値とし，有理関数 $f(x_1, \ldots, x_n) = P(x_1, \ldots, x_n)/Q(x_1, \ldots, x_n)$ の**次数**を，多項式 P の次数と多項式 Q の次数の大きな方とする．すると，d 次多項式 $P(x_1, \ldots, x_n)$ は高々 $(d+1)^n$ 個の項をもち，それぞれの係数によって全体が決定されるので，d 次有理関数は $2(d+1)^n$ 個のパラメータによって決定される．

系 6.A.5　次を満たす再帰的関数 $\tau(n, d)$ がある．任意の実閉順序体 $\mathfrak{K}$ において，d 次の正定値有理関数 $f(x_1, \ldots, x_n)$ は，$\tau(n, d)$ 個以下の $\tau(n, d)$ 次(以下の)有理関数の 2 乗の和で表せる． □

証明　d 次の正定値有理関数 $f(x_1, \ldots, x_n)$ を記述するパラメータを $a_1, a_2, \ldots, a_N$ $(N = 2(d+1)^n)$ とし，これらを新しい定数として，言語 $\mathcal{L}_{\mathsf{OF}} = \{+, -, \bullet, /, 0, 1, <\}$ に加えておく．いま，各自然数 m に対して，σ_m を「$f(x_1, \ldots, x_n)$ が m 個以下の m 次(以下の)有理関数の 2 乗の和で表せる」という意味の論理式とする．これは，$\mathcal{L}_{\mathsf{OF}} \cup \{a_1, a_2, \ldots, a_N\}$ における文であり，$\sigma_m \to \sigma_{m+1}$ が明らかに成り立っている．ここで，$T = \mathsf{RCOF} + \forall\vec{x}\, f(\vec{x}) \geq 0 + \{\neg\sigma_m \,|\, m \text{ は自然数}\}$ とおく．もし T がモデルをもつと，定理の主張に反する実閉順序体が得られてしまうので，T はモデルをもたない．つまり矛盾する．したがって，ある m_0 が存在して，$\mathsf{RCOF} + \forall\vec{x}\, f(\vec{x}) \geq 0 + \{\neg\sigma_1, \ldots, \neg\sigma_{m_0}\}$ が矛盾しており，$\neg\sigma_{m+1} \to \neg\sigma_m$ から，$\mathsf{RCOF} + \forall\vec{x}\, f(\vec{x}) \geq 0 + \{\neg\sigma_{m_0}\}$ も矛盾していることになる．よって，

$$\mathsf{RCOF} \vdash \forall\vec{x}\, f(\vec{x}) \geq 0 \to \sigma_{m_0}$$

を得る．$a_1, a_2, \ldots, a_N$ は右辺にしか現れないので，これを変数に読み替えれば，右辺も $\mathcal{L}_{\mathsf{OF}}$ の論理式とみなせる．さて，RCOF は決定可能であるから，上式を満たす m_0 は再帰的に求まる．つまり，$\tau(n, d) = m_0$ となる再帰的関数がある． ∎

RCOF の証明可能性は原始再帰的に判定できることが知られているので，上

の関数 $\tau(n,d)$ も原始再帰的にとれる．この上限を改良する研究が H. フリードマンらによって行われている．

［**問題 2**］　次を満たす再帰的関数 $\tau(m,n,d)$ があることを示せ．任意の代数的閉体 $\mathfrak{K}$ において，共通根をもたない d 次以下の多項式の列 $P_1(X_1,\ldots,X_n),\ldots,$ $P_m(X_1,\ldots,X_n)\in\mathfrak{K}[X_1,\ldots,X_n]$ に対して，$\tau(m,n,d)$ 次以下の多項式の列 $Q_1(X_1,\ldots,X_n),\ldots,Q_m(X_1,\ldots,X_n)\in\mathfrak{K}[X_1,\ldots,X_n]$ が存在して，

$$
\begin{aligned}
\mathfrak{K}\models P_1(X_1,\ldots,X_n)Q_1(X_1,\ldots,X_n)+\cdots\\
+P_m(X_1,\ldots,X_n)Q_m(X_1,\ldots,X_n)=1.
\end{aligned}
$$

上の問題において，変数の個数 n と次数 d を制限すれば，m をあまり大きくとっても意味がない(多項式の列が独立でなくなる)ので，$\tau(m,n,d)$ は m に依存しないように定めることができる．ブラウナウェル(1987)は，$\tau(m,n,d)=\mu nd^{\mu}+\mu d$ (ただし，$\mu=\min\{m,n\}$) とできることを示している．

付録 B　順序極小理論

実数の順序体 $\mathfrak{R}=(\mathbb{R},+,-,\bullet,/,0,1,<)$ に対して決定可能性を示したタルスキは，指数関数を加えた構造 $\mathfrak{R}_{\mathsf{exp}}=(\mathbb{R},+,-,\ldots,\exp)$ についても決定可能か否かを問うた．この問題は今も未解決であるが，超越数論におけるシャニュエルの予想を仮定すると決定可能になることが知られている(後述)．また，$\mathfrak{R}_{\mathsf{exp}}$ に対しては量化記号消去はできないが，それに近い o 極小性をもち，モデル完全であることがわかっている．この付録では，o 極小性関連の話題を紹介する．

$\mathcal{L}^*$ を $\mathcal{L}_{\mathsf{OF}}$ の拡大言語とし，$\mathfrak{R}^*$ で実閉順序体 $\mathfrak{R}$ の $\mathcal{L}^*$ 拡大を表す．$\mathfrak{R}^*$ が **o 極小**(o-minimal)であるとは，$\mathcal{L}^*$ 論理式を使って定義できる $\mathbb{R}$ の任意の部分集合が点と区間の有限和になっているときをいう [*2]．いい換えれば，$\mathfrak{R}^*$ が o

*2 o 極小における「o」は順序(ordered)を意味する．

極小であるのは，$\mathbb{R}$ の任意の定義可能部分集合が順序のみを用いて定義されるときである．とくに $\mathfrak{R}^*$ が $\mathfrak{R}$ に一致している場合は，量化記号消去ができるので，o 極小であることは明らかである．以下では，言語 $\mathcal{L}^* = \mathcal{L}_{\mathsf{OF}} \cup \{\exp\}$ における構造 $\mathfrak{R}^* = \mathfrak{R}_{\mathsf{exp}}$ が o 極小であることにとくに注目する．

o 極小性は 1 次元集合 $\mathbb{R}$ に関して定義されているが，それは $\mathbb{R}^n$ $(n > 1)$ の定義可能性に対する結果を導く．これを説明するために，$\mathbb{R}$ における開区間に相当するような，$\mathbb{R}^n$ の定義可能な集合で，胞体とよばれるものを導入する．

定義 6.B.1　$\mathbb{R}^n$ の集合が**胞体**(cell)であることを，以下のように帰納的に定義する．

- $\mathbb{R}$ の部分集合 X が胞体であるのは，それが点または区間 (a, b) (ただし，$a \in \mathbb{R} \cup \{-\infty\}$, $b \in \mathbb{R} \cup \{+\infty\}$, $a < b$)のいずれかであるとき，かつ，そのときに限る．
- f が胞体 $X \subseteq \mathbb{R}^n$ から $\mathbb{R}$ への定義可能な連続関数であれば，f のグラフ($\mathbb{R}^{n+1}$ の部分集合)は胞体である．
- f と g が胞体 $X \subseteq \mathbb{R}^n$ から $\mathbb{R}$ への定義可能な連続関数で，任意の $x \in X$ に対し $f(x) > g(x)$ ならば，$\{(x, y) \mid x \in X \text{ and } f(x) > y > g(x)\}$ は胞体で，$\{(x, y) \mid x \in X \text{ and } f(x) > y\}$ と $\{(x, y) \mid x \in X \text{ and } y > f(x)\}$ も胞体である． □

重要なことは，すべての定義可能集合が有限個の胞体に分割できることである．この主張を正しく述べると次の定理となる．

定理 6.B.2　もし $\mathfrak{R}^*$ が o 極小であれば，すべての定義可能集合 X は有限個の互いに交わりをもたない胞体に分割できる．さらに $f : X \longrightarrow \mathbb{R}$ が定義可能な関数ならば，X を f が各胞体の上で連続となるような有限個の胞体に分割できる．

余白の都合上，この証明はモデル理論の教科書(文献 [41] など)を参照していただきたい．それほど高度な技術は必要としない．

$\mathfrak{R}_{\mathrm{exp}}$ の o 極小性について述べる前に，次の定義と定理を仮定したい．まず，$X \subseteq \mathbb{R}^n$ が**指数多様体**(exponential variety) であるとは，それが $\mathcal{L}_{\mathrm{exp}}$ の有限個の等式の解集合になっているときをいう．このとき，次が成り立つ．

> **定理 6.B.3（ウィルキー）**　$X \subseteq \mathbb{R}^n$ が $\mathfrak{R}_{\mathrm{exp}}$ で定義可能であれば，ある指数多様体 $V \subseteq \mathbb{R}^{n+m}$ が存在して，
>
> $$X = \{\vec{x} \in \mathbb{R}^n \mid \exists \vec{y} \in \mathbb{R}^m \ (\vec{x}, \vec{y}) \in V\}.$$

$\mathfrak{R}_{\mathrm{exp}}$ の定義可能集合は指数多様体そのものではないが，指数多様体の射影である．すべての定義可能な集合が ∃ 論理式で定義できるなら，それは ∀ 論理式でも定義でき，$\mathfrak{R}_{\mathrm{exp}}$ の理論がモデル完全であることはただちに導ける．

他方，コバンスキーによる実解析的幾何学の定理として，任意の指数多様体は有限個の連結成分をもつことが示されている．この性質は射影によって保存されるので，任意の定義可能集合は有限個の連結成分をもつことになる．したがって，とくに $\mathbb{R}$ の定義可能な部分集合は点と区間の有限和になるので，$\mathfrak{R}_{\mathrm{exp}}$ は o 極小である．

$\mathfrak{R}_{\mathrm{exp}}$ の決定問題については，超越数論における次の未解決問題が関わることが知られている．

> **シャニュエルの予想**　$\lambda_1, \ldots, \lambda_n$ を，$\mathbb{Q}$ 上で線形独立な複素数とする．このとき，体 $\mathbb{Q}(\lambda_1, \ldots, \lambda_n, e^{\lambda_1}, \ldots, e^{\lambda_n})$ の超越次数は少なくとも n である．

マッキンタイアとウィルキー(1996) は，シャニュエルの予想が真であれば $\mathfrak{R}_{\mathrm{exp}}$ の理論は決定可能であることを示した．

第3部

2階算術と逆数学

第 7 章

実数論と逆数学

2 階算術は，自然数と，自然数からなる諸集合を対象とした形式理論であるが，実数や実数列，そして実数上の連続関数などもそのような集合としてあつかうことができる．そこで，数学の各定理を証明するのに，2 階算術のどのような集合存在公理が必要かを調べる研究プログラムが誕生し，**逆数学**とよばれるようになった．

まず，7.1 節で逆数学の土台となる体系 RCA_0 を導入し，7.2 節ではその上で展開される**実数論**をみる．例えば，区間縮小法の原理が成り立ち，実数の非可算性もいえる．しかし，点列コンパクト性などにはさらに強い公理が必要で，それらは 7.3 節で説明する．7.4 節では，**ラムジーの定理**のバリエーションにはさらに細かい分類が必要であることの一端をみる．7.5 節では，**無限ゲームの決定性**には通常の公理よりはるかに強い仮定が必要になることをみる．

7.1　逆数学と基本体系 RCA_0

2階算術という枠組みにおいて，数学的性質や定理を証明するのにどの程度の集合存在公理が必要かを調べる研究は「逆数学」とよばれる．証明に必要な存在公理によって数学の多様な命題が織りなす世界に等高線を入れてみると，数学史の流れや，異なる理論間の感覚的な類似性がうまく捉えられるというのがこの研究の売り物である．例えば，中間値の定理より実数の公理(例．ヴァイエルシュトラスの上限に関する公理)の方が強い存在公理を必要とすることが証明される．解析学の教科書で，中間値の定理が実数の公理より前に説明されることはありえないと思うが，歴史の流れは逆であり，歴史はより高度な集合論を求める方向に進んだとも解釈できよう．別の例として，実数列に関するボルツァーノ - ヴァイエルシュトラスの定理と，関数列に関するアスコリ - アルツェラの補題が同値になるという結果がある．一般的に後者は前者より遙かに高度な主張と思われているが，前者の定理をヴァイエルシュトラスが明確に述べたのは，後者の定理が発見されるのとほぼ同時期であった．

さて，1階論理の枠組みでの自然数の理論を「1階算術」という．その代表は，第4, 5章であつかったペアノ算術 PA である．「2階算術」は，当初2階論理上の自然数論であったが，2階論理自体の形式化が難しいため，今日では自然数と，自然数からなる諸集合を対象とした(2領域の) 1階理論として定式化されている．2階算術のフル体系 Z_2 は，1階論理の公理，推論規則に加えて，自然数の順序や和積演算に関する諸公理と，定義し得るどんな自然数の集まりも “集合” としてあつかえることを保証する集合存在公理(内包公理)からなり，その集合存在公理に種々の制限をつけることにより部分体系が得られる．以下の議論においてとくに重要な部分体系は(証明能力の)弱い方から順に，RCA_0, WKL_0, ACA_0, ATR_0, Π^1_1-CA_0 の5つで，これらを**ビッグ5** (pp.227–228 参照)という．例えば，RCA_0 は Recursive Comprehension Axiom (再帰的内包公理)の頭文字をとったもので，この体系では再帰的集合の存在のみが保証されている．また，添え字の 0 は帰納法の制限を表すが，これについては p.231 (定義 7.1.2 の下) で後述する．

1970 年代半ば，H. フリードマンは Z_2 の各部分体系でどれだけの数学が展開できるかを調べ，次のような現象がしばしば観察されることに気づいた[*1]．

フリードマン：逆数学現象

数学の定理の多くは RCA_0 で証明できるか，そうでなければ上にあげた他の 4 つの体系のどれかと論理的に同値であることが RCA_0 において証明できる．

その後もこのパターンに当てはまる多くの定理がシンプソンを中心とする研究グループによって発見された．しかし，この現象に当てはまらない例も少なからず知られており，最近の研究ではむしろ例外の方に関心が移っているともいえる．ここで，5 つの公理系とそこで証明できる定理の特徴をまとめておく．正確な定義は後で与える．

逆数学ビッグ 5

1. RCA_0　自然数の基本演算に関する公理とある種の帰納法，そして再帰的内包公理とよばれる集合存在公理からなる．粗っぽくいえば，RCA_0 で展開される数学は計算機があつかえる範囲の数学であり，計算可能解析学 (computable analysis) とか再帰的代数学 (recursive algebra) などの形式化にあたる．例えば，RCA_0 で中間値の定理が証明できる．なぜなら，2 分法というアルゴリズムで，任意の $n > 0$ に対し，誤差 $\pm\frac{1}{n}$ 以内の近似有理解を有限ステップで求めることができるからである．
2. WKL_0　RCA_0 に「無限個の頂点をもつ 2 分木は無限長の道 (path) を

*1 1974 年にカナダ・バンクーバーで開催された国際数学者会議 (ICM) における彼の有名な基調講演 *"Some systems of second-order arithmetic and their use"* での報告は，厳密にいえば，この現象とは若干異なる．とくに，帰納法の制限を考えていない．

もつ」という弱ケーニヒの補題(weak König's lemma)を公理として加える．WKL$_0$ では，カントル空間 $\{0,1\}^{\mathbb{N}}$ のコンパクト性や実閉区間 $[0,1]$ のコンパクト性(ハイネ - ボレルの定理)が導け，さらにそれらと WKL$_0$ との同値性も RCA$_0$ で証明できる．コンパクト性の助けによって，WKL$_0$ で展開される数学は RCA$_0$ 上の数学よりずっと豊かで，かつ数学的に自然なものになる．しかし，無矛盾性に関して，WKL$_0$ と RCA$_0$ は同等である．

3．ACA$_0$　集合に関する量化記号 $(\forall X, \exists X)$ を含まない論理式を算術的という．算術的内包公理(arithmetical comprehension axiom)は，算術的論理式によって定義される集合の存在を主張するもので，この公理を RCA$_0$ に加えたものが ACA$_0$ である．これと同値になる定理には，ボルツァーノ - ヴァイエルシュトラスの定理，ベクトル空間の基底の存在などがある．また，ACA$_0$ はペアノ算術 PA の保存的拡大になっている．つまり，PA の定理は ACA$_0$ で証明でき，ACA$_0$ で証明できる 1 階算術の命題は PA の定理になる．

4．ATR$_0$　算術的内包公理を超限回繰り返して得られる集合の存在を主張するのが算術的超限再帰(arithmetical transfinite recursion)の公理であり，これを RCA$_0$ に加えたものが ATR$_0$ である．この超限操作は，開集合のクラス $\mathbf{G}$ から始めて，可算集合演算によって $\mathbf{G}_\delta$, $\mathbf{G}_{\delta\sigma}$, ...のようにボレル集合を構成していく手続きに対応するもので，スースリンの定理など記述集合論のいろいろな定理がこの体系と同値になる．

5．Π^1_1-CA$_0$　ϕ を算術的論理式としたとき，$\forall X\,\phi$ を Π^1_1 論理式とよび，この形の式で定義される集合の存在を要請する公理を RCA$_0$ に加えたものが，Π^1_1-CA$_0$ である．この体系と同値になる定理には，任意の可算アーベル群が最大加除部分群を直積因子にもつというウルムの定理などがあるが，ここまで強い公理を必要とする普通の数学の定理は少ない．

最初に，2 階算術の言語 $\mathcal{L}^2_{\mathsf{OR}}$ をきちんと定義しておこう．$\mathcal{L}^2_{\mathsf{OR}}$ は，順序環の言語 $\mathcal{L}_{\mathsf{OR}} = \{+, \bullet, 0, 1, <\}$ に 2 項関係 $\in$ を加えた 2 領域の 1 階論理の言語である．ここでは，自然数の領域 M を動く変数と，自然数の集合たちの領域 S を動く変数を別々に用意して形式化するが，領域を分けるための関係記号(例えば，$M(x)$，$S(x)$)を言語に加えることで(1 種類の変数だけをもつ)通常の 1 階論理に直すことも容易である(第 2 章の章末の付録を参照)．2 領域の言語における論理式の定義などは，1 領域からの類推でほとんど自明であるが，多少注意点もあるので簡単に述べておく．

原則として，$a, b, c, \ldots, m, n, \ldots$ など小文字は自然数の上を動く変数，$X, Y, Z, \ldots$ など大文字は集合の上の変数を表す．しかし，厳密にそれらを大文字，小文字で分類すると，慣用に反する表記が生じて読みにくくなるので，その場合は慣用を優先する(例えば，関数は集合の一種なのだが，小文字 f で書くことが多い)．項にも 2 種類あって，厳密には集合変数も項なのだが，以下で単に**項**(term)という場合には数を表すものに限る．すなわち，項は，数に関する変数と定数 $0, 1$ を，2 項演算記号 $+, \bullet$ および括弧を使って組み合わせたものである．

そして，t_1 と t_2 を項とするとき，$t_1 = t_2$, $t_1 < t_2$ あるいは $t_1 \in X$ の形の記号列を**原子論理式**(atomic formula)とよぶ．一般の**論理式**(formula)は，原子論理式から，$\neg, \vee$ などの命題結合記号と，算術量化記号 $\forall n, \exists n$ および集合量化記号 $\forall X, \exists X$ を使って組み立てられる．

1 階算術における論理式の階層は，定義 4.1.2 において定義されている．以下では，その定義を 2 階論理式へ拡張する．

定義 7.1.1 原子論理式から命題演算記号と有界量化記号 $\forall n < t, \exists n < t$ だけを使って作られる論理式を**有界**(bounded)といい，その全体を Π^0_0 あるいは Σ^0_0 と記す．ここで，$\forall n < t$ は $\forall n\,(n < t \to \cdots)$, $\exists n < t$ は $\exists n\,(n < t \wedge \cdots)$ の省略形で，t は n を含まない項とする．集合量化記号を含まない論理式を**算術的**(arithmetical)といい，その全体を Π^1_0 あるいは Σ^1_0 と記す．$i = 0, 1$ に対し

て, $j>0$ に関する Σ^i_j および Π^i_j は, 次のように帰納的に定義される. φ が Σ^0_j に属するとき $\forall n_1 \cdots \forall n_k\, \varphi$ は Π^0_{j+1} に属し, φ が Π^0_j に属するとき $\exists n_1 \cdots \exists n_k\, \varphi$ は Σ^0_{j+1} に属する. 同様に, φ が Σ^1_j に属するとき $\forall X_1 \cdots \forall X_k\, \varphi$ は Π^1_{j+1} に属し, φ が Π^1_j に属するとき $\exists X_1 \cdots \exists X_k\, \varphi$ は Σ^1_{j+1} に属する. □

Σ^i_j (あるいは Π^i_j)に属する論理式を Σ^i_j (あるいは Π^i_j)**論理式**という. 大雑把にいうと, Σ^0_j 論理式は数の存在量化記号 $\exists$ で始まり, Π^0_j 論理式は数の全称量化記号 $\forall$ で始まって, それぞれ数の存在量化記号のブロックと数の全称量化記号のブロックが交互に合計 j 回現れるものである. 同様に, Σ^1_j や Π^1_j は集合に関する量化記号のブロック数を表す. 集合変数を含まない Σ^0_i (または Π^0_i)論理式は, 1階算術の Σ_i (または Π_i)論理式に他ならない. また, 1階算術のときと同様に, 議論の前提となる基本体系の上で Σ^i_j (または Π^i_j)論理式と同値になる論理式を単に Σ^i_j (または Π^i_j)とよぶことがある. さらに, Π^i_j 論理式と同値になる Σ^i_j 論理式, あるいは Σ^i_j 論理式と同値になる Π^i_j 論理式のことを Δ^i_j **論理式**ともよぶ.

例1　「X は無限集合である」は, Π^0_2 論理式 $\forall x\, \exists y\, (x<y \wedge y\in X)$ で表せる. 「順序 $\preceq$ が整列である」は, 空でない集合には最小元があると考えて, Π^1_1 論理式 $\forall X\, (\exists z\, (z\in X) \to \exists x\, (x\in X \wedge \forall y\in X (x\preceq y)))$ あるいは $\forall X\, \forall z\, \exists x\, (z\notin X \vee (x\in X \wedge \forall y\in X\, (x\preceq y)))$ で表せる.

本書であつかう2階算術の体系のうち最も弱く, 以後の議論の基盤になるのが, これから導入する再帰的内包公理の体系である.

定義 7.1.2　**再帰的内包公理の体系**(the system of recursive comprehension axioms) RCA_0 は次の公理からなる.

(0)　1階論理の公理と推論規則. ただし, 自然数の間の等号についてのみ等号の公理を仮定する. 集合の間の等号 $X=Y$ は $\forall n\, (n\in X \leftrightarrow n\in Y)$

で定義する[*2].

(1)　算術の基本公理：$\mathsf{Q}_<$ と同じ(定義 4.1.4).

(2)　Δ^0_1 内包公理 (Δ^0_1-CA)：

$$\forall n\,(\varphi(n) \leftrightarrow \psi(n)) \to \exists X\,\forall n\,(n \in X \leftrightarrow \varphi(n)).$$

ただし，$\varphi(n)$ は Σ^0_1 式，$\psi(n)$ は Π^0_1 式で，X を自由変数として含まないものとする．この公理は集合 $X = \{n \mid \varphi(n)\}$ の存在を保証するものである．

(3)　Σ^0_1 帰納法：任意の Σ^0_1 式 $\varphi(n)$ について，

$$\varphi(0) \land \forall n\,(\varphi(n) \to \varphi(n+1)) \to \forall n\,\varphi(n).$$

□

Δ^0_1 内包公理は，標準モデルの上の解釈では再帰的集合の存在を主張していることになるので，**再帰的内包公理**ともよばれる．もう少し正確にいうと，Δ^0_1 内包公理における $\psi(n)$ や $\varphi(n)$ は X 以外の集合変数をパラメータとして含むことができるので，この公理が要請することは，すでに存在する集合をデータベース(オラクル)に用いて計算できる集合が存在することであり，再帰的でない集合が存在しないという要請はしていないことに注意されたい．

また，RCA_0 においては帰納法を Σ^0_1 論理式に制限しているが，この制約を変化させることで RCA_0 のバリエーションが生まれる．とくに，任意の $\mathcal{L}^2_{\mathsf{OR}}$ 論理式に対する帰納法をもつ体系は，添え字 0 をとって，単に RCA で表す．

補題 7.1.3　RCA_0 は 1 階算術 $\mathsf{I}\Sigma_1$ の保存的拡大である．つまり，$\mathsf{I}\Sigma_1$ の定理は RCA_0 で証明でき，RCA_0 で証明できる $\mathcal{L}_{\mathsf{OR}}$ の文は $\mathsf{I}\Sigma_1$ の定理になる．□

証明　Σ_n 論理式は，集合変数を含まない Σ^0_n 論理式である．したがって，$\mathsf{I}\Sigma_1$ の公理はすべて RCA_0 に含まれており，$\mathsf{I}\Sigma_1$ の定理が RCA_0 でも証明できることは明らか．逆を示すために，σ を $\mathcal{L}_{\mathsf{OR}}$ の文で，$\mathsf{I}\Sigma_1 \nvdash \sigma$ とする．完全性定理 2.3.9 により，$\mathsf{I}\Sigma_1$ のモデル $\mathfrak{M} = (M, +, \bullet, 0, 1, <)$ で，$\mathfrak{M} \models \neg\sigma$ とな

[*2] 論理式が集合の等号を含むとき，その部分がすでに Π^0_1 であることに注意せよ．

るものが存在する．

いま，$\varphi(x, y_1, \ldots, y_k)$ を Σ_1 論理式，$\psi(x, y_1, \ldots, y_k)$ を Π_1 論理式とする．$b_1, \ldots, b_k \in M$ に対して，$\mathfrak{M} \models \forall x\,(\varphi(x, b_1, \ldots, b_k) \leftrightarrow \psi(x, b_1, \ldots, b_k))$ であれば，$\vec{b} = b_1, \ldots, b_k$ として，

$$A_{\varphi,\psi,\vec{b}} = \{a \in M \mid \mathfrak{M} \models \varphi(a, \vec{b})\}$$

とおき，そうでないとき，

$$A_{\varphi,\psi,\vec{b}} = \varnothing$$

とおく．そして，M の部分集合の集まり S を

$$S = \{A_{\varphi,\psi,\vec{b}} \mid \varphi \in \Sigma_1,\ \psi \in \Pi_1,\ \text{かつ}\ b_1, \ldots, b_k \in M\}$$

で定める．つまり，S は Δ_1 定義可能な M の部分集合の集まりである．すると，以下に示すように，$(\mathfrak{M}, S) = (M \cup S, +, \bullet, 0, 1, <, \in)$ は RCA_0 のモデルになる．いま，σ は集合変数を含まないので，S とは無関係に真偽が決まっており，$(\mathfrak{M}, S) \models \neg\sigma$ である．よって，$\mathsf{RCA}_0 + \neg\sigma$ は無矛盾，すなわち $\mathsf{RCA}_0 \nvdash \sigma$ である．

さて，任意の Σ^0_n 論理式 $\theta(x, y_1, \ldots, y_j, Y_1, \ldots, Y_l)$ に対し，パラメータ $c_1, \ldots, c_j \in M$，$A_{\varphi_1,\psi_1,\vec{b}_1}, \ldots, A_{\varphi_l,\psi_l,\vec{b}_l} \in S$ を与えて，$\theta(x, c_1, \ldots, c_j, A_{\varphi_1,\psi_1,\vec{b}_1}, \ldots, A_{\varphi_l,\psi_l,\vec{b}_l})$ を考える．これに含まれる部分論理式 $t \in A_{\varphi_i,\psi_i,\vec{b}_i}$ を $\varphi_i(t, \vec{b}_i)$ か $\psi_i(t, \vec{b}_i)$ かのどちらかの，全体の複雑さを上げない方で置き換えれば，Σ^0_n 論理式 $\theta'(x, c_1, \ldots, c_j, \vec{b}_1, \ldots \vec{b}_l)$ が得られて，$(\mathfrak{M}, S)$ において，

$$\theta(x, c_1, \ldots, c_j, A_{\varphi_1,\psi_1,\vec{b}_1}, \ldots, A_{\varphi_l,\psi_l,\vec{b}_l}) \leftrightarrow \theta'(x, c_1, \ldots, c_j, \vec{b}, \ldots, \vec{b}_l)$$

が成り立つ．同様に，θ が Π^0_n 論理式のときには，集合パラメータなしで同値な Π^0_n 論理式 θ' が得られる．よって，S の元をパラメータに含んで Δ^0_1 定義可能な集合は，Δ_1 定義可能であるから S に属することがいえる．同じ理由で S の元をパラメータに含んだ Σ^0_1 帰納法は，Σ_1 帰納法から導ける．よって，$(\mathfrak{M}, S)$ は RCA_0 のモデルになる．∎

第 4 章で示した $\mathsf{I}\Sigma_1$ のさまざまな性質は，RCA_0 でも同様に成り立つ．とくに，次の事実は頻繁に用いられる．

補題 7.1.4　RCA_0 において，以下のことが成り立つ．

(1)　Π^0_1 帰納法．

(2)　Σ^0_1 論理式のクラスは，有界量化記号に関して閉じている．　□

X, Y を自然数からなる集合とする．$X \subseteq Y$ は $\forall n\,(n\in X \to n\in Y)$ の略記とし，$X = Y$ は $X\subseteq Y \wedge Y\subseteq X$ とする．項の等式 $t_1 = t_2$ は Π^0_0 式だが，集合の等式 $X = Y$ は Π^0_1 式である．自然数の**ペア** (m,n) とその自然数コード $\langle m,n\rangle = \frac{(m+n)(m+n+1)}{2} + m$ を以下では同一視する．**直積** $X \times Y$ は，X の元と Y の元からなるペア（のコード）全部の集合である．すなわち，

$$n \in X \times Y \leftrightarrow \exists x \leq n\, \exists y \leq n\,(x\in X \wedge y\in Y \wedge (x,y) = n)$$

と書け，右辺は Σ^0_0 式だから，$X \times Y$ の存在は RCA_0 で保証される．

関数 $f : X \longrightarrow Y$ は，集合 $F \subseteq X \times Y$ で，$\forall x\, \forall y_0\, \forall y_1\, ((x,y_0) \in F \wedge (x,y_1)\in F \to y_0 = y_1)$ かつ $\forall x\in X\, \exists y\in Y (x,y) \in F$ を満たすものをいう．そして，$(x,y) \in F$ のとき，$f(x) = y$ と書く．定義域が自然数全体になるような関数を**全域関数**(total function) という．また，$X = \{i \,|\, i < n\}$ を定義域とする関数 f を**長さ** n の**有限列**または $\boldsymbol{n}$ **組**という．RCA_0 において，n 組は自然数でコード化でき，そのコード（ゲーデル数）と同一視する．

補題 7.1.5　RCA_0 において，全域関数全体が原始再帰法によって閉じていることが証明できる．　□

証明　定理 4.3.6 の証明より，原始再帰法によって定義される関数は $\mathsf{I}\Sigma_1$ において Δ_1 定義可能であるから，Δ^0_1 内包公理により，それは集合として存在する．　■

補題 7.1.6　RCA_0 において，$f : \mathbb{N}^{n+1} \longrightarrow \mathbb{N}$ を全域関数とし，$\forall x_1 \cdots \forall x_n\, \exists y\, f(x_1, \ldots, x_n, y) = 0$ が証明できるとする．このとき，$\mu y = f(x_1, \ldots, x_n, y) = 0$ も全域関数として存在する．　□

証明　$g(x_1, \ldots, x_n) = \mu y(f(x_1, \ldots, x_n, y) = 0)$ を算術的に表現すれば，

$$((x_1, \ldots, x_n), y) \in g \iff ((x_1, \ldots, x_n, y), 0) \in f \land \forall z < y\, ((x_1, \ldots, x_n, z), 0) \notin f$$

となる．右辺は Σ^0_0 式だから，g の存在や全域性は RCA_0 において示せる． ▮

注　最小化演算 μ などを使って定義される再帰的関数に対して，RCA_0 においてその全域性が証明できるならば，それは（μ を使わずに）原始再帰的に定義されることが，次章のフリードマンの定理 8.2.7 からわかる．

補題 7.1.7　RCA_0 において，任意の Σ^0_1 式 $\varphi(x)$ に対し，それを満たす x が有界でなければ，1 対 1 の全域関数 f が存在して，$\forall y\, ((\exists x\, f(x) = y) \leftrightarrow \varphi(y))$ となる． □

証明　$\varphi(x)$ を Σ^0_1 式とすると，Σ^0_0 式 $\theta(x, y)$ が存在して，$\varphi(y) \leftrightarrow \exists x\, \theta(x, y)$ となる．すると (Σ^0_0-CA) より，$Y = \{(x, y) \mid \theta(x, y)\}$ が存在する．いま，$\varphi(X)$ が有界でなければ，Y は無限集合で，補題 7.1.5 および補題 7.1.6 を用いて，Y の要素を並べ上げる関数を作り，さらにその値 (x, y) から第 2 成分 y を取り出す関数を組み合わせることで，$\{y \mid \varphi(y)\}$ を値域とする関数 g が作れる．最後に，補題 7.1.5 と補題 7.1.6 をもう一度用いて，$f(x) = g(\mu y(\forall z < x\, f(z) \neq g(y)))$ とおけば，この関数 f が求めるものになっている． ▮

補題 7.1.8　RCA_0 において，次の形の集合存在公理が証明できる．

$$(\text{有界 } \Sigma^0_1\text{-CA}) : \forall x\, \exists X\, \forall y\, (y \in X \leftrightarrow (y < x \land \varphi(y))).$$

ただし，$\varphi(y)$ は Σ^0_1 式で，X を自由変数として含まないものとする． □

証明　$p(y)$ を $y + 1$ 番目の素数を表す原始再帰的関数とし，$\psi(x) \equiv \exists z\, \forall y\, (p(y) | z \leftrightarrow (y < x \land \varphi(y)))$ と定める．すると，$\forall x\, \psi(x)$ は (有界 Σ^0_1-CA) の 1 階算術表現と考えられる．なぜなら，z が存在すれば，$y \in X \leftrightarrow p(y) | z$ となる X も (Δ^0_1-CA) から存在するからである．いま，x を任意に固定し，$\theta(z) \equiv \forall y\, ((y < x \land \varphi(y)) \to p(y) | z)$ とおく．θ は Π_1 論理式で，$\exists z\, \theta(z)$ は明らか．そこで，Π_1 最小数原理 (p.125) により，そのような最小の z をとれ

ば，$\forall y\,((y<x \wedge \varphi(y)) \leftrightarrow p(y)|z)$ となり，$\psi(x)$ が成り立つ． ∎

［**問題 1**］ RCA$_0$ において，次の式が成り立つことを示せ．

$$(\mathsf{S}\Sigma^0_1) : \forall m\, \exists n\, \forall i<m\, (\exists j\, \varphi(i,j) \to \exists j<n\, \varphi(i,j)).$$

ここで，$\varphi(i,j)$ は Σ^0_1 式で，n を自由変数として含まないものとする．$(\mathsf{S}\Sigma^0_1)$ は，**強 Σ^0_1 採集原理**とよばれる．

7.2 RCA$_0$ 上の実数論

7.1 節の準備のもと，RCA$_0$ において実数論がいかに展開されるかをみていく．まず，自然数全体の集合を $\mathbb{N} = \{n \mid n = n\}$[*3] とおく．これは体系内で形式的に定義されるものであり，RCA$_0$ のモデルごとに $\mathbb{N}$ の解釈は変わる（モデル (M, S) における $\mathbb{N}$ の解釈はその 1 階部分 M に他ならない）．今後，標準自然数の全体を表したいときには ω を用いる．$\mathbb{N}$ 上での演算 $+$, $\bullet$ 等は，RCA$_0$ での対応する演算等をそのまま用いる．以下で導入する $\mathbb{Z}$, $\mathbb{Q}$, $\mathbb{R}$ などもすべて形式的に定義されており，標準の世界においては標準の該当物を表すがモデルが異なれば対応物も異なる．

$\mathbb{N} \times \mathbb{N}$ 上の同値関係 $=_{\mathbb{Z}}$ を

$$(k,l) =_{\mathbb{Z}} (m,n) \leftrightarrow k+n = l+m$$

によって定義する．そして，$=_{\mathbb{Z}}$ の各同値類から最小のコードをもつペアを代表元に選んで，それを**整数**とよび，その全体を $\mathbb{Z}$ とおく．ここで，(k,l) は直観的には整数 $k-l$ を意味している．また，$\mathbb{Z}$ 上の演算は，$(k,l)+(m,n) =_{\mathbb{Z}} (k+m, l+n)$, $(k,l)\bullet(m,n) =_{\mathbb{Z}} (km+ln, kn+lm)$ 等で定める[*4]．すると，$\mathbb{Z}$ は整数環としての基本性質を満たすことが確かめられる．

[*3] この集合の内包条件は，$n = n$ に限らず，明らかに証明可能であれば何でもよい．

[*4] (k,l) と (m,n) が $\mathbb{Z}$ の元であっても，$(k+m, l+n)$ などは $\mathbb{Z}$ の元（最小のコードをもつ）とは限らない．任意のペア (k,l) を，その同値類に含まれる最小コードのペアと同一視することで，$\mathbb{Z}$ 上の演算が定義される．

次に，$\mathbb{Z}\times(\mathbb{Z}-\{(0,0)\})$ 上の同値関係 $=_{\mathbb{Q}}$ を

$$(k,l)=_{\mathbb{Q}}(m,n)\leftrightarrow kn=lm$$

によって定義する．そして，$=_{\mathbb{Q}}$ の各同値類からコードの最小なものを代表元に選んで，それを**有理数**とよび，その全体を $\mathbb{Q}$ とおく．ここで，(k,l) の素朴な意味は有理数 k/l である．$\mathbb{Q}$ 上の演算を，$(k,l)+(m,n)=_{\mathbb{Q}}(kn+lm,ln)$, $(k,l)\bullet(m,n)=_{\mathbb{Q}}(km,ln)$ 等で定める．すると，$\mathbb{Q}$ は有理数体としての基本性質を満たす．

実数は，カントルの基本列の考え方を少し修正して定義する*5．まず，関数 $f:\mathbb{N}\longrightarrow\mathbb{Q}$ を**有理数列**とよび，$\{f(n)\}_{n\in\mathbb{N}}$ あるいは単に $\{f(n)\}$ で表す．そして，有理数列 $\{q_n\}$ が $\forall n\forall i\,(|q_n-q_{n+i}|\leq 2^{-n})$ を満たすとき，それを**実数**とよび，$\{q_n\}\in\mathbb{R}$ と書く．$\mathbb{Q}$ は 2 階算術における集合であるが，$\mathbb{R}$ は集合に関する述語であって 2 階算術の意味では集合にならないことに注意する．実数上の等号，不等号をそれぞれ次のように定義する．

$$\{p_n\}=\{q_n\}\leftrightarrow\forall n\,(|p_n-q_n|\leq 2^{-n+1}),$$
$$\{p_n\}<\{q_n\}\leftrightarrow\exists n\,(q_n-p_n>2^{-n+1}).$$

すると，2 つの実数 $\{p_n\}, \{q_n\}$ について，$\{p_n\}=\{q_n\}$ か $\{p_n\}<\{q_n\}$ か $\{q_n\}<\{p_n\}$ のいずれか 1 つが成立する．実際，$\{p_n\}<\{q_n\}$ でも $\{q_n\}<\{p_n\}$ でもなければ，$\forall n\,(q_n-p_n\leq 2^{-n+1})$ かつ $\forall n\,(p_n-q_n\leq 2^{-n+1})$ となるから，$\forall n(|p_n-q_n|\leq 2^{-n+1})$，つまり $\{p_n\}=\{q_n\}$ である．

2 つの実数 $\{p_n\}$ と $\{q_n\}$ の和は次のように定義する．

$$\{p_n\}+\{q_n\}=\{p_{n+1}+q_{n+1}\}.$$

このとき，

$$|(p_{n+1}+q_{n+1})-(p_{n+1+i}+q_{n+1+i})|\leq|p_{n+1}-p_{n+1+i}|+|q_{n+1}-q_{n+1+i}|$$

---

*5 実数を有理数から構成する代表的な方法には，「デーデキントの切断」によるものと「カントルの基本列」によるものがある．前者は，最後に同値類で割るといった操作を必要としないのが長所であるが，代わりに RCA_0 ではあつかいに困る問題がある（p.239 の注を参照）．

$$\leq 2^{-n-1} + 2^{-n-1} \leq 2^{-n}$$

となるから，$\{p_{n+1} + q_{n+1}\}$ は実数である．

続いて，2 つの実数 $\{p_n\}$ と $\{q_n\}$ の積は，m を $\max(|p_0|, |q_0|) + 1 \leq 2^{m-1}$ となる最小の自然数として，$\{p_n\} \bullet \{q_n\} = \{p_{n+m} \bullet q_{n+m}\}$ のように定義する．すると，

$$\begin{aligned}
&|p_{n+m} \bullet q_{n+m} - p_{n+m+i} \bullet q_{n+m+i}| \\
&\quad \leq |q_{n+m}| \bullet |p_{n+m} - p_{n+m+i}| + |p_{n+m+i}| \bullet |q_{n+m} - q_{n+m+i}| \\
&\quad \leq (|q_0| + 1) \bullet 2^{-n-m} + (|p_0| + 1) \bullet 2^{-n-m} \\
&\quad \leq 2 \bullet (\max(|p_0|, |q_0|) + 1) \bullet 2^{-n-m} \\
&\quad \leq 2 \bullet 2^{m-1} \bullet 2^{-n-m} = 2^{-n}
\end{aligned}$$

となり，$\{p_n\} \bullet \{q_n\}$ も実数である．

以上の定義のもとで，$(\mathbb{R}, +, \bullet, 0, 1 <, =)$ が**アルキメデス順序体**になることが RCA_0 で容易に証明される．もう一度注意しておくと，普通の数学では上の $\mathbb{R}$ を同値関係 $=$ で割って実数体を定義するが，$\mathbb{R}$ の各元は集合であるから同値類をとるような操作はここではできず，われわれは同値関係をそのまま等号とみなす．

［**問題 2**］　上で定義した $(\mathbb{R}, +, \bullet, 0, 1, <, =)$ がアルキメデス順序体であることを RCA_0 で証明せよ．とくに，任意の実数 $x \neq 0$ に対して，実数 $y = 1/x$ の存在を RCA_0 で示せ．

次に，**実数列**を以下の条件を満たす関数 $f : \mathbb{N} \times \mathbb{N} \longrightarrow \mathbb{Q}$ として定義する．各 $n \in \mathbb{N}$ について，$f_n(m) = f(n, m)$ で定まる $f_n : \mathbb{N} \longrightarrow \mathbb{Q}$ は実数である．この実数列を $\{f_n\}$ と表し，各 f_n は $\{f_{nm}\}_{m \in \mathbb{N}}$ または単に $\{f_{nm}\}$ とも表す．また，実数列 $\{f_n\}$ の極限 $\lim_{n \to \infty} f_n$ を，$\forall k > 0\, \exists n\, \forall i\, (|a - f_{n+i}| < 2^{-k})$ となる実数 a と定める．この定義のもとで，次の区間縮小法の原理が RCA_0 において証明できる．

定理 7.2.1（区間縮小法の原理）　2 つの実数列 $\{a_n\}$, $\{b_n\}$ が以下の条件を満たすとする.

任意の $n \in \mathbb{N}$ について,

$$a_n \leq a_{n+1} \leq b_{n+1} \leq b_n, \text{ かつ } \lim_{n\to\infty} |a_n - b_n| = 0.$$

このとき，$c = \lim_{n\to\infty} a_n = \lim_{n\to\infty} b_n$ となる実数 c が存在することが RCA_0 で証明できる.

証明　$\{a_n\}$, $\{b_n\}$ を題意の条件を満たす 2 つの実数列とし，各 n について $a_n = \{p_{nm}\}$, $b_n = \{q_{nm}\}$ とする．いま，$p'_{nm} = p_{n(m+1)} - 2^{-m-1}$, $q'_{nm} = q_{n(m+1)} + 2^{-m-1}$ とおけば，やはり $\{p'_{nm}\}$, $\{q'_{nm}\}$ も実数であって，実数として $a_n = \{p'_{nm}\}$, $b_n = \{q'_{nm}\}$ がいえる．そして，任意の m に対して $p'_{nm} \leq a_n$ かつ $b_n \leq q'_{nm}$ となる.

$\lim_{n\to\infty} |a_n - b_n| = 0$ だから, $\forall k > 0\, \exists n\, \forall m \geq n\, |a_m - b_m| < 2^{-k}$ である．簡単な計算により $\forall k > 0\, \exists n\, \forall m \geq n\, |p'_{mm} - q'_{mm}| < 2^{-k}$ もいえる．そこで, 単調増加列 $\{p''_k\}$ を次のように原始再帰的に定義する．まず, $p''_0 = p'_{00}$ とおく．$k > 0$ に対して, $|p'_{nn} - q'_{nn}| < 2^{-k}$ かつ $p''_{k-1} \leq p'_{nn}$ となる最小の n を選び, $p''_k = p'_{nn}$ とおく．すると，$p''_k = p'_{nn} \leq p''_{k+i} \leq q'_{nn}$ だから，$\{p''_k\}$ が実数になることは明らか．また, $\forall k > 0\, \exists n\, \forall m \geq n\, |a_m - p''_m| < 2^{-k}$ や $\forall k > 0\, \exists n\, \forall m \geq n\, |b_m - p''_m| < 2^{-k}$ も容易にいえるので，$\{p''_k\} = \lim_{n\to\infty} a_n = \lim_{n\to\infty} b_n$ が成立する.　∎

RCA_0 において，区間縮小法の原理は証明できても，点列コンパクト性(ボルツァーノ - ヴァイエルシュトラスの定理)は証明できない．その事実については次節の定理 7.3.4 で述べる．上の定理の応用として，$\mathbb{R}$ が非可算であることを証明する.

定理 7.2.2（$\mathbb{R}$ の非可算性）　任意の実数列 $\{a_n\}$ に対し，$\forall n\, (a_n \neq c)$ となる実数 c が存在することが RCA_0 で証明できる.

証明 まず，$a_n = \{p_{nm}\}$ とおく．原始再帰法を用いて，有理端点をもつ縮小閉区間列 $\{[q_n, r_n]\}$ を次のように定義する．

$$[q_0, r_0] = [0, 1],$$
$$[q_{n+1}, r_{n+1}] = \begin{cases} \left[\dfrac{q_n + 3r_n}{4}, r_n\right] & \left(p_{n,2n+3} \leq \dfrac{q_n + r_n}{2} \text{ のとき}\right)^{*6} \\ \left[q_n, \dfrac{3q_n + r_n}{4}\right] & (\text{そうでないとき}). \end{cases}$$

2 つの数列 $\{q_n\}$, $\{r_n\}$ は明らかに定理 7.2.1 の条件を満たしており，$c = \lim_{n\to\infty} q_n = \lim_{n\to\infty} r_n$ となる実数 c が存在する． いま，n を任意にとる．もし $p_{n,2n+3} \leq \frac{q_n+r_n}{2}$ ならば，$a_n \leq p_{n,2n+3} + 2^{-2n-3} \leq \frac{q_n+r_n}{2} + 2^{-2n-3} < \frac{q_n+r_n}{2} + \frac{2^{-2n}}{4} = \frac{q_n+r_n}{2} + \frac{r_n-q_n}{4} = q_{n+1} \leq c$. そうでないときは，$a_n \geq \frac{q_n+r_n}{2} - 2^{-2n-3} > r_{n+1} \geq c$. いずれにしても，$a_n \neq c$ が示された． ▮

注 実数を有理数全体の上下分割(デーデキントの切断)によって定めると，2 つの実数列 $\{X_n\}$, $\{Y_n\}$ に対して，その要素ごとの和の列 $\{X_n + Y_n\}$ の存在が RCA$_0$ でいえないことを示す．$f(x)$ を値域が再帰的にならない再帰的関数とする．いま，切断の列 $\{X_n\}$ を次のように定義する．n が f の値域に入らないとき $X_n = \sqrt{2} = \{q \in \mathbb{Q} \mid q^2 < 2\}$, n が f の値域に入るなら $f(t) = n$ となる最小の t を使って $X_n = \sqrt{2} + \frac{1}{2^t}$ とおく．このとき，$q \in X_n \iff q < \sqrt{2} \vee \exists t\,(q < \sqrt{2} + \frac{1}{2^t} \wedge f(t) = n) \iff q < \sqrt{2} \vee \forall t\,(q < \sqrt{2} + \frac{1}{2^t} \vee \exists s < t\, f(s) = n)$ となるから，$\{X_n\}$ は再帰的である．他方，$n \in \operatorname{ran} f \iff X_n > \sqrt{2} \iff 0 \in X_n - \sqrt{2}$ であり，$\operatorname{ran} f$ は再帰的でないから $\{X_n - \sqrt{2}\}$ も再帰的でない．すなわち，切断の列 $\{X_n\}$ が存在しても，その各要素から無理数 $\sqrt{2}$ を引いてできる切断の列 $\{X_n - \sqrt{2}\}$ の存在は RCA$_0$ では証明できない．

次に，$\mathbb{R}$ 上の連続関数[*7]を導入しよう．

[*6] 二重添字付き数列 $\{p_{nm}\}$ において，n と m の区切りがわかりにくい場合には，$p_{n,2n+3}$ のようにコンマ(,)を入れる．

[*7] $\mathbb{R}^m$ から $\mathbb{R}^n$ への連続関数に容易に一般化できるが，表現が煩雑になるため省略する．より一般的な議論として，可分距離空間における連続関数を 7.3 節の最後に導入する．文献 [66] の定義 II.6.1 とはコード化の方法が少し異なるが，実質同じものになる．

定義 7.2.3　次の2条件を満たす集合 $\Phi \subseteq \mathbb{Q}^4$ を**連続関数** $f\colon \mathrm{dom}\, f (\subseteq \mathbb{R}) \longrightarrow \mathbb{R}$ のコードとよぶ.

(1)　$(p,q,r,s) \in \Phi \to p<q \wedge r \le s$,

(2)　$(p,q,r,s),(p',q',r',s') \in \Phi,\ p'<q \wedge p<q' \to r' \le s \wedge r \le s'$.　□

(2) において, $p'<q \wedge p<q'$ は $(p,q) \cap (p',q') \neq \varnothing$, そして $r' \le s \wedge r \le s'$ は $[r,s] \cap [r',s'] \neq \varnothing$ を表している. そして, 直観的には, $(p,q,r,s) \in \Phi$ は $\forall x\,(p<x<q \to r \le f(x) \le s)$ を意味する. 実数 x がコード Φ の連続関数 f の**定義域**に属することを,

$$x \in \mathrm{dom}\, f \leftrightarrow \forall n\, \exists (p,q,r,s) \in \Phi\, (p < x < q \wedge s - r < 2^{-n})$$

によって定義する. このとき, $x \in \mathrm{dom}\, f$ ならば, $\forall (p,q,r,s) \in \Phi\, (p < x < q \to r \le y \le s)$ となる実数 y がただ1つ存在することが RCA_0 で示せる(練習問題. 区間縮小法の原理を使ってこれを示せ). その y を $f(x)$ と書く.

[**問題 3**]　関数 $y = 1/x$ が $\mathbb{R} - \{0\}$ 上の連続関数であることを示せ.

RCA_0 で証明可能な連続関数の性質に, 6.1 節でも登場した次の定理がある.

定理 7.2.4 (中間値の定理)　定義域 $\mathrm{dom}\, f$ が閉区間 $[0,1]$ を含んでいるような連続関数 f が与えられて, $f(0) < 0 < f(1)$ が成立しているとする. このとき, $f(x) = 0$ となる $x \in [0,1]$ が存在することが RCA_0 で証明できる.

証明　すべての有理数 $q \in [0,1]$ に対して $f(q) \neq 0$ と仮定してよい. そうでなければ, 定理はすでに成立している. 任意の有理数 $q \in [0,1]$ について, $f(q)$ を表す有理数列を $\{p_n\}$ とすると, $\{p_n\} \neq 0$ より, 十分大きな n に対し $p_n < -2^{-n}$ か $2^{-n} < p_n$ の一方が成立するから, それによって $f(q) < 0$ か $f(q) > 0$ かが有限的に判定できる. したがって, 有理端点をもつ縮小閉区間列 $\{[p_n, q_n]\}$ を以下のように再帰的に定義することができる.

$$[p_0, q_0] = [0, 1],$$

$$[p_{n+1}, q_{n+1}] = \begin{cases} \left[\dfrac{p_n + q_n}{2}, q_n\right] & \left(f\left(\dfrac{p_n + q_n}{2}\right) < 0 \text{ のとき}\right) \\ \left[p_n, \dfrac{p_n + q_n}{2}\right] & \left(f\left(\dfrac{p_n + q_n}{2}\right) > 0 \text{ のとき}\right). \end{cases}$$

このとき，$x = \lim_{n\to\infty} p_n = \lim_{n\to\infty} q_n$ となる実数 $x \in [0,1]$ が存在し，$f(x) = 0$ となることは明らかである． ∎

中間値の定理から得られる結論の 1 つは，$\mathbb{R}$ が実閉順序体になることである．しかし，このことは実閉順序体の理論 RCOF の定理がすべて $\mathbb{R}$ において成り立つことをただちに意味しない．そもそも $\mathbb{R}$ は 2 階算術においては集合ではなく，論理式であるから，$\mathbb{R}$ 上で量化記号の解釈を考えるには，量化記号消去法のような式変形の手法が必要になる．詳しくは文献 [85] を参照．

中間値の定理の系として，どんな連続関数 $f : [0,1] \longrightarrow [0,1]$ も不動点をもつことが RCA_0 で証明できる（中間値の定理を $x - f(x)$ に適用する）．しかし，これが 2 次元以上に単純に拡張できないという経験的事実は，ブラウワーの不動点定理が WKL_0 と同値になるという次節の結果によって裏付けられる．

［**問題 4**］ 定義域 $\mathrm{dom}\, f_n$ が閉区間 $[0,1]$ を含んでいるような連続関数 f_n の無限列が与えられて，各 n について $f_n(0) < 0 < f_n(1)$ が成立しているとする．このとき，$f_n(x_n) = 0$ となる $x_n \in [0,1]$ の列の存在は RCA_0 で証明できないことを示せ．（ヒント．RCA_0 の最小モデル (ω, Rec) において，再帰的に分離できない 2 つの Σ^0_1 集合を用いて反例を作れ．次節の補題 7.3.6 と系 7.3.7 を参照．）

7.3 実数の完備性とコンパクト性

本節では，体系 RCA_0 で証明できない実数の性質を調べる．7.2 節では区間縮小法の原理を RCA_0 において証明したが，点列コンパクト性など重要な位相的性質は RCA_0 では証明できず，それより真に強い体系 ACA_0 が必要十分になる．さらに興味深いことは，数学の多くの有名な定理が，RCA_0 と ACA_0

の中間にある体系 WKL$_0$ と同値になるという事実である．これは，ヒルベルトのプログラムと関連して重要な意味があり，この点については本章の付録 B を参照せよ．

定義 7.3.1　**算術的内包公理の体系**(the system of arithmetical comprehension axioms) ACA$_0$ は，RCA$_0$ に次の公理を加えたものである．

$$(\Pi^1_0\text{-CA}) : \exists X\,\forall n\,(n\in X \leftrightarrow \varphi(n)).$$

ここで，$\varphi(n)$ は算術式(Π^1_0 式)で，X を自由変数としてもたないものとする．　□

補題 7.3.2　ACA$_0$ はペアノ算術 PA の保存的拡大になっている．つまり，PA の定理は ACA$_0$ で証明でき，ACA$_0$ で証明できる 1 階算術 $\mathcal{L}_{\mathrm{OR}}$ の文は PA の定理になる．　□

証明　PA のすべての定理が ACA$_0$ で証明できることをいうためには，任意の算術的論理式に関する帰納法が ACA$_0$ で証明できることを示せばよい．そこで，$\varphi(n)$ を任意の算術的論理式とし，$\varphi(0)\wedge\forall n\,(\varphi(n)\to\varphi(n+1))$ を仮定する．算術的内包公理より，$\forall n\,(n\in X\leftrightarrow\varphi(n))$ となる X の存在がいえる．この X について，$0\in X\wedge\forall n\,(n\in X\to n+1\in X)$ が導けるので，これに Σ^0_1 帰納法を適用して $\forall n\,(n\in X)$，したがって $\forall n\,\varphi(n)$ を得る．

逆に，ACA$_0$ で証明できる 1 階算術の命題が PA の定理になることは，RCA$_0$ が IΣ_1 の保存的拡大になることを示したのと同じ方法で証明できる．　■

PA は IΣ_1 の真の拡大であるから，ACA$_0$ は RCA$_0$ の真の拡大であることもわかる．

次の補題は，種々の命題と ACA$_0$ との同値をいうために用いられる．

補題 7.3.3　RCA$_0$ において以下は同値である．

(1)　ACA$_0$

(2)　(Σ^0_1-CA)

(3)　任意の 1 対 1 関数 $f : \mathbb{N} \longrightarrow \mathbb{N}$ の値域が存在する．□

証明　(1) $\Rightarrow$ (2) は明らか．(2) $\Rightarrow$ (3) は，f の値域 $\operatorname{ran} f$ が Σ^0_1 で表せること ($n \in \operatorname{ran} f \leftrightarrow \exists m\, f(m) = n$) から明らか．(3) $\Rightarrow$ (2) も，補題 7.1.7 と補題 7.1.8 よりただちにしたがう．

(2) $\Rightarrow$ (1) を示す．(Σ^0_1-CA) $\rightarrow$ (Σ^0_k-CA) を k についてのメタ帰納法で証明する．$k \leq 1$ のときは明らか．$\varphi(n)$ を任意の Σ^0_{k+1} 論理式とし，Σ^0_k 論理式 $\theta(m, n)$ を使って，$\varphi(n) \leftrightarrow \exists m \neg\theta(m, n)$ と表す．(Σ^0_k-CA) により，$Y = \{(m, n) \mid \theta(m, n)\}$ が存在する．そして，(Σ^0_1-CA) によって，$X = \{n \mid \exists m \neg(m, n) \in Y\}$ も存在し，明らかに $n \in X \leftrightarrow \varphi(n)$ である．よって，(Σ^0_{k+1}-CA) が成り立つ．■

次の定理は，実数の完備性（項目 (3)）や点列コンパクト性（項目 (2)）が RCA_0 で証明できないだけでなく，それぞれが ACA_0 と同値になることをいうものである．

> **定理 7.3.4**　次のどの 2 つも RCA_0 上で同値である．
>
> (1)　ACA_0
>
> (2)　ボルツァーノ - ヴァイエルシュトラスの定理：有界な実数列は収束部分列をもつ．
>
> (3)　コーシー列は収束する．
>
> (4)　有界な実数列は上限をもつ．
>
> (5)　単調収束定理：有界な増加列は収束する．

証明　(1) $\Rightarrow$ (2), (3), (4), (5) は普通の微分積分学の教科書の証明と変わらないので省略する（縮小区間列を使い，各区間に数列の点が 1 つ以上入る，あるいは無限個入るなどの条件が算術的に表現できることに注意すればよい）．また，(5) は (2), (3), (4) のどれからでもただちに導けるので，あとは (5) から (1) を示せばよい．

(5) を仮定する．補題 7.3.3(3) を用いるため，$f : \mathbb{N} \longrightarrow \mathbb{N}$ を任意の 1 対 1 関数とする．

$$c_n = \sum_{i=0}^{n} 2^{-f(i)}$$

によって，有界な増加有理数列 $\{c_n\}$ を定義すれば，単調収束定理から

$$c = \lim_{n\to\infty} c_n = \sum_{i=0}^{\infty} 2^{-f(i)}$$

が存在する．すると，任意の $n \in \mathbb{N}$ について，

$$n \in \operatorname{ran} f \leftrightarrow \exists m\, f(m) = n \leftrightarrow \forall k\,(|c_k - c| < 2^{-n} \to \exists m \le k\,(f(m) = n))$$

となる．したがって，(Δ^0_1-CA) により $\operatorname{ran} f$ が存在し，補題 7.3.3 により ACA_0 が導かれる．∎

この定理が示すように，実数の完備性などを使うためには ACA_0 が必要であるのにも関わらず，解析学の多くの重要な定理が，ACA_0 より真に弱い WKL_0 で証明でき，しばしばそれと同値にもなっている．以下，その現象の一端をみていこう．まず，体系 WKL_0 を定義するために，必要な概念を導入する．

各 $n \in \mathbb{N}$ に対して，定義域 $\{i \in \mathbb{N} \mid i < n\}$ をもつ関数(のコード $s \in \mathbb{N}$)を**長さ** $n = \mathrm{leng}(s)$ の**有限列**という．とくに 0 または 1 の値だけをとる有限列を **2 進列**(binary sequence)とよび，2 進列の全体を Seq_2 と表す．Seq_2 の空でない部分集合 T で，その各要素のすべての**始切片**(initial segment)が再び T の要素となるようなものを**木**(tree)とよぶ．ここで，s が t の始切片であるとは，s と t を集合(関数のグラフ)としてみたとき，s が t の部分集合になることである．木 T の部分集合で，それ自身も木であって，枝別れのない(つまり，任意の 2 つの要素に対し，必ずどちらか一方が他方の始切片になる)ものを T の**道**(path)という．

定義 7.3.5　Seq_2 の無限部分木が必ず無限(長の)道をもつという主張を**弱ケーニヒの補題**(weak König's lemma)という．RCA_0 にこれを公理として加えたものを体系 WKL_0 とする．□

ACA$_0$ があれば，無限木に対して最左道など具体的な道を定義することができるから，ACA$_0$ は WKL$_0$ より強い．真に強いことは，次ページの系 7.3.7 の下で説明する．また，WKL$_0$ が RCA$_0$ より真に強いことは，次の補題から導ける．

補題 7.3.6　RCA$_0$ において，WKL$_0$ は次の主張と同値である．

$$(\Sigma^0_1\text{-SP}) : \forall n\,(\varphi(n) \to \psi(n))$$
$$\to \exists X\,\forall n\,\{(\varphi(n) \to n \in X) \wedge (n \in X \to \psi(n))\}.$$

ただし，$\varphi(n)$ は Σ^0_1 論理式で，$\psi(n)$ は Π^0_1 論理式であり，どちらも X を自由変数として含まないものとする．　□

SP は**分離原理**(separation principle)を表す．上の分離原理において，前提の $\forall n\,(\varphi(n) \to \psi(n))$ を $\forall n\,(\varphi(n) \leftrightarrow \psi(n))$ に直したものが Δ^0_1 内包公理 (Δ^0_1-CA) (定義 7.1.2(2)) であることに注意せよ．つまり，WKL$_0$ は RCA$_0$ の (Δ^0_1-CA) を (Σ^0_1-SP) に置き換えたものと同値である．

補題 7.3.6 の証明　まず，WKL$_0$ において Σ^0_1 分離原理が成り立つことをいう．2 つの Σ^0_1 式 $\varphi_0(n), \varphi_1(n)$ が与えられ，$\forall n\,(\varphi_0(n) \to \neg\varphi_1(n))$，すなわち $\forall n\,\neg(\varphi_0(n) \wedge \varphi_1(n))$ と仮定する．各 $i = 0, 1$ に対して，$\varphi_i(n) \equiv \exists m\,\theta_i(m, n)$，ただし $\theta_i(m, n) \in \Sigma^0_0$ としてよい．すると，次のような集合 $T \subseteq \mathrm{Seq}_2$ が RCA$_0$ で定義できる．

$$t \in T \iff t \in \mathrm{Seq}_2 \wedge$$
$$\forall m, n < \mathrm{leng}(t)\,[(\theta_0(m, n) \to t(n) = 0) \wedge (\theta_1(m, n) \to t(n) = 1)].$$

この T が無限木になることは容易にわかるので，弱ケーニヒの補題により無限長の道 f が存在する．そこで，$X = \{n \mid f(n) = 0\}$ とおけば，$\forall n\,\{(\varphi_0(n) \to n \in X) \wedge (n \in X \to \neg\varphi_1(n))\}$ となることは明らかである．

次は，Σ^0_1 分離原理を使って，弱ケーニヒの補題を導く．任意の無限木 $T \subseteq \mathrm{Seq}_2$ を選んで固定しておく．いま，$i = 0, 1$ に対して，“$s \in \mathrm{Seq}_2$ かつ

$\{t \in T \mid s^\frown i \subseteq t\}$ が有限である” を表す Σ^0_1 論理式を $\varphi_i(s)$ とおく．ここで，$s^\frown i$ は 2 進列 s のあとに文字 i をつけたもので，厳密には $s \cup \{(\mathrm{leng}(s), i)\}$ である．また “木 T' が有限である” ことは十分大きな n に対して $T' \cap \{0,1\}^n = \varnothing$ と表現すれば，Σ^0_1 論理式で書ける．いま，$\varphi_i(s) \equiv \exists m\, \theta_i(m,s)$，ただし $\theta_i(m,s) \in \Sigma^0_0$ とおき，さらに Σ^0_1 分離原理を使うために

$$\varphi'_0(s) \equiv \exists m\,(\theta_0(m,s) \land \forall k{<}m\, \neg\theta_1(k,s)),$$
$$\varphi'_1(s) \equiv \exists m\,(\theta_1(m,s) \land \forall k{\le}m\, \neg\theta_0(k,s))$$

のような修正を行う．すると，$\forall n\, \neg(\varphi'_0(n) \land \varphi'_1(n))$，すなわち $\forall n\,(\varphi'_0(n) \to \neg\varphi'_1(n))$ が成り立つから，Σ^0_1 分離原理によって，$\forall n\,\{(\varphi'_0(n) \to n \in X) \land (n \in X \to \neg\varphi'_1(n))\}$ となる X が存在する．

この X を使って，2 進列の増加列 $s_0 \subset s_1 \subset \cdots$ を次のように再帰的に定義する．s_0 を空列とする．$s_n \in X$ のとき $s_{n+1} = s_n{}^\frown 1$，そうでないとき $s_{n+1} = s_n{}^\frown 0$ とおく．すると，任意の n について，$\{t \in T \mid s_n \subseteq t\}$ は無限集合であり，とくに $s_n \in T$ であることは簡単に確かめられる．したがって，$f = \{s_n\}$ は T の無限道になる． ▌

補題 7.3.6 を使えば，次の系を容易に得る．

系 7.3.7　WKL_0 は RCA_0 より真に強い． □

証明　RCA_0 の最小モデル (ω, Rec) が WKL_0 のモデルにならないことを示せば十分．Rec は ω の再帰的部分集合全体を表す．共通部分をもたない 2 つの Σ^0_1 集合 A, B で，再帰的に分離不能なものが存在することをいえばよい．$A = \{\ulcorner\sigma\urcorner \mid \mathsf{R} \vdash \sigma\}$ は算術の体系 R の定理のゲーデル数の集合とし，$B = \{\ulcorner\sigma\urcorner \mid \mathsf{R} \vdash \neg\sigma\}$ は同様に定理の否定のゲーデル数の集合とする．そして，A と B を分離する再帰的集合 C $(A \subset C \subset B^c)$ があると仮定して，矛盾を導く．まず，C が再帰的であるから，定理 4.2.7 より，ある Σ_1 論理式 $\varphi(x)$ が存在して，

$$n \in C \to \mathsf{R} \vdash \varphi(\overline{n}),$$
$$n \notin C \to \mathsf{R} \vdash \neg\varphi(\overline{n}).$$

対角化補題(補題 4.4.9)によって，

$$\mathsf{R} \vdash \sigma \leftrightarrow \neg\varphi(\overline{\ulcorner\sigma\urcorner})$$

となる σ がある．すると，

$$\ulcorner\sigma\urcorner \in C \to \mathsf{R} \vdash \varphi(\overline{\ulcorner\sigma\urcorner}) \to \mathsf{R} \vdash \neg\sigma \to \ulcorner\sigma\urcorner \in B,$$
$$\ulcorner\sigma\urcorner \notin C \to \mathsf{R} \vdash \neg\varphi(\overline{\ulcorner\sigma\urcorner}) \to \mathsf{R} \vdash \sigma \to \ulcorner\sigma\urcorner \in A.$$

よって，C は A, B を分離しない．すなわち，(Σ^0_1-SP) は (ω, Rec) で成り立たない． ∎

ACA_0 が WKL_0 より真に強いことを示すのにもいろいろな方法がある．その 1 つは，WKL_0 には最小モデルがなく，WKL_0 の任意のモデル (M, S) には，$A = \langle A_n \mid n \in M\rangle \in S$ が存在して，$(M, \{A_n\})$ が WKL_0 のモデルになるという事実から導かれる．この事実は，補題 8.3.2 のコンパクト性から(強 Π^0_1 従属選択公理(文献 [66], Lemma VIII. 2. 5)を経由して)証明できる．一見，不完全性定理に反する事実のようであるが，$(M, \{A_n\})$ 上の充足関係 $\models$ を定義するには ACA_0 が必要であるから，WKL_0 において WKL_0 のモデルの存在がいえたわけではない．しかし，もし ACA_0 が仮定されていれば WKL_0 のモデルが存在し，WKL_0 の無矛盾性が証明できたことになるので，ACA_0 が WKL_0 より真に強いことがわかる．

また，8.1 節で示すように，算術的論理式に関しては WKL_0 と RCA_0 は同等である．例えば，どちらも Σ^0_2 帰納法は使えないが，ACA_0 の 1 階部分は PA と同等で，任意の算術的帰納法が成り立つ．このように，これら 3 つの体系は異なる強さをもつ．

実数の話にもどろう．有理端点 p, q $(p < q)$ をもつ**開区間**の自然数コードを (p, q) で表す．$\mathbb{R}$ の**開集合**は開区間のコードの集合として定義(コード化)

される．さて，$\mathbb{R}$ の開集合 U が閉区間 $[0,1]$ を**覆う**（の**被覆**である）ことを，任意の実数 $x \in [0,1]$ に対して，あるコード $(p,q) \in U$ が存在して，$p < x < q$ となることとする．このとき，開集合 U が閉区間 $[0,1]$ を覆えば，U の有限部分集合 U' でやはり $[0,1]$ を覆うものが存在するというのが，**ハイネ - ボレルの**（**被覆**）**定理**である．まず，この定理が WKL_0 で証明できることを示そう．

補題 7.3.8　ハイネ - ボレルの定理は WKL_0 で証明できる．　□

証明　各 $s \in \mathrm{Seq}_2$ に，次のように定義される有理開区間 (a_s, b_s) を対応させる．

$$a_s = \sum_{i<\mathrm{leng}(s)} \frac{s(i)}{2^{i+1}},$$
$$b_s = a_s + \frac{1}{2^{\mathrm{leng}(s)}}.$$

このとき，$s \subseteq t$ ならば，$(a_t, b_t) \subseteq (a_s, b_s)$ である．

いま，閉区間 $[0,1]$ の開被覆 U が与えられたとする．直観を助けるために，コード i をもつ開区間を (p_i, q_i) と表すことにする．そして，木 $T \subseteq \mathrm{Seq}_2$ を以下のように定義する．

$$s \in T \leftrightarrow \neg\exists i \leq \mathrm{leng}(s)\,(i \in U \land p_i < a_s < b_s < q_i).$$

この T が無限道をもたないことを示す．そのために，無限道 $f \subseteq T$ があるとして矛盾を導こう．区間縮小法により，すべての $s \in f$ に対し $a_s \leq x \leq b_s$ となる実数 x が（ただ 1 つ）存在する．開集合 U は $[0,1]$ を覆っているから，ある $i \in U$ が存在して，実数 x は開区間 (p_i, q_i) に含まれる．このとき，十分長い $s \in f$ をとれば，$p_i < a_s \leq x \leq b_s < q_i$ となるはずである．しかし，これは $s \notin T$ を意味するので，矛盾である．

T が無限道をもたないならば，弱ケーニヒの補題（定義 7.3.5）により，T は有限集合である．つまり，十分大きな $n \in \mathbb{N}$ が存在して，T に属する列の長さはすべて n より短い．したがって，$\forall s\,(\mathrm{leng}(s) = n \to \exists i \leq n\,(i \in U \land p_i < a_s < b_s < q_i))$．よって，$\{i \in U \mid i \leq n\}$ は $[0,1]$ の有限被覆になっている．　■

定理 7.3.9 RCA_0 において WKL_0 とハイネ - ボレルの定理は同値である．

証明 すでに WKL_0 でハイネ - ボレルの定理が成り立つことを示したので，ハイネ - ボレルの定理を仮定して，弱ケーニヒの補題を導けばよい．最初に，証明のアイデアを述べておく．ハイネ - ボレルの定理は $[0,1]$ のコンパクト性を意味するので，その閉部分集合 $\{\sum_{i=0}^{\infty} f(i) \cdot 3^{-i-1} \mid f \in \{0,2\}^{\mathbb{N}}\}$ (3 進集合)のコンパクト性がいえる．よって，3 進集合と同相であるカントル空間 $\{0,1\}^{\mathbb{N}}$ のコンパクト性も導け，それは WKL_0 を含意する．

では準備として，各 $s \in \mathrm{Seq}_2$ に，次のように定義される有理開区間 (a_s, b_s) を対応させる．

$$a_s = \sum_{i<\mathrm{leng}(s)} \frac{2s(i)}{3^{i+1}},$$

$$b_s = a_s + \frac{1}{3^{\mathrm{leng}(s)}}.$$

2 進列 s のあとに文字 i をつけたものを簡単に $s^\frown i$ と表すことにすると，閉区間 $[a_{s^\frown 0}, b_{s^\frown 0}]$ と閉区間 $[a_{s^\frown 1}, b_{s^\frown 1}]$ はそれぞれ閉区間 $[a_s, b_s]$ の左右 3 分の 1 になっている．したがって，3 進集合 $\{\sum_{i=0}^{\infty} f(i) \cdot 3^{-i-1} \mid f \in \{0,2\}^{\mathbb{N}}\}$ に属さない実数 x に対しては，それを含む開区間 $(b_{s^\frown 0}, a_{s^\frown 1})$ がただ 1 つ存在する．とくに，$\bigcup\{(b_{s^\frown 0}, a_{s^\frown 1}) \mid s \in \mathrm{Seq}_2\}$ は 3 進集合の補集合である．

さらに，各 $s \in \mathrm{Seq}_2$ に対し，

$$a'_s = a_s - \frac{1}{3^{\mathrm{leng}(s)+1}},$$

$$b'_s = b_s + \frac{1}{3^{\mathrm{leng}(s)+1}}$$

とおく．すると，3 進集合に属する実数 x に対して，次の条件を満たす $f \in \{0,1\}^{\mathbb{N}}$ がただ 1 つ存在する．すなわち，任意の有限始切片 $s \subset f$ に対して，$x \in (a'_s, b'_s)$ となる．また，ここで 2 つの開区間 (a'_s, b'_s), (a'_t, b'_t) が共通部分をもつのは，s と t のどちらか一方が他方の始切片になる場合に限られることに注意する．

それでは，$T \subseteq \mathrm{Seq}_2$ を無限道をもたない任意の木とし，(空でない) T が有限であることを示そう．ここで，B を T に含まれない極小の 2 進列の集まりとする．つまり，$s \in B \iff s \notin T \wedge \forall t \subset s\,(t \neq s \to t \in T)$ とする．このとき，任意の無限道 $f \subseteq \mathrm{Seq}_2$ は B とちょうど 1 つの要素 s を共有し，$s \subset f$ となることは明らかである．

そこで，$U = \bigcup\{(a'_s, b'_s) \mid s \in B\} \cup \bigcup\{(b_{s^\frown 0}, a_{s^\frown 1}) \mid s \in \mathrm{Seq}_2\}$ とおけば，U は $[0,1]$ の開被覆になっている．ハイネ - ボレルの定理により，U の有限部分被覆 U' が存在する．どの $s \in B$ についても，(a'_s, b'_s) は他の $(a'_t, b'_t) \in U$ とは交わらないし，(a'_s, b'_s) は 3 進集合の補集合である $\bigcup\{(b_{s^\frown 0}, a_{s^\frown 1}) \mid s \in \mathrm{Seq}_2\}$ の部分集合にもならないので，U' は $\{(a'_s, b'_s) \mid s \in B\}$ をすべて含む．よって，B は有限集合である．B の要素の始切片全体から B の要素を除いてできる集合が T だから，それもまた有限である．∎

閉区間 $[0,1]$ のハイネ - ボレル性があれば，連続関数 $f : [0,1] \longrightarrow \mathbb{R}$ のさまざまな性質が導ける．

補題 7.3.10　WKL_0 において，連続関数 $f : [0,1] \longrightarrow \mathbb{R}$ は一様連続である．□

証明　$n \in \mathbb{N}$ を任意に固定しておく．$\forall x, y \in [0,1]\,(|x-y| < d \to |f(x) - f(y)| < 2^{-n})$ となる有理数 $d > 0$ の存在を示したい．連続関数 f のコードを F とし，コード i をもつ開区間を (p_i, q_i) と表す．そして，次のような開集合 U を定義する．

$$i \in U \quad \iff \quad \exists j < i\,((p_i, q_i, p_j, q_j) \in F \wedge q_j - p_j < 2^{-n-1}).$$

まず，この集合が $[0,1]$ の開被覆になっていることを示す．任意の実数 $x \in [0,1]$ に対し，$x \in \mathrm{dom}\, f$ だから，$p'_i < x < q'_i \wedge q_j - p_j < 2^{-n-1}$ となる $(p'_i, q'_i, p_j, q_j) \in F$ が存在する．さらに，$p'_i \leq p_i < x < q_i \leq q'_i$ となる i は無限に存在するので，$i > j$ ととれば，$i \in U$ で $p_i < x < q_i$ である．よって，U は $[0,1]$ の開被覆となる．

ここで，ハイネ-ボレルの定理により，U は有限部分被覆 U' をもつ．そこで，U' に属する区間 (p_i, q_i) の幅 $q_i - p_i$ の最小値を d とおく．この d が一様収束条件を満たすことを示そう．いま，$|x-y| < d$ となる実数 $x, y \in [0,1]$ を任意に選ぶ．すると，x, y をそれぞれに含む2つあるいは同一の開区間 (p_i, q_i)，(p'_i, q'_i) で重なり合うもの，つまり共有点 z をもつものが必ず U' に存在する．U の定義から，$|f(x) - f(z)| < 2^{-n-1}$ かつ $|f(y) - f(z)| < 2^{-n-1}$ であるから，$|f(x) - f(y)| < 2^{-n}$ となり，題意が満たされた． ▮

補題 7.3.11 WKL_0 において，連続関数 $f : [0,1] \longrightarrow \mathbb{R}$ はある点 $x = a$ で最大値 $f(a)$ をとる． □

証明 最初に，f の値域の上限 M が存在することを示す．補題7.3.10の証明において，U は Σ^0_0 式で定義されている．また，与えられた有限個の開区間の集合が $[0,1]$ を覆うかどうかは有限的に決定できる．したがって，U の有限部分集合を全部並べておいて，順次 $[0,1]$ の開被覆になるかどうか調べていくと，いつかは求める有限部分被覆 U' が得られる．つまり，WKL_0 において，$n \in \mathbb{N}$ から U' を取り出す関数は再帰的関数であるから，Δ^0_1 式で定義でき，その存在は WKL_0 でいえる．各 $n \in \mathbb{N}$ と各 $i \in U'$ に対し，$(p_i, q_i, p_{j_i}, q_{j_i}) \in F \wedge q_{j_i} - p_{j_i} < 2^{-n-1}$ となる $j_i < i$ を選んで，$M_n = \max\{q_{j_i} \mid i \in U'\}$ とおく．すると，有理数列 $\{M_n\}$ は実数になり，それが f の値域の上限 M であることは明らかである．

あとは，$f(a) = M$ となる点 $x = a$ の存在をいえばよい．以下の証明のために，$M_n = \max\{p_{j_i} \mid i \in U'\}$ と置き直す．これによって，任意の n について，$M_n \leq M = \{M_n\}$ となっている．さて，すべての $x \in [0,1]$ に対し，$f(x) < M$ と仮定してみよう．そして，次のような開集合 V を定義する．

$$i \in V \quad \Longleftrightarrow \quad \exists j < i, \exists n < i\,((p_i, q_i, p_j, q_j) \in F \wedge q_j < M_n).$$

この集合が $[0,1]$ の被覆になっていることを示す．任意の実数 $x \in [0,1]$ に対し，$f(x) < M$ だから，$p'_i < x < q'_i \wedge p_j \leq f(x) \leq q_j < M_n \leq M$ となる $(p'_i, q'_i, p_j, q_j) \in F$ および n が存在する．ここで，$p'_i \leq p_i < x < q_i \leq q'_i$ と

なる i は無限に存在するので，$i > \max\{j, n\}$ ととれば，$i \in V$ で $p_i < x < q_i$ である．よって，V は $[0,1]$ の開被覆となる．

再びハイネ‐ボレルの定理により，V は有限部分被覆 V' をもつ．そこで，V' に属する区間 (p_i, q_i) に対応する q_j の最大値を M' とおくと，連続関数の値の定義から，M' は値域の上界になる．他方，V' の有限性から，ある n に対して，$M' < M_n \le M$ となる．これは M が上限であることに矛盾する． ∎

逆に，上の 2 つの補題で述べた性質から WKL_0 を導くことができる．実際，次のような定理が成り立つ．

定理 7.3.12　次のどの 2 つも RCA_0 上で同値になる．

(1)　WKL_0

(2)　連続関数 $f : [0,1] \longrightarrow \mathbb{R}$ は一様連続である．

(3)　連続関数 $f : [0,1] \longrightarrow \mathbb{R}$ は有界である．

(4)　有界な連続関数 $f : [0,1] \longrightarrow \mathbb{R}$ が上限をもつ．

(5)　上限をもつ連続関数 $f : [0,1] \longrightarrow \mathbb{R}$ が最大値をとる．

証明　(1) から (2), (3), (4), (5) を導くのは，先程の 2 つの補題による．そこで，(1) を否定して，(2), (3), (4), (5) のそれぞれの反例が得られればよい．

最初に，(1) の否定を仮定する．すると，無限道をもたない無限木 $T \subseteq \mathrm{Seq}_2$ が存在する．ハイネ‐ボレルの定理の証明（補題 7.3.8）で示したように，各 $s \in \mathrm{Seq}_2$ に対し，次の 2 つの有理数 a_s, b_s を定義する．

$$a_s = \sum_{i < \mathrm{leng}(s)} \frac{s(i)}{2^{i+1}},$$

$$b_s = a_s + \frac{1}{2^{\mathrm{leng}(s)}}.$$

いま，B を T に含まれない極小の 2 進列全体とし，$s \in B$ に対して，閉区間 $[a_s, b_s]$ を対応させて，その全体を J とおく．すると，各実数 $x \in [0,1]$ は J に含まれるどれか 1 つの区間の内点であるか，あるいは 1 つまたは 2 つの区間の端点になる．このような性質をもつ無限集合 J を**特異閉被覆**とよぶ．

この特異閉被覆 J を用いて，(3) の反例を作る．(2) ならば (3) は明らかだから，これは (2) の反例でもある．J に属する各区間 $[a_s, b_s]$ において定義される連続関数 f_s を次のように定義する．

$$f_s(x) = \begin{cases} \mathrm{leng}(s)\dfrac{2(x-a_s)}{b_s-a_s} & \left(a_s \leq x \leq \dfrac{a_s+b_s}{2} \text{ のとき}\right) \\ \mathrm{leng}(s)\dfrac{2(b_s-x)}{b_s-a_s} & \left(\dfrac{a_s+b_s}{2} \leq x \leq b_s \text{ のとき}\right) \end{cases}.$$

すなわち，f_s は両端点 $x = a_s, b_s$ で 0 をとり，中点 $x = \frac{(a_s+b_s)}{2}$ で $\mathrm{leng}(s)$ をとり，それ以外では端点と中点の値を直線で結んで定義されるものである．そして，これらの関数 f_s をすべてつなぎあわせたものを f とおくと，f は明らかに連続だが，有界ではない（厳密には連続関数 f のコードの存在も調べる必要があるが，それは読者にまかせる）．

(4) と (5) の反例の作り方もこれまでとほぼ同様である．まず，(5) については，上で f_s の最大値を $\mathrm{leng}(s)$ としたのを，$1-2^{-\mathrm{leng}(s)}$ に置き換えれば，結合した関数 f は明らかに 1 を上限とする．しかし，関数 f が最大値 1 を取り得るような点は被覆 J のどの区間にも存在しないので，$[0,1]$ にも存在しない．

(4) の反例には，定理 7.3.4(4) を用いる．WKL_0 を否定すれば，ACA_0 も否定されるので，有界な増加有理数列 $\{c_n\}$ で，上限をもたないものが存在する．あとは，上の f_s の最大値を $c_{\mathrm{leng}(s)}$ として，以下同様である．∎

注　定理 7.3.12 の (4), (5) において，“連続関数” を “一様連続な関数” に置き換えることができる．(1) の否定からそれらの反例を作る場合，さらに一様連続性を満たすようにする必要があり，それには 3 進集合に対する特異閉被覆を利用すればよい．

さて，これまでは 1 変数の実関数のみを議論してきたが，もっと一般的な空間における多変数関数をあつかうことができる．このことを簡単にみてみよう．

集合 $A \subseteq \mathbb{N}$ に（擬）距離 $d : A \times A \longrightarrow \mathbb{R}$ が定義されているとする．すなわ

ち，d は次を満たす関数である．

(1)　$d(a,a)=0$,

(2)　$d(a,b)=d(b,a)$,

(3)　$d(a,b)+d(b,c)\geq d(a,c)$.

このとき，$\forall n\,\forall i\,d(a_n,a_{n+i})\leq 2^{-n}$ を満たす A の点列 $\{a_n\}$ を $\widehat{A}$ の点といい，$\{a_n\}\in\widehat{A}$ と書く．また，すべての n について，$a_n=a\in A$ となる $\{a_n\}$ を a と同一視することで，A を $\widehat{A}$ の部分集合とみなす．

例 2　$A=\mathbb{Q}$, $d(p,q)=|p-q|$ とすると，$\widehat{A}$ は $\mathbb{R}$ に他ならない．また，$A=\mathbb{Q}^2$, $d((p,q),(p',q'))=\sqrt{(p-p')^2+(q-q')^2}$ としたとき，$\widehat{A}$ は $\mathbb{R}^2$ である．

一般に，$\widehat{A}$ の 2 点 $x=\{a_n\}$, $y=\{b_n\}$ に対して，それらの距離を

$$d(x,y)=\{c_n\}\qquad \text{ただし，} c_n \text{ は } d(a_{n+3},b_{n+3})=\{c_k\} \text{ の } n \text{ 番目の要素}$$

と定義すれば，$\widehat{A}$ 自体も**距離空間**と考えられる．

いま，距離空間 $\widehat{A}$ において，$a\in A$ を中心とし有理半径 $r>0$ をもつ**開球** $B_r(a)$ をペア (a,r) $(\in A\times\mathbb{Q}^+)$ でコード化する．**開集合**は，開球のコードの集合として定義する．距離空間 $\widehat{A}$ から距離空間 $\widehat{B}$ への**連続関数** f のコード F は，$A\times\mathbb{Q}^+\times B\times\mathbb{Q}^+$ の部分集合であり，$\mathbb{R}$ から $\mathbb{R}$ への連続関数と同様な条件を満たすものとする．すなわち，$(a,r,b,s)\in F$ が，$x\in B_r(a)\to f(x)\in\overline{B_s(b)}$ (閉球) を意味するように定める．

さて，n 変数連続関数についての極めて応用の広い定理が，「どんな連続関数 $f:[0,1]^n\longrightarrow[0,1]^n$ も不動点をもつ」という**ブラウワーの不動点定理**である．ここで，f の不動点とは $f(x)=x$ となる点 x である．$n=1$ の場合は中間値の定理からただちに導けるので RCA_0 で成り立つが，$n>1$ の場合は RCA_0 では証明できない．

定理 7.3.13　ブラウワーの不動点定理は RCA_0 上で WKL_0 と同値である．

証明　ブラウワーの不動点定理に対しては，いろいろな証明方法が知られているが，それらの多くに共通する点は，関数 f の一様連続性を用いて有限の組合せ問題(例．スペルナの定理)に還元することである．先に示した定理と同様，n 変数関数の場合も一様連続性が WKL_0 で証明できるので，その他は不動点定理の普通の証明をそのまま WKL_0 で行えばよい(演習問題)．

逆を示すために，WKL_0 を否定して，不動点をもたない連続関数 $h : [0,1]^2 \longrightarrow [0,1]^2$ を作る．まず，定理 7.3.12 の証明のように，WKL_0 の否定から $[0,1]$ の特異閉被覆 J が存在する．これを使って，$[0,1]^2$ から $[0,1]^2$ の境界 B への**牽縮写像**(retraction) (B 上で不変な連続関数) f を構成する．そのような f が存在すれば，B を $90°$ 回転させる操作 g をその後につけ加えることで，不動点をもたない連続関数 $h = g \circ f$ が得られる．

それでは，牽縮写像 f の作り方を示そう．最初に，$J = \{I_i \,|\, i \in \mathbb{N}\}$ とおき，さらに I_0 の左端が 0，I_1 の右端が 1 であるとする．そして，$A_k = \bigcup_{i \leq k}(I_i \times I_k \cup I_k \times I_i)$ とおく．すると，$[0,1]^2 = \bigcup_k A_k$ である．いま，関数 f が $\bigcup_{i<k} A_i$ の上で定義されているとして，A_k の上の定義を与えよう．

A_k を連結な部分に分け，それらを $P_0, P_1, \ldots, P_m$ とする．このとき，P_l $(l \leq m)$ の辺が，$\bigcup_{i<k} A_i$ または $[0,1]^2$ の境界 B に接していれば，その辺の移る先はすでに定まっていることになる．しかし，A_k の形から考えて各 P_l は $\bigcup_{i<k} A_i$ または B に接しない辺を 1 つ以上もつことがわかる．

そこで，各 P_l において，1 つの自由な辺を除いた残りの辺全体を D_l とし，P_l から D_l への牽縮写像を作る．それから，D_l を境界 B へ連続に移せばよい．このとき，D_l のなかに含まれる自由な辺は，拘束されている辺の射影と連続性を保つようにして適当に移せばよい．こうして，各 P_l から境界 B の連続写像が定まり，これらをあわせたものが写像 f の A_k 上への制限である．

こうして定義された f が $[0,1]^2$ から $[0,1]^2$ の境界 B への牽縮写像であることは明らかである．よって，WKL_0 の否定の下で，不動点定理の反例が得られた． ∎

上の証明では，作られた f (および h) が連続関数のコードをもつことは示していない．そのためには，最初に $\mathbb{R}^2$ 上の連続関数が何かを正確に定義しておく必要があったし，f の構造も細部まできちんと記述する必要があった．その辺まで気になる人たちのために，少し考えるヒントを出しておく．まず，f のコード $F = \{(U_0, U_1) \mid U_i$ は $\mathbb{R}^2$ の開球で，$f(U_0) \subseteq \overline{U_1}\}$ となればよいが，このままでは右辺が複雑すぎてその存在は RCA_0 ではいえない．しかし，十分大きな k について，U_0 が $\bigcup_{i<k} A_i$ に含まれれば(あるいは含まれる部分だけを考えてよければ)，$f(U_0) \subseteq \overline{U_1}$ は簡単な Δ^0_1 関係で表すことができるだろう．U_0 をこのように小さくとることはコードの制約にはならない．さらに k を U_0 のコード以下にとるトリックを用いることで，コード全体を Δ^0_1 で書くことができる．

ブラウワーの不動点定理を無限次元空間 $[0,1]^{\mathbb{N}} (\subseteq \mathbb{R}^{\mathbb{N}})$ に拡張したものが**チコノフ - シャウダーの不動点定理**で，やはり WKL_0 で証明できる．これを用いて常微分方程式の局所解の存在に関する**コーシー - ペアノの定理**も WKL_0 で証明され，またその逆もいえることがわかっている．付言すると，コーシー - ペアノの定理の普通の証明では，まず解の折れ線近似列を作り，アスコリ - アルツェラの補題を用いて求める解の存在をいうが，アスコリ - アルツェラの補題が WKL_0 で証明できない[*8]ので，この証明は WKL_0 に乗らない．WKL_0 におけるさまざまな不動点定理の証明とその応用は文献 [75] によってなされた．

7.4　ケーニヒの補題とラムジーの定理

「弱」のつかない，一般のケーニヒの補題について述べるため，p.244 の「木」の概念を 2 進列から自然数列に拡張する．長さ n の自然数列の集合，つまり定

*8 定理 7.3.4 において，ACA_0 との同値性が示されたボルツァーノ - ヴァイエルシュトラスの定理は，アスコリ - アルツェラの補題からその特殊ケースとして導くことができる．実際，アスコリ - アルツェラの補題は ACA_0 と同値になることが知られている(文献 [66])．

義域 $\{i \in \mathbb{N} \mid i < n\}$ をもつ関数(のコード)の集合を Seq で表す．Seq の部分集合 T で，その各要素のすべての始切片が再び T の要素となるようなものを**木**(tree)とよぶ．Seq_2 における「木」は，Seq においても特殊な木である．各要素 $s \in T$ が高々有限個の子 $s^\frown m \in T$ $(m \in \mathbb{N})$ しかもたない木 T を**有限分岐木**という．また，木 T の部分木で，枝別れのないものを T の**道**(path)という．

ケーニヒの補題は「無限個の点を含む有限分岐木は必ず無限長の道をもつ」という主張である．もちろん，2 進列だけからなる木は有限分岐木であるから，弱ケーニヒの補題はケーニヒの補題の特殊な場合である．しかし，これから示すようにケーニヒの補題は ACA_0 と同値になるので，弱ケーニヒの補題からケーニヒの補題を導くことはできない．

定理 7.4.1 RCA_0 において次のどの 2 つも互いに同値になる．

(1) ACA_0

(2) ケーニヒの補題

(3) 各要素 $s \in T$ が高々 2 個の子 $s^\frown m \in T$ $(m \in \mathbb{N})$ しかもたない無限木 T が，無限長の道をもつ．

注 上の (3) で，子 $s^\frown m \in T$ に対する m の大きさが有界でないことが重要である．m の大きさを木全体で有界にすれば，弱ケーニヒの補題と同等な命題になる．

証明 (1) ⇒ (2) を示す．無限の有限分岐木 T が与えられたとき，無限個の子孫 $t \supseteq s$ をもつような点 $s \in T$ を集め，T' とおく（(Π^1_0-CA) による）．そして，原始再帰法を用いて T' の道 g を次のように定めればよい．

$$g(0) = \text{空列}, \qquad g(n+1) = g(n)^\frown m,$$

ただし，m は $g(n)^\frown m \in T'$ となる最小の数.

(2) ⇒ (3) は自明である．(3) ⇒ (1) を示すために，(3) を仮定して，補題 7.3.3 の (3)，つまり任意の 1 対 1 関数 $f : \mathbb{N} \longrightarrow \mathbb{N}$ を与えてその値域が存在することをいう．木 T を以下のように定義する．

$$s \in T$$
$$\iff \quad \text{(a)} \quad \forall m, n < \mathrm{leng}(s)\,(f(m) = n \leftrightarrow s(n) = m+1),$$
$$\text{(b)} \quad \forall n < \mathrm{leng}(s)\,(s(n) > 0 \to f(s(n)-1) = n).$$

すると，各要素 $t \in T$ は高々 2 つの子 $t^\frown k \in T$ しかもたない．なぜなら，(b) において $s = t^\frown k$, $n = \mathrm{leng}(t)$ とすれば，$k = 0$ か $k = f^{-1}(n) + 1$ である．

次に，木 T が無限集合になることを示す．そのためには，任意の $k \in \mathbb{N}$ に対し，$\mathrm{leng}(s) = k$ となる列 $s \in T$ の存在をいえばよい．まず，(有界 Σ^0_1-CA) により，$Y = \{n \in \mathrm{ran}\, f \mid n < k\}$ が存在する．そして，長さ k の列 s を次のように定義する．$n < k$ に対して，

$$s(n) = \begin{cases} 0 & (n \notin Y \text{ のとき}) \\ m+1 & (n \in Y \text{ かつ } f(m) = n \text{ のとき}). \end{cases}$$

このとき，$s \in T$ は明らかである．

さて，仮定 (3) より，木 T は無限の道 g をもつ．T の定義 (a) によって，

$$\forall m, n\,(f(m) = n \leftrightarrow g(n) = m+1).$$

そこで，$X = \{n \mid g(n) > 0\}$ とおけば，$X = \mathrm{ran}\, f$ である．　▮

次に，**ラムジーの定理**について述べる．この定理は，ある形の 1 階論理式に対する決定問題を解決するために，ラムジーが導入したものである[*9]．組合せや色分けといった用語で述べる方がわかりやすいため，ここでもそのような説明をする．

まず，集合 $X \subseteq \mathbb{N}$ の k 個の要素を大きさの順に並べた列 $(m_1, \ldots, m_k)$ の全体を $[X]^k$ とする．(無限) ラムジーの定理 RT^k_l は $[\mathbb{N}]^k$ を l 色に塗り分けた

[*9] ラムジーの論文『形式論理の問題』(1930)．ヒルベルト - アッケルマンの本 [19] で数理論理学の中心問題とされた「決定問題」に対して，いわゆるラムジーの定理を用いて，部分的解答を与えた．しかし，そのすぐ後 (1932)，ゲーデルらがより良い解を得ている．そして，チャーチとチューリングは，決定問題が完全に解けないことを証明した (1936)．なお，ラムジー (Ramsey) は「ラムゼイ」と書かれることもある．

とき，無限集合 $X \subseteq \mathbb{N}$ が存在して，$[X]^k$ は同色になるというものである[*10]．もう少し正確に述べると次のようである．

定義 7.4.2　$k, l > 0$ を自然数とする．ラムジーの定理 RT^k_l は次の言明である．

$$\forall f : [\mathbb{N}]^k \longrightarrow \{0, 1, \ldots, l-1\}\ \exists X \subseteq \mathbb{N}\ (X \text{ は無限集合} \land f \text{ は } [X]^k \text{ 上で定数})$$
□

例えば，RT^2_l はこう解釈できる．自然数のペア $\{m, n\}$ 全体を l 色で色分けするなら，必ず無限集合 X が存在して，X の要素のペアはすべて同じ色になる．このような条件を満たす X は，**彩色関数** (coloring function) f に対する**等質** (homogeneous) 集合とよばれる．また，色分け数を固定しないものを，単に RT^k と書く．すなわち，$\mathsf{RT}^k \equiv \forall l \in \mathbb{N}\,(\mathsf{RT}^k_l)$．すると，任意の標準自然数 $l \geq 2$ に対する RT^k_l と RT^k_2 の同値性はメタ帰納法で RCA_0 においても証明できるが，RT^k と RT^k_2 の同値性には体系内の帰納法が必要になり，RT^k は Π^1_2 式だから，RCA_0 の帰納法では一般に示せない．

まず，RT^1 の強さについて考えてみよう．これは (無限版) 鳩の巣原理 PHP (pigeon hole principle) ともよばれる．標準自然数 $l \geq 1$ に対する RT^1_l は明らかに RCA_0 でも成り立つ．問題は，$\forall l\, \mathsf{RT}^1_l$ を導くのに帰納法をどこまで制限できるかである．

定理 7.4.3[*11]　RCA_0 において，RT^1 は $\mathsf{B}\Pi^0_1$ と同値である．

注　採集原理については，定義 4.3.1 とその脚注および続く 2, 3 の補題を参照されたい．$\mathsf{B}\Pi_1$ は $\mathsf{B}\Sigma_2$ と同値であり，また $\mathsf{I}\Sigma_2 \supset \mathsf{B}\Sigma_2 \supset \mathsf{I}\Sigma_1$ がわかっている．さらに，こ

---

*10 $[\{0, \ldots, n-1\}]^k$ を l 色に塗り分けたとき，m 要素集合 $X \subseteq \{0, \ldots, m\}$ が存在して，$[X]^k$ は同色になるという主張を有限ラムジーの定理といい，$m \to (n)^k_l$ で表す．有限版の定理は，無限版からコンパクト性の議論によって導くことができる．

*11 ハーストが学位論文 (1987) で示した結果．$\mathsf{B}\Pi^0_1$ は $\{(\mathsf{B}\varphi) \mid \varphi \in \Pi^0_1\}$ を表す．

れらの包含関係が厳密であることが，次の例によって示される．$\mathfrak{A}$ を $\mathsf{I}\Sigma_1$ の超準モデルとして，

$K^2 = \{a \in A \mid a$ は，ある Σ_2 論理式 $\varphi(x)$ を $\mathfrak{A}$ で満たす唯一の元である $\} \neq \omega$

とすると，$\mathfrak{A}$ の領域を K^2 に制限した部分構造 $\mathfrak{K}^2$ は $\mathsf{I}\Sigma_1$ のモデルであるが，$\mathsf{B}\Sigma_2$ を満たさない．また，

$$I^2 = \{a \in A \mid \text{ある } b \in K^2 \text{ が存在して，} a < b\}$$

とおくと，$\mathfrak{A}$ の領域を I^2 に制限した部分構造 $\mathfrak{I}^2$ は $\mathsf{B}\Sigma_2$ のモデルであるが，$\mathsf{I}\Sigma_2$ を満たさない（詳細は，文献 [50], [55] を参照）．補題 7.1.3 および定理 8.1.10 により WKL_0 は $\mathsf{I}\Sigma_1$ の保存的拡大であるから，$\mathsf{B}\Pi^0_1$ は WKL_0 では証明できないが，もちろん ACA_0 では証明できる．

証明　まず，RT^1 から $\mathsf{B}\Pi^0_1$ を導く．$\mathsf{B}\Pi^0_1$ を示すため，Π^0_1 論理式 $\forall z\, \varphi(x,y,z)$（ただし，$\varphi \in \Sigma^0_0$）について，$\forall x < u\, \exists y\, \forall z\, \varphi(x,y,z)$ を仮定して，$\exists v\, \forall x < u\, \exists y < v\, \forall z\, \varphi(x,y,z)$ を導く．いま，次のような Σ^0_0 関数 $f : \mathbb{N} \longrightarrow \mathbb{N}$ を考える．

$$f(w) = \mu v < w\, (\forall x < u\, \exists y < v\, \forall z < w\, \varphi(x,y,z)).$$

ただし，右辺の条件を成り立たせる v がないときは，$f(w) = w$ とする．関数 f の値域が有限の場合，RT^1 により，ある無限集合 H が存在して，その上で $f(w)$ は定数値 v_0 をとる．すなわち，

$$\forall w \in H\, (\forall x < u\ \exists y < v_0\ \forall z < w\ \varphi(x,y,z))$$

となるが，これから結局，

$$\forall w\, (\forall x < u\, \exists y < v_0\, \forall z < w\, \varphi(x,y,z))$$

がいえる．RCA_0 でも成り立つ $\mathsf{B}\Sigma^0_0$ の対偶から，$\forall w\, \exists y < v_0\, \forall z < w\, \varphi(x,y,z)$ ならば，$\exists y < v_0\, \forall z\, \varphi(x,y,z)$ である．よって，$\forall x < u\, \exists y < v_0\, \forall z\, \varphi(x,y,z)$ となり，$\mathsf{B}\Pi^0_1$ が示された．

関数 f の値域が無限の場合，単調増加列 $\{t_n\}$ で，$f(t_n) < f(t_{n+1})$ となるものが RCA_0 でとれる．そこで，関数 $g : \mathbb{N} \longrightarrow \{0, 1, \ldots, u-1\}$ を次のように定義する．

$$g(n) = \mu x < u\, \forall y < f(t_n)\, \exists z < t_n\, \neg\varphi(x,y,z).$$

すると，RT^1 から，無限集合 H が存在して，その上で $g(n)$ は定数値 x_0 をと

る．H は無限だから，任意の y に対して，$y < f(t_n)$ となる $n \in H$ が存在する．このとき，$\exists z < t_n \neg\varphi(x_0, y, z)$，つまり $\forall y \exists z \neg\varphi(x_0, y, z)$ となるから，最初の仮定に反する．

次に，$\mathsf{B}\Pi^0_1$ を仮定し，RT^1 を導く．任意の関数 $f : \mathbb{N} \longrightarrow \{0, 1, \ldots, u-1\}$ に対して，$f^{-1}(x)$ が無限になる $x < u$ があることをいえばよい．

背理法で，すべての x に対して，$f^{-1}(x)$ が有限と仮定する．すなわち，$\forall x < u \, \exists y \forall z \, (z > y \to f(z) \neq x)$ とする．$\mathsf{B}\Pi^0_1$ より，$\exists v \forall x < u \exists y < v \forall z \, (z > y \to f(z) \neq x)$ となる．したがって，$\exists v \forall x < u \forall z > v-1 \, (f(z) \neq x)$，よって $\exists v \, \forall x < u \, (f(v) \neq x)$ となるが，これは明らかに不合理である．以上から，RT^1 が得られた． ∎

この定理からわかることは，RT^1 の強さが，ACA_0 と RCA_0 の中間にあって，WKL_0 と比較不能であることである．RT^2 の強さはさらに特定し難くなる．まず，次を示しておく．

定理 7.4.4 ACA_0 では，RT^1 および $\forall k \, (\mathsf{RT}^k \to \mathsf{RT}^{k+1})$ が証明可能である．

証明 RT^1 は定理 7.4.3 と $\mathsf{B}\Pi^0_1$ が ACA_0 で成り立つことから明らか．そこで，RT^k を仮定し，RT^{k+1} を示す．いま，$f : [\mathbb{N}]^{k+1} \longrightarrow \{0, 1, \ldots, l-1\}$ を任意に与える．この f に対する等質集合 X を作るのに，ケーニヒの補題を用いる．そのために，次のような木 T を定義する．

$t \in T \iff$ 任意の $n < \mathrm{leng}(t)$ について以下が成り立つ．

(1) $\max\{t(m) \mid m < n\} < t(n)$.

(2) 任意の $m_1 < \cdots < m_k < m < n$ に対し，

$$f(t(m_1), \ldots, t(m_k), m) = f(t(m_1), \ldots, t(m_k), t(n)).$$

(3) $\max\{t(m) \mid m < n\} < j < t(n)$ ならば，$m_1 < \cdots < m_k < n$

> が存在して，
>
> $$f(t(m_1), \ldots, t(m_k), j) \neq f(t(m_1), \ldots, t(m_k), t(n)).$$

この木 T は，**エルデシュ - ラドーの木**とよばれる．

まず，木 T が有限分岐木であることを示そう．$t \in T$ を任意に選び，その長さを n とする．いま，$j > t(n-1)$ に対し，

$$\widehat{f_j}(m_1, \ldots, m_k) = f(t(m_1), \ldots, t(m_k), j)$$

により，関数 $\widehat{f_j} : [0, \ldots, n-1]^k \longrightarrow \{0, \ldots, l-1\}$ を定義する．すると，$j \neq j'$ で $t^\frown j \in T$ かつ $t^\frown j' \in T$ ならば，$\widehat{f_j} \neq \widehat{f_{j'}}$ が次のようにいえる．$t(n-1) < j < j'$ の場合，$t^\frown j' \in T$ に対して木の条件 (3) を当てはめれば ($t(n) = j'$ と考えよ)，$\widehat{f_j} \neq \widehat{f_{j'}}$ を得る．$t(n-1) < j' < j$ の場合も同様である．さて，$[0, \ldots, n-1]^k$ から $\{0, \ldots, l-1\}$ への関数は有限個しかない．したがって，$t^\frown j \in T$ となる j も有限個である．

次に，T が無限集合になることを示す．そのためには，任意の $j \in \mathbb{N}$ に対して，それを含む列 s (すなわち，ある n について $s(n) = j$) が T の中に存在することをいえばよい．いま，j を固定し，次の条件を満たす最長(あるいは極大長)の T の要素を t とする．

> (1°)　$\max\{t(m) \mid m < \mathrm{leng}(t)\} < j.$
>
> (2°)　任意の $m_1 < \cdots < m_k < m < \mathrm{leng}(t)$ に対し，
>
> $$f(t(m_1), \ldots, t(m_k), m) = f(t(m_1), \ldots, t(m_k), j).$$

空列は上の条件 (1°), (2°) を満たし，また条件 (1°) にかなう T の要素は高々 $j!$ 個であるから，2 条件を満たす最長の列 t は明らかに存在する．この列 t の長さを n とする．そして，$t' = t^\frown j$ とおくと，$t' \in T$ である．実際，t' が木の条件 (1), (2) を満たすことは，それぞれ上の条件 (1°), (2°) から明らか．いま，条件 (3) が成り立たないとすると，$\max\{t(m) \mid m < n\} < j' < j$ となる

j' が存在し，任意の $m_1 < \cdots < m_k < n$ に対して，

$$f(t(m_1), \ldots, t(m_k), j') = f(t(m_1), \ldots, t(m_k), j)$$

となる．j' をそのような最小のものとすれば，$t^\frown j'$ は木 T に属する．また，このとき，$t^\frown j'$ が条件 (1°), (2°) を満たすことも明らかであるから，これは t の最長性に反する．よって，T は無限集合である．

以上によって，エルデシュ - ラドーの木 T は無限の有限分岐木となり，ケーニヒの補題により無限の道 g をもつ．まず，条件 (1) より，g は単調増加関数であること $(m<n \to g(m)<g(n))$ に注意しておく．いま，関数 $\widehat{f} : [\mathbb{N}]^k \longrightarrow \{0, \ldots, l-1\}$ を次のように定義する．

$$\widehat{f}(m_1, \ldots, m_k) = f(g(m_1), \ldots, g(m_k), g(m)).$$

ただし，$m_1 < \cdots < m_k < m$ である．この定義が，m の選び方によらないことは，条件 (2) で保証される．ここで，仮定 RT^k を用いて，$\widehat{f}$ に対する無限等質集合を X' とする．最後に，$X = \{g(m) \mid m \in X'\}$ とおけば，これが f に対する無限等質集合であることは明らかである． ∎

RT^k は Π^1_2 式だから，定理 7.4.4 から $\forall k\, \mathsf{RT}^k$ を導くことは ACA_0 の帰納法ではできない．パリスとハーリントンは，$\forall k\, \mathsf{RT}^k$ の特徴を 1 階算術の言葉で巧妙に表現した命題 PH*12を作り，PH が PA から独立であることを証明した．

補題 7.4.5 RCA_0 において，RT^3_2 から ACA_0 が導ける． □

証明 RT^3_2 を仮定する．補題 7.3.3(2) により，(Σ^0_1-CA) を証明すればよい．任意の Σ^0_1 式 $\varphi(m)$ を選び，Σ^0_0 式 $\theta(m,n)$ を使って，$\varphi(m) \leftrightarrow \exists n\, \theta(m,n)$ と表す．いま，2 色関数 $f : \mathbb{N}^3 \longrightarrow \{0,1\}$ を次のように定義する．

$$f(a,b,c) = \begin{cases} 1 & (\forall m<a\,(\exists n<c\,\theta(m,n) \to \exists n<b\,\theta(m,n))\ \text{のとき}) \\ 0 & (\text{そうでないとき}). \end{cases}$$

---

*12 パリス - ハーリントンの命題 PH は，有限ラムジーの定理 $m \to (n)^k_l$ において，等質となる m 要素集合 X の最小要素が m よりも大きいという条件を加えたもの．

この定義は Σ^0_0 であり，RCA_0 でも関数 f は存在する．

さて，RT^3_2 により，f に対する無限等質集合 X が存在する．このとき，$[X]^3$ における f の値は常に 1 か常に 0 であるが，後者にならないことを背理法で示そう．集合 X から任意の元 a を選び，さらにそれより大きな X の元を $a+2$ 個選んで $a < b_0 < b_1 < \cdots < b_{a+1}$ とする．各 $i < a+1$ に対し，もし $f(a, b_i, b_{i+1}) = 0$ ならば，$\exists n{<}b_{i+1}\,\theta(m,n)$ かつ $\neg\exists n{<}b_i\,\theta(m,n)$ となる $m < a$ が存在するので，その最小のものを選んで m_{i+1} としよう．明らかに，$i \neq j$ ならば $m_{i+1} \neq m_{j+1}$ である．しかし，a より小さい数は a 個しかないから，$m_1, \ldots, m_{a+1}$ をすべて異なるようにはとれない．すなわち，f が常に値 0 をとることはできない．

以上により，任意の $(a,b,c) \in [X]^3$ に対し，$\forall m{<}a\,(\exists n{<}c\,\theta(m,n) \to \exists n{<}b\,\theta(m,n))$ である．ここで，c はいくらでも大きくとれるので，結局 $\forall m{<}a\,(\exists n\,\theta(m,n) \to \exists n{<}b\,\theta(m,n))$ になる．したがって，

$$\exists n\,\theta(m,n) \leftrightarrow \forall a\,\forall b\,((a{\in}X \wedge b{\in}X \wedge m{<}a{<}b) \to \exists n{<}b\,\theta(m,n))$$

となり，(Δ^0_1-CA) より，$\forall m\,(m{\in}Y \leftrightarrow \varphi(m))$ となる集合 Y が存在する． ▌

定理 7.4.6　任意の標準自然数 $k \geq 3,\ l \geq 2$ に対し，RT^k_l と RT^k と ACA_0 は RCA_0 において同値である．

証明　定理 7.4.4 と補題 7.4.5 からただちに導かれる． ▌

最後に，RT^2 と RT^2_2 についてだが，これらはどちらも ACA_0 と RCA_0 の中間にあって，WKL_0 とも比較不能であることが知られている．RCA_0 において，RT^2 は $\mathsf{B}\Pi^0_2$ を導くが，RT^2_2 はそれを導かない(文献 [68] を参照)．ACA_0 と RCA_0 の間に存在する無数の命題の相関図は “Reverse Mathematics Zoo”(逆数学動物園)として，ダミア・ザファロフ(Damir Dzhafarov)氏のウェブサイトなどで公開されている．

7.5　無限ゲームの決定性

本節では，ビッグ5の残り2つATR_0とΠ^1_1-CA_0や，それらの一般化であるΠ^i_j-TR_0などについて述べる．一般の数学の定理で，ここまで強い集合存在公理を必要とするものは少ないが，無限ゲームの決定性は自然数の無限列からなるベール空間$\mathbb{N}^{\mathbb{N}}$の部分集合を勝利(利得)集合として特徴づけられており，その集合の複雑さによって，極めて強い公理を要する主張になることが知られている．

「逆数学」の系統的な研究は1970年代半ばにフリードマンによって始められたが，同じ頃，カリフォルニア大学バークレー校の大学院生だったJ. スティールが，ATR_0の原型となるATR[*13]についていくつかの同値命題を調べており，そのうちの1つが開($\underset{\sim}{\Sigma}^0_1$)ゲームの決定性(ゲイル-スチュワートの定理)であった．

筆者は1980年代にやはりバークレー校の大学院でΠ^1_1-CA_0より強い公理を必要とする定理を探して，開集合より複雑なゲームの決定性や分割のラムジー性を分析した．まず，$\underset{\sim}{\Delta}^0_2$ゲームの決定性が$\Delta^1_2$-$\mathsf{CA}_0$と比較不能であることを示し，そして前者と同値な新しい公理系としてΠ^1_1-TR_0を導入した．さらに，$\underset{\sim}{\Sigma}^0_2$決定性と同値な新しい公理系として$\Sigma^1_1$-$\mathsf{MI}_0$を導入したり，集合パラメータを制限して強さを比較したりする研究を行ったが，ここでは，入り口の基本結果のみを紹介して，その先は巻末の文献案内に譲る．

まず，古典的なΠ^i_j内包公理(Π^i_j-CA)の体系を定義する．

定義 7.5.1　体系Π^i_j-CA_0 ($i=0,1,\ j\in\omega$)は，RCA_0に次のΠ^i_j **内包公理**(Π^i_j-CA)を加えて得られる．任意のΠ^i_j論理式$\varphi(n)$に対して，

$$\exists X\,\forall n\,(n\in X\leftrightarrow\varphi(n)).$$

ただし，$\varphi(n)$はX以外の集合変数をパラメータに含んでよい．　□

*13 ATR_0はATRの帰納法を制限した体系だが，当時はまだ導入されていなかった．

とくにビッグ 5 の 1 つ Π^1_1-CA_0 は，Π^1_1 式で定義される集合の存在を主張する Π^1_1 内包公理 (Π^1_1-CA) を RCA_0 に加えたものである．

注　算術的な階層において，Σ^0_2 集合は (Π^0_1-CA) を 2 回用いて定義できるので，集合パラメータを許せば，(Π^0_1-CA) と (Π^0_2-CA) は同値である（補題 7.3.3(2)⇒(1)）．しかし，(Π^1_1-CA) をいくら繰り返しても，Δ^1_2 集合の一部しか定義できないことが知られている．

続いて，超限再帰の体系を定義する．まず，超限再帰のインフォーマルな説明をしておく．任意の論理式 $\varphi(n, X)$，任意の集合 A に対して，$A_0 = A$, $A_{i+1} = \{n \mid \varphi(n, A_i)\}$ によって集合列 $A_0, A_1, A_2, \dots$ を定義する．そして，A_ω をそれらの一種の直和として $\{(i, n) \mid n \in A_i\}$ とおく．さらに $A_{\omega+i+1} = \{n \mid \varphi(n, A_{\omega+i})\}$ によって集合列 $A_\omega, A_{\omega+1}, A_{\omega+2}, \dots$ を作る．そして，$A_{\omega+\omega}$ をそれらの直和とする．このような操作を任意の可算順序数まで繰り返せるという主張が $\varphi(n, X)$ に関する超限再帰公理である．もう少し形式的に述べれば，以下のようになる．

定義 7.5.2　体系 Π^i_j-TR_0 $(i = 0, 1,\ j \in \omega)$ は，RCA_0 に次の Π^i_j **超限再帰公理** (Π^i_j-TR) を加えて得られる．任意の Π^i_j 論理式 $\varphi(n, X)$ に対し，任意の集合 A と任意の整列順序 $\prec$ について，次の条件を満たす集合 H が存在する．

(1)　b が $\prec$ における最小元のとき，

$$(H)_b = A,$$

(2)　b が $\prec$ に関して a の次者 (successor) であるとき，

$$\forall n\,(n \in (H)_b \leftrightarrow \varphi(n, (H)_a)),$$

(3)　b が $\prec$ において極限になるとき，すべての $a \prec b$ について，

$$\forall n\,(n \in ((H)_b)_a \leftrightarrow n \in (H)_a).$$

ただし，$(X)_a = \{n \mid (a, n) \in X\}$ である．　□

また，整列順序 $\prec$ は，$\mathbb{N}$ 上の 2 項関係であり ($\prec \subseteq \mathbb{N} \times \mathbb{N}$)，線形順序で無限下降列をもたないものと定める．換言すれば，その体系で表現可能な可算順序

数の順序型を表す．なお，RCA_0 において $(\Pi^i_j\text{-}\mathsf{TR}) \to (\Pi^i_j\text{-}\mathsf{CA})$ は明らか．

とくに $i=0$ として，j を 1（もしくは任意の自然数）にしたとき，$\Pi^i_j\text{-}\mathsf{TR}_0$ は**算術的超限再帰**（arithmetical transfinite recursion）の体系 ATR_0 とよばれる．このとき，j が 1 でなく，他の 0 以外の自然数でもその強さが変わらないことは算術的内包公理の場合と同じである（補題 7.3.3 をみよ）．ただし，$i=1$ では，このようなことはいえない．また，論理式 $\varphi(n,X)$ は集合パラメータを含んでよい．ATR はフリードマン（1974）によって導入されていたが，その一般化 $(\Pi^i_j\text{-}\mathsf{TR})$ は筆者の博士論文（1986）が初出と思われる．

$\Pi^1_1\text{-}\mathsf{CA}_0$ は，ATR_0 より真に強い体系である．このことをみるために，まず算術的超限再帰公理の定義を再検討しておく．ここではパラメータ A の記述を省略し，さらに (1), (2), (3) の条件をまとめて算術式 $\theta_\prec(H)$ で表す．すると，この公理は

$$\prec \text{が整列順序} \quad \Longrightarrow \quad \theta_\prec(H)$$

を満たす集合 H が存在することを主張している．つまり，

$$\prec \text{が整列でない} \vee \exists H\, \theta_\prec(H)$$

と書き直せて，Σ^1_1 論理式になる．$\prec$ も一種の集合変数で，それ以外にもパラメータを含んでよいので，全称閉包をとれば Π^1_2 文になる．

系 7.3.7 の後の説明では，WKL_0 の任意のモデル (M,S) に，$\langle A_n \,|\, n\in M\rangle \in S$ が存在して，$(M,\{A_n\})$ が WKL_0 のモデルになることを述べた．似たようなことが ATR_0 のモデルについてもいえるが，まったく同じではないので注意しておく．ATR_0 の任意のモデル (M,S) に，真部分集合 $\{A_n\}\subset S$ が存在して，$(M,\{A_n\})$ が ATR_0 のモデルになることはいえる．しかし，集合として $\langle A_n \,|\, n\in M\rangle \in S$ が存在するためには，(M,S) が ATR_0 のモデルであるだけでは不十分である．いま，$\{A_n\}$ からのパラメータを含む任意の Σ^1_1 論理式 φ について，$(M,\{A_n\})\models\varphi$ と $(M,S)\models\varphi$ とが同値であるとき，$\langle A_n \,|\, n\in M\rangle \in S$ を（コード化された）β **モデル**という．$\Pi^1_1\text{-}\mathsf{CA}_0$ により（強 Σ^1_1 従属選択公理（文献 [66], Theorem VII. 6. 9）を経由して）（コード化された）

β モデルの存在がいえる．ATR$_0$ は Σ^1_1 論理式で書けるので，β モデルは ATR$_0$ のモデルである．よって，Π^1_1-CA$_0$ から ATR$_0$ の無矛盾性がいえた．

では，無限ゲームの説明に入る．ここで考えるゲームは，チェスや囲碁のようにゲームの進行状況に関するすべての情報がオープンにされている完全情報 2 人ゲームである．現実のゲームでは無限にプレイが続くことはあり得ないが，チェスなども理論上は無限ゲームとあつかうのが自然であるとしたのはツェルメロ(1913)であった．その後，さまざまな無限ゲームが考えられてきたが，1950 年代にゲイルとスチュワートは，2 人のプレイヤーが交互に自然数を選び，作られた列によって勝敗を決めるという形で，一般的な無限ゲームを定式化した．

定義 7.5.3　**ゲイル - スチュワートのゲーム**(Gale-Stewart game) G では，2 人のプレイヤー I，II が交互に自然数を選び，

$$\begin{array}{lllllllll} \mathrm{I} & n_0 & & n_2 & & n_4 & & \dots \\ \mathrm{II} & & n_1 & & n_3 & & n_5 & \dots \end{array}$$

で作られる無限列 $(n_0, n_1, n_2, \dots)$ (**プレイ**とよぶ)が，あらかじめ与えられた**勝利集合**(winning set) $G \subseteq \mathbb{N}^{\mathbb{N}}$ に入っていれば，プレイヤー I の**勝ち**，そうでなければ II の勝ちと定める．勝利集合は，利得集合(pay-off set)ともよばれる． □

ゲームはその勝利集合 G と同一視され，単に集合としてあつかわれることが多い．勝利集合が与えられた段階で，どちらかのプレイヤーがうまくプレイすれば必ず勝てることが決まっているとき，ゲームあるいは集合 G は決定性をもつという．これにもう少し正確な定義を与える．

定義 7.5.4　プレイヤー I の**戦略**(strategy)は関数 $\sigma : \bigcup_{i\in\mathbb{N}} \mathbb{N}^{2i} \longrightarrow \mathbb{N}$ で，プレイヤー II の戦略は関数 $\tau : \bigcup_{i\in\mathbb{N}} \mathbb{N}^{2i+1} \longrightarrow \mathbb{N}$ である．戦略 σ がプレイヤー I の**必勝戦略**(winning strategy)であるとは，σ にしたがうすべてのプ

レイが勝利集合 G に属すること，換言すれば，II がどのような戦略 τ を用いても，

$$\begin{array}{llll} \text{I} & n_0 = \sigma(\varnothing) & n_2 = \sigma(n_0, n_1) & n_4 = \sigma(n_0, n_1, n_2, n_3) \quad \ldots \\ \text{II} & n_1 = \tau(n_0) & n_3 = \tau(n_0, n_1, n_2) & n_5 = \tau(n_0, n_1, n_2, n_3, n_4) \quad \ldots \end{array}$$

で定まる無限列 $(n_0, n_1, n_2, \ldots)$ が G に属することをいう．プレイヤー II の必勝戦略も同様に定義する．そして，一方のプレイヤーが必勝戦略をもつとき，ゲーム G は**決定性**(determinacy)をもつ，あるいは**決定的**(determined, determinate)であるという． □

これまで 2 階算術の論理式は $\mathbb{N}$ の部分集合を定義するために使われてきたが，集合自由変数 X によって $\mathbb{N}$ の部分集合のクラスを表現することも可能である．実際，$\mathbb{R}$ は論理式で定義されたし，$\mathbb{R}$ の部分集合の多くや**カントル空間** $\{0,1\}^n$ や**ベール空間** $\mathbb{N}^{\mathbb{N}}$ の部分集合についても 2 階算術であつかえる．

勝利集合 G がベール空間の**開集合**であるとき，開基 $[s] = \{f \in \mathbb{N}^{\mathbb{N}} \mid s \subset f\}$ の和で表せるので，ある $W \subseteq \mathrm{Seq}$ が存在して，

$$G = \bigcup_{s \in W} [s]$$

あるいは

$$f \in G \iff \exists n\, f{\restriction}n \in W$$

となる[*14]．ここで，$f{\restriction}n$ は数列 $\big(f(0), \ldots, f(n-1)\big) \in \mathrm{Seq}$ である．つまり，開集合 G は，パラメータ W を含む Σ^0_1 論理式で表せる．逆に，パラメータ A を含む Σ^0_1 論理式は $\exists n\, \theta(f{\restriction}n, A{\restriction}n)$ と書き直せ，開集合を定める．

任意のパラメータを含む Σ^i_j 論理式が定めるベール空間の部分集合を $\undertilde{\Sigma}^i_j$ とよぶ[*15]．すると，$\undertilde{\Sigma}^0_1$ 集合と**開集合**は一致する．同様に，$\undertilde{\Pi}^0_1$ 集合は**閉集合**に一

[*14] 厳密には，$\mathcal{L}^2_{\mathrm{OR}}$ には関数変数 f が入っていないので，それを集合変数に翻訳する作業が必要である．

[*15] $\undertilde{\Sigma}$ は Σ の太字体で表すのが一般的で，「ボールドフェイス Σ」などと読む．本書では，細字体の Σ との区別を明確にするため，一般に板書で使われる $\undertilde{\Sigma}$ を採用している．

致し，$\underset{\sim}{\Sigma}^0_2$ 集合は閉集合の可算和である $\mathcal{F}_\sigma$ 集合に一致する．すなわち，$\underset{\sim}{\Sigma}^0_j$ は有限ランクの**ボレル階層**に対応する．さらに，$\underset{\sim}{\Sigma}^1_1$ はボレル集合の射影となる**解析集合**と一致し，$\underset{\sim}{\Sigma}^1_j$ は**射影的階層**に対応する．また，$\underset{\sim}{\Delta}^i_j = \underset{\sim}{\Sigma}^i_j \cap \underset{\sim}{\Pi}^i_j$ である．

ゲイルとスチュワート(1953)は，すべての $\underset{\sim}{\Sigma}^0_1$ ゲームが決定性をもつことを示し，続いて，$\underset{\sim}{\Sigma}^0_2$, $\underset{\sim}{\Sigma}^0_3$, $\underset{\sim}{\Sigma}^0_4$ ゲームの決定性は，それぞれウォルフ(1955)，デイヴィス(1964)そしてパリス(1972)によって証明された．最後に，マーチン(1975)が(ZFC集合論において)ボレル ($\underset{\sim}{\Delta}^1_1$)・ゲームの決定性を証明した．他方，解析集合 ($\underset{\sim}{\Sigma}^1_1$) の決定性は巨大基数を仮定して示され(マーチン，1970)，その証明には巨大基数の仮定が真に必要であることをハーリントンが示した(1978)．さらに，選択公理から決定不可能なゲームの存在が示せる．

以上のような決定性を主張する命題は自然に2階算術で表現できる．したがって，その証明に2階算術のどのような公理が必要になるかを考えることも自然である．その最初の一歩を，J. スティールが博士論文(1976)の中で示した．すなわち，$\underset{\sim}{\Sigma}^0_1$ ゲームの決定性と ATR_0 の同値性であるが，彼はそれを帰納法が制限されていない体系 RCA の上で証明している．そこで筆者(1986)は，RCA_0 で $\underset{\sim}{\Sigma}^0_1$ ゲームの決定性から ATR_0 を導くために，ゲーム意味論の考え方にもとづく証明法(Pro と Con のディベート)を考案した(後述)．

ATR_0 から $\underset{\sim}{\Sigma}^0_1$ ゲームの決定性を示すのにはスティールの証明に用いられている**疑似階層**(pseudo-hierarchy)の方法がそのまま使えるので，まずこの証明について簡単に説明する．

補題 7.5.5 ATR_0 において，$\underset{\sim}{\Sigma}^0_1$ ゲームの決定性が成り立つ． □

注 下の証明からもわかるように，$\underset{\sim}{\Sigma}^0_1$ ゲームの決定性と $\underset{\sim}{\Pi}^0_1$ ゲームの決定性は同値である．

証明 $\underset{\sim}{\Sigma}^0_1$ ゲーム G に対しては，有限列の集合 W が存在して，

$$f \in G \quad \Longleftrightarrow \quad \exists x\, f{\upharpoonright}x \in W$$

と表せる．すなわち，W はプレイヤーIがすでに勝利を手にしていて，もう負け

ることがない地点の集合である．ATR_0 を用いると，任意の整列順序 $\prec$ に沿って，プレイヤーⅠが勝利すると推論できる地点を広げていき，次のような $\{W_a\}$ を定義することができる．まず, $\prec$ の最小元 0 に対して $W_0 = W \bigcap \left(\bigcup_{i\in\mathbb{N}} \mathbb{N}^{2i}\right)$ とする．そして，($\prec$ における)任意の a に対して，

$$t \in W_a \quad \Longleftrightarrow \quad \exists m\, \forall n\, \exists b \prec a\, (t^\frown m^\frown n \in W_b)$$

とする．

ある整列順序 $\prec$ と，それに対応する $\{W_a\}$ が存在して，ある a_0 に対して空列 $\varnothing \in W_{a_0}$ であるとする．このとき，プレイヤーⅠは必勝戦略をもつ．まず，$a_0 = 0$ であれば，プレイヤーⅠはすでに勝利している．$a_0 \neq 0$ であれば，ある手 m があり，プレイヤーⅡがどんな手 n をとっても，ある $a_1 \prec a_0$ が存在して，$m^\frown n \in W_{a_1}$ となる．$a_1 = 0$ であれば，プレイヤーⅠは $m^\frown n$ で勝利している．$a_1 \neq 0$ であれば，ある手 m があり，相手がどんな手 n をとっても，$a_2 \prec a_1$ が存在して，W_{a_2} に入る．同様に繰り返していくと，$\prec$ は整礎だから，いつかは W_0 すなわち W に至り，プレイヤーⅠが勝利する．これがプレイヤーⅠの必勝戦略となる．

次に，そのような整列順序 $\prec$ が存在しないとしよう．ここで，疑似階層が登場する．これを説明するために，いま仮定されている算術的超限再帰公理を見直す．簡単のため，定義 7.5.2 の条件 (1), (2), (3) をまとめて算術式 $\theta_\prec(H)$ で表し，さらにパラメータ A の記述を省略すれば，任意の整列順序 $\prec$ に対して $\theta_\prec(H)$ を満たす集合 H が存在することを主張している．いま，$\varphi(H)$ をある Σ^1_1 論理式として，任意の整列順序 $\prec$ に対して $\theta_\prec(H) \wedge \varphi(H)$ を満たす集合 H が存在したとする．このとき，整礎でない線型順序 $\prec$ が存在して，$\theta_\prec(H) \wedge \varphi(H)$ を満たす集合 H が存在する．そうでないと，線型順序 $\prec$ に対して，

$$\prec \text{が整礎} \quad \Longleftrightarrow \quad \exists H\, \theta_\prec(H) \wedge \varphi(H)$$

となり，整礎性が Σ^1_1 で表現され，これが Π^1_1 完全な概念であることに矛盾す

る[*16]．そこで，上記の超限再帰の定義に $\varnothing \notin W_a$ の条件を加えた上で，整礎でない疑似階層 $\{W_a\}$ が存在する．いま，非整礎部の無限下降列を $a_0 \succ a_1 \succ a_2 \cdots$ とし，a_0 に対して，$\varnothing \notin W_{a_0}$ とする．$\{W_a\}$ の定義から，プレイヤーIのどんな手 m に対しても，プレイヤーIIの手 n が存在して，すべての $a \prec a_0$ に対して，$m^\frown n \notin W_a$ となる．とくに，$m^\frown n \notin W_{a_1}$ である．すると，Iのどんな手 m' に対しても，IIの手 n' が存在して，$m^\frown n^\frown m'^\frown n' \notin W_{a_2}$ となる．以下同様にプレイすれば，決して W に入らない．したがって，作られた無限プレイ $f \notin G$ となり，プレイヤーIIが勝利する．これがプレイヤーIIの必勝戦略となる．以上で，ATR_0 で $\utilde{\Sigma}^0_1$ ゲームの決定性が示された．∎

逆向きの証明のアイデアは次のようである．超限再帰公理によって存在が主張される階層 $\{H_a\}$ について，2人のプレイヤーは討論(ディベート)を行い，プレイヤーIIは正しい主張を守り通すことによってゲームに勝利する．このとき，プレイヤーIIの必勝戦略は階層 $\{H_a\}$ を正しく記述しているから，その戦略から $\{H_a\}$ が RCA_0 で構成される．しかし，ゲームの勝利条件は，主張の首尾一貫性を要求するだけで，$\{H_a\}$ 全体を仮定して定義するものではないことに注意せよ．

> **定理 7.5.6**　$\utilde{\Sigma}^0_1$ ゲームの決定性と ATR_0 の同値性が RCA_0 で成り立つ．

証明　ATR_0 において $\utilde{\Sigma}^0_1$ ゲームの決定性が成り立つことは補題 7.5.5 で示した．$\utilde{\Sigma}^0_1$ ゲームの決定性から ATR_0 を導くために，次の準備を確認する．整列順序 $\prec$ と初期集合 $(H)_0 = A$ が与えられている．Π^0_1 論理式 $\varphi(n, X)$ は，Σ^0_0 論理式 $\theta(n, h)$ を使って，$\varphi(n, X) \equiv \forall x\, \theta(n, X{\restriction}x)$ と表されている．

ゲームは次のように行われる．まず，プレイヤーIが (y, b) を選び，$y \in (H)_b$

[*16] **整礎性**は無限下降列が存在しないことであるから，Π^1_1 論理式で書け，逆に Π^1_1 論理式は「ある木に無限道が存在しない」という表現に直せて，その木の上に定義されるクリーネ-ブラウワー順序の整礎性と同値になる(文献 [66] VI 章参照)．

か否かを問題として提起する．プレイヤーIIはYes（“1”を選ぶ）またはNo（“0”を選ぶ）で答える．まず，bが最小元のときを考える．Yesと答えた場合，$y \in A$のとき，またそのときに限り，プレイヤーIIが勝つ．Noと答えた場合，$y \notin A$のとき，またそのときに限り，プレイヤーIIが勝つ．

次に，bが$\prec$に関してaの次者であるときを考える．このとき，IIがYesと答えるのは，$y \in (H)_b$すなわち$\varphi(y,(H)_a)$が正しい場合である．$\varphi(y,(H)_a) \equiv \forall x\, \theta(y,(H)_a{\restriction}x)$だから，プレイヤーIが任意に有限始切片$h \subseteq (H)_a$を選んだときに，$\theta(y,h)$が成り立っていれば，プレイヤーIIが勝つ．しかし，プレイヤーIは，$h \subseteq (H)_a$が成り立たないようなhを選ぶかもしれないので，その場合，プレイヤーIIは$y' \in \mathrm{dom}\, h$を選んで，$h(y')=0$ならば$y' \in (H)_a$を主張し，$h(y')=1$ならば$y' \notin (H)_a$を主張する．すなわち，$y' \in (H)_a$の問題に，前者ならプレイヤーIIはYesの立場（Proという），後者ならNoの立場（Conという）で，次のディベートラウンドを始める．

最初のIの問いにIIがNoと答えた場合には，$y \notin (H)_b$すなわち$\neg\varphi(y,(H)_a) \equiv \exists x\, \neg\theta(y,(H)_a{\restriction}x)$だから，プレイヤーIIが有限$h \subseteq (H)_a$を選んで，$\neg\theta(y,h)$が成り立てば，プレイヤーIIが勝つ．別の可能性として，$h \subseteq (H)_a$が成り立っていないなら，プレイヤーIは$y' \in \mathrm{dom}\, h$を選んで，$h(y')=0$ならば$y' \in (H)_a$を主張し，$h(y')=1$ならば$y' \notin (H)_a$を主張する．すなわち，$y' \in (H)_a$の問題に，前者ならプレイヤーIIはPro，後者ならConの立場で，今度は回答者として次のディベートラウンドを始める．

最後に，bが$\prec$における極限である場合を考える．このとき，ある$a \prec b$が存在して$y=(z,a)$と書けなければ，ただちにプレイヤーIが負ける．$y=(z,a)$とすれば，$z \in (H)_a$の問題にプレイヤーIIがYesかNoで答えるのと同じディベートになる．

このゲームは，ディベートラウンドごとに整列順序$\prec$に沿って下の要素を選ぶので，必ず有限で停止する．このことから，勝利集合はΔ^0_1であることがわかる．

また，プレイヤー I が必勝戦略をもたないことは次のようにしてわかる．もし，プレイヤー I が必勝戦略 σ をもてば，まずプレイヤー I が (y,b) を選んだあと，プレイヤー II が Yes と答えても No と答えても，I が勝てることになる．すると，この b が最小元であることは定義からあり得ない．また，もしこの b が極限である場合は，ある $a \prec b$ が存在して $y=(z,a)$ の問題に還元されるので，結局 b は a の次者であるとしてよい．すると，II が Yes と答えて，プレイヤー I が σ によって有限 h を選ぶとすれば，逆に II が No と答えて，自らその h を選ぶような展開も可能である．そして，後者の展開に続けてプレイヤー I が選ぶ $y' \in \mathrm{dom}\,h$ を II が前者のゲーム展開で選ぶことができる．すると，次のラウンドの $y' \in (H)_a$ の問題に，プレイヤー I はやはり Yes と No の両方の立場で勝たなければならない(**図 5**)．このように反対の主張をする 2 つのプレイが続くとすると，ゲームは有限で停止するので，どこかで矛盾が生じる．つまり，プレイヤー I が必勝戦略をもつことはない．

すると，プレイヤー II が必勝戦略 τ をもち，$H=\{(y,b)\mid\tau(y,b)=1$ (“Yes”)$\}$ が，求める階層になっていることは，$\prec$ に関する超限帰納法で証明できる． ∎

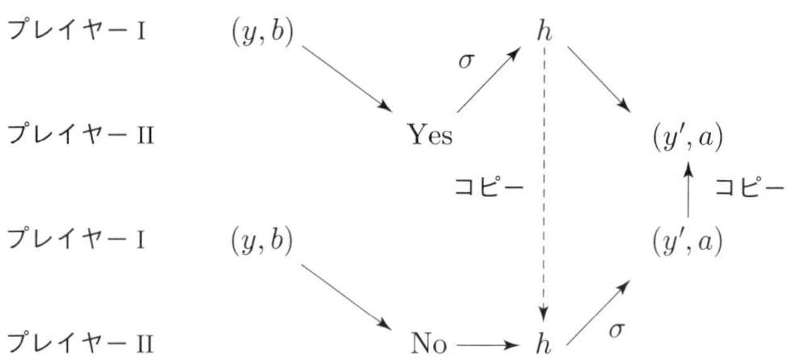

図 5　プレイヤー II の両面戦略

次は，Π^1_1-CA$_0$ と同値になる $\underset{\sim}{\Sigma}^0_1 \wedge \underset{\sim}{\Pi}^0_1$ ゲームについて述べる．Σ^0_1 論理式 φ と Π^0_1 論理式 ψ を用いて $\varphi\wedge\psi$ (パラメータを含む)と表せるものを $\underset{\sim}{\Sigma}^0_1 \wedge \underset{\sim}{\Pi}^0_1$ 論理式といい，そのような論理式で記述される勝利集合をもつゲームが $\underset{\sim}{\Sigma}^0_1 \wedge \underset{\sim}{\Pi}^0_1$

ゲームである．

定理 7.5.7　$\underset{\sim}{\Sigma}^0_1 \wedge \underset{\sim}{\Pi}^0_1$ ゲームの決定性と Π^1_1-CA_0 の同値性が RCA_0 で成り立つ．

証明　最初に，Π^1_1-CA_0 において $\underset{\sim}{\Sigma}^0_1 \wedge \underset{\sim}{\Pi}^0_1$ ゲームの決定性を示す．ゲーム $A(f)$ は $\psi_1(f) \wedge \psi_2(f)$ の形で，ψ_1 は Π^0_1 論理式で ψ_2 は Σ^0_1 論理式（どちらもパラメータを含む）とする．すると，ψ_2 に対しては，Π^0_0 論理式 θ_2 が存在して，$\psi_2(f) \equiv \exists x\, \theta_2(f{\restriction}x)$ と書ける．そして，Π^1_1-CA_0 によって，以下の Σ^1_1 集合 W が存在する[*17]．

$$W = \{s \in \mathbb{N}^{<\mathbb{N}} \mid \theta_2(s) \text{ かつ，I は } s \text{ で } \psi_1 \text{ に必勝戦略をもつ．}\}$$

ここで，「s で ψ_1 に必勝戦略をもつ」というのは，プレイが s まで進んだ局面からゲームを開始して ψ_1 に必勝することである．

Π^1_1-CA_0 より ATR_0 が導けるので，Σ^0_1 ゲーム $W^* = \{f \mid \exists x\, f{\restriction}x \in W\}$ に対しては I, II のどちらかが必勝戦略をもつ．I が W^* に必勝戦略をもつなら，I がそれに沿ってプレーすればいつか W に入り，そこ (s) から I が ψ_1 の必勝戦略を用いると，$\psi_1(f) \wedge \psi_2(f)$ が成り立つ．もしも，II が W^* に必勝戦略をもつなら，ずっと W に入らないので，ずっと $\theta_2(s)$ が成り立たないか，I は ψ_1 で必勝戦略をもたないから，ATR_0 により II が必勝戦略をもち，そこから先はその必勝戦略にしたがえば，$\neg\psi_1$ が成り立つ．つまり，$\neg\psi_1 \vee \neg\psi_2$ が成り立つようにできる．よって，ゲーム $A(f)$ は決定性をもつ．

逆に，$\underset{\sim}{\Sigma}^0_1 \wedge \underset{\sim}{\Pi}^0_1$ ゲームの決定性から，Π^1_1-CA_0 を示す．まず，$\varphi(n)$ を $\forall f\, \exists x\, \theta(n, f{\restriction}x)$ の形の Π^1_1 論理式とする．ただし，θ は Σ^0_0 論理式である．次のようなゲーム G を考える．まず，プレーヤー I が n を選ぶ．プレーヤー II は，

[*17] 「I は (s で) Π^0_1 ゲーム ψ_1 に必勝戦略をもつ」は，「ある戦略 τ が存在し，τ にしたがうすべてのプレイ f で $\psi_1(f)$ が成り立つ」といい換えられる．$\psi_1(f) \equiv \forall x\, \theta_1(f{\restriction}x)$ と書けるので，「すべてのプレイ f」は「すべての有限プレイ $f{\restriction}x$ 」といい直せる．よって，この条件文は Σ^1_1 であり，W も Σ^1_1 である．

$\varphi(n)$ が成り立つと思うなら 1 (Yes) と答え，$\neg\varphi(n)$ が成り立つと思うなら 0 (No) と答える．まず，II が Yes と答えた場合，プレーヤー I は II が止めるまで(無限)列 f を生成する．II が止めたところ(ステップ x)で $\theta(n, f{\restriction}x)$ が成り立てばプレーヤー II が勝ち，それが成り立たないか II が止めなければ，プレーヤー I が勝ちとする．II が No と答えた場合，プレーヤーの役割を交換して，プレーヤー II が無限列を生成する．

このゲームは $\underset{\sim}{\Sigma}^0_1 \wedge \underset{\sim}{\Pi}^0_1$ であり，プレーヤー I が必勝戦略をもつことはあり得ない．したがって，プレーヤー II が必勝戦略 τ をもつことになる．すると，$\varphi(n)$ が定義する集合は $\{n \mid \tau(n) = 1\}$ となり，RCA_0 でも存在する．　∎

この定理 7.5.7 から，$\underset{\sim}{\Sigma}^0_1$ 集合のブール結合で定義されるゲーム決定性も，Π^1_1-CA_0 の適用の繰り返しで得られることがわかる．$\underset{\sim}{\Delta}^0_2$ ゲームを分析する場合は，$\underset{\sim}{\Delta}^0_2$ 集合を $\underset{\sim}{\Sigma}^0_1$ 集合の超限的なブール結合とみなせば，うまくいく．そのため，$\underset{\sim}{\Delta}^0_n$ 集合の差階層に関するハウスドルフ - クラトウスキの定理(文献 [107])を 2 階算術内であつかえるようにする．

付録 A　差階層(エフェクティブ版)

ベール空間などにおける集合の階層に関する古典的結果は大概パラメータを含む 2 階算術の論理式で表現でき，そのパラメータを除いた主張はエフェクティブ版もしくはライトフェイス(細字)版などとよばれる．エフェクティブ版は本来の定理の特殊ケースに過ぎないが，それから本来の定理を導く作業はパラメータを挿入するだけのルーチンなものがほとんどである．

ここでは差階層に関するハウスドルフ - クラトウスキの定理のエフェクティブ版にあたる次のような定理(田中，1986)を紹介する．任意の $n \geq 1$ に対して，Π^0_n 論理式上の**超限差階層**(transfinite difference hierarchy)は，Δ^0_{n+1} 論理式と表現力が一致する．もちろん，ハウスドルフ - クラトウスキの古典的定理はこれからただちにしたがう．なお，再帰理論において，自然数の集合に

ついての Δ^0_2 と差階層の関係は，エルショフが証明している(1968)．

まず，任意の $n>0$ に対する Π^0_n 論理式の基本的性質を示す．なお，以下の議論では，ACA$_0$ を仮定しておく．というのは，Π^0_n 論理式のあつかいは少なくとも BΣ^0_n を仮定しておかないと形が整えられないし，さらにスコーレム関数まで使うには ACA$_0$ が必要になる．

補題 7.A.1 (ACA$_0$)　共通要素をもたない 2 つの Π^0_n 論理式は Δ^0_n 論理式で分離できる． □

証明　2 つの Π^0_n 論理式を $\varphi_i(f)\equiv\forall x\,\psi_i(x,f)$，ただし $\psi_i(x,f)\in\Sigma^0_{n-1}$ とする $(i=0,1)$．そして，$\neg\exists f\,(\varphi_0(f)\wedge\varphi_1(f))$ と仮定して，$\phi(f)$ を次のように定める．

$$\phi(f)\equiv\exists x\,(\neg\psi_1(x,f)\ \wedge\ \forall y\!\le\! x\,\psi_0(y,f)).$$

このとき，次は容易にわかる．

$$\neg\phi(f)\leftrightarrow\exists x\,(\neg\psi_0(x,f)\ \wedge\ \forall y\!<\!x\,\psi_1(y,f)).$$

よって，ϕ は Δ^0_n 論理式で，φ_0 と φ_1 を分離する． ■

次に，下記のような表記を導入する．

- $\exists^\infty y\,\varphi(y,f)\equiv\forall x\,\exists y\!>\!x\,\varphi(y,f)$
- $\forall^\infty y\,\varphi(y,f)\equiv\exists x\,\forall y\!>\!x\,\varphi(y,f)$
- $\exists^\infty y\,\varphi(y,f)\ \leftrightarrow\ \forall^\infty y\,\varphi(y,f)$ が成り立つとき，$\exists^\infty y\,\varphi(y,f)$ を $\lim y\,\varphi(y,f)$ と書く．

次の補題は，「シェーンフィールドの**極限補題**(limit lemma)」の実数版といえるだろう．

補題 7.A.2　$n>0$ とする．任意の Δ^0_{n+1} 論理式 ψ に対して，Δ^0_n 論理式 φ が存在して，(ACA$_0$) において以下が成り立つ．

$$\psi(f)\leftrightarrow\lim y\,\varphi(y,f).$$

□

証明　$\psi(f)\equiv\exists x\,\psi_0(x,f)$ かつ $\neg\psi(f)\leftrightarrow\exists x\,\psi_1(x,f)$ で，ψ_0 と ψ_1 は Π^0_n

とする．このとき，$\varphi_i(g) \equiv \exists x < g(0)\, \psi_i(x, \lambda y.\, g(y+1))$ $(i = 0, 1)$ も Π^0_n で，明らかに共通要素をもたない．補題 7.A.1 から，それらを分離する Δ^0_n 論理式 ϕ が存在する．いま，$\varphi(y, f) \equiv \phi(y * f)$ とする．ただし，$y * f$ は $(y * f)(0) = y$, $(y * f)(i+1) = f(i)$ となる関数を表す．容易にわかるように，$\exists^\infty y\, \varphi(y, f) \leftrightarrow \forall^\infty y\, \varphi(y, f)$，したがって $\psi(f) \to \lim y\, \varphi(y, f)$ かつ $\neg\psi(f) \to \lim y\, \neg\varphi(y, f)$．よって，$\psi(f) \leftrightarrow \lim y\, \varphi(y, f)$． ▌

では，Π^0_n 論理式上のエフェクティブな差階層を定義する．$\mathbb{N}$ の上の再帰的整列順序 $\prec$ に対して，$\mathbb{N} \times \{0, 1\}$ の再帰的整列順序 $\prec^*$ を次のように定める．

$$(x, i) \prec^* (y, j) \quad \Longleftrightarrow \quad x \prec y \vee (x = y \wedge i < j).$$

そして，論理式 $\varphi(n, i, f)$ が $\prec^*$ に沿って**減少する**とは，次のことをいう．

$$\forall f \in \mathbb{N}^{\mathbb{N}}\, \forall n\, \forall i\, \forall m\, \forall j\, (((m, j) \prec^* (n, i) \wedge \varphi(n, i, f)) \to \varphi(m, j, f)).$$

いま，差階層 $\mathcal{D}^0_{n+1}$ を次のように定義する．

定義 7.A.3 **(エフェクティブ差階層)**　各 $n \geq 1$ について，$\mathcal{D}^0_{n+1}$ は，下式で定まる集合（もしく論理式自体）A である．

$$A(f) \equiv \exists x\, (\neg\varphi(x, 1, f) \wedge \varphi(x, 0, f)).$$

ここで，$\varphi(x, i, f)$ $(i = 0, 1)$ は再帰的整列順序 $\prec^*$ に沿って減少する Π^0_n 論理式である． □

定理 7.A.4 (エフェクティブ差階層定理)　ACA_0 において，$\mathcal{D}^0_n = \Delta^0_n$ $(n \geq 2)$．

証明　まず，$\mathcal{D}^0_n \subset \Delta^0_n$ を示す．$\mathcal{D}^0_n$ 論理式 A は，明らかに Σ^0_n 論理式である．それが Π^0_n であることは，次のようにしてわかる．$\neg A(f) \leftrightarrow \neg\varphi(x_0, 0, f) \vee \neg\forall x\, \varphi(x, 1, f) \vee \exists x\, (\neg\varphi(x', 0, f) \wedge \varphi(x, 1, f))$，ここで $(x_0, 0)$ は最小元で，$(x', 0)$ は $\prec^*$ に関する $(x, 1)$ の次者である．よって，A は Δ^0_n となる．

逆を示すのに，簡単のため $n=3$ と仮定するが，他の n についてもほとんど議論は変わらない．まず，Δ^0_3 論理式 A は次のような形で表せる．

$$\begin{aligned} A(f) &\equiv \lim y\,(\lim z\, R(y, f{\restriction}z)) \\ &\leftrightarrow \exists^\infty y\, \exists^\infty z\, R(y, f{\restriction}z) \leftrightarrow \forall^\infty y\, \forall^\infty z\, R(y, f{\restriction}z). \end{aligned}$$

ここで，$R(y,s)$ は Δ^0_1 で，$f{\restriction}z$ は列 $(f(0),\ldots,f(z-1))$ のコードを表す．

次に，再帰的木 T を以下で定義する．

$$\begin{aligned} T = \{\langle (y_0,s_0),(y_1,s_1),\ldots,(y_k,s_k)\rangle \mid \forall i \le k\, y_i \in \mathbb{N} \wedge s_i \in \mathbb{N}^{<\mathbb{N}} & \quad \text{かつ} \\ y_0 < y_1 < \cdots < y_{k-1} < y_k & \quad \text{かつ} \\ s_0 \subset s_1 \subset \cdots \subset s_{k-1} \subset s_k & \quad \text{かつ} \\ \forall i, \forall l \qquad (2i \le 2l \le k \to R(y_{2i}, s_{2l})) & \quad \text{かつ} \\ \forall i, \forall l \qquad (2i+1 \le 2l+1 \le k & \\ \to \neg R(y_{2i+1}, s_{2l+1}))\,\}. & \end{aligned}$$

T が無限道をもたないことは明らか．そこで，$<_T$ を T 上のクリーネ - ブラウワー順序[*18]とする．そして，$T\times\{0,1\}$ 上の $\prec^*$ を，$(u,i) \prec^* (v,j) \equiv (u <_T v) \vee (u = v \wedge\ i < j)$ で定める．この $\prec^*$ も再帰的順序である．

最後に，$\varphi(u,i,f)$ を以下の条件の連言とする．

(1)　$u \in T$．このとき $u = \bar{y} \star \bar{s} = \langle (y_0,s_0),\ldots,(y_k,s_k)\rangle$ とおく．

(2)　任意の $v = \bar{x} \star \bar{t} = \langle (x_0,t_0),\ldots,(x_l,t_l)\rangle <_T u$ に対して，

$$\left\{\begin{array}{l} \forall j\,(2j \le l \to \exists^\infty z\, R(x_{2j}, f{\restriction}z)) \ \text{かつ} \\ \forall j\,(2j+1 \le l \to \exists^\infty z\, \neg R(x_{2j+1}, f{\restriction}z)) \end{array}\right. \quad \text{ならば} \quad t_l \not\subset f.$$

(3)　$i=1$ かつ k が偶数の場合に，

$$\left\{\begin{array}{l} \forall j\,(2j \le k \to \exists^\infty z\, R(y_{2j}, f{\restriction}z)) \ \text{かつ} \\ \forall j\,(2j+1 \le k \to \exists^\infty z\, \neg R(y_{2j+1}, f{\restriction}z)) \end{array}\right. \quad \text{ならば} \quad s_k \not\subset f.$$

[*18] $s <_T t \iff t$ は s の真なる始切片，もしくはある $n \le \min\{\mathrm{leng}(s), \mathrm{leng}(t)\}$ が存在して，$s{\restriction}n = t{\restriction}n$ かつ $s(n) < t(n)$．

このとき，$\varphi(u,i,f)$ は Π^0_2 論理式であり，$\prec^*$ に沿って減少することがわかる．さらに次が成り立つことをみる．

$$\forall f \in \mathbb{N}^{\mathbb{N}},\ A(f) \leftrightarrow \exists u\,(\neg\varphi(u,1,f) \wedge \varphi(u,0,f)).$$

$A(f)$ が成り立つとする．u を次を満たす $<_T$ 最小元 $\bar{y} \star \bar{s} = \langle (y_0, s_0), \ldots, (y_k, s_k) \rangle$ とする．すなわち，$s_k \subset f$ であって，

$$\forall j\,(2j \le k \to \exists^\infty z\, R(y_{2j}, f{\restriction}z)$$
$$\text{かつ}\quad \forall j\,(2j+1 \le k \to \exists^\infty z\, \neg R(y_{2j+1}, f{\restriction}z)).$$

u の最小性から，$\varphi(u,0,f)$ がいえる．次に $\neg\varphi(u,1,f)$ をいうには，k が偶数であればよい．背理法で示すため，k が奇数だとする．すると，$\bar{y} \star \bar{s}$ は $\langle (y_0,s_0), \ldots, (y_k,s_k), (y_{k+1}, s_{k+1}) \rangle \in T$ に拡張されて，$s_{k+1} \subset f$ かつ $\exists^\infty z\, R(y_{k+1}, f{\restriction}z)$ となる．$A(f)$ だから，$\exists^\infty y\, \exists^\infty z\, R(y, f{\restriction}z)$．そこで，$\exists^\infty z\, R(y_{k+1}, f{\restriction}z)$ となる $y_{k+1} > y_k$ をとる．いま，$\exists^\infty z\, R(y_{2j}, f{\restriction}z) \leftrightarrow \forall^\infty z\, R(y_{2j}, f{\restriction}z)$ だから，$s_{k+1} \subset f$ となる $s_{k+1} \supset s_k$ がとれて，

$$\forall j\,(2j \le k+1 \to R(y_{2j}, s_{k+1})).$$

したがって，$\langle (y_0,s_0), \ldots, (y_k,s_k), (y_{k+1}, s_{k+1}) \rangle \in T$ となって u の最小性に反する．同様な議論により，$\neg A(f)$ から $\neg(\exists u\,(\neg\varphi(u,1,f) \wedge \varphi(u,0,f)))$ も得られるので，証明が完成した． ▮

Δ^0_2 集合が Π^0_1 の差集合の再帰的超限構造で表せれば，$\underset{\sim}{\Delta}{}^0_2$ 集合は $\underset{\sim}{\Pi}{}^0_1$ の差集合の任意可算な超限構造で表せる．$\underset{\sim}{\Sigma}{}^0_1 \wedge \underset{\sim}{\Pi}{}^0_1$ ゲームの決定性と Π^1_1-CA_0 の同値性の証明を階層レベルごとに行うことで次の同値性がいえる（詳細は巻末の文献 [76] を参照）．

> **定理 7.A.5**　$\underset{\sim}{\Delta}{}^0_2$ ゲームの決定性と Π^1_1-TR_0 の同値性が RCA_0 で成り立つ．

付録 B　ヒルベルトのプログラム

1920 年前後に，ヒルベルトは，数学の非構成的な手法を攻撃してきた直観主義者ブラウワーに対抗すべく，また自らが世に問うたいくつかの難題(例．連続体仮説)に取り組むべく，記号の世界で数学の模型を作り，それを分析することによって数学のもつれた糸を解くという方法(「証明論」)を提案した．数学全体が議論できるような大きな体系 T (例．集合論 $\mathsf{ZF}+\mathsf{AC}$)に対しても，その証明可能性はある文字列が別の文字列に変形できるかどうかの問題として考えられる．とくに，何の存在も主張しない Π^0_1 文(例．フェルマの最終定理：$\forall n>2\,\forall x,y,z>0\,(x^n+y^n\neq z^n)$)に対しては，$T$ での証明があるなら，その証明を眺めれば「有限の立場」での証明が抽出できるはずだから，逆に Π^0_1 の難題は最初から記号処理の問題として解けばよいと考えた．

大きな体系 T に対し，その体系の記号操作ができる程度の小さな体系(例．PRA (p.290 参照))を t として，次の図式 HP を**ヒルベルトの(還元主義)プログラム**(Hilbert's (reductionism) program)とよぶ．

HP：任意の Π^0_1 文 π に対し，$T\vdash\pi$ ならば $t\vdash\pi$.

以下では，T も t も少なくとも PRA を含むとしておく．また，$\mathsf{Con}(T)$ を，T の無矛盾性を表す Π^0_1 文とする．

定理 7.B.1　任意の Π^0_1 文 φ に対し，$T\vdash\varphi$ ならば $t+\mathsf{Con}(T)\vdash\varphi$.

証明　$\varphi\equiv\forall n\,\theta(n)$ ($\theta(n)$ は Σ^0_0 あるいは原始再帰的)とし，$T\vdash\varphi$ を仮定する．すると，$\mathrm{Bew}_T(\ulcorner\varphi\urcorner)$ は真なる Σ^0_1 文であるから，t の Σ^0_1 完全性(系 4.2.4)より，$t\vdash\mathrm{Bew}_T(\ulcorner\varphi\urcorner)$ がいえる．他方，補題 4.5.1 の D3 の証明から $t\vdash\neg\theta(n)\rightarrow\mathrm{Bew}_t(\ulcorner\neg\theta(\overline{n})\urcorner)$，すなわち $t\vdash\neg\theta(n)\rightarrow\mathrm{Bew}_t(\ulcorner\neg\varphi\urcorner)$. $\mathrm{Bew}_t(\ulcorner\neg\varphi\urcorner)\rightarrow\mathrm{Bew}_T(\ulcorner\neg\varphi\urcorner)$ なので，$t\vdash\neg\theta(n)\rightarrow\neg\mathsf{Con}(T)$. したがって，$t+\mathsf{Con}(T)\vdash\theta(n)$ だから，$t+\mathsf{Con}(T)\vdash\varphi$ となる． ∎

この定理により，$t \vdash \mathsf{Con}(T)$ ならば，HP がいえることがわかる．しかし，ゲーデルの第二不完全性定理 4.5.3 により，T においても $\mathsf{Con}(T)$ は証明できないし，また t においては $\mathsf{Con}(t)$ が証明できないことがわかる．

他方，$T = \mathsf{WKL}_0$, $t = \mathsf{PRA}$ に対しては HP が成り立つことが次章の定理 8.2.7 で示され，また WKL_0 で展開される数学の豊かさをみるとき，「ヒルベルトのプログラム」は部分的に実現されたとみることもできる．この見解に異義を唱える人も，ある Π^0_1 文が弱ケーニヒの補題のような非構成的な仮定を用いて証明されるとき，その非構成的な部分を消去して構成的な証明に書き換える手続きがあるという結論の重要性には首肯されるであろう．

第8章
2階算術と超準的方法

本章では，2階算術における2種類のメタ数学的論法を紹介する．最初の種類は「保存的拡大」の応用で，なかでもスマートな証明の**ハーリントンの定理**(定理8.1.10)から紹介する．この定理は，算術的(もしくはΠ^1_1)命題については，弱ケーニヒの補題(あるいは，コンパクト性)を仮定して証明できれば，それなしにも証明できるというものである．この定理の保存命題を$\forall X\ \exists ! Y\ \varphi(X,Y)$ (φは算術的論理式)の形に一般化したものがSTY**定理**(定理8.4.1)である．また，少し異なるバリエーションとして，「WKL_0で証明できるΠ_2命題は1階算術PRAでも証明できる」という**フリードマンの定理**(定理8.2.7)も証明する．

もう1つのメタ数学的論法は，WKL_0における**超準解析**の応用である．WKL_0の任意のモデルは可算非ωモデル(1階部分が非標準)と初等同値になるので，可算非ωモデルに対して2階部分での超準モデルが構成できれば，ある種の超準解析が可能になる．この超準モデルは「可算非ωモデルは自分自身に同型な始切片をもつ」という**自己埋め込み定理**(定理8.3.1)から導かれる．さらに，この超準的手法とSTY定理をドッキングさせることで，RCA_0における代数学の基本定理の新しい証明が得られる．

8.1　強制法とハーリントンの定理

本節では，ハーリントンの定理「WKL_0 は RCA_0 の Π^1_1 保存的拡大である」を紹介する．公理的集合論の強制拡大の手法にならって，モデル内の無限木に対する無限道をジェネリック・パスとして加えていくアイデアは，ジョクシュとソーア(文献 [70])によって開発されたものだが，ハーリントンはそれを 2 階算術の非 ω モデルにうまく応用した．まず，強制法に馴染みのない方のために，その基本知識を説明しておこう．8.4 節とあわせて読んでいただくと，強制法入門の良い教材になると思う．

強制法の基本的な考え方は，現実世界にないものを世界の混乱を招かないようにして生産投入することである．まず，生成(ジェネレート)するものに対する条件の集合 $\mathbb{P}$ が与えられ，条件の間には半順序が定められている．この状況をどう解釈するかは応用によって異なるので，最初は意味を与えずに形式的に進める．

半順序集合 $(\mathbb{P},<)$ を任意に固定し，p, q, r, $\ldots$ で $\mathbb{P}$ の元を表す．次の条件を満たす集合 $G \subseteq \mathbb{P}$ を**開集合**とよび，これによって $(\mathbb{P},<)$ は位相空間となる．

$$\forall p,q\,(q<p \land p\in G \to q\in G).$$

いま，

$$[p]=\{q\in\mathbb{P}\,|\,q\le p\}$$

とおくと，任意の開集合 G は $\bigcup_{p\in G}[p]$ と一致するから，$\{[p]\,|\,p\in\mathbb{P}\}$ は開基底を形成する．

任意の空でない開集合と(空でない)交わりをもつ集合 $D\subseteq\mathbb{P}$ を**稠密**な集合という．D が稠密である条件は，

$$\forall p\in\mathbb{P}\,[p]\cap D\neq\varnothing,\quad \text{換言すると}\quad \forall p\in\mathbb{P}\,\exists d\in D\,d\le p$$

と同値である．

定義 8.1.1　次の条件を満たす集合 $F\subseteq\mathbb{P}$ を**フィルター**とよぶ．

(1) $p \in F \wedge p < q \to q \in F$.

(2) $\forall p, q \in F\,[p] \cap [q] \cap F \neq \varnothing$. □

定義 8.1.2 集合族 $\mathcal{D}$ が与えられたとき，$\mathcal{D}$ に属するすべての稠密な集合 $D \subseteq \mathbb{P}$ と空でない交わりをもつフィルター G を **$\mathcal{D}$ ジェネリック・フィルター**（$\mathcal{D}$-generic filter）とよぶ. □

補題 8.1.3 $\mathcal{D}$ が $\mathbb{P}$ の稠密な部分集合を高々可算個しか含まないとき，任意の $p \in \mathbb{P}$ に対し，p を要素とする $\mathcal{D}$ ジェネリック・フィルター G が存在する. □

証明 $\mathcal{D}$ に含まれる $\mathbb{P}$ の稠密な部分集合を並べ上げ，$D_0, D_1, \ldots, D_i, \ldots$ $(i \in \omega)$ とする．与えられた $p \in \mathbb{P}$ に対して，$\mathbb{P}$ の要素の減少列 $p_0 \geq p_1 \geq \cdots$ を次のように作る．まず $p_0 = p$ とおく．各 $n > 0$ に対しては $p_n \in [p_{n-1}] \cap D_{n-1}$ となる元 p_n を選ぶ．そして，$G = \{q \mid \exists i\ p_i \leq q\}$ とおけば，明らかに $p \in G$ かつ G は $\mathcal{D}$ ジェネリック・フィルターである. ∎

以上は，すべての強制法に共通した基礎知識であるが，これからハーリントンの証明に用いられる強制条件について説明する．まず，$\mathfrak{M} = (M, S)$ を RCA_0 の可算モデルとする．ここで，M は 1 階部分の（自然数に対応する）領域であり，2 階部分の S は M の部分集合からなる集合，つまり $S \subseteq \mathcal{P}(M)$ であるとする．そして，

$$\mathbb{P} = \{T \in S \mid \mathfrak{M} \models \text{“}T(\subseteq \mathrm{Seq}_2)\text{ は無限 2 分木”}\}$$

とおき，さらに

$$T_1 \leq T_2 \iff T_1 \subseteq T_2$$

によって，$\mathbb{P}$ に半順序をいれる．これから生成したいものは各 $T \in \mathbb{P}$ の無限道である．T は $\mathbb{P}$ の中に無限道をもたないかもしれないが，といって T の無限道を任意に外からもってきてモデルに入れれば，帰納法などの秩序が壊れるかもしれない．とりあえず，無限道の近似 $T' \subset T$ を集めてくることが大

事で，そのために稠密性の概念が必要になる．すなわち，

$$D \subseteq \mathbb{P} \text{ は稠密} \quad \Longleftrightarrow \quad \forall T \in \mathbb{P}\ \exists T' \in D\ T' \subseteq T$$

である．

ある論理式 $\varphi(X)$（$M \cup S$ の要素をパラメータとして含んでよい）に対して，$E = \{T \in \mathbb{P} \mid \mathfrak{M} \models \varphi(T)\}$ と表せる集合 $E \subseteq \mathbb{P}$ は $\mathfrak{M}$ で定義可能であるといい，そのような集合の全体を $\mathrm{Def}(\mathfrak{M})$ と書く．ここで，$\mathfrak{M} = (M, S)$ は可算モデルであり，論理式全体も可算であるから $\mathrm{Def}(\mathfrak{M})$ は可算集合であり，補題 8.1.3 によって，任意の $T \in \mathbb{P}$ は，ある $\mathrm{Def}(\mathfrak{M})$ ジェネリック・フィルターに含まれる．このフィルターを単に **$\mathfrak{M}$ ジェネリック・フィルター**ともいう．

補題 8.1.4　$F \subseteq \mathbb{P}$ が $\mathfrak{M}$ ジェネリック・フィルターならば，すべての $T \in F$ に共通な無限道 $G = \bigcap F \left(= \bigcap_{T \in F} T\right)$ がただ 1 つ存在する．すなわち，F は G で生成される単項フィルター（$\subseteq \mathcal{P}(M)$）に含まれる．　□

証明　任意の $k \subset M$ に対し，$E_k - \{T \in \mathbb{P} \mid \exists! s \in \{0,1\}^k\ s \in T\}$ は稠密かつ $\mathfrak{M}$ で定義可能である．F を $\mathfrak{M}$ ジェネリック・フィルターとすれば，各 k に対し，ある $s_k \in \{0,1\}^k$ が存在し，$T_k \cap \{0,1\}^k = \{s_k\}$ となる $T_k \in F$ がある．そして，$k < k'$ ならば，s_k は $s_{k'}$ の始切片で，かつ $s_{k'} \in T_k$ となる．なぜなら，そうでないと，$[T_k] \cap [T_{k'}] = \varnothing$ *1 となって，F のフィルター条件をくずす．そこで，$G = \bigcup_{k \in M} s_k$ とおけば $G = \bigcap_k T_k$ でもある．最後に，$G = \bigcap F$ をいう．$G \not\subseteq T \in F$ ならば，$s_k \notin T$ となる k が存在し，$[T] \cap [T_k] = \varnothing$ となって F のフィルター条件に矛盾する．　∎

定義 8.1.5　$G(\subseteq M)$ が **$\mathfrak{M}$ ジェネリック・パス**（generic path）とよばれるのは，次の条件が成り立つときである．任意の稠密集合 $D \in \mathrm{Def}(\mathfrak{M})$ に対し，G を無限道にもつような木 $T \in D$ が存在する．　□

---

*1 ここでの $[T]$ は，$\{T' \in \mathbb{P} \mid T' \subset T\}$ を表す．p.302 以降では同じ記法 $[T]$ で T の無限道の集合を表すが，どちらも慣用記法であるから，あえて両者をそのまま用いる．

補題 8.1.6 すべての $T \in \mathbb{P}$ は $\mathfrak{M}$ ジェネリック・パス G をもつ. □

証明 補題 8.1.3 により，すべての T はある $\mathfrak{M}$ ジェネリック・フィルター F に含まれる．さらに，補題 8.1.4 により F の木には共通の無限道 G が存在する．この G が $\mathfrak{M}$ ジェネリック・パスになることは定義から明らか． ∎

以下，$\mathfrak{M}$ ジェネリック・パスを単にジェネリック・パスともよぶ.

補題 8.1.7 G がジェネリック・パスならば，$(M, S \cup \{G\}) \models \Sigma^0_1$ 帰納法. □

証明 $\varphi(i, X)$ を任意の Σ^0_1 論理式とし，$b \in M$ を任意に選び，$A = \{a \leq_M b \mid \varphi(a, G)\} \in S$ がいえればよい[*2]．というのは，これにより，$\varphi(n, G)$ に関する帰納法を，おおよそ $n \in A$ に関する帰納法に直せるからである．実際は，$A \in S$ ならば，$\mathfrak{M} \models (\Delta^0_1\text{-CA})$ より $B = \{a \mid a \in A \vee a >_M b\} \in S$ であることに注意し，B に関する帰納法を用いる．つまり，$\varphi(0, G)$ かつ $\forall n\, (\varphi(n, G) \rightarrow \varphi(n+1, G))$ と仮定すると，$0 \in B$ かつ $\forall m\, (m \in B \rightarrow m+1 \in B)$ となるから，$\mathfrak{M} \models \Sigma^0_1$ 帰納法より $B = M$ がいえる．よって，$b \in A$，つまり $\varphi(b, G)$ となる．$b \in M$ は任意だったから，$\forall n\, \varphi(n, G)$ を得る．あとは $A \in S$ を示す.

いま $\varphi(i, X) \equiv \exists j\, \theta(i, X{\restriction}j)$（ただし，$\theta \in \Sigma^0_0$）として[*3]，

$$D_b = \{T \in \mathbb{P} \mid \mathfrak{M} \models \forall a \leq b\ (1)\ \forall t{\in}T\, \neg\theta(a, t) \vee \\ (2)\ \exists k\, \forall t{\in}T \cap \{0,1\}^k\, \exists s{\subseteq}t\, \theta(a, s)\}$$

とおく．もちろん D_b は $\mathfrak{M}$ で定義可能である．ここで，$T \in D_b$ かつ $T' \subseteq T$ ならば，$T' \in D_b$ となることに注意する．そして，下に示すように D_b は稠密になるから，G を無限道にもつ木 T_0 が D_b の中に存在する．この T_0 を固定しておく．いま，$T = T_0$ が条件 (1) $\forall t{\in}T\, \neg\theta(a, t)$ や (2) $\exists k \forall t{\in}T \cap \{0,1\}^k\, \exists s{\subseteq}t\, \theta(a, s)$ を満たすことをそれぞれ (1) $T := T_0$ や (2) $T := T_0$ で表す.

---

*2 補題 7.1.8 の (有界 Σ^0_1-CA) を参照せよ.

*3 $X{\restriction}j$ は X の特性関数 f の始切片 $(f(0), \ldots, f(j-1))$ のコードを表す．Σ^0_0 論理式 $\theta(X)$ の真偽値は，X の有限部分しか関係しないので，十分大きな j に対する $X{\restriction}j$ で X を置き換えることができる．詳しくは，文献 [66] 定理 II.2.7 を参照.

すると，各 $a \leq_M b$ に対して，

$$\mathfrak{M} \models (1)\ T := T_0 \quad \Longrightarrow \quad (M, S \cup \{G\}) \models \neg\varphi(a, G),$$
$$\mathfrak{M} \models (2)\ T := T_0 \quad \Longrightarrow \quad (M, S \cup \{G\}) \models \varphi(a, G)$$

であり，かつ $\mathfrak{M} \models (1)\ T := T_0 \vee (2)\ T := T_0$ だから，

$$\mathfrak{M} \models (2)\ T := T_0 \quad \Longleftrightarrow \quad (M, S \cup \{G\}) \models \varphi(a, G)$$

となる．(2) は Σ^0_1 論理式で，$\mathfrak{M} \models$ (有界 Σ^0_1-CA) (補題 7.1.8) だから，$A = \{a \leq_M b \,|\, \mathfrak{M} \models (2)\ T := T_0\} \in S$ である．

最後に，D_b が稠密になることを示そう．$\widetilde{T} \in \mathbb{P}$ を任意に選ぶ．各 $\sigma \in \{0,1\}^{\leq b}$ に対し，木 T_σ を次のように帰納的に定義する．

$$T_\varnothing = \widetilde{T},$$
$$T_{\sigma^\frown 0} = \{t \in T_\sigma \,|\, \forall s \subseteq t\, \neg\theta(a, s)\}, \quad ただし，a = \mathrm{leng}(\sigma),$$
$$T_{\sigma^\frown 1} = T_\sigma.$$

ここで，$\varnothing$ は空列，$\sigma^\frown i$ は列 σ のあとに i $(= 0, 1)$ を加えたものを表す．そして，$S_b = \{\sigma \in \{0,1\}^{b+1} \,|\, T_\sigma$ は無限木 $\}$ とおく．すると，「T_σ が無限木」は Π^0_1 論理式 $\forall n\, \exists \tau \in \{0,1\}^n\, \tau \in T_\sigma$ で表されるので，(有界 Σ^0_1-CA) によって $S_b \in S$ である．また，$\overbrace{\langle 1, 1, \ldots, 1\rangle}^{b+1} \in S_b$ より $S_b \neq \varnothing$．そこで，σ_b を S_b における辞書式順序の最初の要素とする．いま，$a \leq_M b$ を任意にとる．$\sigma_b(a) = 0$ ならば，$(\sigma_b {\restriction} a)^\frown 0 \subset \sigma_b$ だから，

$$T_{\sigma_b} \subseteq T_{(\sigma_b \restriction a)^\frown 0} \subseteq \{t \,|\, \neg\theta(a, t)\}$$

より，(1) $T := T_{\sigma_b}$ がいえる．$\sigma_b(a) = 1$ ならば，$T_{(\sigma_b \restriction a)^\frown 0}$ は有限だから，(2) $T := T_{\sigma_b \restriction a}$，したがって (2) $T := T_{\sigma_b}$ も成り立つ．以上から $T_{\sigma_b} \in D_b$ となり，D_b が稠密になることが示された． ∎

$T \in \mathbb{P}$ のジェネリック・パス G を固定し，

$$S^T = \{X \subseteq M \,|\, X \text{ は } (M, S \cup \{G\}) \text{ で } \Delta^0_1 \text{ 式によって定義可能}\}$$

とおくと，次の補題が得られる．

補題 8.1.8 $(M, S^T) \models \mathsf{RCA}_0 + T$ は無限道をもつ. □

証明 S^T の要素をパラメータとする Σ^0_1 論理式 φ に対し, $S \cup \{G\}$ の要素だけをパラメータとする Σ^0_1 論理式でそれと同値なもの ψ が存在する. この事実は以下のように証明される. φ が S^T の要素 X をパラメータにもつとする. X は $(M, S \cup \{G\})$ において Δ^0_1 式によって定義されるから, $S \cup \{G\}$ の要素をパラメータとする Σ^0_1 論理式 χ_1 と χ_2 が存在して, $n \in X \iff \chi_1(n) \iff \neg\chi_2(n)$ である. φ に含まれる部分式 $t \in X$ を $\chi_1(t)$ または $\neg\chi_2(t)$ で置き換え, さらに他のパラメータがあれば同様な置換をすることで, いくつかの Σ^0_1 論理式を $\wedge$, $\vee$, $\forall x < t$, $\exists x < t$, $\exists x$ でつなげた論理式で, $S \cup \{G\}$ の要素だけをパラメータとするものが得られる. 最後に, この論理式を厳密な Σ^0_1 論理式に変形する操作は, Σ^0_1 帰納法を用いて行える*4.

上の事実と補題 8.1.7 より, $(M, S^T) \models \mathsf{RCA}_0$ がいえる. また, (M, S^T) において, T は無限道 G をもつ. ∎

補題 8.1.8 において, (M, S) が可算であれば, S^T も可算になることに注意する. 次の補題ではこの作業を繰り返して, WKL_0 のモデル (M, S_∞) を作るが, これも可算になる.

補題 8.1.9 RCA_0 の任意の可算モデル (M, S) に対して, $S \subseteq S_\infty \subseteq \mathcal{P}(M)$ となる可算集合 S_∞ が存在し, $(M, S_\infty) \models \mathsf{WKL}_0$ となる. □

証明 $S_0 \subseteq S_1 \subseteq \cdots$ を次のように作る.

$$S_0 = S,$$

$$S_{(n,m)+1} = S^T_{(n,m)}, \quad \text{ただし } T \text{ は } S_n (\subseteq S_{(n,m)}) \text{ に含まれる}$$

$$(S_n \text{ の可算性による}) \ m \text{ 番目の無限木.}$$

ここで $(n, m) = \frac{(n+m)(n+m+1)}{2} + n$ であり, $(n, m) \geq n$ である. 最後に, $S_\infty = \bigcup_{i \in \omega} S_i$ とおけば, これが求めるものであることは定義から明らか. ∎

---

*4 補題 7.1.4 を参照せよ.

定理 8.1.10 (ハーリントン)[*5]　任意の Π^1_1 文 σ に対して，

$$\mathsf{WKL}_0 \vdash \sigma \Longrightarrow \mathsf{RCA}_0 \vdash \sigma.$$

証明　σ を RCA_0 で証明されない Π^1_1 文とする．すると，ゲーデルの完全性定理 2.3.9 から，$(M,S) \models \mathsf{RCA}_0 + \neg\sigma$ となる可算モデル (M,S) が存在する．いま，$\varphi \in \Pi^1_0$ として，$\neg\sigma \Longleftrightarrow \exists X\,\varphi(X)$ と表すと，$A \in S$ が存在して，$(M,S) \models \mathsf{RCA}_0 + \varphi(A)$ となる．補題 8.1.9 により S_∞ を構成すれば，$(M,S_\infty) \models \mathsf{WKL}_0 + \varphi(A)$ である．ここで，$\varphi(X)$ は算術的だから，$\varphi(A)$ の真偽は M と A のみに依存することに注意する．したがって，$(M,S_\infty) \models \mathsf{WKL}_0 + \neg\sigma$，つまり $\mathsf{WKL}_0 + \neg\sigma$ は無矛盾だから $\mathsf{WKL}_0 \not\vdash \sigma$ となる． ∎

アヴィガド(1996)は，2 つの体系 RCA_0, WKL_0 における Π^1_1 定理 σ の証明の長さの違いが $\mathrm{leng}(\sigma)$ の多項式で抑えられることを証明している．

また，任意の n について，$\mathsf{WKL}_0 + \mathsf{I}\Sigma^0_n$ が $\mathsf{RCA}_0 + \mathsf{I}\Sigma^0_n$ に対して Π^1_1 保存的であることもクロート - ハーイェク - パリス(1990)が示している．

8.2　半正則切断とフリードマンの定理

本節では，「WKL_0 が PRA の Π_2 保存的拡大になる」というフリードマンの定理[*6]を紹介する．PRA は，primitive recursive arithmetic の頭文字をとったもので，すべての原始再帰的関数(の定義)に対して関数記号をもち，それ

[*5] 原論文は未発表だが，その証明を含む文献 [66] の原稿が 1980 年代から流通していた．

[*6] 類似の結果をパーソンズが独立に得ているが，ここの主張と証明法はフリードマン(未発表)による(文献 [66])．ここで使われる，算術の超準モデルの切断と集合論の正則基数(regular cardinal)のアナロジーは，1970 年代半ばに英国のパリスとその周辺の人たちによって発見された．なお，正則基数は，それより小さな基数からそれへの関数の値域が必ず有界になるような基数である．

らの定義式を公理として，さらに Σ_0 帰納法をもつ体系と定める[*7].

PRA のモデルは $(M, \mathtt{f}_0^M, \mathtt{f}_1^M, \ldots)$ という形をしているが，$F = (\mathtt{f}_0^M, \mathtt{f}_1^M, \ldots)$ とおいて，簡単に (M, F) または M で表す．以下，PRA の超準モデル (M, F) (すなわち，$M \neq \omega$)を 1 つ固定して議論を進める．また，素数を小さい方から並べ上げる原始再帰的関数を $p \in F$ としておく．すなわち，$p(0) = 2,\ p(1) = 3,\ p(2) = 5, \ldots$.

定義 8.2.1　集合 $X(\subseteq M)$ が以下のように表せるとき，$c \in M$ を X の**コード**という．

$$X = \{n \in M \mid M \models \exists d{<}c\ (c = p(n) \bullet d)\}.$$

コード c をもつ集合 X を M **有限**であるといい，その要素の個数を $|X|$ または $|c|$ で表す．　□

注　$|x|$ は(M 上の)原始再帰的関数，すなわち $|x| \in F$ である．また，コード c をもつ集合 $X(\neq \varnothing)$ の最大元を $\max(c)$ と表せば，$\max(x) \in F$ である．

定義 8.2.2　I が M の真部分集合で，始切片になっており(すなわち，$a < b \in I \Longrightarrow a \in I$)，また後者関数で閉じている(すなわち，$a \in I \Longrightarrow a+1 \in I$)とき，$I$ を M の**切断**(cut)とよび，$I \subseteq_e M$ と書く[*8] (**図 6**)．さらに，$|X| \in I$ となる任意の M 有限な集合 X に対して，$X \cap I$ が I の中で有界になるような切断 $I \subseteq_e M$ を**半正則切断**(semi-regular cut)という．　□

$$0 \qquad\qquad \omega \qquad I) \qquad M$$

図 6　超準モデルの切断 I

[*7] Σ_0 論理式で表される関係は原始再帰的であり，原始再帰的関数記号を用いれば量化記号を含まない論理式に書き直せる．PRA は全く量化記号を用いない体系として定式化されることもある．「有限の立場」との関係は第 7 章 付録 B を参照.

[*8] 定義 5.2.6 ではすべての始切片を $\subseteq_e$ で表したが，本節ではとくに切断を表すものとする.

注　X が M 有限で，$X \cap I$ が I で有界であれば，$X \cap I$ も M 有限であり，$X \cap I$ の最大元の存在もいえる．

定理 8.2.3（カービー - パリス）　$I \subseteq_e M$ が半正則切断ならば，$(I, F\lceil I) \models \mathsf{PRA}$ となる．ただし，$F\lceil I$ は，F の各関数 f の定義域を I に制限した関数 $f\lceil I$ からなる集合である．

証明　まず，I が原始再帰的関数に関して閉じていることを示そう．各 $n \in \omega$ に対して，1 変数関数の原始再帰的関数 g_n を次のように定める．

$$\mathrm{g}_0(x) = x + 1,$$
$$\mathrm{g}_{n+1}(x) = \overbrace{\mathrm{g}_n \mathrm{g}_n \cdots \mathrm{g}_n}^{x+2}(x)^{*9}.$$

すると，任意の原始再帰的関数記号 $\mathtt{f}$ に対して，ある $n \in \omega$ が存在し，

$$\mathsf{PRA} \vdash \mathtt{f}(x_1, x_2, \ldots, x_k) < \mathrm{g}_n(\max\{x_1, x_2, \ldots, x_k\})$$

がいえる（ただし，$k = 0$ のときは，max の値は 0 とする）．この事実を簡単に示しておく．まず，原始再帰的関数の 3 つの初期関数については，$\mathrm{Z}() = 0 < \mathrm{g}_0(0)$, $\mathrm{S}(x) = x + 1 < 2x + 2 = \mathrm{g}_1(x)$, $\mathrm{P}^n_i(x_1, \ldots, x_n) = x_i < \mathrm{g}_0(\max\{x_1, x_2, \ldots, x_k\})$ となっている．関数合成については，簡単のため 1 変数関数で考えると，$h_1(x) < \mathrm{g}_n(x)$, $h_2(x) < \mathrm{g}_n(x)$ として，それらの合成関数は $h_1(h_2(x)) < \mathrm{g}_n(\mathrm{g}_n(x)) \leq \mathrm{g}_{n+1}(x)$ である．原始再帰法 $f(x, y+1) = h(x, y, f(x, y))$ で定まる f については，$f(x, 0) < \mathrm{g}_n(x)$ かつ $h(x, y, z) < \mathrm{g}_n(\max\{x, y, z\}))$ として，$f(x, y) < \mathrm{g}_n^{y+2}(\max\{x, y\}) \leq \mathrm{g}_{n+1}(\max\{x, y\})$ を満たす．以上から，どの原始再帰的関数も，ある g_n より下にある．

そこで，I がすべての原始再帰的関数に関して閉じていることを確認するためには，各 g_n について閉じていることをいえばよい．定義 8.2.2 により，

---

*9 $\mathrm{g}_{n+1}(x)$ が原始再帰的であることは，次の 2 変数関数 $\mathrm{g}'_{n+1}(x, y)$ を間に挟むとわかりやすい．$\mathrm{g}'_{n+1}(x, 0) = x$, $\mathrm{g}'_{n+1}(x, y+1) = \mathrm{g}_n(\mathrm{g}'_{n+1}(x, y))$ より $\mathrm{g}'_{n+1}(x, y)$ は原始再帰的であり，$\mathrm{g}_{n+1}(x) = \mathrm{g}'_{n+1}(x, x+2)$ も原始再帰的になる．p.43 のアッケルマン関数と比較せよ．

切断 I は後者関数に関して閉じているから，$n=0$ の場合は成立する．いま，g_n で閉じていて，g_{n+1} で閉じていないとして矛盾を導く．$\mathsf{g}_{n+1}^M(a) \notin I$ となる $a \in I$ を選び，

$$X = \{\mathsf{g}_n^M(a), \mathsf{g}_n^M \mathsf{g}_n^M(a), \ldots, \overbrace{\mathsf{g}_n^M \mathsf{g}_n^M \cdots \mathsf{g}_n^M}^{a+2}(a)\}$$

とおく．すると，X は M 有限な集合であって $|X| = a+2 \in I$ だから，$X \cap I$ は有界で，最大元 b が存在する．しかし，I は g_n に関して閉じているから，$\mathsf{g}_n^M(b) \in X \cap I$ となり，b の最大性に反する．

上のことから，$(I, F{\restriction}I)$ は (M,F) の部分構造と考えることができ，したがって Σ_0 式については 2 つの構造における真理値が一致する．いま，$\varphi(x)$ を Σ_0 式として，$(I, F{\restriction}I) \models \varphi(0) \wedge \forall x\,(\varphi(x) \to \varphi(x+1))$ と仮定する．$c \in I$ を任意にとり，$\psi(x) = \varphi(x) \vee c < x$ とおくと，$\psi(x)$ も Σ_0 式で，仮定から $(M,F) \models \psi(0) \wedge \forall x\,(\psi(x) \to \psi(x+1))$ がいえる．すると，$(M,F) \models \Sigma_0$ 帰納法だから $(M,F) \models \forall x\,\psi(x)$ である．よって $(M,F) \models \psi(c)$，すなわち $(M,F) \models \varphi(c)$，それゆえ $(I, F{\restriction}I) \models \varphi(c)$ となる．$c \in I$ は任意に選んだので，$(I, F{\restriction}I) \models \forall x\,\varphi(x)$ を得る．よって，$(I, F{\restriction}I) \models \Sigma_0$ 帰納法がいえ，$(I, F{\restriction}I) \models \mathsf{PRA}$ である． ∎

定義 8.2.4 $I \subseteq_e M$ とし，S を M 有限な集合全体とする．ある $X \in S$ に対して，$B = X \cap I$ と書ける集合 $B \subseteq I$ を M **コード化集合**とよび，M コード化集合全体を $S{\restriction}I$ と記す． □

注 I 上の和積演算 $+^I$，$\cdot^I$ などは，M 上の対応する演算（原始再帰的関数）を I に制限することで得られるので，$(I, S{\restriction}I)$ は 2 階算術の構造とみることができる．

補題 8.2.5 $I \subseteq_e M$ が半正則切断ならば，$(I, S{\restriction}I) \models \mathsf{WKL}_0$． □

証明 $(I, S{\restriction}I)$ が算術の基本公理を満たすことは明らか．したがって，示すべきことは，$(\Delta_1^0\text{-CA})$，弱ケーニヒの補題 (WKL)，Σ_1^0 帰納法が成り立つことである．最初に Σ_1^0 帰納法をあつかうが，そのためには補題 8.1.7 と同様

に (有界 Σ^0_1-CA) を示せばよい．

まず，$(I, S\lceil I)$ における論理式 θ を，(M, F) における論理式 θ^* に変換する方法について考える．θ に含まれる各集合パラメータ $B \in S\lceil I$ に対応する M 有限な集合 X (すなわち，$B = X \cap I$) のコードを c_B として，θ の部分式 "$t \in B$" をすべて "$\exists d < c_B \, (c_B = p(t) \bullet d)$" で置き換えてできる論理式を θ^* とする．このとき，θ が Σ^0_0 論理式ならば，θ^* は Σ_0 論理式で，任意の $a \in I$ に対し，

$$(I, S\lceil I) \models \theta(a) \quad \Longleftrightarrow \quad (M, F) \models \theta^*(a)$$

が成立する．

次に，Σ^0_1 論理式 $\varphi(x) = \exists y \, \theta(x, y)$ (ただし，θ は Σ^0_0) を考える．目標は，$c \in I$ を任意にとって，$\{x < c \,|\, \varphi(x)\} \in S\lceil I$ を示すことである．さらに，$d \in M - I$ を任意にとって，

$$Z = \{(a, b) \,|\, a <_M c,\ b <_M d \text{ かつ } (M, F) \models \theta^*(a, b) \wedge \forall x < b \, \neg\theta^*(a, x)\}$$

とおく．つまり，$(a, b) \in Z$ なる b は，$\theta^*(a, b)$ を成り立たせる M における最小元である．すると，Z が M 有限で $|Z| \leq_M c$ となることは明らか．よって，I の半正則性から $Z \cap (I \times I)$ は有界となり，$d' \in I$ が存在し，すべての $a <_M c$ について，$\exists b \in I \, (a, b) \in Z \Longleftrightarrow \exists b <_M d' \, (a, b) \in Z$ がいえる．さらに，(M, F) が Σ_0 帰納法(最小値原理)を満たすことから，すべての $a <_M c$ に対して，$\exists b \in I \, (M, F) \models \theta^*(a, b) \Longleftrightarrow \exists b \in I \, (a, b) \in Z \Longleftrightarrow \exists b <_M d' \, (a, b) \in Z \Longleftrightarrow \exists b <_M d' \, (M, F) \models \theta^*(a, b)$ である．よって，すべての $a <_M c$ に対して，

$$\begin{aligned}(I, S\lceil I) \models \varphi(a) \quad &\Longleftrightarrow \quad \exists b \in I \, (I, S\lceil I) \models \theta(a, b) \\ &\Longleftrightarrow \quad \exists b \in I \, (M, F) \models \theta^*(a, b) \\ &\Longleftrightarrow \quad \exists b <_M d' \, (M, F) \models \theta^*(a, b) \\ &\Longleftrightarrow \quad (M, F) \models \exists y < d' \, \theta^*(a, y)\end{aligned}$$

がいえる．最後の式の $\exists y < d' \, \theta^*(a, y)$ は Σ_0 式であるから，$\{a < c \,|\, (I, S\lceil I) \models \varphi(a)\} = \{a < c \,|\, (M, F) \models \exists y < d' \, \theta^*(a, y)\}$ は M コード化集合となり，$S\lceil I$ に属する．

$(\Delta^0_1\text{-CA})$ と弱ケーニヒの補題は，両者をあわせて $(\Sigma^0_1\text{-SP})$ と同値になる[*10]から，あとは $(I, S\lceil I) \models (\Sigma^0_1\text{-SP})$ を示せばよい．$\varphi_i(x) = \exists y\, \theta_i(x, y)$, $\theta_i(x, y) \in \Sigma^0_0$ $(i = 0, 1)$ とし，$(I, S\lceil I) \models \neg\exists x\, (\varphi_0(x) \land \varphi_1(x))$ と仮定する．上と同様，θ_i の集合パラメータを M 有限な集合で置き換えた Σ_0 式を θ^*_i で表す．いま，$d \in M - I$ を任意に固定し，

$$Y = \{a <_M d \mid \exists b <_M d\, (M, F) \models \theta^*_0(a, b) \land \forall x < b\, \neg\theta^*_1(a, x)\}$$

とおく．つまり Y は，b を下から動かしたとき，$\theta^*_0(a, b)$ の方が $\theta^*_1(a, b)$ より先に成り立つような a の集まりである．当然，Y は M 有限だから，$Y \cap I \in S\lceil I$ である．そして，

$$(I, S\lceil I) \models \forall a\, [(\varphi_0(a) \to a \in Y \cap I) \land (\varphi_1(a) \to a \notin Y \cap I)]$$

も容易にいえるので，$(I, S\lceil I) \models (\Sigma^0_1\text{-SP})$ となる．以上から，$(I, S\lceil I) \models \mathsf{WKL}_0$ が証明された． ▌

次の補題が，フリードマンの証明の要となる部分である．

補題 8.2.6 (M, F) を PRA の可算超準モデルとする．$c, d \in M$ として，すべての原始再帰的関数 $\mathtt{f}$ に対して，$\mathtt{f}^M(c, c, \ldots, c) <_M d$ と仮定する．このとき，$c \in I$ かつ $d \notin I$ となる半正則切断 $I \subseteq_e M$ が存在する． □

注 $c \in M - \omega$ とし，c を含みすべての原始再帰的関数で閉じた最小の切断 J を考えても，J は半正則切断にならない．その理由はおおよそ次の通りである．$\{\mathsf{g}_n\}$ を定理 8.2.3 の証明の中で作った原始再帰的関数の列とし，$B(x, y, z) \iff \mathsf{g}_x(y) \le z$ とおく（原始再帰的述語 $B(x, y, z)$ の正確な定義は，下記の証明の中で与える）．$J = \{a \in M \mid \exists n \in \omega\, a <_M \mathsf{g}^M_n(c)\}$ だから，$J \models \neg\exists z\, B(c, c, z)$．もし，$J$ が半正則切断ならば，上の補題から $J \models \Sigma^0_1$ 帰納法だから，$J \models \neg\exists z\, B(a, c, z)$ となる最小の $a \in J$ がある．すると，$J \models \exists z\, B(a - 1, c, z)$ だから，$n \in \omega$ が存在して，$\mathsf{g}_{a-1}(c) < \mathsf{g}_n(c)$ である．$a \notin \omega$ だから $a - 1 \notin \omega$ であり，これは不可能．よって，J は半正則切断でない．他方，J は PRA のモデルになっているので，$\mathrm{PRA} \not\vdash \Sigma^0_1$ 帰納法が示された．

[*10] 補題 7.3.6.

証明　最初に，原始再帰的述語 $B(x,y,z)$ を以下のように定義する．

$B(0,y,z) \iff y<z$,

$B(x+1,y,z) \iff |X|\le y$ となる任意の M 有限な集合 $X\subset[y,z)$ に対し，
$B(x,y',z')$ で $[y',z')\cap X=\varnothing$ となる
$[y',z')\subset[y,z)$ が存在する．

ただし，$[y,z)=\{w\,|\,y\le w<z\}$．いま，$B(x,y,z)$ の内容を，「区間 $[y,z)$ が x **級大**である」と考えることにする．すると，区間 $[y,z)$ が $x+1$ 級大であることは，濃度 y 以下の任意の $X\subset[y,z)$ に対し，それと交わらない x 級大の $[y',z')\subset[y,z)$ が存在することである．ここで，$B(x+1,y,z)$ の定義式において，濃度 y 以下の $X\subset[y,z)$ は，$p(z)^y$ 以下の数でコードされるので，定義式全体も Σ_0 で表され，$B(x,y,z)$ は原始再帰的述語になる．

定理 8.2.3 の証明で作った原始再帰的関数の列 $\{\mathrm{g}_n\}$ に対して，各 $n\in\omega$ について，

$$\mathsf{PRA}\vdash\ \mathrm{g}_n(y)\le z\to B(n,y,z)$$

となることが示せる．実際, $n=0$ のときは明らか．次に n で成立することを仮定する．$n+1$ の場合を示すために, $\mathrm{g}_{n+1}(y)\le z$ とする．$\mathrm{g}_{n+1}(y)=\mathrm{g}_n^{y+2}(y)$ だから，濃度 y 以下の任意の $X\subset[y,z)$ に対し，ある $c<y+2$ が存在して，$[\mathrm{g}_n^c(y),\mathrm{g}_n^{c+1}(y))$ は X の元を含まない．そこで，$y'=\mathrm{g}_n^c(y)$, $z'=\mathrm{g}_n^{c+1}(y)$ とおけば，$\mathrm{g}_n(y')=z'$ だから，帰納法の仮定により $B(n,y',z')$ となって，$B(x+1,y,z)$ の定義式(右辺)が成り立つ．

次に, $c,d\in M$ を題意のようにとると, 任意の $n\in\omega$ について, $\mathrm{g}_n^M(c)<_M d$ だから $B(n,c,d)$ となる．すると, 過剰原理(定理 5.1.3)により, ある $b\in M-\omega$ が存在して，$\forall a\le_M b\,B(a,c,d)$ である[*11]．

さて，(M,F) を PRA の可算モデルとすると，M 有限な集合は可算個しかない．そこで，$\{X_n\}$ を M 有限な集合の列で，各 M 有限な集合は列の中に

[*11] Δ_1 帰納法によって $\neg B(x,c,d)$ となる最小の x の存在を示し，$b=x-1$ とおいてもよい．

無限回繰り返して現れるものとする．これを使って，縮小区間列 $\{[c_n, d_n)\}$ を以下のように定義する．

$$[c_0, d_0) = [c, d),$$

$$[c_{n+1}, d_{n+1}) = \begin{cases} [c_n, d_n) & |X_n| \geq_M c_n \text{ のとき,} \\ [c', d') & |X_n| <_M c_n \text{ のとき, } B(b-n, c', d') \text{ かつ} \\ & [c', d') \cap X = \varnothing \text{ を満たす } [c', d') \subset [c_n, d_n) \\ & \text{を適当に選ぶ.} \end{cases}$$

任意の $a \in M$ に対し，$\{a\}$ は M 有限だから，十分大きな n について $[c_n, d_n) \cap \{a\} = \varnothing$ つまり $a \notin [c_n, d_n)$ となる．したがって，$\bigcap_n [c_n, d_n) = \varnothing$ である．

いま，$I = \{a \in M \mid \exists n\, a <_M c_n\} = \{a \in M \mid \forall n\, a <_M d_n\}$ とおき，I が半正則になることをみる．X が M 有限で $|X| \in I$ とする．$\{X_n\}$ の定義から，無限個の n について $X = X_n$ となるから，$X = X_n$ かつ $|X| <_M c_n$ となる n がある．すると，$[c_{n+1}, d_{n+1}) \cap X = \varnothing$．したがって，$c_{n+1}$ は $X \cap I$ の上界であり，$X \cap I$ は I において有界になる．よって，I は半正則切断である．∎

定理 8.2.7（フリードマン）　任意の Π_2 文 σ に対して，

$$\mathsf{WKL}_0 \vdash \sigma \Longrightarrow \mathsf{PRA} \vdash \sigma.$$

証明　θ を Σ_0 とし，$\sigma = \forall y\, \exists z\, \theta(y, z)$ を PRA で証明できない Π_2 文とする．すると，コンパクト性定理 2.3.10 から，$\mathsf{PRA} \cup \{\neg \exists z\, \theta(c, z)\} \cup \{\mathtt{f}(c, c, \ldots, c) < d \mid \mathtt{f}$ は原始再帰的関数の記号 $\}$ が可算モデル (M, F, c, d) をもつ．ここで，補題 8.2.6 により，$c \in I$ かつ $d \notin I$ となる半正則切断 $I \subseteq_e M$ が存在する．$\neg \exists z\, \theta(c, z)$ は Π_1 文で，$M \models \neg \exists z\, \theta(c, z)$ だから，$I \models \neg \exists z\, \theta(c, z)$，すなわち $I \models \neg \sigma$ である．他方，補題 8.2.5 から $(I, S\lceil I) \models \mathsf{WKL}_0$ がいえる．よって，$(I, S\lceil I) \models \mathsf{WKL}_0 + \neg \sigma$ だから，$\mathsf{WKL}_0 + \neg \sigma$ は無矛盾となり，σ は WKL_0 でも証明できない．∎

第 7 章でその一端をみたように，WKL_0 の上ではかなり豊かな数学が展開できる．にも関わらず，フリードマンの定理によると，WKL_0 は，Π_2 文に関してヒルベルトの「有限の立場」に相当する形式体系 PRA と同じ定理をもつ．とくに，無矛盾性は Π_1 文で表せるため，両者は無矛盾性に関して同等となり，この事実は「ヒルベルトのプログラム」(第 7 章付録 B) に関して重要な意義を有している．

◉—— 第二不完全性定理のモデル論的証明

ここでは，フリードマンの定理を応用した第二不完全性定理のモデル論的証明を紹介しよう．まず，数理論理学に対する逆数学の基本結果を簡単に述べる．2 階算術の中で議論するので，言語 $\mathcal{L}$ も構造 $\mathfrak{A}$ もとくに断らない限り可算で，形式的にはゲーデル数のようなコード化の手法を用いて $\mathbb{N}$ の部分集合としてあつかうことになるが，ここではコード化の議論は省く．

モデルをあつかうためには，構造の上の充足関係 Sat (あるいは $\models$) が必要になる．これを通常通りタルスキの真理定義条項 (定義 2.1.8) の下で論理式の構成による帰納法で定義するなら，ACA_0 以上が必要である．そこで，逆数学においては，構造と同時にその上の充足関係もはじめから与えておき，それらがタルスキの真理定義条項を満たすときそのペアをモデルとよぶ．より簡明には，初等ダイヤグラム $\mathrm{Th}(\mathfrak{A}_A)$ を「モデル」と同一視すればよい．

定理 8.2.8　RCA_0 において，以下は同値である．

(1)　WKL_0

(2)　言語 $\mathcal{L}$ の無矛盾な理論 T はモデルをもつ．

(3)　言語 $\mathcal{L}$ の無矛盾な理論 T において，任意の文 φ に対して，

$$T \vdash \varphi \quad \Longleftrightarrow \quad T \models \varphi.$$

(4)　言語 $\mathcal{L}$ の理論 T において，T の任意の有限部分集合がモデルをもつならば，T 全体もモデルをもつ．

証明の概略 (1) $\Rightarrow$ (2) を示す．(2) は定理 2.3.8 の主張であり，それは補題 2.3.6 と補題 2.3.7 から導かれた．ヘンキン化に関する補題 2.3.6 は，RCA_0 でも十分示せる．完全化に関する補題 2.3.7 については，文全体を並べて $\{\sigma_i\}_{i<\omega}$ とし，極大無矛盾集合 S を，$\sigma_i \in S$ のとき $f(i)=1$, $\neg\sigma_i \in S$ のとき $f(i)=0$ として，無限 2 進列 f に対応させれば，WKL_0 から f の存在が示せ，S も存在する．よって (1) $\Rightarrow$ (2) である．

(3) は定理 2.3.9 の完全性定理であるから，(2) $\Rightarrow$ (3) は通常の議論でいえる．(4) は定理 2.3.10 のコンパクト性定理であるから，(3) $\Rightarrow$ (4) も通常通りである．

(4) $\Rightarrow$ (1) を示す．T を単純なブール代数 $2=\{0,1\}$ (p.35) の理論とすれば，(4) から命題論理のコンパクト性定理が導かれる．原子命題全体を $\{\sigma_i\}_{i<\omega}$ とし，長さ n の 2 進列 t に命題 $P_t \equiv \bigwedge_{t(i)=1} \sigma_i \wedge \bigwedge_{t(i)=0} \neg\sigma_i$ を対応させる．いま無限 2 進木 T が与えられたとして，各 $n \in \mathbb{N}$ に対して，

$$P(n) \equiv \bigvee\{P_t \mid t \in T \wedge \mathrm{leng}(t)=n\}$$

とおけば，これは明らかに無矛盾である．するとコンパクト性から $\{P(n) \mid n \in \mathbb{N}\}$ も無矛盾である．そして，すべての $P(n)$ を真にする $\{\sigma_i\}_{i<\omega}$ への真偽値割り当てが，T の無限道に対応している．よって，弱ケーニヒの補題が得られる． ∎

では，第二不完全性定理の議論を思い出そう．まず，理論 T は $\mathsf{I}\Sigma_1$（あるいは PRA）を含む無矛盾な Σ_1 理論とし，原始再帰的述語 $\mathtt{Proof}_T(y,x)$ は「y はゲーデル数 x の論理式に対する T における証明のゲーデル数である」を自然に表したものとする．そして，T の証明可能性を表す述語 $\mathrm{Bew}_T(x)$ を

$$\mathrm{Bew}_T(x) \equiv \exists y\ \mathtt{Proof}_T(y,x)$$

とする．このとき，次の 3 条件が成り立つ（定理 4.5.1（(ヒルベルト - ベルナイス - レーブの導出可能性補題)）．

D1. $T \vdash \varphi \quad \Longrightarrow \quad T \vdash \mathrm{Bew}_T(\ulcorner\varphi\urcorner)$.

D2.　$T \vdash \mathrm{Bew}_T(\overline{\ulcorner\varphi\urcorner}) \land \mathrm{Bew}_T(\overline{\ulcorner\varphi \to \psi\urcorner}) \to \mathrm{Bew}_T(\overline{\ulcorner\psi\urcorner})$.

D3.　$T \vdash \mathrm{Bew}_T(\overline{\ulcorner\varphi\urcorner}) \to \mathrm{Bew}_T(\overline{\ulcorner\mathrm{Bew}_T(\overline{\ulcorner\varphi\urcorner})\urcorner})$.

D1, D2 の証明は比較的容易であるが，D3 の証明はとても複雑であった．D1 の証明を T 内で形式的に展開すればよいのだが，“言うは易し行うは難し”である．4.5 節の議論では，原始再帰的関数の定義式が公理として与えられているという前提を活用して，その公理を証明可能性述語の中に再現させることによって形式的証明の概略を得た．しかし，ここではフリードマンの定理を使い，それとはまったく違った証明(論文 [80] による)を与えよう．WKL_0 を仲介に用いるのだが，結論は $\mathsf{I}\Sigma_1$ (または PRA)の定理にできることが肝要である．

D3 の証明　WKL_0 において議論する．$\mathrm{Bew}_T(\overline{\ulcorner\varphi\urcorner})$ を仮定する．いま，T の任意のモデル M をとる．M には，各数項に対応する元が含まれているから，$\mathbb{N}$ の終拡大になる．すると，$\mathrm{Bew}_T(\overline{\ulcorner\varphi\urcorner})$ は $\mathbb{N}$ で成り立っている Σ_1 文だから，当然 M でも成り立つ．M の任意性と完全性定理から，$\mathrm{Bew}_T(\overline{\ulcorner\mathrm{Bew}_T(\overline{\ulcorner\varphi\urcorner})\urcorner})$ がいえる．以上から，$\mathrm{Bew}_T(\overline{\ulcorner\varphi\urcorner}) \to \mathrm{Bew}_T(\overline{\ulcorner\mathrm{Bew}_T(\overline{\ulcorner\varphi\urcorner})\urcorner})$ が WKL_0 において成り立つ．フリードマンの定理からこれは $\mathsf{I}\Sigma_1$ (または PRA)でもいえるので，T でもいえる． ∎

導出可能性補題の 3 条件から第二不完全性定理を形式的に導くことは第 4 章で示したが，その辺りも含めてモデル論的な議論を行うことも可能である．ここでは簡単のため，T は $\mathsf{I}\Sigma_1$ を含む無矛盾な 1 階算術の Σ_1 理論として，$T + \mathsf{WKL}_0$ は T の保存的拡大であるとしておく．

第二不完全性定理の証明　$T \vdash \mathrm{Con}(T)$ を仮定して，矛盾を導く．M を T の任意のモデルとし，さらに (M, S) を $T + \mathsf{WKL}_0$ のモデルとする．T のゲーデル文 G が M で成り立つかどうか考える．M で G が成り立つ場合，G は $\mathrm{Con}(T + \neg\mathrm{G})$ と同値なので，(M, S) で成り立つ完全性定理から，$T + \neg\mathrm{G}$ を満たすモデル M_1 が S に存在する．上の証明と同様に，M_1 の構造は M の終拡大である．他方，M で G が成り立たない場合は，$M_1 = M$ とおくことで，いずれの場合も M_1 では ¬G が成り立つようにできる．さらに，適当な S_1 をとって，(M_1, S_1) を $T +$ WKL$_0$ のモデルにできる．いま，M_1 は T のモデルで，$T \vdash \mathrm{Con}(T)$ だから，T のモデル M_2 が S_1 に存在し，M_2 は M_1 の終拡大とみなせる．他方，M_1 では ¬G が成り立ち，¬G は "$T \vdash$ G" の意味になるから，T のモデルである M_2 では，G が成り立つ．最後に，¬G は Σ_1 文だから，それが M_1 で成り立てば，その終拡大 M_2 でも成り立つ．よって，矛盾が得られた． ■

この証明はイェック(1994)のアイデアを用いている．詳しくは，[34] と [80] を参照されたい．

8.3　WKL$_0$ の自己埋め込み定理と超準的手法

この節では，WKL$_0$ の自己埋め込み定理と，それを応用した超準的手法の考え方について述べる．ゲーデルは「超準解析こそが未来の解析学である」と語った(1973)が，ヘンソンとキースラーは n 階算術の超準的議論には $n+1$ 階算術が必要であることを示しており(1986)，2 階算術 Z$_2$ に対しても完全な超準解析を行うには 2 階算術の枠組みだけでは不可能である．しかし，制限された超準解析であれば WKL$_0$ でも行うことができることを筆者が 1997 年の論文 [81] で示した．その証明法の核になるのは，フリードマンの自己埋め込み定理(5.3 節)を WKL$_0$ に拡張した下記の主定理(定理 8.3.1)で，本節では主にその証明を述べる．

> **定理 8.3.1（自己埋め込み定理 [81]）**　$\mathfrak{M} = (M, S)$ を WKL$_0$ の可算モデルで，$M \neq \omega$ とする．このとき，M の真なる始切片 I が存在し，$\mathfrak{M}\lceil I = (I, S\lceil I)$ と $\mathfrak{M}$ は同型になる．ここで，$S\lceil I = \{X \cap I \mid X \in S\}$ である．

証明を行う前に，いくつかの準備が必要である．まず，Σ^0_1 論理式の形を一般化する．それらは Σ^0_1 式の前に有界量化記号 $\forall x < y$ や集合量化記号をつけて，$\wedge, \vee$ でつなげたものであり，G **論理式**とよぶ(G 論理式の定義は，後述の定義 8.3.3 で与える)．WKL_0 において，G 論理式が通常の Σ^0_1 論理式と同値であることが示せるのだが，そのために次の補題を用いる．この補題は，今後他の定理の証明でも頻繁に使われる．

補題 8.3.2 (**WKL_0 におけるコンパクト性**)

(1)　任意の Π^0_1 論理式 $\varphi(X)$ に対し，ある Π^0_1 論理式 $\widehat{\varphi}$ が存在して WKL_0 で次が示せる．

$$\widehat{\varphi} \leftrightarrow \exists X\, \varphi(X).$$

(2)　任意の Π^0_1 論理式 $\varphi(k, X)$ に対し，WKL_0 で次が示せる．

$$\forall n\, \exists X\, \forall k < n\, \varphi(k, X) \to \exists X\, \forall k\, \varphi(k, X).$$ □

証明の前に 1 つ記法を定めておく．木 T の無限道全体を $[T]$ で表す．順序位相の開基の要素を表す $[p]$ は以下では用いない．

証明　(1) 集合 X とその特性関数を表す無限 2 進列を同一視する．Π^0_1 論理式 $\varphi(X)$ は $\forall x\, \theta(X{\restriction}x)$ (θ は Σ^0_0) と表せるから，$T = \{t \mid \forall s \subseteq t\, \theta(s)\}$ で木を定義すると，$\varphi(X)$ は $X \in [T]$ と同値である．したがって，$\exists X\, \varphi(X)$ は，$[T] \neq \varnothing$ と同値であり，それは Π^0_1 論理式「T は無限である ($\forall n\, \exists t \in \{0,1\}^n\, t \in T$)」と同値になる．

(2) Π^0_1 論理式 $\varphi(k, X)$ を $\forall x\, \theta(k, X{\restriction}x)$ (θ は Σ^0_0) と表し，木 $T = \{t \mid \forall k \leq \mathrm{leng}(t)\, \forall x \leq \mathrm{leng}(t)\, \theta(k, t{\restriction}x)\}$ と定義する．ここで，$\mathrm{leng}(t)$ は有限 2 進列 t の長さを表す．いま，$\forall n\, \exists X\, \forall k < n\, \varphi(k, X)$ であれば，T は無限だから，WKL_0 より無限道 $X \in [T]$ が存在し，$\forall k\, \varphi(k, X)$ となる．∎

(2) の別証明についても簡単に述べる．$\varphi(k, X)$ を $X \in [T_k]$ と表せば，$\exists X\, \forall k < n\, \varphi(k, X)$ は，$\bigcap_{k<n} [T_k] \neq \varnothing$ と表せる．これが任意の n についてい

えるなら，$\bigcap_{k<\infty}[T_k] \neq \varnothing$ となることは，カントル空間における閉集合 $[T_k]$ のコンパクト性の一表現に過ぎない．(1) も (2) も，WKL_0 における(2 進木の)「コンパクト性」とよばれる．

G 論理式が WKL_0 において Σ^0_1 論理式であることをいうためには，Σ^0_1 論理式のクラスが，$\forall X$, $\exists X$, $\forall x<y$ に関して閉じていることをみればよい．Σ^0_1 論理式が $\forall X$ をつけても Σ^0_1 であることは，補題 8.3.2(1) の同値関係を両辺の否定をとって考えればよい．Σ^0_1 論理式が $\exists X$ をつけても Σ^0_1 であることは，Σ^0_0 論理式 θ は有界量化記号しか用いないことから，$\exists X\,\exists x\,\theta(x,X)$ (θ は Σ^0_0) が $\exists t\,\exists x\,\theta(x,t)$ と書き直せることに注意すればよい．Σ^0_1 論理式が有界量化記号 $\forall x<y$ をつけても Σ^0_1 であることは，Σ^0_1 採集原理($\mathsf{B}\Sigma^0_1$)からいえる．補題 4.3.3 では，1 階算術の採集原理($\mathsf{B}\Sigma_1$)を $\mathsf{I}\Sigma_1$ から導いているが，同じ証明で $\mathsf{B}\Sigma^0_1$ が Σ^0_1 帰納法で導ける．

以上の考察のもとで，Σ^0_1 論理式を拡張する G 論理式を(RCA_0 において)定義する．先の議論のために定義の構造を明確にしておく．

定義 8.3.3　G 論理式のクラス(これも G とよぶ)は，以下のように 4 を法として帰納的に定義される列 $G_0 \subset G_1 \subset G_2 \subset \cdots$ の極限 $\bigcup_{e\in\mathbb{N}} G_e$ である．各 $e\in\mathbb{N}$ に対して，

$$G_0 = \{\text{有限個の原子論理式やその否定を} \vee \text{でつないだもの}\},$$
$$G_{4e+1} = \{\exists x\,\varphi \mid \varphi\ \text{は有限個の}\ G_{4e}\ \text{論理式を} \wedge \text{でつないだもの}\} \cup G_{4e},$$
$$G_{4e+2} = \{\forall x<y\,\varphi \mid \varphi\ \text{は有限個の}\ G_{4e+1}\ \text{論理式を} \vee \text{でつないだもの}\} \cup G_{4e+1},$$
$$G_{4e+3} = \{\exists X\,\varphi \mid \varphi\ \text{は有限個の}\ G_{4e+2}\ \text{論理式を} \wedge \text{でつないだもの}\} \cup G_{4e+2},$$
$$G_{4e+4} = \{\forall X\,\varphi \mid \varphi\ \text{は有限個の}\ G_{4e+3}\ \text{論理式を} \vee \text{でつないだもの}\} \cup G_{4e+3}$$

と定めて，$G=\bigcup_{e\in\mathbb{N}} G_e$ とおく．　□

補題 5.3.3 で表したように，すべての論理式の真偽を定義するような論理式

は存在しないが，論理式の形を Σ_n 等に制限すれば真偽を定める論理式 Sat_{Σ_n} 等が存在することを補題 5.3.4 で証明した．これは Σ^0_n 等に制限しても同様にいえる．以下では，G 論理式に対する Sat について議論する．

$V = (M, S)$ を 2 階算術の構造とする[*12]．各 $p \in M$ に対し，$M_p = \{a \in M \mid \mathfrak{M} \models a < p\}$, $S_p = \{X \cap M_p \mid X \in S\}$ とおき，$V_p = (M_p, S_p)$ とする．M_p は $+$ 等の演算で閉じていないので，V_p は厳密には V の部分構造にならないが，変数の動く範囲をそこに制限することで，その上の**充足述語**(satisfaction predicate) $\mathrm{Sat}^p(z, \xi)$ が $V = (M, S)$ において自然に定義できる．ただし，z は論理式 φ のコードで，ξ は φ に現れる高々有限個の自由変数に $M_p \cup S_p$ の元を割り当てる写像とする．つまり，論理式 $\varphi(\vec{x}, \vec{X})$ が $\vec{x}$, $\vec{X}$ 以外に自由変数をもたず，$\xi(\vec{x}) = \vec{a}$, $\xi(\vec{X}) = \vec{U}$ であるとき，V において，$\mathrm{Sat}^p(\ulcorner\varphi\urcorner, \xi) \iff V_p \models \varphi(\vec{a}, \vec{U})$ が成り立つ．数に関する量化は p までの有界量化になり，集合に関する量化は長さ p の 2 進列の量化であってこれも有界量化とみなせるから，$\mathrm{Sat}^p(z, \xi)$ は V において Δ^0_1 論理式で定義できる(補題 5.3.4 の証明と同様)．しかし，z は論理式のコードを表す体系内の変数であるから，超準数にもなり得ることに注意する．V において，Sat^p がすべての論理式に対するタルスキの真理条項(定義 2.1.8)を満たすことは，容易に確かめられる(文献 [50], 定理 IV.2.26 を参照)．

次に，G 論理式に対する充足関係を以下のように定義する．

定義 8.3.4　各 G 論理式(のコード) z に対し，充足関係 $\mathrm{Sat}(z, \xi)$ を次で定める．

$$\mathrm{Sat}(z, \xi) \leftrightarrow \exists p\, \mathrm{Sat}^p(z, \xi{\restriction}V_p).$$

ただし，$\xi \restriction V_p$ は ξ のとる値を V_p に制限することによって得られる割り当てである．□

簡単のため，$\mathrm{Sat}^p(z, \xi{\restriction}V_p)$ を $\mathrm{Sat}^p(z, \xi)$ と略記する．Σ^0_1 論理式のコード z

---

*12 主定理 8.3.1 の証明が続くあいだ，見やすさのために $\mathfrak{M} = (M, S)$ を V で表す．

については，$\mathrm{Sat}^p(z,\xi)$ かつ $p \leq p'$ であれば，$\mathrm{Sat}^{p'}(z,\xi)$ となることは RCA_0 でいえる．したがって，WKL_0 においては，G 論理式のコード z についても同様なことがいえる．

いくつかの補題を準備する．以下，論理式とそのコードは区別しない．

補題 8.3.5 WKL_0 のモデル V において，充足関係 $\mathrm{Sat}(z,\xi)$ は G 論理式に対するタルスキの真理条項を満たす． □

証明 論理式 z の複雑さに関する帰納法で示す．z が原子論理式あるいはその否定の場合は明らかである．

• $z = \bigvee_{i<n} z_i$ (z_i は G 論理式)のとき，

$$\begin{aligned}\mathrm{Sat}\left(\bigvee_{i<n} z_i,\, \xi\right) &\iff \exists p\, \mathrm{Sat}^p\left(\bigvee_{i<n} z_i,\, \xi\right) \iff \exists p \bigvee_{i<n} \mathrm{Sat}^p(z_i,\xi)\\ &\iff \bigvee_{i<n} \exists p\, \mathrm{Sat}^p(z_i,\xi) \iff \bigvee_{i<n} \mathrm{Sat}\,(z_i,\xi)\,.\end{aligned}$$

また，z が $\exists x\, z'$ や $\exists X\, z'$ (z' は G 論理式)のときも同様に示せる．

• $z = \bigwedge_{i<n} z_i$ (z_i は G 論理式)のとき，

$$\begin{aligned}\mathrm{Sat}\left(\bigwedge_{i<n} z_i,\, \xi\right) &\iff \exists p\, \mathrm{Sat}^p\left(\bigwedge_{i<n} z_i,\, \xi\right) \iff \exists p \bigwedge_{i<n} \mathrm{Sat}^p(z_i,\xi)\\ &\iff \bigwedge_{i<n} \exists p\, \mathrm{Sat}^p(z_i,\xi) \qquad (\Leftarrow \text{は } \Sigma^0_1 \text{ 採集原理による})\\ &\iff \bigwedge_{i<n} \mathrm{Sat}\,(z_i,\xi)\,.\end{aligned}$$

また，z が $\forall x < y\, z'$ (z' は G 論理式)のときも同様に示せる．

• $z = \forall X\, z'$ (z' は G 論理式)のとき，

$$\begin{aligned}\mathrm{Sat}(\forall X\, z',\, \xi) &\iff \exists p\, \mathrm{Sat}^p(\forall X\, z',\, \xi) \iff \exists p\, \forall U\, \mathrm{Sat}^p(z',\, \xi \cup \{(X,U)\})\\ &\iff \forall U\, \exists p\, \mathrm{Sat}^p(z',\, \xi \cup \{(X,U)\})\\ &\qquad\qquad (\Leftarrow \text{はコンパクト性(補題 8.3.2(2))})\\ &\iff \forall U\, \mathrm{Sat}(z',\, \xi \cup \{(X,U)\}).\end{aligned}$$

ここで，$\xi \cup \{(X,U)\}$ は ξ の拡張で，X に U を割り当てるものとする． ∎

補題 8.3.6 WKL_0 のモデル $V = (M, S)$ において，$e \in M$ と M 有限な割り当て写像 ξ を任意に固定すると，次のような $p \in M$ が存在する．すべての G_e 論理式 z について，z に現れる自由変数が ξ の定義域に属しているならば，$\mathrm{Sat}(z, \xi) \iff \mathrm{Sat}^p(z, \xi)$ が成り立つ． □

証明 割り当て写像 ξ の定義域が M 有限であることから，G_e 論理式のうち，現れる自由変数が ξ の定義域に属するものは本質的に(選言あるいは連言の中に同じ論理式が重複して現れないものは) M 有限個しかない．この事実は e に関する Σ^0_1 帰納法で示せる．したがって，M 有限個の G_e 論理式 z に対し，$\mathrm{Sat}(z, \xi)$ が成り立つときに $\mathrm{Sat}^p(z, \xi)$ となるような p を p_z とし，そうでなければ $p_z = 0$ とおく．さらに，$q = \max\{p_z\}$ とおけば，$\mathrm{Sat}(z, \xi) \iff \mathrm{Sat}^q(z, \xi)$ である[*13]． ∎

定義 8.3.7 WKL_0 のモデル V において，任意の e, p について，そして定義域が同じ 2 つの割り当て写像 ξ, ξ' について，関係 $\mathrm{Ref}^p_e(\xi, \xi')$ を次のように定義する．

$\mathrm{Ref}^p_e(\xi, \xi') \iff$ 各 G_e 論理式 z で，現れる自由変数が ξ の定義域に属するとき $\mathrm{Sat}(z, \xi)$ ならば $\mathrm{Sat}^p(z, \xi')$． □

注 上の補題 8.3.6 と異なり，$\mathrm{Sat}(z, \xi)$ ならば $\mathrm{Sat}^p(z, \xi')$ の逆は仮定しない．

このとき，次が成り立つ．

補題 8.3.8 WKL_0 のモデル V において，M 有限な割り当て ξ, ξ' に対して，$\mathrm{Ref}^p_e(\xi, \xi')$ を仮定する．すると，

(1) $e = 4d+1$ のとき，$\forall a\, \exists a' < p\, \mathrm{Ref}^p_{e-1}(\xi \cup \{(y, a)\}, \xi' \cup \{(y, a')\})$．ただし，$y$ は ξ の定義域に属さない変数とする．

(2) $e = 4d+2$ のとき，ξ に属する各数変数 x に対し $\forall a' < \xi'(x)\, \exists a < \xi(x)$ $\mathrm{Ref}^p_{e-1}(\xi \cup \{(y, a)\}, \xi' \cup \{(y, a')\})$．ただし，$y$ は ξ の定義域に属さ

[*13] 厳密には，強 Σ^0_1 採集原理($\mathsf{S}\Sigma^0_1$)を用いる(補題 7.1.8 の後の問題 1 を参照)．

ない変数とする．

(3) $e=4d+3$ のとき，$\forall U\,\exists U'\,\mathrm{Ref}^p_{e-1}(\xi\cup\{(Y,U)\},\xi'\cup\{(Y,U')\})$．ただし，$Y$ は ξ の定義域に属さない変数とする．

(4) $e=4d+4$ のとき，$\forall U'\,\exists U\,\mathrm{Ref}^p_{e-1}(\xi\cup\{(Y,U)\},\xi'\cup\{(Y,U')\})$．ただし，$Y$ は ξ の定義域に属さない変数とする． □

証明 $V=(M,S)$ を WKL$_0$ のモデルとし，M 有限な写像 ξ,ξ' を $\mathrm{Ref}^p_e(\xi,\xi')$ を満たすものとする．

(1) $e=4d+1$ のとき．$a\in M$ を任意に固定する．集合 Z を，$z\in G_{e-1}$ で $\mathrm{Sat}(z,\xi\cup\{(y,a)\})$ を満たし，冗長でない(同じ論理式が選言や連言で結ばれていない)形をして，その自由変数は y か ξ の定義域に属するような論理式のコード z の全体とする．この集合 Z は，補題 8.3.6 の証明で行った議論により，V の中で M 有界である．したがって，(有界 Σ^0_1-CA) (補題 7.1.8) より集合 Z は存在する．いま論理式 z' を $\exists y\bigwedge_{z\in Z}z$ とすると，z' は G_e 論理式となる．また，各 z が Z に属することから，補題 8.3.5 より $\mathrm{Sat}(z',\xi)$ が成り立つ．ゆえに仮定より，$\mathrm{Sat}^p(z',\xi')$ が成り立つ．したがって，$a'<p$ が存在し，各 $z\in Z$ に対し $\mathrm{Sat}^p(z,\xi\cup\{(y,a')\})$ となり，題意が満たされた．

(2) $e=4d+2$ のとき．$a'<\xi'(x)$ を任意に固定する．背理法で示すために，任意の $a<\xi(x)$ に対し G_{e-1} 論理式 z が存在して，$\mathrm{Sat}(z,\xi\cup\{(y,a')\})$ かつ $\neg\mathrm{Sat}^p(z,\xi\cup\{(y,a')\})$ と仮定する．集合 Z を，論理式 $z\in G_{e-1}$ で $\neg\mathrm{Sat}^p(z,\xi'\cup\{(y,a')\})$ を満たし，冗長でない形で，z の自由変数は y か ξ の定義域に属する z の全体とする．集合 Z は，(1) の場合と同様に (有界 Σ^0_1-CA) より存在する．ここで論理式 z' を $\forall y{<}x\bigvee_{z\in Z}z$ とすると，z' は G_e 論理式となる．各 $a<\xi(x)$ に対し $\mathrm{Sat}(z,\xi\cup\{(y,a')\})$ となる $z\in Z$ が存在するので，$\mathrm{Sat}(z',\xi)$ となる．ゆえに仮定より，$\mathrm{Sat}^p(z',\xi')$ が成り立つ．したがって，各 $a'<\xi'(x)$ に対し $\mathrm{Sat}^p(z,\xi'\cup\{(y,a')\})$ となる $z\in Z$ が存在することになるが，これは Z の定義に矛盾する．

(3) $e=4d+3$ のとき．(1) と同様に証明できる．

(4)　$e=4d+4$ のとき．U' を任意に固定する．集合 Z を，論理式 $z \in G_{e-1}$ で $\neg\mathrm{Sat}^p(z, \xi' \cup \{(Y, U')\})$ を満たし，冗長でない形で，z の自由変数は y か ξ の定義域に属するものの全体とする．論理式 z' を $\forall Y \bigvee_{z \in Z} z$ とすると，z' は G_e 論理式となる．もしこの U' に対して題意が成り立たないとすると，各 U に対し $z \in Z$ が存在して $\mathrm{Sat}(z, \xi \cup \{(Y, U)\})$ となる．したがって $\mathrm{Sat}(z', \xi)$ となり，仮定より $\mathrm{Sat}^p(z', \xi')$ となるが，これは Z の定義に矛盾する．

以上により，補題が示された．∎

これらの補題を用いて，自己埋め込み定理を証明する．

定理 8.3.1 の証明　$V=(M,S)$ を WKL_0 の可算な超準モデルとし，$q \in M$ を固定する．V_q は V の中で M 有限なので，V_q のすべての数と集合を異なる変数に割り当てる写像 ξ_0 がとれる．任意の超準数 $e \in M$ をとる．補題 8.3.6 より，任意の G_e 論理式 z で，現れる変数が ξ_0 の定義域に属するものに対して，$\mathrm{Sat}(z, \xi_0) \Longleftrightarrow \mathrm{Sat}^p(z, \xi_0)$ を満たすような p が存在する．

以下で，補題 8.3.8 を繰り返し用いること(往復論法)により，割り当て写像の 2 つの ω 列 $\xi_0 \subseteq \xi_1 \subseteq \cdots \subseteq \xi_k \subseteq \cdots$ と $\xi'_0 (=\xi_0) \subseteq \xi'_1 \subseteq \cdots \subseteq \xi'_k \subseteq \cdots$ $(k \in \omega)$ で，各 $k \in \omega$ に対し $\mathrm{Ref}^p_{e-k}(\xi_k, \xi'_k)$ を満たし，$\bigcup_k \mathrm{range}(\xi_k) = V$ かつ $\bigcup_k \mathrm{range}(\xi'_k)$ がモデル V の所望の始切片になっているものを構成する．ここで，V の数え上げを $M=\{a_i \mid i \in \omega\}$, $S=\{U_i \mid i \in \omega\}$ としておく．

場合分けによって構成していく．

(i)　$e-k=4d+1$ のとき．a を $M-\mathrm{range}(\xi_k)$ に含まれる添え字 i が最小の元 a_i とし，$a' < p$ を補題 8.3.8(1) で得られるものとする．そして，y を ξ_k の定義域に含まれない新しい数変数とし，$\xi_{k+1} = \xi_k \cup \{(y, a)\}$, $\xi'_{k+1} = \xi'_k \cup \{(y, a')\}$ とおく．

(ii)　$e-k=4d+2$ のとき．$\xi'_k(x_0)$ を $\xi'_k(x)$ (x は ξ_k の定義域に属する)の中で M における順序で最大のものとする．そして，a' を $M-\mathrm{range}(\xi'_k)$ に含まれかつ $a_i < \xi'_k(x_0)$ を満たす添え字 i が最小の元 a_i とし，$a < \xi(x_0)$ を補

題 8.3.8(2) で得られるものとする．そして，y を新しい数変数とし，$\xi_{k+1} = \xi_k \cup \{(y, a)\}$, $\xi'_{k+1} = \xi'_k \cup \{(y, a')\}$ とおく．

(iii) $e - k = 4d + 3$ のとき．U を，$U_i \in S$ で，$\mathrm{range}(\xi_k)$ の制限した範囲で $\mathrm{range}(\xi_k)$ のどの集合とも異なるような，最小の添え字 i のものとする．また，U' を補題 8.3.8(3) で得られるものとする．そして，Y を新しい集合変数とし，$\xi_{k+1} = \xi_k \cup \{(Y, U)\}$, $\xi'_{k+1} = \xi'_k \cup \{(Y, U')\}$ とおく．

(iv) $e - k = 4d + 4$ のとき．U' を，$U_i \in S$ で，$\mathrm{range}(\xi'_k)$ の制限した範囲で $\mathrm{range}(\xi'_k)$ のどの集合とも異なるような，最小の添え字 i のものとする．また，U を補題 8.3.8(4) で得られるものとする．そして，Y を新しい集合変数とし，$\xi_{k+1} = \xi_k \cup \{(Y, U)\}$, $\xi'_{k+1} = \xi'_k \cup \{(Y, U')\}$ とおく．

上の構成法から，各 $k \in \omega$ に対し $\mathrm{Ref}^p_{e-k}(\xi_k, \xi'_k)$ が成り立つことが容易にわかる．次に，(i) と (iii) から $\bigcup_k \mathrm{range}(\xi_k) = (M, S)$ となる．また，(ii) から，$\bigcup_k \mathrm{range}(\xi'_k)$ に属する a からなる集合 I が M の始切片になることがわかる．このとき，(iv) から $\bigcup_k \mathrm{range}(\xi'_k) = (I, S\lceil I)$ となる．

次に，各 $k \in \omega$ に対し，ξ_k, ξ'_k が単射となっていることを帰納法で示す．(i) の場合を考える．(i) では最初に単射 ξ_k を単射 ξ_{k+1} に拡張し，それから単射 ξ'_k を，$\mathrm{Ref}^p_{e-k-1}(\xi_{k+1}, \xi'_{k+1})$ を満たす写像 ξ'_{k+1} に拡張する．ξ_{k+1} の単射性は，ξ_{k+1} からのパラメータを用いて G_0 論理式で表されるので，同じ論理式でパラメータを ξ'_{k+1} の対応する要素で置き換えたものは真であるから，したがって ξ'_{k+1} もまた単射となる．他の場合も同様に示すことができる．したがって $\bigcup_k \xi_k$ と $\bigcup_k \xi'_k$ もまた単射となる．ここで $f = (\bigcup_k \xi'_k) \circ (\bigcup_k \xi_k)^{-1}$ とおくと，これは V から $V\lceil I$ への全単射となる．f が V_q 上で恒等写像となるのは明らかである．また，各 $k \in \omega$ に対し $\mathrm{Ref}^p_0(\xi_k, \xi'_k)$ が成り立つので，f は同型写像となることがわかる．よって，定理の証明が完成した．∎

自己埋め込み定理 8.3.1 がどうやって超準解析に応用できるか簡単に述べておこう．ゲーデルの完全性定理 2.3.9 により，ある理論での証明可能性を示すには，そのすべてのモデルで成立することをいえばよい．とくに，WKL$_0$

のような理論では，レーベンハイム - スコーレムの下降定理 2.3.11 およびコンパクト性定理 2.3.10 から，任意のモデルは可算非 ω モデルと初等同値になる．そこで，WKL_0 の可算非 ω モデル $\mathfrak{M}=(M,S)$ を任意に選んで，このモデルで成り立つことを超準的手法で示す．定理 8.3.1 から，$\mathfrak{M}$ は自分自身に同型な始切片をもっているが，$\mathfrak{M}$ とその始切片は同型なのだから，両者の立場を入れ替えてみれば，$\mathfrak{M}$ は自らと同型な拡大 ${}^*\mathfrak{M}=({}^*M,{}^*S)$ をもつことになる．この拡大 ${}^*\mathfrak{M}$ を使うことで，超準解析の議論の一部分が展開できる．

例えば，$\mathfrak{M}=(M,S)$ における実数 a は，S に属する集合である．したがって，a は，${}^*S$ に属する集合 ${}^*a$ の始切片 ${}^*a{\restriction}M$ になる．${}^*a$ は ${}^*\mathfrak{M}$ において有界にとれるので，${}^*M$ の元でコードできる．つまり，$\mathfrak{M}$ における実数は，${}^*\mathfrak{M}$ においては有理数のようにあつかえる．同様に，$\mathfrak{M}=(M,S)$ における連続関数 f は，${}^*\mathfrak{M}$ における有限関数 ${}^*f$ の始切片としてあつかえる．すると，コンパクト集合上での連続関数 f の最大値は，有限関数 ${}^*f$ の ${}^*\mathfrak{M}$ での最大値を M に制限することで求まる．さらなる応用例として，8.5 節において代数学の基本定理を示し，その他の例についても触れる．

8.4　STY 定理——$\forall X\ \exists! Y\ \varphi(X,Y)$ の保存性

ハーリントンの定理 8.1.10 の証明は，ジョクシュとソーア（文献 [70]）によって導入された木に関する強制法を用いた．本節で紹介する STY 定理[*14]（シンプソン - 田中 - 山崎（文献 [84]））のオリジナルな証明では，この木を汎用木に制限することで，より強い性質をもったモデルを構成している．ここで，$\mathfrak{M}$ の中の木 T が**汎用**であるとは，任意の $\mathfrak{M}$ の木 T' に対し，$[T]$ から $[T']$ への連続な埋め込みが存在することで，このような木の存在はプールエル - クリプキ（文献 [71]）の議論によって示される．任意の 2 つの汎用木は同じ論理式

[*14] 数式用組版ソフト TeX で定理環境の拡張のために用いられるスタイルファイル `theorem.sty` と，3 人の著者の頭文字の並びをかけたもの．

を強制するので，それらからジェネリック構成法で作られる2つの拡張モデルは初等同値になる．したがって，それぞれのモデルにおいて一意に定義されるものが共通部分にないと，定義式による違いが生じて矛盾を導くという筋書きである．しかし，汎用木による強制法は技術的に相当複雑なので，ここではのちにシンプソン(文献[71])が導入した，ジェネリック集合列からなる**対称モデル**を用いる方法を紹介する．

まず，主定理を述べておく．

> **定理 8.4.1 (STY 定理)** 文 σ が $\forall X\,\exists!Y\,\varphi(X,Y)$ (ただし，$\varphi(X,Y)$ は算術的)の形の論理式であれば，
>
> $$\mathsf{WKL}_0 \vdash \sigma \quad\Longleftrightarrow\quad \mathsf{RCA}_0 \vdash \sigma.$$
>
> ここで，$\exists!Y\,\varphi(X,Y)$ は $\exists Y\,\varphi(X,Y)\wedge\forall Y_1\,\forall Y_2\,(\varphi(X,Y_1)\wedge\varphi(X,Y_2)\to Y_1=Y_2)$ の略記である．

さて，定理の証明の鍵になるのは，次の補題である．

補題 8.4.2 $\mathfrak{M}=(M,S)$ を RCA_0 の可算超準モデルで，$A\in S$ とする．このとき，次の条件を満たす集合 S_1 と S_2 が存在する．

(1) $S_1\cap S_2=\mathrm{Rec}^{\mathfrak{M}}(A)=\{X\subseteq M\mid \mathfrak{M}\models X\leq_{\mathrm{T}} A\}$

(2) $(M,S_i)\models\mathsf{WKL}_0$，ただし，$i=1,2$.

(3) (M,S_1) と (M,S_2) は同じ $\mathcal{L}_2(M\cup\{A\})$ の文を真にする． □

上の補題で，S は $S_1\cup S_2$ を包含するとは限らない．$\mathfrak{M}=(M,S)$ における A 以外の S の要素は本質的に使われていないので，$(M,\{A\})$ が Σ^0_1 帰納法を満たす可算モデルであるという条件にいい換えてもよい．まずこの補題を仮定して，主定理を証明する．

定理 8.4.1 の証明 算術的論理式 $\varphi(X,Y)$ に対し，$\mathsf{WKL}_0\vdash\forall X\,\exists!Y\,\varphi(X,Y)$ が成り立つと仮定する．背理法で示すために，$\mathsf{RCA}_0\nvdash\forall X\,\exists!Y$

$\varphi(X,Y)$ と仮定する．このとき完全性定理 2.3.9 より，RCA_0 の可算モデル $\mathfrak{M}=(M,S)$ が存在して

$$(M,S)\models\neg\forall X\,\exists!Y\,\varphi(X,Y)$$

となる．よって，ある $A\in S$ が存在して，次のいずれかが成り立つ．

(i)　$(M,S)\models\exists Y_1\,\exists Y_2\,(\varphi(A,Y_1)\wedge\varphi(A,Y_2)\wedge Y_1\neq Y_2)$,

(ii)　$(M,S)\models\forall Y\,\neg\varphi(A,Y)$.

(i) のとき　ある $B_1,B_2\in S$ が存在して $(M,S)\models\varphi(A,B_1)\wedge\varphi(A,B_2)\wedge B_1\neq B_2$ となる．補題 8.1.9 より $S'\supseteq S$ が存在して $(M,S')\models\mathsf{WKL}_0$ となる．このとき (M,S) と (M,S') は，1 階部分が等しいことから同じ算術的論理式を真にする．したがって，$(M,S')\models\varphi(A,B_1)\wedge\varphi(A,B_2)\wedge B_1\neq B_2$ となる．ところが，仮定より $\mathsf{WKL}_0\vdash\forall X\,\exists!Y\,\varphi(X,Y)$ なので，$(M,S')\models\forall X\,\exists!Y\,\varphi(X,Y)$ となり矛盾する．

(ii) のとき　補題 8.4.2 より，次の条件を満たす集合 S_1 と S_2 が存在する．

(a)　$S_1\cap S_2=\mathrm{Rec}^{\mathfrak{M}}(A)$,

(b)　$(M,S_i)\models\mathsf{WKL}_0$,

(c)　(M,S_1) と (M,S_2) は同じ $\mathcal{L}_2(M\cup\{A\})$ の文を真にする．

(b) および $\mathsf{WKL}_0\vdash\forall X\,\exists!Y\,\varphi(X,Y)$ より，各 $i=1,2$ に対し，$(M,S_i)\models\varphi(A,B_i)$ となる唯一の $B_i\in S_i$ をとる．すると (c) より，任意の $n\in M$ に対し，

$$\begin{aligned}n\in B_1\quad&\Longleftrightarrow\quad(M,S_1)\models\exists Y\,(\varphi(A,Y)\wedge n\in Y)\\&\Longleftrightarrow\quad(M,S_2)\models\exists Y\,(\varphi(A,Y)\wedge n\in Y)\\&\Longleftrightarrow\quad n\in B_2\end{aligned}$$

となる．ゆえに $B_1=B_2$ となるので $B_1\in S_1\cap S_2$，(a) より $B_1\in\mathrm{Rec}^{\mathfrak{M}}(A)$ となる．(M,S) は RCA_0 のモデルで，$B\in S$ だから $(M,S)\models\exists Y\,\varphi(A,Y)$ となり，矛盾する．　▮

以下では，いろいろ準備をしながら補題 8.4.2 の証明を行っていく．

まず，$\mathfrak{M}=(M,S)$ を WKL_0 の可算超準モデルとする[*15]．$A\in S$ を任意にとり，これを含む論理式等を考えていく．（A をパラメータとして）X のみを自由変数にもつ Π^0_1 論理式 $\varphi(X,A)$ を用いて，$\{X\in S \mid \mathfrak{M}\models\varphi(X,A)\}$ と表される集合を，$\mathfrak{M}$ の $\Pi^{0,A}_1$ **クラス**という．ここで，$P\subseteq S$ が $\Pi^{0,A}_1$ クラスであることと，A で再帰的 2 進木 $T\subseteq 2^{<M}$ が存在して $P=[T]$ となることは同値である[*16]．ただし $[T]$ は木 T の無限道全体の集合である．

以下，記述が複雑になるので，パラメータ A の表示は省略する．Π^0_1 クラスすべてを再帰的に枚挙したものを，$\langle P_e \mid e\in M\rangle$ とする．形式的には，Π^0_1 充足述語 $\mathrm{Sat}_{\Pi^0_1}(x,X)$ を用いて，任意の $e\in M$, $X\in S$ に対し

$$X\in P_e \quad\Longleftrightarrow\quad \mathfrak{M}\models \mathrm{Sat}_{\Pi^0_1}(e,X)$$

と定める．$X\in P_e$ を $P_e(X)$ とも表す．

定義 8.4.3 M 有限な部分集合 $p\subseteq M\times M^{<M}$[*17]（これを $p\subseteq_{\mathrm{fin}} M\times M^{<M}$ と書く）について，集合列 $\langle X_n\mid n\in M\rangle$ が p に**適合する**(meet)とは，任意の $(e,\langle n_1,\ldots,n_k\rangle)\in p$ に対して，

$$X_{n_1}\oplus\cdots\oplus X_{n_k}\in P_e$$

となるときをいう．ただし，$X_{n_1}\oplus\cdots\oplus X_{n_k}=\{(x,1)\mid x\in X_{n_1}\}\cup\{(x,2)\mid x\in X_{n_2}\}\cup\cdots\cup\{(x,k)\mid x\in X_{n_k}\}$ とする．$X_{n_1}\oplus\cdots\oplus X_{n_k}\in P_e$ を $P_e(X_{n_1},\ldots,X_{n_k})$ とも表す．$\square$

定義 8.4.4 集合 $\mathbb{P}^{\mathfrak{M}}$ を次で定義する．

$$\mathbb{P}^{\mathfrak{M}}=\{p\subseteq_{\mathrm{fin}} M\times M^{<M}\mid p \text{ に適合する } \langle X_n\mid n\in M\rangle\in S^M \text{ が存在する}\}.$$

$\mathbb{P}^{\mathfrak{M}}$ 上の順序 $p\le q$ を $p\supseteq q$ で定める[*18]．$\square$

[*15] 補題 8.4.2 の主張では，$\mathfrak{M}=(M,S)$ は RCA_0 の可算超準モデルであったことに注意．

[*16] p.302 補題 8.3.2(2) の説明を参照せよ．

[*17] $M^{<M}$ は $\mathrm{Seq}^{\mathfrak{M}}$ のことで，M の元の M 有限な列全体である．

[*18] 8.1 節の木の強制法と違い，順序が逆包含関係になることに注意．$q\subseteq p$ のときに，p の方が条件が多いので，適合する集合列は少ない．

ここで，「p に適合する $\langle X_n \,|\, n \in M\rangle \in S^M$ が存在する」という条件は，Π^0_1 論理式の前に集合存在記号をつけたものであるから，無限木の無限道の存在と同値であり，それが存在するなら WKL_0 のモデル $\mathfrak{M} = (M, S)$ の中にも存在している．WKL_0 において，この条件は「木が無限である」という意味の Π^0_1 論理式でも表現できるので，真偽は 2 階部分に依存しない．また，$p \subseteq_{\mathrm{fin}} M \times M^{<M}$ は M の元とみなせ，$\mathbb{P}^{\mathfrak{M}}$ は M の Π^0_1 部分集合とみなせる．以下では，誤解がない限り，$\mathbb{P}^{\mathfrak{M}}$ を単に $\mathbb{P}$ と書く．

集合列 $\langle G_n \,|\, n \in M\rangle$ が**ジェネリック列**であるとは，$\mathbb{P}$ の任意の稠密部分集合 $D \in \mathrm{Def}(\mathfrak{M})$ に対し，$\langle G_n \,|\, n \in M\rangle$ が p に適合するような $p \in D$ が存在するときをいう[*19]．まず，次が補題 8.1.6 と同様にいえる．

補題 8.4.5　任意の $p_0 \in \mathbb{P}$ に対し，p_0 に適合するジェネリック列 $\langle G_n \,|\, n \in M\rangle$ が存在する[*20]．　□

証明　各 $p \in \mathbb{P}$ に適合する集合列 $\langle X_n \,|\, n \in M\rangle \in S$ の全体を $[[p]]$ と書く．これは Π^0_1 クラスである．補題 8.1.3 により，$\mathbb{P}$ において，p_0 を要素とする $\mathrm{Def}(\mathfrak{M})$ ジェネリック・フィルター G が存在する．$\mathbb{P}$ の順序の向きに注意すれば，G が有限和で閉じていることがわかる．したがって，任意の有限集合 $\{p_1, \ldots, p_k\} \subseteq G$ に対して，$[[p_1]] \cap \cdots \cap [[p_k]] = [[p_1 \cup \cdots \cup p_k]] \neq \varnothing$．すると，コンパクト性(補題 8.3.2(2))により，$\bigcap_{p\in G}[[p]] \neq \varnothing$ がいえる(注．$\bigcap_{p\in G}[[p]]$ が唯一の元をもつことは証明に必要ないが，補題 8.1.4 の証明と類似の議論でいえる)．いま，$\bigcap_{p\in G}[[p]]$ の元を $\langle G_n \,|\, n \in M\rangle$ とすれば，$p_0 \in G$ より，p_0 に適合する．また，任意の稠密集合 $D \in \mathrm{Def}(\mathfrak{M})$ に対し，$p \in D \cap G$ が存在し，$\langle G_n\rangle$ は p に適合する．よって，$\langle G_n \,|\, n \in M\rangle$ は，求めるジェネリック列である．　■

---

*19　各 G_n が S に属さない場合でも，その存在が Σ^0_1 帰納法を壊さなければ，「p に適合する」という定義は妥当な意味をもつ．

*20　$\mathfrak{M} = (M, S)$ の中に存在するとは限らない．

任意のジェネリック列 $\langle G_n \mid n \in M \rangle$ に対し，任意の有限部分列 $\langle G_{n_1}, \ldots, G_{n_k} \rangle$ はジョクシュ - ソーアの意味でジェネリック(区別が必要なときは，ジェネリック・パスとよぶ)になることを示す．まず，$\mathbb{P}_0 = \{P_e \mid e \in M,\ P_e \neq \varnothing\}$ とおく．集合と無限 2 進列を同一視すると，$\mathbb{P}_0$ は無限木の集合とみなせる[*21]．そこで，順序を包含関係で定義し，稠密性等の定義も 8.1 節と同様とする．すると，$G = \langle G_{n_1}, \ldots, G_{n_k} \rangle$ が**ジェネリック・パス**であるというのは，$(M, \mathrm{Rec}^{\mathfrak{M}}(A))$ で定義可能な任意の稠密集合 $D \subseteq \mathbb{P}_0$ に対して，$P_e(G)$ を満たす $P_e \in D$ がとれることになる．そして，我々が示したいのは次の補題である．

補題 8.4.6 $\mathbb{P}$ における任意のジェネリック列 $\langle G_n \mid n \in M \rangle$ に対し，任意の有限部分列 G は($\mathbb{P}_0$ に関して)ジェネリック・パスである． □

証明 $G = \langle G_{n_1}, \ldots, G_{n_k} \rangle$ をジェネリック列 $\langle G_n \rangle$ の有限部分列とする．いま，$\Psi : \mathbb{P} \longrightarrow \mathbb{P}_0$ を次のように定義する．$p \in \mathbb{P}$ に対して，p に適合するような列 $\langle X_n \mid n \in M \rangle$ の $X = \langle X_{n_1}, \ldots, X_{n_k} \rangle$ を集めた集合を考える．それは，WKL_0 のモデル $\mathfrak{M} = (M, S)$ においては，$\{X \mid \langle X_n \mid n \in M \rangle$ が存在し，p に適合する$\}$ と表せて，Π^0_1 クラスになるから，ある $f \in M$ が存在して，P_f と表せる．$\Psi(p)$ をそのような P_f と定める．

G がジェネリック・パスであることを示すために，任意の稠密集合 $D_0 \subset \mathbb{P}_0$ をとる．あとは，$P_{f_0} \in D_0$ が存在して，$G \in P_{f_0}$ となることをいえばよい．まず，$D \subset \mathbb{P}$ を次のように定める．

$$p \in D \iff \Psi(p) \in D_0.$$

いま，$p \in \mathbb{P}$ を任意にとり，$\Psi(p) = P_f$ とすると，D_0 の稠密性から，$P_e \leq P_f$ となる $P_e \in D_0$ がある．そこで，$q = p \cup \{(e, \langle n_1, \ldots, n_k \rangle)\}$ とおけば，$\Psi(q) = P_e \in D_0$ だから，$q \in D$．すなわち，D も稠密である．したがって，ジェネリック列 $\langle G_n \mid n \in M \rangle$ に適合する $p \in D$ が存在する．そこで，$P_{f_0} = \Psi(p)$ とおけば $P_{f_0} \in D_0$．また，Ψ の定義から，$G \in P_{f_0}$ である．よっ

---

*21 $P_e \neq \varnothing$ は，P_e に対応する木が無限道をもつという意味である．

て，G は $\mathbb{P}_0$ に関してジェネリック・パスである． ∎

補題 8.4.7　任意のジェネリック列 $\langle G_n \mid n \in M \rangle$ に対し，$(M, \{G_n \mid n \in M\})$ は WKL_0 のモデルとなる． □

証明　$(M, \{G_n \mid n \in M\})$ において，Σ^0_1 帰納法が成り立つことは，各有限部分列 G がジェネリック・パスであること(補題 8.4.6)と，補題 8.1.7 によって導ける．したがって，ハーリントンの定理のためのいくつかの補題(とくに補題 8.1.9)により，$\{G_n \mid n \in M\} \subseteq S \subseteq \mathcal{P}(M)$ となる可算集合 S が存在し，$\mathfrak{M} = (M, S)$ は WKL_0 のモデルとなる[*22]．あとは，次の $(\Sigma^0_1\text{-}\mathsf{SP})$ が $(M, \{G_n \mid n \in M\})$ で成り立つことを示せばよい[*23]．

$$\forall x \neg(\varphi(x) \wedge \psi(x)) \to \exists X \forall x ((\varphi(x) \to x \in X) \wedge (\psi(x) \to x \notin X)).$$

ただし，$\varphi(x)$, $\psi(x)$ は Σ^0_1 論理式とする．

2つの Σ^0_1 論理式 $\varphi(x)$, $\psi(x)$ の少なくとも一方に含まれるパラメータを $G_{n_1}, \ldots, G_{n_k}$ とし，$(M, \{G_n \mid n \in M\}) \models \forall x \neg(\varphi(x) \wedge \psi(x))$ と仮定する．このとき，$\forall x ((\varphi(x) \to x \in X) \wedge (\psi(x) \to x \notin X))$ は Π^0_1 論理式だから，$e_1 \in M$ が存在して，

$$\begin{aligned} & X \oplus G_{n_1} \oplus \cdots \oplus G_{n_k} \in P_{e_1} \\ \iff \quad & \forall x ((\varphi(x) \to x \in X) \wedge (\psi(x) \to x \notin X)) \end{aligned}$$

となる．論理式 $\forall x \neg(\varphi(x) \wedge \psi(x))$ は算術的論理式で，パラメータ以外の集合は無関係であるから，$\mathfrak{M} = (M, S)$ でも真となる．また，$(M, S) \models \Sigma^0_1\text{-}\mathsf{SP}$ から，$(M, S) \models \exists X (X \oplus G_{n_1} \oplus \cdots \oplus G_{n_k} \in P_{e_1})$ となる．再びコンパクト性(補題 8.3.2(2))より，これも Π^0_1 論理式となり，$e_2 \in M$ が存在して，

$$(M, S) \models G_{n_1} \oplus \cdots \oplus G_{n_k} \in P_{e_2} \leftrightarrow \exists X (X \oplus G_{n_1} \oplus \cdots \oplus G_{n_k} \in P_{e_1})$$

[*22] 可算集合 S の導入は本質的ではない．しかし，$(M, \{G_n \mid n \in M\})$ が WKL_0 のモデルであることを調べるために，存在してほしい集合がすでに存在する世界を外に仮定しておくと議論が容易になる．

[*23] 補題 7.3.6 を参照せよ．

となる．ここで $D \subseteq \mathbb{P}$ を次で定める．

$$D = \{p \in \mathbb{P} \,|\, p \cup \{(e_2, \langle n_1, \ldots, n_k\rangle)\} \notin \mathbb{P} \vee \exists m\,(e_1, \langle m, n_1, \ldots, n_k\rangle) \in p\}.$$

このとき，D は稠密となる．これを示すために，任意の $p \in \mathbb{P}$ をとる．$p \cup \{(e_2, \langle n_1, \ldots, n_k\rangle)\} \notin \mathbb{P}$ ならば，すでに $p \in D$．そうでなければ，$p \cup \{(e_2, \langle n_1, \ldots, n_k\rangle)\}$ に適合する列がある．つまり，ある m があって，$p \cup \{(e_1, \langle m, n_1, \ldots, n_k\rangle)\}$ にも適合する列があるから，$q = p \cup \{(e_1, \langle m, n_1, \ldots, n_k\rangle)\}$ とおけば，$q \leq p$ で $q \in D$．

ジェネリック列 $\langle G_n \,|\, n \in M\rangle$ はある $p \in D$ に適合する．いま，$p \cup \{(e_2, \langle n_1, \ldots, n_k\rangle)\} \notin \mathbb{P}$ とすると，$G_{n_1} \oplus \cdots \oplus G_{n_k} \notin P_{e_2}$ となり，$\exists X\,(X \oplus G_{n_1} \oplus \cdots \oplus G_{n_k} \in P_{e_1})$ も否定されて矛盾するので，$\exists m\,(e_1, \langle m, n_1, \ldots, n_k\rangle) \in p$ が成り立つ．よって $\exists m\, G_m \oplus G_{n_1} \oplus \cdots \oplus G_{n_k} \in P_{e_1}$ なので，$(M, S) \models \forall x\,((\varphi(x) \to x \in G_m) \wedge (\psi(x) \to x \notin G_m))$ となる．ここで，$\forall x\,((\varphi(x) \to x \in G_m) \wedge (\psi(x) \to x \notin G_m))$ は算術的論理式なので，

$$(M, \{G_n \,|\, n \in M\}) \models \forall x\,((\varphi(x) \to x \in G_m) \wedge (\psi(x) \to x \notin G_m))$$

となり，(Σ^0_1-SP) は $(M, \{G_n \,|\, n \in M\})$ でも成り立つ． ∎

補題 8.4.8 $p \in \mathbb{P}$, $m \in M$ とする．このとき，p に適合するような任意の集合列 $\langle X_n \,|\, n \in M\rangle$ に対し，$X_m = C$ となるならば，$C \in \mathrm{Rec}^{\mathfrak{M}}(\varnothing)$ となる[*24]． □

証明 C が補題の条件を満たしているとすると，任意の $l \in M$ に対し

$l \in C \iff \forall\langle X_n \,|\, n \in M\rangle\,(\langle X_n \,|\, n \in M\rangle$ が p に適合すれば，$l \in X_m)$
$\iff \exists\langle X_n \,|\, n \in M\rangle\,(\langle X_n \,|\, n \in M\rangle$ は p に適合し，かつ $l \in X_m)$

となる．このとき，常套手段のコンパクト性より，上式は Σ^0_1，下式は Π^0_1 で書けるので，$C \in \mathrm{Rec}^{\mathfrak{M}}(\varnothing)$ となる． ∎

[*24] $p \in \mathbb{P}^A$ とし，すべての議論にパラメータ A を加えれば，$C \in \mathrm{Rec}^{\mathfrak{M}}(A)$ となる．

補題 8.4.9　$\mathfrak{M}=(M,S)$ を WKL_0 の可算モデルとすれば，任意のジェネリック列 $\langle G_n \mid n\in M\rangle$ に対して，$\{G_n \mid n\in M\}\cap S=\mathrm{Rec}^{\mathfrak{M}}(\varnothing)$[*25]．　□

証明　$B\in S-\mathrm{Rec}^{\mathfrak{M}}(\varnothing)$, $m\in M$ に対し，

$$D_{B,m}=\{p\in\mathbb{P}\mid\forall\langle X_n\mid n\in M\rangle\ (\langle X_n\mid n\in M\rangle \text{ が } p \text{ に適合すれば } X_m\neq B)\}$$

とおき，$D_{B,m}$ が稠密であることを示す．

$p\in\mathbb{P}$ を任意にとる．$B\notin\mathrm{Rec}^{\mathfrak{M}}(\varnothing)$ なので，補題 8.4.8 より p に適合する $\langle Z_n\mid n\in M\rangle$ で $Z_m\neq B$ となるものが存在する．したがって，ある l_1 が存在して $l_1\in Z_m-B$ または $l_1\in B-Z_m$ となる．いま，$l_1\notin B$ として，Π^0_1 クラス $P_e=\{\langle X_n\rangle\mid l_1\in X_m\}$ をとり，$q=p\cup\{(e,\langle m\rangle)\}$ とおく ($l_1\in B$ の場合は，$P_{e'}=\{\langle X_n\rangle\mid l_1\notin X_m\}$ とし，$q=p\cup\{(e',\langle m\rangle)\}$ とおく)．すると，$\langle Z_n\mid n\in M\rangle$ が q に適合することから $q\in\mathbb{P}$ となる．また，$q\in D_{B,m}$ かつ $q\leq p$ となることから，$D_{B,m}$ が稠密であることが示された．

次に，ジェネリック列 $\langle G_n\mid n\in M\rangle$ を任意にとる．各 $D_{B,m}$ は稠密なので，$\langle G_n\rangle$ に適合する $p\in D_{B,m}$ があり，$D_{B,m}$ の定義から $G_m\neq B$ を得る．よって，$\{G_n\mid n\in M\}\cap S\subseteq\mathrm{Rec}^{\mathfrak{M}}(\varnothing)$．最後に，$\{G_n\mid n\in M\}\cap S\supseteq\mathrm{Rec}^{\mathfrak{M}}(\varnothing)$ は，補題 8.4.7 より明らか．　∎

以下，公理的集合論における強制法に倣った議論を展開する．ただし，ここでは WKL_0 の可算モデル $\mathfrak{M}=(M,S)$ を任意に固定して議論する．

定義 8.4.10　$\{X_n\mid n\in M\}$ を集合定数の集合とする．そして，φ を $\mathcal{L}_2(M\cup\{X_n\mid n\in M\})$ の文とする．$p\in\mathbb{P}$ が φ を**強制**(force)**する**とは，p に適合する任意のジェネリック列 $\langle G_n\mid n\in M\rangle$ に対し，$(M,\{G_n\mid n\in M\})\models\varphi$ となるときをいう．このことを，$p\Vdash\varphi$ と書く．(注．φ に含まれる集合定数 X_n を G_n で解釈する．)　□

[*25] すべての議論にパラメータ A を加えれば，$\mathrm{Rec}^{\mathfrak{M}}(\varnothing)$ を $\mathrm{Rec}^{\mathfrak{M}}(A)$ に置き換えて成立する．また，ジェネリック列は $\mathfrak{M}$ に依存して定まることに注意．

すると，強制関係と充足関係をつなぐ次の基本補題が成り立つ．

補題 8.4.11 任意のジェネリック列$\langle G_n \mid n\in M\rangle$と$\mathcal{L}_2(M\cup\{X_n \mid n\in M\})$の任意の文$\varphi$に対して，$(M,\{G_n \mid n\in M\})\models\varphi$であることの必要十分条件は，$\langle G_n \mid n\in M\rangle$が適合するような$p$が存在して，$p\Vdash\varphi$となることである． □

この証明はかなり長くなるため，概略のみ示すが，基本的に集合論の強制法の議論と同じなので，以下の説明が簡単すぎると思われる方は，文献 [20] などを参照されたい．

まず，$p\Vdash\varphi$の定義がやや超越的なので，その形式的な代替物$p\Vdash^*\varphi$を導入する．これは，論理式φの複雑さによる帰納法で次のように定義される．

$$
\begin{aligned}
p\Vdash^* t\in X_m &\iff p\text{に適合する任意の列}\langle X_n\rangle\text{について}\\
&\qquad (M,\{X_n\})\models t\in X_m\\
p\Vdash^* \neg\varphi &\iff \neg\exists q\le p\, q\Vdash^*\varphi\\
p\Vdash^* \varphi\wedge\psi &\iff p\Vdash^*\varphi\text{かつ}p\Vdash^*\psi\\
p\Vdash^* \forall x\,\varphi(x) &\iff p\Vdash^*\varphi(m)\quad(\text{任意の}m\in M\text{について})\\
p\Vdash^* \forall X\varphi(X) &\iff p\Vdash^*\varphi(X_m)\quad(\text{任意の}m\in M\text{について})
\end{aligned}
$$

他の論理演算は，ド・モルガンの法則による．ここで，原子式$t\in X_m$の場合の右辺は，WKL_0のモデル(M,S)内で解釈すればΣ^0_1であり，2 階部分Sの取り方には依存しない．一般の論理式φに対して，$p\Vdash^*\varphi$は帰納的に定義されているが，あくまで算術的であることに注意されたい．さらに，次の事実も容易に示せる．

主張 1 $p\Vdash^*\varphi$かつ$q\le p$ならば，$q\Vdash^*\varphi$.

主張 1 により，補題 8.4.11 の$\Vdash^*$版がいえる．

主張 2 任意のジェネリック列$\langle G_n \mid n\in M\rangle$について，$(M,\{G_n \mid n\in M\})\models\varphi$であることの必要十分条件は，$\langle G_n \mid n\in M\rangle$が適合するような$p$が存在して，$p\Vdash^*\varphi$となることである．

証明　任意のジェネリック列 $\langle G_n \mid n \in M\rangle$ をとり，φ の構成に関する帰納法で同値性 ($\Leftrightarrow$) を証明する．本質的なステップは否定のあつかいであり，それ以外はほぼ明らかである．

（十分性：$\Leftarrow$）　$\langle G_n \mid n \in M\rangle$ が p に適合して，$p \Vdash^* \neg\varphi$ とする．背理法のため，$(M, \{G_n \mid n \in M\}) \models \varphi$ と仮定する．帰納法の仮定から，$\langle G_n \mid n \in M\rangle$ が適合するような q が存在して，$q \Vdash^* \varphi$ がいえる．すると，$\langle G_n \mid n \in M\rangle$ は $p \cup q$ に適合するので，$p \cup q \in \mathbb{P}$ である．また，$p \cup q \leq q$ より $p \cup q \Vdash^* \varphi$ であるから，$p \Vdash^* \neg\varphi$ の定義に反する．

（必要性：$\Rightarrow$）　$(M, \{G_n \mid n \in M\}) \models \neg\varphi$ とする．そして，$D = \{p \mid p \Vdash^* \varphi$ または $p \Vdash^* \neg\varphi\}$ とおく．$p \Vdash^* \neg\varphi$ の定義から，D が稠密であることは容易にわかる．したがって，$\langle G_n \mid n \in M\rangle$ が適合するような $p \in D$ が存在する．もし $p \Vdash^* \varphi$ なら，帰納法の仮定から $(M, \{G_n \mid n \in M\}) \models \varphi$ となって，前提に反する．$p \Vdash^* \varphi$ でないなら，D の定義から $p \Vdash^* \neg\varphi$ である．　∎

主張2から，次の関係が導ける．

主張3　$p \Vdash \varphi$ は，$p \Vdash^* \neg\neg\varphi$ と同値である．

証明　$p \Vdash^* \neg\neg\varphi$ は，定義によって $\forall q \leq p\, \exists r \leq q\; r \Vdash^* \varphi$ と書き直せることに注意．

($\Leftarrow$) を示すため，$p \Vdash^* \neg\neg\varphi$ と仮定する．$p \Vdash \varphi$ を否定し，p に適合する任意のジェネリック列 $\langle G_n \mid n \in M\rangle$ が存在して，$(M, \{G_n \mid n \in M\}) \models \neg\varphi$ とする．すると主張2から，$\langle G_n \mid n \in M\rangle$ が適合するような q が存在して，$q \Vdash^* \neg\varphi$．したがって，$p \cup q \Vdash^* \neg\varphi$ であるが，これは $p \Vdash^* \neg\neg\varphi$ の仮定に反する．

($\Rightarrow$) を示すために，$p \Vdash \varphi$ とする．任意の $q \leq p$ に対して，補題8.4.5より q に適合するジェネリック列 $\langle G_n \mid n \in M\rangle$ がある．すると，これは p にも適合するので，$(M, \{G_n \mid n \in M\}) \models \varphi$ である．主張2から，$\langle G_n \mid n \in M\rangle$ が適合するような r が存在して，$r \Vdash^* \varphi$ である．$\langle G_n \mid n \in M\rangle$ は $q \cup r$ にも

適合し，$q\cup r \Vdash^* \varphi$だから，$\forall q\leq p\,\exists r\leq q\,r \Vdash^* \varphi$が成り立つことになる． ▮

補題 8.4.11 の証明　$(M,\{G_n\,|\,n\in M\})\models\varphi$は，$(M,\{G_n\,|\,n\in M\})\models\neg\neg\varphi$と同値である．後者は，主張 2 によって，$\langle G_n\,|\,n\in M\rangle$が適合する$p$が存在して，$p\Vdash^*\neg\neg\varphi$となることと同値である．主張 3 から，$p\Vdash^*\neg\neg\varphi$は$p\Vdash\varphi$と同値であるから，補題が証明された． ▮

次の系は容易に証明できる．

系 8.4.12　$p\nVdash\varphi$ならば，ある$q\leq p$が存在して，$q\Vdash\neg\varphi$． □

証明　$p\nVdash\varphi$ならば，pに適合するジェネリック列$\langle G_n\,|\,n\in M\rangle$があって，$(M,\{G_n\,|\,n\subset M\})\models\neg\varphi$．補題 8.4.11 から，$\langle G_n\,|\,n\in M\rangle$が適合する$q$が存在して，$q\Vdash\neg\varphi$．したがって，$p\cup q\leq p$で，$p\cup q\Vdash\neg\varphi$． ▮

［**問題**］　$p\Vdash\neg\varphi$は，$\neg\exists q\leq p\,(q\Vdash\varphi)$と同値であることを示せ．

次に，強制法で構成されたモデルにおける対称性について議論したい．まず，記法を定義する．全単射$\pi : M\longrightarrow M\ (\in S)$が与えられたとき，$p\in\mathbb{P}$と$\mathcal{L}_2(M\ \cup\ \{X_n\,|\,n\in M\})$の文$\varphi$に対し，

$$\pi(p)=\{(e,\langle\pi(n_1),\ldots,\pi(n_k)\rangle)\,|\,(e,\langle n_1,\ldots,n_k\rangle)\in p\},$$
$$\pi(\varphi)=(\varphi\text{ に現れる各 }X_n\text{ を }X_{\pi(n)}\text{ に置き換えたもの}).$$

とおく．

このとき，次が成り立つことは容易にわかる．

補題 8.4.13

(1)　任意の$p\in\mathbb{P}$と文φに対し，$p\Vdash\varphi\Longleftrightarrow\pi(p)\Vdash\pi(\varphi)$となる．

(2)　任意の$p,q\in\mathbb{P}$に対し，$\mathrm{supp}(p)\cap\mathrm{supp}(q)=\varnothing$ならば$p\cup q\in\mathbb{P}$となる．ただし，$\mathrm{supp}(p):=\bigcup\{\{n_1,\ldots,n_k\}\,|\,(e,\langle n_1,\ldots,n_k\rangle)\in p\}$．

(3)　(対称性) $\langle G_n\,|\,n\in M\rangle$がジェネリック列ならば$\langle G_{\pi(n)}\,|\,n\in M\rangle$もジェネリック列である． □

以上の準備のもと，次の補題が示せる．

補題 8.4.14　任意の $p, q \in \mathbb{P}$ は，同じ $\mathcal{L}_2(M)$ の文を強制する．すなわち，$\mathcal{L}_2(M)$ の任意の文 φ に対し，$\forall p{\in}\mathbb{P}\,(p \Vdash \varphi)$ または $\forall p{\in}\mathbb{P}\,(p \nVdash \varphi)$ となる．□

証明　$p, q \in \mathbb{P}$ を任意にとり，φ を $\mathcal{L}_2(M)$ の任意の文とする．背理法で示すために，$p \Vdash \varphi$ かつ $q \nVdash \varphi$ と仮定する．このとき，系 8.4.12 から $q' \leq q$ が存在して $q' \Vdash \neg\varphi$ となる．全単射 $\pi : M \longrightarrow M$ を $\mathrm{supp}(\pi(p)) \cap \mathrm{supp}(q') = \varnothing$ となるものとする．φ は $\mathcal{L}_2(M)$ の文なので，$\pi(\varphi) = \varphi$ となる．したがって，$\pi(p) \Vdash \varphi$ となる．ゆえに，$\pi(p) \cup q' \Vdash \varphi$ となるが，これは $q' \Vdash \neg\varphi$ となることに矛盾する．∎

補題 8.4.11 と補題 8.4.14 から，次が得られる．

系 8.4.15　$\mathcal{L}_2(M)$ の任意の文 φ に対し，

任意のジェネリック列 $\langle G_n \,|\, n \in M \rangle$ に対して，$(M, \{G_n \,|\, n \in M\}) \models \varphi$,

または

任意のジェネリック列 $\langle G_n \,|\, n \in M \rangle$ に対して，$(M, \{G_n \,|\, n \in M\}) \not\models \varphi$

となる．□

系 8.4.15 およびこれまでのいくつかの補題から，補題 8.4.2 が証明できる．

補題 8.4.2 の証明　$\langle G_n \,|\, n \in M \rangle$ をジェネリック列とする．このとき，補題 8.4.9 から，p に適合するジェネリック列 $\langle G'_n \,|\, n \in M \rangle$ で，$\{G_n \,|\, n \in M\} \cap \{G'_n \,|\, n \in M\} = \mathrm{Rec}^{\mathfrak{M}}$ となるものが存在する．このとき，$S_1 := \{G_n \,|\, n \in M\}$, $S_2 := \{G'_n \,|\, n \in M\}$ とおくと，この S_1, S_2 が所望のものとなる．実際，補題 8.4.7 より各 (M, S_i) は WKL_0 のモデルとなる．また，系 8.4.15 から (M, S_1) と (M, S_2) は同じ $\mathcal{L}_2(M \cup \{A\})$ の文を真にする．

補題 8.4.2 の条件にあわせるためには，すべての議論にパラメータ A を加えればよい．∎

8.5　代数学の基本定理と RCA_0 における証明

本節では，8.3 節，8.4 節の主定理を応用して，次の定理を証明する．

定理 8.5.1（代数学の基本定理）　RCA_0 において，（1 次以上の）任意の複素多項式は 1 次式の積に（定数倍を除いて）一意に分解される．

代数学の基本定理には多くの種類の証明が知られているが，その主張のシンプルさに比べてどの証明法も抽象的で高度である．いい換えれば，ほとんどの証明はそのままでは RCA_0 に収まらない．

しかし，STY 定理を応用すると，上の定理は WKL_0 で証明すればよいことがわかる．そして，WKL_0 ではコンパクト性などの普通の数学の議論がかなり使えるので，「任意の（1 次以上の）複素多項式が複素根をもつ」ことの証明までは，大概 WKL_0 での証明に書き換えられる．

重要なことは，複素多項式が 1 つの根をもつことがわかっても，それからただちにすべての根を求めることはできないという我々の制約である．普通の数学であれば，次数に関する帰納法を使えばよいだろうが，「任意の多項式が根をもつ」という主張は Π^1_2 論理式になるから，WKL_0 が備える Σ^0_1 帰納法では手に負えないのである．この問題を回避するのに，超準的手法を用いることになる．

概略は次のようになる．まず，$\mathfrak{M} = (M, S)$ を WKL_0 の任意の可算非 ω モデルとする．$\mathfrak{M} = (M, S)$ で与えられた複素多項式 $P(x)$ を近似する有理係数多項式の無限列を $\{p_i(x)\}_{i \in M}$ とする．いま，各 $p_i(x)$ に対して，そのすべての根の誤差が 2^{-i} 未満の有理近似を与える関数を F とする．このとき，${}^*\mathfrak{M}$ の世界に ${}^*F$ が存在する．そこで，$J \in {}^*M - M$ をとれば，${}^*F(p_J)\lceil M$ は P の根のリストになる．そして，根を絶対値の大小順等で並べ直せば，その一意性は明らかである．

では，複素数の定義から始める．まず，有理数の対の集合を $\mathbb{E} = \mathbb{Q} \times \mathbb{Q}$ とおく．そして，$\mathbb{E}$ の元の列 $\alpha = \{(a_k, b_k) \mid k \in \mathbb{N}\}$ で，有理数列 $\{a_k \mid k \in \mathbb{N}\}$, $\{b_k \mid k \in \mathbb{N}\}$ がともに実数となるものを**複素数**とよび，$\alpha \in \mathbb{C}$ と書く．また，実数 $a = \{a_k\}$, $b = \{b_k\}$ をそれぞれ α の**実部**，**虚部**とよび，$\alpha = a + ib$ とも書くことにする．

複素数の四則演算は，実数の四則演算にもとづいて普通に定義される．例えば，$(a+ib)+(c+id) = (a+c)+i(b+d)$, $(a+ib)\bullet(c+id) = (ac - bd) + i(ad+bc)$．そして，$(\mathbb{C}, +, \bullet, 0, 1, =)$ は，標数 0 の体になる．また，$\alpha = a+ib$ の絶対値を $|\alpha| = \sqrt{a^2+b^2}$ などと定めることも普通の通りである．

定義 8.5.2　複素数の有限列 $P = \langle a_k \mid k \le N \rangle$ で，$N = 0$ または $a_N \neq 0$ となるものを N 次の(複素)**多項式**とよぶ．P の次数 N を $\deg P$ で表す．多項式 $P = \langle a_k \mid k \le N \rangle$ は，関数 $P(z) = \sum_{k=0}^{N} a_k z^k = a_0 + a_1 z + \cdots + a_N z^N$ を意味しており，多項式とそれが表す(連続)関数は多くの場合，同一にあつかう．　□

最初に，任意の複素多項式は，必ずどこかで定数項 $|a_0|$ より小さな絶対値の値をとることを RCA_0 において証明する．

補題 8.5.3　RCA_0 で次が示せる．1 次以上の多項式 $P(z) = \sum_{k=0}^{N} a_k z^k$ において，$a_0 \neq 0$ であれば，$|P(u)| < |a_0|$ となる u が存在する．　□

証明　簡単のため，$a_0 = 1$ としても一般性を失わない．さらに，$a_1, a_2, \ldots, a_N$ のうち，0 でない最初の係数を a_k とする．すると，定数項をもたない $n-k$ 次多項式 $g(z)$ があって，

$$P(z) = 1 + z^k(a_k + g(z))$$

と書ける．いま，$-\frac{1}{a_k}$ の k 乗根を d とする．すると，$0 < t \le 1$ について，

$$|P(dt)| = \left|1 - t^k - \frac{t^k}{a_k} g(dt)\right| < 1 - t^k + \left|\frac{t^k}{a_k} g(dt)\right|.$$

$g(z)$ は連続関数で $g(0)=0$ だから，t を十分小さい正数とすれば，$|g(dt)|<\frac{|a_k|}{2}$ となるから，

$$|P(dt)|<1-t^k+\frac{1}{2}t^k<1-\frac{1}{2}t^k<1.$$

$u=dt$ が所望のものとなる． ▮

次に，上の補題とは反対に，複素多項式は原点から十分離れた点においては，定数項 $|a_0|$ より大きな値をとることを RCA$_0$ において証明する．

補題 8.5.4 RCA$_0$ で次が示せる．任意の多項式 $P(z)=\sum_{k=0}^{N}a_kz^k$ $(N>0,\, a_0\neq 0)$ に対して，ある実数 R が存在し，$|z|>R$ ならば $|P(z)|>|a_0|$ となる． □

証明 N 次多項式 $P(z)=\sum_{k=0}^{N}a_kz^k$ に対して，定数項をもたない N 次多項式を $h(w)=\sum_{j=0}^{N-1}a_jw^{N-j}$ とおく．すると，

$$|P(z)|=|z|^N\left|a_N+h\left(\frac{1}{z}\right)\right|$$

である．$h(w)$ は連続関数で，$h(0)=0$ であるから，ある実数 R が存在し，$|z|>R$ ならば $\left|h\left(\frac{1}{z}\right)\right|<\frac{|a_N|}{2}$ で，かつ $R^N>\frac{2|a_0|}{|a_N|}$ と仮定できる．すると，$|z|>R$ のとき，

$$|P(z)|\geq|z|^N\left(|a_N|-\frac{|a_N|}{2}\right)\geq|z|^N\frac{|a_N|}{2}>R^N\frac{|a_N|}{2}>|a_0|$$

となって，補題が示された． ▮

任意の複素多項式 $P(z)$ に対し，これらの 2 つの補題から，複素平面 $\mathbb{C}$ の上で $|P(c)|$ が最小となる点 c が存在することが，WKL$_0$ で証明できる．

補題 8.5.5 WKL$_0$ で次が証明できる．任意の多項式 $P(z)=\sum_{k=0}^{N}a_kz^k$ に対して，ある複素数 c が存在し，任意の z について $|P(z)|\geq|P(c)|$ となる． □

証明 補題 8.5.4 により，任意の多項式 $P(z)=\sum_{k=0}^{N}a_kz^k$ に対して，ある実数 R が存在し，$|z|>R$ ならば $|P(z)|>|a_0|$ となる．また，補題 8.5.3

により，$a_0 \neq 0$ であれば，$|P(u)| < |a_0|$ となる u が存在する（$a_0 = 0$ であれば，$c = 0$ とおいて，$|P(c)| = 0$ が最小値である）．よって，$|P(c)|$ が最小となる点 c は，領域 $|z| \leq R$ 内に存在する．領域 $|z| \leq R$ は有界閉集合でコンパクトであるから，定理 7.3.12 の一般化，あるいは 8.3 節の終わりの議論から，連続関数 $|P(z)|$ には最小値 $|P(c)|$ が存在する[*26]． ∎

> **定理 8.5.6（複素数体は代数的閉体）** WKL$_0$ で次がいえる．任意の（1 次以上の）複素多項式 $P(z) = \sum_{k=0}^{N} a_k z^k$ に対して，$P(c) = 0$ となる複素数 c が存在する．

証明　補題 8.5.5 により，$|P(z)|$ の最小値 $|P(c)|$ をとり，背理法により，$P(c) \neq 0$ と仮定する．そこで，多項式 $Q(z) = \frac{1}{P(c)} P(c+z)$ を考えると，$Q(0) = 1$ だから，この定数項は 1 である．いま，補題 8.5.3 により，$|Q(u)| < 1$ となる u がとれる．すると，$Q(z)$ の定義から，$|P(c+u)| = |Q(u)| \cdot |P(c)| < |P(c)|$ となって，$|P(c)|$ の最小性に反する． ∎

我々は，N 次複素多項式 $P(z)$ の N 個の根の組の存在を示したい．そのため，まず多項式 $P(z)$ を有理複素係数多項式の列 $\{p_j(z)\}$ で近似し，さらに有理複素係数多項式について N 個の有理近似解を構成することを考える．ここで，有理複素係数多項式は自然数でコードでき，さらに有理複素数が有理複素係数多項式の良い近似になっているかどうかは原始再帰的に確認できる．

次の補題を示す．

補題 8.5.7　RCA$_0$ において（実は PRA でも）次が証明できる．任意の N 次有理複素係数多項式 $p(z)$（最高次の係数 $a_N = 1$）と任意の自然数 k を与えたとき，有理複素数の N 組 $\{q_i \mid i < N\}$ が存在し，すべての $i < N$ に対し，

$$|p(q_i)| < 2^{-k}$$

となる． □

[*26] 最大値原理を使うなら，$-|P(z)|$ を考えよ．

注 $p(z)$ は $\prod_{i=0}^{N-1}(z-q_i)$ で近似できる.

証明 証明すべき主張は Π_2 文で表せるから，フリードマンの定理 8.2.7 により，WKL_0 において証明できれば，RCA_0 や PRA でも証明できる.

いま，N 次有理複素係数多項式 $p(z)$ と自然数 k を任意に与える．定理 8.5.6 によって，WKL_0 において $p(c)=0$ となる c が存在する．すると，$p(z)$ の連続性から，$|p(q_0)|<\frac{2^{-k}}{N}$ となる有理複素数 q_0 が存在する．ここで，「$|p(q_0)|<\frac{2^{-k}}{N}$」は原始再帰的条件であるから，$(p,k)$ から q_0 を得るのは原始再帰的にできる．さらに，$p(z)=(z-q_0)p_1(z)+p(q_0)$ となるような $N-1$ 次有理複素係数多項式 $p_1(z)$ も原始再帰的に得られる.

もし $p_1(q_0)=0$ ならば，$q_1=q_0$ とおき，$p_1(z)=(z-q_1)p_2(z)$ となるような $N-2$ 次多項式 $p_2(z)$ をとる．そうでないとき，上と同様な議論で，$|p_1(q_1)|<\frac{2^{-k}}{N|q_1-q_0|}$ となる有理複素数 $q_1\neq q_0$ が求まる[*27]．そして，$p_1(z)=(z-q_1)p_2(z)+p_1(q_1)$ となるような $N-2$ 次有理複素係数多項式 $p_2(z)$ をとれば，$p(z)=(z-q_0)\{(z-q_1)p_2(z)+p_1(q_1)\}+p(q_0)$ となり，$|p(q_1)|=|(q_1-q_0)p_1(q_1)+p(q_0)|<\frac{2\cdot 2^{-k}}{N}$ となる.

続いて，有理数 q_2 と $N-3$ 次多項式 $p_3(z)$ も同様に選んで，$p(z)=(z-q_0)\{(z-q_1)\{(z-q_2)p_3(z)+p_2(q_2)\}+p_1(q_1)\}+p(q_0)$ かつ $|p(q_2)|\leq\frac{3\cdot 2^{-k}}{N}$ のようにできる.

以下，各 i で有理数 q_i と $N-(i+1)$ 次多項式 $p_{i+1}(z)$ を所与の原始再帰的条件を満たすものとして選ぶ．最終的に，N 組 $\{q_i\}$ が得られて，すべての $i<N$ について，$|p(q_i)|<2^{-k}$ となる. ∎

さらに，N 組 $\{q_i\}$ を，絶対値の大小順に(同じ場合は実部の大小順で)並べ替えることは原始再帰的に可能である．すなわち，$F(p(z),k)=\{q_i\mid i<N\}$ で，$\{q_i\}$ は補題 8.5.7 の条件を満たし，さらに絶対値の大小順に(同じ場合は実部の大小順で)並べるような関数 F もまた RCA_0 において存在する．以上

*27 すべての零点が半径 R の領域に入っている事実を使う.

の準備のもとで，本節の主定理を証明する．

定理 8.5.1 の証明　$\mathfrak{M} = (M, S)$ を WKL_0 の任意の可算非 ω モデルとする．$\mathfrak{M}$ の中で代数学の基本定理が成り立てば，ゲーデルの完全性定理 2.3.9 によって，WKL_0 で証明可能である．したがって，STY 定理(定理 8.4.1)によって，RCA_0 においても証明可能である．

以下，$\mathfrak{M}$ の中で考える．$P(z)$ を N 次複素係数多項式とし，$P(z)$ を近似する有理複素係数多項式の列 $\langle p_j(z) \,|\, j \in M \rangle$ をとる．補題 8.5.7 およびそのあとの議論により，各 j に対して，$F(p_j(z), j) = \{q_i \,|\, i < N\}$ によって有理近似解の N 組が得られる．

ここで，自己埋め込み定理(定理 8.3.1)より，$\mathfrak{M}$ は自らと同型な拡大 ${}^*\mathfrak{M} = ({}^*M, {}^*S)$ をもつ．このとき，${}^*\mathfrak{M}$ における F を ${}^*F$，$\langle p_j(z) \rangle$ を $\langle {}^*p_j(z) \rangle$ とする．そして，$J \in {}^*M - M$ をとると，$P = {}^*p_J \restriction M$ となる．また，${}^*F({}^*p_J) = \{{}^*q_i \,|\, i < N\}$ として，${}^*F({}^*p_J) \restriction M = \{{}^*q_i \restriction M \,|\, i < N\}$ とすれば，右辺は $P(z)$ の複素根を絶対値の大小順に(重根を考慮して)並べ上げたものとなる．したがって，$P(z)$ はこれらを使って，一意に因数分解される．　∎

自己埋め込み定理にもとづく超準的手法で証明されている WKL_0 の主な定理には他に次のものがある．

常微分方程式についてのコーシー - ペアノの定理 [79]
コンパクト群についてのハール測度の存在定理 [83]
ジョルダン曲線定理(坂本 - 横山，2007)

また，横山啓太(2007)は，ACA_0 に対するより強力な超準的手法(ガイフマンによる)を用いて，リーマンの写像定理を証明した．他方，シンプソンと横山(2011)は，WKL_0 より弱い体系に超準的議論を用いるため公理的方法を開発している．もちろん，あらゆる場合に超準的手法が有効というわけではなく，リーマンの写像定理の変種を含むさまざまな複素解析学の定理に対してさらに詳細な分析を行った堀畑佳宏の研究(2011)や関数解析の基本概念を考察したアヴィガド - シミックの研究(2006)などでは超準的手法は用いられていない．

文献案内

本書(の読みたい部分)をすでに読み終えてさらに理解を深めたいと思われている方や，現在読んでいる最中でもう少し周辺の情報がほしいと感じておられる方のために，役立ちそうな文献を紹介する．

まず，数学基礎論の基本的な考え方や歴史的背景をさらに学ぶためには，下記の本をあわせて読んでいただくのがよいと思う．また，この案内の最後にあげたサーベイ等をご参照いただけると幸甚である．

[1]　倉田令二朗 著『数学論序説』ダイヤモンド社，1972.

[2]　竹内外史 著『数学基礎論の世界——ロジック雑記帳から』日本評論社，1972.

[3]　田中尚夫 著『選択公理と数学——発生と論争，そして確立への道』(増訂版) 遊星社，1999.

[4]　J.N. クロスリー 他 共著，田中尚夫 訳『現代数理論理学入門』共立出版，1997.

[5]　田中一之 編・監訳『数学の基礎をめぐる論争——21 世紀の数学と数学基礎論のあるべき姿を考える』 シュプリンガー・フェアラーク東京，1999.

[6]　M. ジャキント 著，田中一之 監訳『確かさを求めて——数学の基礎についての哲学論考』培風館，2007.

技術的な準備訓練が必要と思われた方には次のような本がある．

[7]　R. ジェフリー 著，戸田山和久 訳『記号論理学——その展望と限界をさぐ

る』(原書第 3 版)マグロウヒル，1992．改版『形式論理学——その展望と限界』産業図書，1995.

[8] K. キューネン 著，藤田博司 訳『キューネン数学基礎論講義』日本評論社，2016.

[9] R.M. スマリヤン 著，田中一之 監訳・川辺治之 訳『スマリヤン数理論理学講義　上巻』日本評論社，2017.

数学基礎論の中級程度の教科書や専門書としては，以下をあげておきたい.

[10] 田中一之 編『ゲーデルと 20 世紀の論理学(ロジック)』第 1 巻 ゲーデルの 20 世紀，第 2 巻 完全性定理とモデル理論，第 3 巻 不完全性定理と算術の体系，第 4 巻 集合論とプラトニズム，東京大学出版会，2006–2007.

[11] 竹内外史・八杉満利子 共著『証明論入門(数学基礎論 改題)』共立出版，1988.

[12] 田中一之 著『数の体系と超準モデル』裳華房，2002.

[13] 新井敏康 著『数学基礎論』岩波書店，2011.

[14] J. Barwise (ed.), *Handbook of Mathematical Logic*, North-Holland, 1977.

[15] S. Feferman, *In the Light of Logic*, Oxford University Press, 1998.

[16] J.R. Shoenfield, *Mathematical Logic*, Addison-Wesley, 1967. 改訂版 A K Peters, 2001.

数学基礎論の古典として，とくに重要な資料に以下のようなものがある.

[17] 黒田成勝 著『數學基礎論』岩波数学講座 IX. 別項 1，1934.

[18] A.N. ホワイトヘッド・B. ラッセル 著，岡本賢吾・戸田山和久・加地大介 抄訳『プリンキピア・マテマティカ序論』哲学書房，1988.（原題 *Principia Mathematica*, Cambridge University Press, 第 2 版, 1925）

[19] D. ヒルベルト・W. アッケルマン 共著，伊藤誠 訳/石本新・竹尾治一郎 訳『記号論理学の基礎 第 3 版/第 6 版 』大阪教育図書，1954/1974.（原

題 *Grundzüge der theoretischen Logik*, Springer, 1949/1972)

[20] K. キューネン 著，藤田博司 訳『集合論』日本評論社，2008.

[21] D. ヒルベルト・P. ベルナイス 共著，吉田夏彦・渕野昌 抄訳『数学の基礎』シュプリンガー・フェアラーク東京，1993.（原題 *Grundlagen der Mathematik* I, II, Springer, 1934/1968, 1939/1970）

[22] A. Church, *Introduction to Mathematical Logic I*, Princeton University Press, 1944.

[23] S.C. Kleene, *Introduction to Metamathematics*, North-Holland, 1952.

[24] S. Feferman et al. (eds.), *Kurt Gödel Collected Works*, vols. I–V, Oxford University Press, 1986–2003.

では，本書に関する文献について章ごとに説明する.

第1章の文献

第1章の内容は，普遍代数学(universal algebra)という分野の話題が中心であるが，この分野の教科書としては [25], [26], [27] が標準的である．他に，[28], [29], [30], [31] にも普遍代数や等式理論の章が設けられている．ブール代数の基本については [32] が詳しい．エルブラン - ゲーデルの一般再帰的関数については，[23], [33] が優れている.

[25] S. Burris and H.P. Sankappanavar, *A Course in Universal Algebra*, Springer, 1981.

[26] P.M. Cohn, *Universal Algebra*, 2nd ed., D. Reidel, 1981.

[27] G. Grätzer, *Universal Algebra*, 2nd ed., Springer, 2008.

[28] D.W. Barnes and J.M. Mack, *An Algebraic Introduction to Mathematical Logic*, Springer, 1975.

[29] F. Baader and T. Nipkow, *Term Rewriting and All That*, Cambridge University Press, 1998.

[30] J.D. Monk, *Mathematical Logic*, Springer, 1976.

[31] R.L. グッドステイン 著, 赤攝也 訳『数学基礎論入門』(原題 *Development of Mathematical Logic*) 培風館, 1979.

[32] E. メンデルソン 著, 大矢建正 訳『マグロウヒル大学演習シリーズ ブール代数とスイッチ回路』マグロウヒル, 1982.

[33] P. Odifreddi, *Classical Recursion Theory*, North-Holland, 1989.

第2章の文献

第2章では，1階論理の基本を一通りあつかったが，もう少し丁寧な説明がほしいという方には [35], [36], [37], [38] が薦められる．上掲の [14] 第1章や [31] も読みやすい．また，[34] では，本書と異なるヒルベルト流の公理系をあつかっているので，比べて読んでいただきたい．

[34] 田中一之 編著『数学基礎論講義――不完全性定理とその発展』日本評論社, 1997.

[35] D. van Dalen, *Logic and Structure*, 5th ed., Springer, 2013.

[36] H.D. Ebbinghaus, J. Flum and W. Thomas, *Mathematical Logic*, 2nd ed., Springer, 1994.

[37] H. Enderton, *A Mathematical Introduction to Logic*, Academic Press, 1972 (2nd ed., 2001).

[38] E. Mendelson, *Introduction to Mathematical Logic*, 6th ed., Chapman and Hall/CRC, 2015.

第3章の文献

第3章は，古典的なモデル理論の成果をまとめたものだが，この分野の標準的教科書としては [39], [40], [41] が有名である．また，[42], [43] も読みやすい．新しい話題を含むものには [44] などがある．超フィルター関係は [45] が秀逸．超準解析については [46] が読みやすい．

[39] C.C. Chang and H.J. Keisler, *Model Theory*, 3rd ed., North-Holland, 1990.

[40] W. Hodges, *Model Theory*, Cambridge University Press, 1993.

[41] D. Marker, *Model Theory: An Introduction*, Springer, 2002.

[42] K. Doets, *Basic Model Theory*, CSLI Publications, 1996.

[43] 坪井明人 著『モデルの理論』河合文化教育研究所，1997.

[44] B. Poizat, *A Course in Model Theory*, Springer, 2000.

[45] J.L. Bell and A.B. Slomson, *Models and Ultraproducts: An Introduction*, North-Holland, 1969.

[46] L. Loeb and M. Wolff (eds.), *Nonstandard Analysis for the Working Mathematicians*, 2nd ed., Springer, 2015.

第4章の文献

第4章は，自然数の形式体系の話で，とくに不完全性定理の周辺を詳しく解説する．[50] は，内容が充実しており，この辺りを研究するためには必携である．[34], [49] は，第二不完全性定理を含めて，不完全性定理の周辺の話題を幅広くあつかっている．[47] はゲーデルの原典解題．[48] は不完全性定理の誤解例をたくさんあげながら，この定理の本質を明らかにする．さらに不完全性定理の技術的分析については，[51], [52], [53], [54] が詳しい．プレスバーガーの体系など演算を制限した算術の体系については，[37] がよく整理されている.

[47] 田中一之 著『ゲーデルに挑む』東京大学出版会, 2012.

[48] T. フランセーン 著, 田中一之 訳『ゲーデルの定理——利用と誤用の不完全ガイド』みすず書房, 2011.

[49] 菊池誠 著『不完全性定理』共立出版, 2014.

[50] P. Hájek and P. Pudlák, *Metamathematics of First-Order Arithmetic*, Springer, 1993.

[51] P. Lindström, *Aspects of Incompleteness*, 2nd ed., A K Peters, 2003.

[52] C. Smoryński, *Self-Reference and Modal Logic*, Springer, 1977.

[53] C. Smoryński, The incompleteness theorems, in [14], 1977.

[54] C. Smoryński, *Logical Number Theory* I, Springer, 1991.

第5章の文献

第5章は, 自然数論の超準モデルの話である. ペアノ算術のモデルに関する入門書は, [55] が読みやすい. さらに専門的なものとしては [56] がある. 再帰的飽和や麗質モデルに関しては, [57] が基本論文であるが, [40], [44] もわかりやすい.

[55] R. Kaye, *Models of Peano Arithmetic*, Oxford University Press, 1991.

[56] R. Kossak and J. Schmerl, *The Structures of Models of Peano Arithmetic*, Oxford University Press, 2006.

[57] J. Barwise and J. Schlipf, Introduction to recursively saturated and resplendent models, *Journal of Symbolic Logic* **41**, 531–536, 1976.

第6章の文献

第6章であつかった実閉体の理論については，[58], [59] や [60] など標準的な代数学の教科書でもあつかっているが，基礎論側からの解説としてはまず [2] (上掲)を眺めるのがよい．ふつうのロジックの教科書の多く([61], [62] や上掲の [40], [44], [16] など)でもタルスキの定理をあつかっているが，どれも説明が簡略化されすぎている感じなので，本書のあとでご覧になるといいと思う．さらにこの辺りの話題の代数幾何への応用については，[63], [64] をご覧いただきたい．

[58] 高木貞治 著『代数学講義』(改訂新版)，共立出版，1965.

[59] S. Lang, *Algebra*, 3rd ed., Addison-Wesley, 1993.

[60] N. Jacobson, *Basic Algebra* I/II, Freeman, 1974 (2nd ed., 1985)/1980.

[61] Z. Adamowicz and P. Zbierski, *Logic of Mathematics*, Wesley Interscience, 1997.

[62] G. Kreisel and J.L. Krivine, *Elements of Mathematical Logic*, revised printing, North-Holland, 1971.

[63] D. Haskell, A. Pillay and C. Steinhorn, *Model Theory, Algebra, and Geometry*, Cambridge University Press, 2000.

[64] 板井昌典 著『幾何的モデル理論入門』日本評論社，2002.

第7章・第8章の文献

第7章は，実数論の話題を中心に「逆数学」の概説をする．この分野の解説書は [65] と [66]，そして [10] 第3巻(山崎 武の解説)だけだったが，ようやく新しい入門書 [67] と専門書 [68] が出るようになった．また，計算可能性理論の入門書 [69] にも逆数学の簡単な解説がある．無限ゲームに関する結果

は [66] にも一部しか載っていないので，ご関心のある方は下記の他者によるサーベイ [102] および「著者による本書関連論文」をご参照いただきたい．

[65] 田中一之 著『逆数学と 2 階算術』河合文化教育研究所，1997.

[66] S. Simpson, *Subsystems of Second-Order Arithmetic*, Springer, 1999. 2nd ed., Cambridge University Press, 2010.

[67] J. スティルウェル 著，田中一之 監訳・川辺治之 訳『逆数学——定理から公理を証明する 』森北出版，2019.

[68] D.R. Hirschfeldt, *Slicing the Truth: On the Computable and Reverse Mathematics of Combinatorial Principles*, World Scientific, 2014.

[69] R. Weber, *Computability Theory*, American Mathematical Society, 2012.

第 8 章は，下記の論文 [81] と [84] の結果の解説を中心に，2 階算術のモデルに関する話題を集めている．[66] に載っている結果もあるが，その他は下記のサーベイ [98], [101] および「著者による本書関連論文」をご参照いただきたい．なお，この章の議論の源となる重要論文として，[70], [71], [72] がある．

[70] C.G. Jockush Jr. and R.I. Soare, Π^0_1 classes and degrees of theories, *Trans. American Math. Soc.*, **173**, 33–56, 1972.

[71] M.B. Pour-El and S. Kripke, Deduction-preserving "recursive-isomorphisms" between theories, *Fondamenta Math*, **61**, 141–163, 1967.

[72] S. Simpson, A Symmetric β-Model, preprint, 2000.

著者による本書関連論文

[73] K. Tanaka, The Galvin-Prikry theorem and set existence axioms, *Ann. Pure Appl. Logic*, **42**, 81–104, 1989.

[74] S. Simpson and K. Tanaka, On the strong soundness of the theory

of real closed fields, *Proc. of the Fourth Asian Logic Conference* 7–10, 1990.

[75] N. Shioji and K. Tanaka, Fixed point theory in weak second-order arithmetic, *Ann. Pure Appl. Logic*, **47**, 167–188, 1990.

[76] K. Tanaka, Weak axioms of determinacy and subsystems of analysis I, *Zeitschrift für Math. Logik und Grund. Math.*, **36**, 481–491, 1990.

[77] K. Tanaka, Weak axioms of determinacy and subsystems of analysis II, *Ann. Pure Appl. Logic*, **52**, 181–193, 1991.

[78] K. Tanaka, A game-theoretic proof of analytic Ramsey theorem, *Zeitschrift für Math. Logik und Grund. Math.*, **38**, 301–304, 1992.

[79] K. Tanaka, Reverse Mathematics and subsystems of second-order arithmetic, *Suugaku Expositions*, American Mathematical Society, **5**, 213–234, 1992.

[80] M. Kikuchi and K. Tanaka, On formalization of model theoretic proofs of Gödel's theorems, *Notre Dame Journal of Formal Logic*, **35**, 403–412, 1994.

[81] K. Tanaka, The self-embedding theorem of WKL_0 and a non-standard method, *Ann. Pure Appl. Logic*, **84**, 41–50, 1997.

[82] K. Tanaka, Non-standard analysis in WKL_0, *Mathematical Logic Quarterly*, **43**, 396–400, 1997.

[83] K. Tanaka and T. Yamazaki, A non-standard construction of Haar measure and WKL_0, *Journal of Symbolic Logic*, **65**(1), 173–186, 2000.

[84] S. Simpson, K. Tanaka and T. Yamazaki, Some conservation results on weak König's lemma, *Ann. Pure Appl. Logic*, **118**, 87–114, 2002.

[85] N. Sakamoto and K. Tanaka, The strong soundness theorem for real closed fields and Hilbert's Nullstellensatz in second order arithmetic, *Archive for Math. Logic*, **43**(3), 337–349, 2004.

[86] K. Tanaka and T. Yamazaki, Manipulating the reals in RCA_0, *Reverse Mathematics 2001, Lecture Notes in Logic*, **21**, 379–393, 2005.

[87] T. Nemoto, M.O. MedSalem and K. Tanaka, Infinite games in the Cantor space and subsystems of second order arithmetic, *Mathematical Logic Quarterly*, **53**, 226–236, 2007.

[88] M.O. MedSalem and K. Tanaka, Δ^0_3-determinacy, comprehension and induction, *Journal of Symbolic Logic*, **72**(2), 452–462, 2007.

[89] M.O. MedSalem and K. Tanaka, Weak determinacy and iterations of inductive definitions, *Proceedings of Computational Prospects of Infinity*, 333–353, 2008.

[90] K. Tanaka, A note on multiple inductive definitions, *Proceedings of the 10th Asian Logic Conference*, 345–352, 2010.

[91] K. Yoshii and K. Tanaka, Infinite games and transfinite recursion of multiple inductive definitions, *CiE 2012, Springer LNCS*, **7318**, 374–383, 2012.

[92] W. Li and K. Tanaka, The determinacy strength of pushdown ω-languages, *RAIRO-Theor. Inf. Appl.*, **51**(1), 29–50, 2017.

著者による関連サーベイ

[93] 田中一之，‘逆・数学’と 2 階算術の証明論，学会誌『数学』**42**(3)，244–260，1990.

[94] 田中一之，逆数学と最近の数学基礎論，学会誌『情報処理』**35**(4)，329–340，1994.

[95] 田中一之，ヒルベルトの第 10 問題，杉浦光夫 編『ヒルベルト 23 の問題』所収，日本評論社，1997.

[96] 田中一之，ヒルベルトのプログラム，数学セミナー編集部編『20 世紀

の予想』所収，日本評論社，2000.

[97] 田中一之，数学基礎論の伝統と新しい手法：逆数学，学会誌『科学基礎論研究』**102**，3–8，2004.

[98] 田中一之，逆数学と超準的手法：代数学の基本定理を題材として，学会誌『科学哲学』**40**(2)，13–22，2007.

[99] 田中一之, 論理における分類, 雑誌『数理科学』2013(10) No.604, 44–50, 2013.

他者によるサーベイ

[100] C.T. Chong and S.G. Simpson, Special section: Computability theory and the foundation of mathematics in honor of the 60th Birthday of Professor Kazuyuki Tanaka, *Ann. Japan Assoc. for Philo. of Sci.* **25**, 23–24, 2017.

[101] T.L. Wong, Models of the weak König lemma, *Ann. Japan Assoc. for Philo. of Sci.* **25**, 25–34, 2017.

[102] K. Yoshii, A survey of determinacy of infinite games in second order arithmetic, *Ann. Japan Assoc. for Philo. of Sci.* **25**, 35–44, 2017.

[103] T. Suzuki, Kazuyuki Tanaka's work on AND-OR trees and subsequent developments, *Ann. Japan Assoc. for Philo. of Sci.* **25**, 79–88, 2017.

その他の資料

[104] A. Enayat, A new proof of Tanaka's theorem, in P. Cégielski, C. Cornaros and C. Dimitracopoulos (ed.), New Studies in Weak Arithmetics, *CSLI Lecture Notes*, **211**, Stanford Univ., 93–102, 2013.

[105] S. Bahrami, Tanaka's theorem revisited, *Archive for Math. Logic* **59**, 865–877, 2020.

[106] A. Heyting, *Axiomatic Projective Geometry*, North-Holland, 1980.

[107] K. Kuratowski, *Topology*, vol.1, Academic Press, 1966.

問題の略解とヒント

序章

［問題］ 群 $(\mathbf{G}, *, {}^{\sim}, e)$ に対して，$a/b = a*b^{\sim}$ によって演算 / を定義すれば，$(\mathbf{G}, /)$ が与えられた公理を満たしていることは容易にわかる．逆に，$(\mathbf{G}, /)$ が与えられた公理を満たしているときに，$e = a/a$（ただし，a は $\mathbf{G}$ の任意の元），$a^{\sim} = e/a$, $a*b = a/b^{\sim}$ と定めれば，$(\mathbf{G}, *, {}^{\sim}, e)$ が群になることがいえる．また，3 つの等式は $(x/((y/z)/(y/x))) = z$ のような 1 つの等式と同値である．

第 1 章

［問題 1］ $a*e = a*(a^{\sim}*a) = (a*a^{\sim})*a = e*a = a$.

［問題 2］ $\mathbf{G}$ を集合 $\{0,1\}$ とし，$*$ を $x*y = y$ で定義する．そして，$e = 0, x^{\sim} = 0$ とすれば，$\mathsf{G_p}$ のモデルになるが，G3 は満たさない．

［問題 3］ $s = xx^{-1}$ とおき，例 1 で与えられた $ss = s$ の証明木を P_4 とする．$\mathsf{G_p}$ における $(s^{-1}s)s = s^{-1}(ss)$, $s = (s^{-1}s)s$, $s = s^{-1}s$ の証明木 P_5, P_6, P_7 を，それぞれ以下のように与える．

$$\cfrac{\cfrac{\cfrac{(xy)z = x(yz)}{(s^{-1}y)z = s^{-1}(yz)}\,(\mathrm{sub})}{(s^{-1}s)z = s^{-1}(sz)}\,(\mathrm{sub})}{(s^{-1}s)s = s^{-1}(ss)}\,(\mathrm{sub})
\qquad
\cfrac{\cfrac{\cfrac{\mathsf{e}x = x}{\mathsf{e}s = s}\,(\mathrm{sub})}{s = \mathsf{e}s}\,(\mathrm{sym}) \qquad \cfrac{\cfrac{\cfrac{x^{-1}x = \mathsf{e}}{s^{-1}s = \mathsf{e}}\,(\mathrm{sub})}{\mathsf{e} = s^{-1}s}\,(\mathrm{sym}) \qquad s = s}{\mathsf{e}s = (s^{-1}s)s}\,(\mathrm{comp})}{s = (s^{-1}s)s}\,(\mathrm{trans})$$

$$\cfrac{\cfrac{\cfrac{P_6}{s = (s^{-1}s)s} \qquad \cfrac{P_5}{(s^{-1}s)s = s^{-1}(ss)}}{s = s^{-1}(ss)}\,(\mathrm{trans}) \qquad \cfrac{s^{-1} = s^{-1} \qquad \cfrac{P_4}{ss = s}}{s^{-1}(ss) = s^{-1}s}\,(\mathrm{comp})}{s = s^{-1}s}\,(\mathrm{trans})$$

求める証明木は

$$\dfrac{\dfrac{P_7}{s = s^{-1}s} \qquad \dfrac{x^{-1}x = \mathsf{e}}{s^{-1}s = \mathsf{e}}\ (\text{sub})}{s = \mathsf{e}}\ (\text{trans})$$

である．

［**問題 4**］　問題 3 の解の証明木を P_8 とする．$t = x^{-1}x$ とおいて，$xt = sx$, $sx = x$ の証明木（それぞれ P_9, P_{10} とする）を与える．

$$\dfrac{\dfrac{\dfrac{(xy)z = x(yz)}{x(yz) = (xy)z}\ (\text{sym})}{x(yx) = (xy)x}\ (\text{sub})}{xt = sx}\ (\text{sub}) \qquad\qquad \dfrac{\dfrac{\dfrac{P_8}{s = \mathsf{e}} \qquad x = x}{sx = \mathsf{e}x}\ (\text{comp}) \qquad \mathsf{e}x = x}{sx = x}\ (\text{trans})$$

求める証明木は，

$$\dfrac{\dfrac{x = x \qquad \dfrac{t = \mathsf{e}}{\mathsf{e} = t}\ (\text{sym})}{x\mathsf{e} = xt}\ (\text{comp}) \qquad \dfrac{\dfrac{P_9}{xt = sx} \qquad \dfrac{P_{10}}{sx = x}}{xt = x}\ (\text{trans})}{x\mathsf{e} = x}\ (\text{trans})$$

である．

［**問題 5**］　準同型 $\phi : \mathfrak{A} \longrightarrow \mathfrak{B}$ が全単射なら，$\psi = \phi^{-1}$ が定義されて，これは $\mathfrak{B}$ から $\mathfrak{A}$ への準同型になり，$\psi \circ \phi$ と $\phi \circ \psi$ は恒等写像である．逆に，$\psi \circ \phi$ と $\phi \circ \psi$ が恒等写像なら，ψ と ϕ はともに全単射になるので，準同型 $\phi : \mathfrak{A} \longrightarrow \mathfrak{B}$ は同型である．

［**問題 6**］　$a_1 \equiv_H b_1$ かつ $a_2 \equiv_H b_2$ として，$a_1^{\sim} \equiv_H b_1^{\sim}$ と $a_1a_2 \equiv_H b_1b_2$ を示せばよい．$\mathfrak{H}$ が正規部分群なので，$ab^{\sim} \in |\mathfrak{H}| \iff b^{\sim}a \in |\mathfrak{H}|$ となることに注意すれば，簡単にいえる．後者については，$a_2b_2^{\sim}b_1^{\sim}a_1 \in |\mathfrak{H}|$ より，$(a_1a_2)(b_1b_2)^{\sim} = a_1(a_2b_2^{\sim}b_1^{\sim}a_1)a_1^{\sim} \in |\mathfrak{H}|$ である．

［**問題 7**］　有限集合 $X_1 = \{x\}$, $X_2 = \{x_1, x_2\}$ で生成される自由 $\mathrm{Mod}(E)$ 代数 $\mathcal{T}(X_1)/E, \mathcal{T}(X_2)/E$ について考える．それぞれの自由性から，$x \mapsto h(x_1, x_2)$ の拡張となる準同型 $\phi : \mathcal{T}(X_1)/E \longrightarrow \mathcal{T}(X_2)/E$, そして $x_1 \mapsto g_1(x)$ かつ $x_2 \mapsto g_2(x)$ の拡張となる準同型 $\psi : \mathcal{T}(X_2)/E \longrightarrow \mathcal{T}(X_1)/E$ が存在する．ここで，

$$\psi \circ \phi(x) = \psi(h(x_1, x_2)) = h(\psi(x_1), \psi(x_2)) = h(g_1(x), g_2(x)) = x$$

だから，$\psi \circ \phi$ は $\mathcal{T}(X_1)/E$ から自分自身への恒等写像と一致する．同様に，$\phi \circ \psi$ も恒等写像となり，$\phi = \psi^{-1}$ は同型である．あとは，この議論を $X_1 = \{x\}$ と $X_n = \{x_1, \ldots, x_n\}$ の関係に拡張すればよい．例えば，$n = 3$ のときは，$x \mapsto h(h(x_1, x_2), x_3)$ の拡張となる準同型が同型になることをいう．

［**問題 8**］　可換律と分配律だけを用いて，以下を示す．

巾等律：$x = x \vee \mathsf{0} = x \vee (x \wedge \neg x) = (x \vee x) \wedge (x \vee \neg x)$

$$= (x \vee x) \wedge \mathsf{1} = x \vee x.$$

双対定理が成り立つので，$x = x \wedge x$ もただちにいえる．

吸収律：$(x \vee y) \wedge x = (x \vee y) \wedge (x \vee \mathsf{0}) = x \vee (y \wedge \mathsf{0}) = x \vee \mathsf{0} = x.$

$(x \wedge y) \vee x = x$ は双対定理による．

結合律：分配律と吸収律によって，

$$\begin{aligned} x \vee (y \vee z) &= [x \vee (y \vee z)] \wedge (x \vee \neg x) \\ &= ([x \vee (y \vee z)] \wedge x) \vee ([x \vee (y \vee z)] \wedge \neg x) \\ &= x \vee [(y \wedge \neg x) \vee (z \wedge \neg x)] \\ &= ([(x \vee y) \vee z] \wedge x) \vee ([(x \vee y) \vee z] \wedge \neg x) \\ &= [(x \vee y) \vee z] \wedge (x \vee \neg x) \\ &= (x \vee y) \vee z. \end{aligned}$$

$x \wedge (y \wedge z) = (x \wedge y) \wedge z$ は双対定理による．

［**問題 9**］　$x \bullet y$ の原始再帰的定義：$x \bullet 0 = 0$, $x \bullet (y + 1) = x \bullet y + x$.　　x^y の原始再帰的定義：$x^0 = 1$, $x^{y+1} = x^y \bullet x$.　　$x!$ の原始再帰的定義：$0! = 1$, $(x+1)! = x! \bullet (x+1)$.　　$\max\{x, y\} = x + (y \dot{-} x)$.　　$\min\{x, y\} = x \dot{-} (x \dot{-} y)$.

［**問題 10**］　$F(\vec{x}, 0) = 0$, $F(\vec{x}, z + 1) = F(\vec{x}, z) + f(\vec{x}, z)$.　　$G(\vec{x}, 0) = 1$, $G(\vec{x}, z + 1) = G(\vec{x}, z) \bullet f(\vec{x}, z)$.

［**問題 11**］　任意の原始再帰的関数 $g(x_1, \ldots, x_n)$ に対して，ある c_g が存在して，

$$g(x_1, \ldots, x_n) \leq f(c_g, \max\{x_1, \ldots, x_n\})$$

となることを，$g(x_1, \ldots, x_n)$ の構成に関する帰納法で示す（注．問題の g を多変数関数に一般化しておかないと，帰納法が使いにくい）．

(1)　［**初期関数**］$g(x_1, \ldots, x_n)$ がゼロ関数 $\mathrm{Z}()$，次者関数 $\mathrm{S}(x)$，射影関数 $\mathrm{P}^n_i(x_1,$

$\ldots, x_n)$ のときは，$c_g = 0$ として明らかに成り立つ．

(2a) 〔**関数合成**〕$g_i : \mathbb{N}^n \longrightarrow \mathbb{N}$, $h : \mathbb{N}^m \longrightarrow \mathbb{N}\,(1 \leq i \leq m)$ に対し，不等式を成り立たせる定数 c_{g_i} と c_h が存在するとして，$c = \max\{c_{g_1}, \ldots, c_{g_m}, c_h\} + 1$ とおくと，

$h(g_1(x_1, \ldots, x_n), \ldots, g_m(x_1, \ldots, x_n))$
$\leq f(c_h, \max\{f(c_{g_1}, \max\{x_1, \ldots, x_n\}), \ldots, f(c_{g_m}, \max\{x_1, \ldots, x_n\}))$
$\leq f(c-1, f(c, \max\{x_1, \ldots, x_n\})) = f(c, \max\{x_1, \ldots, x_n\} + 1)$
$\leq f(c+1, \max\{x_1, \ldots, x_n\})$.

ここで，$f(x,y)$ の単調増加性および $f(x, y+1) \leq f(x+1, y)$ を使う．

(2b) 〔**原始再帰法**〕$g : \mathbb{N}^n \longrightarrow \mathbb{N}$, $h : \mathbb{N}^{n+2} \longrightarrow \mathbb{N}$ に対して，上記の不等式を成り立たせる定数 c_g と c_h の存在を仮定する．これらから原始再帰法で得られる関数 $p(x_1, \ldots, x_n, y)$ は，定数 $c_p = c_g + c_h + 1$ について，まず $p(x_1, \ldots, x_n, y) \leq f(c_p, \max\{x_1, \ldots, x_n\} + y)$ を満たすことをいう．$y = 0$ のときは $c_g \leq c_p$ を使って容易に示せる．帰納法のステップは以下の通り．

$p(x_1, \ldots, x_n, y+1) < f(c_h, \max\{x_1, \ldots, x_n, y, p(x_1, \ldots, x_n, y)\})$
$\leq f(c_h, f(c_p, \max\{x_1, \ldots, x_n\} + y))$
$\leq f(c_p - 1, f(c_p, \max\{x_1, \ldots, x_n\} + y))$
$= f(c_p, \max\{x_1, \ldots, x_n\} + y + 1)$.

これを用いて，最初の不等式は関数合成とほぼ同様に次のように得られる．

$p(x_1, \ldots, x_n, y) \leq f(c_p, 2\max\{x_1, \ldots, x_n, y\})$
$< f(c_p, 2\max\{x_1, \ldots, x_n, y\} + 3)$
$= f(c_p, f(2, \max\{x_1, \ldots, x_n, y\})) \leq f(c_p, f(c_p + 1, \max\{x_1, \ldots, x_n, y\}))$
$= f(c_p + 1, \max\{x_1, \ldots, x_n, y\} + 1) \leq f(c_p + 2, \max\{x_1, \ldots, x_n, y\})$.

最後に，もし $f(x,y)$ が原始再帰的ならば，$f(x,x) + 1$ も原始再帰的である．上で示したことから，$f(x,x) + 1 \leq f(c,x)$ となる定数 c がある．しかし，この不等式に $x = c$ を代入すれば，$f(c,c) + 1 \leq f(c,c)$ となって矛盾である．よって，$f(x,y)$ は原始再帰的でない．

第2章

［問題 1］ $\mathrm{R}(x)$ を $y = x$ とすると，$x \neq y, y = x, y \neq y$ が公理になるので，等号公理 (i) $y = y$ と (cut) によって，(ii) $x \neq y, y = x$ を得る．次に，$\mathrm{R}(x)$ を $x = z$ とすると，$x \neq y, x = z, y \neq z$ が公理になるので，(iii) $x \neq y, y \neq z, x = z$ を得る．

［問題 2］ $T_1 \cup T_2$ が矛盾していると仮定する．すると，T_1 の有限部分集合 $\{\sigma_1, \sigma_2, \ldots, \sigma_n\}$ が存在して，これと T_2 からも矛盾が出る．いま，$\sigma = (\sigma_1 \wedge \sigma_2 \wedge \cdots \wedge \sigma_n)$ とおけば，$T_2 \cup \{\sigma\}$ も矛盾するので，$T_2 \vdash \neg\sigma$ である．他方，$T_1 \vdash \sigma$ は，σ の定義から明らか．

［問題 3］ (1) 必要性は明らか．逆に，任意の有限生成部分群が順序づけられるような群 $\mathfrak{G}$ を考える．いま，$T = \mathrm{Diag}(\mathfrak{G}) \cup \{$ 順序群の公理 $\}$ とおく．T の任意有限部分は，$\mathfrak{G}$ の有限生成部分群をモデルにもつので無矛盾である．よって，T 自身もモデルをもち，それは $\mathfrak{G}$ を部分群に含む．T のモデルの上には順序が定義されているから，それを $\mathfrak{G}$ に制限すれば，$\mathfrak{G}$ 上の順序となる．

(2) $\mathfrak{G}$ を順序加群とする．0 でない任意の元 $a \in G$ は，$a < 0$ または $a > 0$ を満たすので，任意の $n > 0$ に対して，$na < 0$ または $na > 0$ となり，$na \neq 0$ となる．よって，$\mathfrak{G}$ はねじれのない加群である．逆に，$\mathfrak{G}$ をねじれのない加群とする．このとき，$\mathfrak{G}$ の任意の有限生成部分群 $\mathfrak{G}'$ は，$\mathbb{Z}$ (順序加群) の直積 $\bigoplus_{i \leq m} \mathbb{Z}$ と同型になる．$\bigoplus_{i \leq m} \mathbb{Z}$ は，$\mathbb{Z}$ の順序 $<$ による辞書式順序で順序づけられるから，$\mathfrak{G}'$ にも順序が入る．よって，(1) より $\mathfrak{G}$ も順序づけられる．

［問題 4］ まず，$\mathbb{N} \times \mathbb{N}$ 上の同値関係 $=_Z$ を $(k, l) =_Z (m, n) \leftrightarrow k + n = l + m$ によって定義する．ペア (m, n) によって整数 $m - n$ を表したいのだが，その表現を一意にするため，$=_Z$ の各同値類からコード最小のペア (m, n) を選び，それを整数と考える．したがって，$U(x)$ は，「コード x のペア (m, n) が属する同値類において，どのペアのコードも x 以上である」ことを記述すればよい．$\mathfrak{Z}$ 上の演算は，$(k, l) + (m, n) =_Z (k + m, l + n)$, $(k, l) \bullet (m, n) =_Z (km + ln, kn + lm)$ で定める．

［問題 5］ ZF において，有限順序数を表す述語として $U(x)$ を定義し，算術の演算は順序数の演算と同じものとする．この翻訳が PA の翻訳になることを示すには，

PA の帰納法の翻訳結果が ZF で証明できればよい．PA の帰納法を翻訳すると，ZF の論理式に対する有限順序数上の帰納法になり，これは ZF で証明できる．

逆を示すには，まず 2 進コードを使って，自然数の有限集合と自然数を 1 対 1 に対応させる関数を定義する．つまり，自然数 n を 2 進数で表して $k+1$ 桁目が 1 のとき，コード n の集合に k が属するものとして，$k \in n$ と書く．さらに，$k \in n$ を，コード k の集合がコード n の集合に属するというように集合上の関係に解釈し直せば，この翻訳によって無限公理以外の ZF 公理は PA で証明できるものとなる．とくに，置換公理が採集原理に翻訳されることに注意されたい(5.2 節を参照)．

第 3 章

［**問題 1**］ $\phi : \mathfrak{A} \longrightarrow \mathfrak{B}$ が埋め込みであれば，ϕ による $\mathfrak{A}$ の像は $\mathfrak{A}$ と同型になり，$\mathfrak{B}_{\phi(A)}$ は $\mathrm{Diag}(\mathfrak{A})$ に含まれる関係をすべて満たす．逆に，$\mathfrak{B}_{\phi(A)}$ が $\mathrm{Diag}(\mathfrak{A})$ のモデルであるなら，ϕ が埋め込みであるための各条件を満たすことが確かめられる．

［**問題 2**］ $\mathfrak{Q}_< \not\cong \mathfrak{R}_<, \mathfrak{Q}_< \subseteq \mathfrak{R}_<, \mathfrak{Q}_< \equiv \mathfrak{R}_<, \mathfrak{Q}_< \prec \mathfrak{R}_<$.

1 番目の関係は両者の濃度の違いから導け，2 番目は明らかである．3 番目は，4 番目からしたがう．そこで，4 番目の証明の考え方を示そう．これは「最大最小をもたない稠密線形順序の理論 DLO は量化記号を消去できる」という古典定理(ラングフォード，1927)から導かれる．量化記号をもたない文($\mathbb{Q}$ の定数を含んでよい)の真偽は，$\mathfrak{Q}_<, \mathfrak{R}_<$ において同じであることは明らかである．

量化記号消去について詳しくは第 4 章と第 6 章で学ぶが，論理式の変形操作によって，$\exists x\,(\varphi_1(x) \wedge \cdots \wedge \varphi_m(x))$ (各 φ_i は原子式)の形の論理式から「$\exists$」をはずせれば，すべての論理式に対して量化記号を含まない同値な論理式をみつけることができる．例えば，$\exists x\,(x<y \wedge y<z)$ のような論理式は DLO で $y<z$ と同値になり，$\exists x\,(x=y \wedge y<z)$ のようなものは $y<z$ と同値になっている．詳細は，読者にまかせる．

［**問題 3**］ まず，$|\mathfrak{A}| = \{a_1, \ldots, a_n\}$ とする．このとき，

$$\mathfrak{A} \models \exists x_1\,\exists x_2 \cdots \exists x_n \left(\bigwedge_{1 \le i,j \le n, i \ne j} (x_i \ne x_j) \right)$$

$$\wedge \neg\left(\exists x_1\, \exists x_2 \cdots \exists x_{n+1}\left(\bigwedge_{1\le i,j\le n+1, i\ne j}(x_i \ne x_j)\right)\right)$$

である．$\mathfrak{A} \equiv \mathfrak{B}$ だから，$\mathfrak{B}$ でも上の式が成り立つ．よって，$\mathfrak{B}$ も有限であり，ちょうど n 個の要素をもつ．

$B' = \{(b_{i_1}, b_{i_2}, \ldots, b_{i_n}) \in B^n \mid \mathfrak{A}_A \models \varphi(a_1, \ldots, a_n)$ となる任意の論理式 φ に対して $\mathfrak{B}_B \models \varphi(b_{i_1}, \ldots, b_{i_n})\}$ とおくと，$B' \neq \varnothing$ である．実際，$B' = \varnothing$ とすると，各 $\vec{b} \in B^n$ に対し $\mathfrak{A}_A \models \varphi_{\vec{b}}(a_1, \ldots, a_n) \wedge \mathfrak{B}_B \models \neg\varphi_{\vec{b}}(\vec{b})$ となる論理式 $\varphi_{\vec{b}}$ が存在することになるが，そうすると $\mathfrak{A} \models \exists \vec{x} \bigwedge_{\vec{b}\in B^n} \varphi_{\vec{b}}(\vec{x})$ かつ $\mathfrak{B} \models \forall \vec{x} \bigvee_{\vec{b}\in B^n} \neg\varphi_{\vec{b}}(\vec{x})$ となって，$\mathfrak{A} \equiv \mathfrak{B}$ に矛盾する．

$(b_1, b_2, \ldots, b_n) \in B'$ を任意に選ぶ．任意の論理式 φ に対して，$\mathfrak{A}_A \models \varphi(a_1, \ldots, a_n) \Rightarrow \mathfrak{B}_B \models \varphi(b_1, \ldots, b_n)$ となることは B' の定義より明らか．逆向きも，$\mathfrak{B}_B \models \varphi(\vec{b}) \Rightarrow \mathfrak{B}_B \not\models \neg\varphi(\vec{b}) \Rightarrow \mathfrak{A}_A \not\models \neg\varphi(\vec{a}) \Rightarrow \mathfrak{A}_A \models \varphi(\vec{a})$ からいえる．最後に $f(a_i) = b_i$ で A から B への写像を定義すると，これが $\mathfrak{A}$ と $\mathfrak{B}$ の同型になることは容易にわかる．

［**問題 4**］ (1) (i)⇒(ii) を示す．T のモデル $\mathfrak{A}$ の最小部分構造を $\mathfrak{B}$ とすると，$|\mathfrak{B}|$ は，変数を含まない項 t の解釈 $t^{\mathfrak{A}}$ を集めたものである．いま，$\mathfrak{A} \models \exists x\, \varphi(x, t_1, \ldots, t_m)$ とすると，T の弱ヘンキン性から，項 t が存在して，$\mathfrak{A} \models \varphi(t, t_1, \ldots, t_m)$ となる．タルスキ - ヴォートの判定法から，$\mathfrak{B} \prec \mathfrak{A}$.

(ii)⇒(i) を示す．T を弱ヘンキン性をもたない理論とする．このとき，論理式 $\varphi(x)$ が存在し，$T \cup \{\exists x\, \varphi(x)\} \cup \{\neg\varphi(t) \mid t$ は変数を含まない項$\}$ が無矛盾であることがいえる (コンパクト性)．このモデルを $\mathfrak{A}$ とし，その最小部分構造を $\mathfrak{B}$ とする．仮定より $\mathfrak{B} \prec \mathfrak{A}$ だから，$\mathfrak{B} \models \exists x\, \varphi(x)$. すると，$\mathfrak{B}$ の最小性から，項 t が存在して $\mathfrak{B} \models \varphi(t)$. 再び $\mathfrak{B} \prec \mathfrak{A}$ より，$\mathfrak{A} \models \varphi(t)$ となって矛盾である．

(2) も (1) と類似の方法で証明できる．

［**問題 5**］ K を高々可算な線形順序構造全体とすると，それは部分構造に関して閉じているが，$\mathrm{Mod}(T)$ で表せないことはレーベンハイム - スコーレム - タルスキの定理により明らか．

［**問題 6**］ 与えられた条件から，$\forall\exists$ 理論 T のモデルの鎖 $\mathfrak{A} \subseteq \mathfrak{A}_1 \subseteq \mathfrak{A}_2 \subseteq \cdots$ を，$\mathfrak{A}_{2i+1}$ は $T \cup \{\varphi_1\}$ のモデル，$\mathfrak{A}_{2i+2}$ は $T \cup \{\varphi_2\}$ のモデルになるように作ること

ができる．その和 $\bigcup_{i\in\mathbb{N}}\mathfrak{A}_i$ は，$T\cup\{\varphi_1\}$ のモデル $\{\mathfrak{A}_{2i+1}\}$ の極限であるから，定理より $T\cup\{\varphi_1\}$ のモデルになる．同様に，それは $T\cup\{\varphi_2\}$ のモデルの極限でもあるから，$T\cup\{\varphi_1,\varphi_2\}$ のモデルになる．

［**問題 7**］ φ を任意の論理式とする．まず，それに含まれる自由変数を新しい定数に置き換え，文としてあつかってよい．なぜなら，その文と同値な文がみつかれば，それらに含まれる新定数をもとの変数に戻したもの同士も同値になるからである．さらに，$T\cup\{\varphi\}$ は無矛盾であると仮定してよい．そうでなければ，矛盾を表す任意の文が φ と同値である．

$T'=\{\sigma\,|\,\sigma$ は $\forall$ 文で，かつ $T\cup\{\varphi\}\vdash\sigma\}$ とおく．いま，$\mathfrak{A}$ を $T\cup T'$ の任意のモデルとし，$D=\mathrm{Diag}(\mathfrak{A})$ とおく．$D\cup T\cup\{\varphi\}$ がモデル $\mathfrak{B}_A$ をもつことは，ウォッシュ - タルスキの定理の証明とまったく同じようにいえる．モデル完全性により $\mathfrak{A}\prec\mathfrak{B}_A$ だから，$\mathfrak{A}\models\varphi$ となる．$\mathfrak{A}$ は $T\cup T'$ の任意のモデルだから，完全性定理により $T\cup T'\vdash\varphi$ である．したがって，T' の有限部分集合 $\{\sigma_1,\sigma_2,\ldots,\sigma_n\}$ が存在して，$T\vdash(\sigma_1\wedge\cdots\wedge\sigma_n)\to\varphi$ となる．最後に，$(\sigma_1\wedge\cdots\wedge\sigma_n)$ は，それと同値な $\forall$ 文 σ に容易に変形できるので，$T\vdash\sigma\leftrightarrow\varphi$ を得る．

［**問題 8**］ (1) フィルターの条件 (1), (2) を満たさない． (2) フィルターの条件 (3) を満たさない． (3), (4) フィルターの 3 条件を満たす．

［**問題 9**］ $\mathcal{F}$ を任意の体とし，以下 $\mathcal{F}$ の各元を表す定数をもつ言語を考える．(1 次以上の) 多項式 $P\in\mathcal{F}[X]$ に対し $\mathcal{F}_P$ を P の分解体とし，さらに (1 次以上の) 各 $Q\in\mathcal{F}[X]$ に対して，$J_Q=\{P\in\mathcal{F}[X]\,|\,Q$ は $\mathcal{F}_P$ の上で 1 次式の積に分解できる $\}$ とおく．すると，$\{J_Q\,|\,Q\in\mathcal{F}[X]$ かつ Q は定数でない $\}$ は有限交叉性をもつ ($\because$ $Q_1\cdots Q_n\in J_{Q_1}\cap\cdots\cap J_{Q_n}$)．したがって，これは超フィルター $\mathcal{U}$ に拡大できる．

いま，超積 $\prod\mathcal{F}_P/\mathcal{U}$ を考える．すべての $\mathcal{F}_P$ で成り立つ文は超積 $\prod\mathcal{F}_P/\mathcal{U}$ でも成り立つから，この超積は体であり，$\mathcal{F}$ の拡大体になっている．また，任意の (1 次以上の) 多項式 $Q\in\mathcal{F}[X]$ に対し，「Q が $\mathcal{F}_P$ の上で 1 次式の積に分解できる」という文は，$J_Q\in\mathcal{U}$ に属するすべての P で成り立つから，$\prod\mathcal{F}_P/\mathcal{U}$ でも成り立つ．よって，$\prod\mathcal{F}_P/\mathcal{U}$ は代数的閉体である．

最後に $\prod\mathcal{F}_P/\mathcal{U}$ の元で，ある $P\in\mathcal{F}[X]$ の根になるものだけを集めて，$\overline{\mathcal{F}}$ とおく．$\overline{\mathcal{F}}$ が，$\mathcal{F}$ の代数的拡大であることは明らか．いま，$\overline{\mathcal{F}}[X]$ の多項式で，$\overline{\mathcal{F}}$ に根

を持たないものがあったとしよう．すると，その根は $\mathcal{F}$ の多項式の根として表せるはずだから(「代数的拡大」は推移的)，$\overline{\mathcal{F}}$ に属することになって矛盾である．したがって，$\overline{\mathcal{F}}$ は $\mathcal{F}$ の代数的閉包である．

［**問題 10**］ (1) ε, δ を無限小とする．標準実数 $0 < b < 2$ を任意にとる．無限小の定義から $-b/2 < \varepsilon, \delta < b/2$ であり，順序体の性質より $-b < \varepsilon + \delta, \varepsilon \bullet \delta < b$ となる．よって，$\varepsilon + \delta, \varepsilon \bullet \delta$ は無限小．

(2) a が無限大 $\iff \forall b \in \mathbb{R}\, b < |a| \iff \forall b > 0\, (\in \mathbb{R})\ |1/a| < 1/b \iff \forall b > 0\, (\in \mathbb{R})\ |1/a| < b \iff 1/a$ は無限小．

第 4 章

［**問題 1**］ (1) まず $\mathsf{Q} \vdash 1 \neq 0$ である．なぜなら，$1 = 0$ とすれば，$0+1 = 0+0$ となるが，A1 より $0+1 \neq 0$，A3 より $0+0 = 0$ だから，矛盾である．そこで，公理 A10 を適用して $y+1 = 1$ となる y がある．すると，$0+1 = 0+(y+1) = (0+y)+1$ より $0 = 0+y$ となり，もし $y \neq 0$ であれば再度公理 A10 を用いて矛盾が導かれる．

(2) 各自然数 $n \geq 1$ に対し，2 種類の数 $\tilde{n}, 0+\tilde{n}$ を用意する．さらに，0 は特別な元として，後者の仲間に加える．和積演算に関しては，$\tilde{m}+\tilde{n} = \tilde{m}+(0+\tilde{n}) = \widetilde{m+n}$，$(0+\tilde{m})+\tilde{n} = (0+\tilde{m})+(0+\tilde{n}) = 0+(\widetilde{m+n})$ のように演算の左側の項の種類が演算結果の種類を決めるものとする．ただし，$\tilde{n} \bullet 0 = 0$ は例外である．このように定義された構造は，$\mathsf{Q} - \{\mathrm{A10}\}$ を満たし，$0 + 1 = 1$ を満たさない．

(3) ペアノ算術 PA の超準モデルを 1 つ用意する．その超準部分だけを (2) と同様の方法で，2 種類の数に分けた構造を考えれば，Q を満たし，$\forall x\, (0 + x = x)$ を満たさないものになる．

［**問題 2**］ PA^- の公理は，差の公理以外はすべて開論理式で表され，単純な帰納法で証明できる．差の公理は，$\mathsf{Q}_<$ の公理でもある．

［**問題 3**］ (1) 帰納法の変種として，次のような「累積帰納法」を考える．

$$\forall x\, (\forall y < x\, \varphi(y) \to \varphi(x)) \to \forall x\, \varphi(x).$$

これは，$\psi(x) \equiv \forall y < x\, \varphi(y)$ に対して通常の帰納法を適用すれば，ただちに得られる．逆に，累積帰納法の仮定は通常の仮定より強いので，通常の帰納法から同じ結

論が導ける．すなわち，累積帰納法は通常の帰納法と本質的に同値である．さて，累積帰納法の対偶は，

$$\exists x\, \neg\varphi(x) \to \exists x\, (\neg\varphi(x) \wedge \forall y < x\, \varphi(y))$$

であり，これは $\neg\varphi(x)$ に対する最小数原理に他ならない．したがって，$\mathsf{L}\Sigma_n$ は $\mathsf{I}\Pi_n$ と同値で，そしてまた $\mathsf{I}\Sigma_n$ と同値である．

(2) 簡単のため，$\mathsf{B}\Sigma_2 \supset \mathsf{I}\Sigma_1$ を示す．$\varphi(x) \equiv \exists y\, \theta(x,y)$ を任意の Σ_1 論理式として，$\theta(x,y)$ を Σ_0 とする．いま，$\varphi(0)$ かつ $\forall x\, (\varphi(x) \to \varphi(x+1))$ と仮定する．すると後者から，u を任意の定数として，

$$\forall x < u\, (\exists y\, \theta(x,y) \to \exists z\, \theta(x+1,z)),$$
$$\forall x < u\, \exists z\, \forall y\, (\theta(x,y) \to \theta(x+1,z)).$$

$\mathsf{B}\Sigma_2$ より

$$\exists v\, \forall x < u\, \exists z < v\, \forall y\, (\theta(x,y) \to \theta(x+1,z)).$$

この論理式と $\exists y < v\, \theta(0,y)$ の両方を満たす v をとる．すると，$\forall x\, (\exists y < v\, \theta(x,y) \vee u \le x)$ が x に関する Σ_0 帰納法で証明できる．したがって，$\forall x < u\, \exists y < v\, \theta(x,y)$ となり，u は任意だから，$\forall x\, \varphi(x)$ を得る．

［**問題 4**］　$\chi_{\forall y<zA} = \Pi_{y<z}\chi_A$, $\chi_{\exists y<zA} = 1 \dot{-} (1 \dot{-} \Sigma_{y<z}\chi_A)$.

［**問題 5**］　原始再帰的関係 $\mathrm{par}(x)$ を「x は空でない記号列のコードで，その列に左カッコ「 (」と右カッコ「) 」が同数個出現する」を表すものと定める．また，原始再帰的関係 $\mathrm{qterm}(x)$ を「x は $(s+t)$ の形の記号列のコードで，$\mathrm{par}(\ulcorner s \urcorner) \wedge \mathrm{par}(\ulcorner t \urcorner)$ となる」を表すものと定める．このとき，$l(x) = \ulcorner s \urcorner$, $r(x) = \ulcorner t \urcorner$ となる原始再帰的関数 $l(x)$, $r(x)$ も存在する（s, t がただ 1 つに定まらないときは，最小の s を選ぶ）．

以上の準備のもとで，次の原始再帰的関係 $\mathrm{term}(x,n)$（その特性関数と同一視する）を定義する．$\mathrm{term}(x,0) = 1$（$x = \ulcorner 0 \urcorner, \ulcorner 1 \urcorner$ のとき），$= 0$（それ以外の x）．そして，

$$\mathrm{term}(x,n+1) = \begin{cases} 1 & x = \ulcorner 0 \urcorner, \ulcorner 1 \urcorner \text{ のとき}, \\ \mathrm{term}(l(x),n) \wedge \mathrm{term}(r(x),n) & \mathrm{qterm}(x) \text{ のとき}, \\ 0 & \text{どちらでもないとき}. \end{cases}$$

最後に，$\mathrm{Term}(x) \leftrightarrow \exists n \le \mathrm{leng}(x)\, \mathrm{term}(x,n)$ とおけばよい．

［**問題 6**］ (1) S を（第二不完全性定理の仮定を満たす）無矛盾な算術の公理系とする．すなわち，$S \nvdash \mathrm{Con}(S)$．このとき，$T = S + \neg\mathrm{Con}(S)$ も無矛盾．T は S より大きな体系だから，$\mathrm{Con}(T) \to \mathrm{Con}(S)$，すなわち $\neg\mathrm{Con}(S) \to \neg\mathrm{Con}(T)$．よって，$T \vdash \neg\mathrm{Con}(T)$．

(2) $\mathrm{Bew}^{\sharp}_{T}(x)$ は標準モデルの上では証明可能性を表しているが，その定義は通常の証明の構造を反映していないので，三段論法の形式化などが成立する根拠を失う．つまり，ヒルベルト - ベルナイス - レーブの導出可能性条件，とくに D2 が T で証明できないので，第二不完全性定理を導けない（エセーニン - ヴォーリピンによる反例として知られる）．ロッサーの証明可能性述語 $\mathrm{Bew}^{*}_{T}(x)$ についても同様である．

［**問題 7**］ 補題 4.4.4 の証明において，新しい関係記号に関する追加公理をその論理式の構成による帰納的定義に改める．例えば，

$$\forall x_1 \cdots \forall x_n \left(R_{\varphi\wedge\psi}(x_1,\ldots,x_n) \leftrightarrow R_{\varphi}(x_1,\ldots,x_n) \wedge R_{\psi}(x_1,\ldots,x_n)\right)$$

とする．すると，すべての追加公理は $\forall\exists$ 論理式になる．また，T 固有の公理は新しい関係記号で表現すればよい．

［**問題 8**］ 定理 4.6.10，系 4.6.11 と類似した証明が可能である．

［**問題 9**］ すべて帰納法で容易に証明できる．

［**問題 10**］ $T_{+,\equiv}$ に対する量化記号消去（定理 4.6.10）と類似した議論を用いるが，$\equiv$ は必要ないのでより簡単に証明できる．

第 5 章

［**問題 1**］ $\mathbb{N} + \mathbb{Z}\cdot\mathbb{R}$ の順序型のモデルがあるとして，$\{[na] \mid n \in \omega\}$ の上限を $[b]$ とおけば，$[b-a]$ の存在から矛盾が導ける．

［**問題 2**］ $\mathfrak{A}$ において，採集原理が成り立つことを示せばよい．

$\mathfrak{A} \models \forall x{<}t\, \exists\vec{y}\, \varphi(x,\vec{y}) \Longrightarrow \exists u{\in}B - A\, \forall x{<}t\, \exists\vec{y}{<}u\, \mathfrak{B}_B \models \varphi(x,\vec{y})$

$\Longrightarrow \mathfrak{B} \models \exists u\, \forall x{<}t\, \exists\vec{y}{<}u\, \varphi(x,\vec{y}) \Longrightarrow \mathfrak{A} \models \exists u\, \forall x{<}t\, \exists\vec{y}{<}u\, \varphi(x,\vec{y})$．

［**問題 3**］ $|\mathfrak{A}| = \{a_1,\ldots,a_n\}$ とし，各 j に対して，$A_j = \{a \in A \mid \forall i{<}j\, \mathfrak{A}_A \models \varphi_i(a,a_1,\ldots,a_n)\}$ を考える．A_j は j について単調減少するが，再帰的飽和性の前提（有限充足性）から，どの j についても $A_j \neq \varnothing$ なので，$\bigcap_j A_j \neq \varnothing$ となる．

$\bigcap_j A_j$ の元 a は，$\{\varphi_i(x, a_1, \ldots, a_n)\}$ を実現する．

［**問題 4**］ (1) タルスキ - ヴォートの判定法を用いればよい．$\mathfrak{A}_{\{a\}} \models \exists x\, \varphi(x,a)$ のとき，論理式 $\varphi(x,a) \wedge \forall y{<}x\, \neg\varphi(x,a)$ は，$\mathfrak{A}_{\{a,b\}} \models \varphi(b,a)$ となる最小の b を定義する．

(2) $\Phi(x,a)$ が再帰的で有限充足可能であることは明らか．また，$\Phi(x,a)$ は，$\mathrm{K}(\mathfrak{A}\,;\,a)$ の元の定義式をすべて含むので，$\mathrm{K}(\mathfrak{A}\,;\,a)$ で実現できない．

［**問題 5**］ 掛け算を含まない論理式はプレスバーガー算術の論理式であり，それは量化記号消去によって，簡単な Σ_0 式で表せる．したがって，Σ_1 再帰的飽和があれば，掛け算を含まない任意の論理式についての再帰的飽和性が得られる．

第 6 章

［**問題 1**］ $\mathsf{RCOF} \vdash \varphi \Longleftarrow \mathsf{OF} \vdash \varphi$ は明らか．逆をいうために，$\mathsf{OF} \nvdash \varphi$ とする．開論理式 φ の全称閉包を $\forall\vec{x}\,\varphi$ として，$\mathsf{OF} + \{\exists\vec{x}\,\neg\varphi\}$ は無矛盾だから，モデル $\mathfrak{K}$ をもつ．定理 6.2.3 により，$\mathfrak{K}$ を埋め込む実閉順序体 $\mathfrak{L}$ を考えると，$\{\exists\vec{x}\,\neg\varphi\}$ は ∃ 文だから，$\mathfrak{L}$ でも成り立つ．よって，$\mathsf{RCOF} + \{\exists\vec{x}\,\neg\varphi\}$ も無矛盾であるから，$\mathsf{RCOF} \nvdash \varphi$ となる．

［**問題 2**］ 系 6.A.5 と同様に証明できる．

第 7 章

［**問題 1**］ $\varphi(i,j)$ を任意の Σ^0_1 式とし，m を任意の定数とする．強 Σ^0_1 採集公理を示すには，

$$\exists n\, \forall i{<}m\, (\exists j\, \varphi(i,j) \to \exists j{<}n\, \varphi(i,j))$$

を証明すればよい．そこで，(有界 Σ^0_1-CA) を用いて，$\forall i\, (i{\in}X \leftrightarrow (i{<}m \wedge \exists j\, \varphi(i,j)))$ となる集合 X を定義し，上式を下のような Σ^0_1 論理式に改める．

$$\exists n\, \forall i{<}m\, (i{\in}X \to \exists j{<}n\, \varphi(i,j)).$$

あとは，$x{>}m \vee \exists n\, \forall i{<}x\, (i{\in}X \to \exists j{<}n\, \varphi(i,j))$ を x に関する Σ^0_1 帰納法で証明すれば，所望の式が得られる．

［**問題 2**］ $(\mathbb{R},+,\bullet,\cdots)$ が順序体であることはほとんどルーチンに示せるが，非自明なところは $x\neq 0$ に対する $1/x$ の存在である．いま，$x=\{p_n\}>0$ と仮定する．すると，ある正数 m が存在して，$\forall n>m\,(p_n>2^{-m})$ がいえる．そこで $k=2m$ として，$1/x=\{1/p_{k+n}\}$ とおけば，これが実数となることは以下のようにわかる．

$$\left|\frac{1}{p_{k+n}}-\frac{1}{p_{k+n+i}}\right|=\frac{|p_{k+n}-p_{k+n+i}|}{p_{k+n}\cdot p_{k+n+i}}\leq\frac{2^{-k-n}}{(2^{-m})^2}=2^{-n}$$

$x\cdot 1/x=1$ は明らかである．

アルキメデス性を示すには，任意の $x=\{p_n\}>0$ に対して，ある m が存在して $x>2^{-m}$ だから，$2^m x>1$ によりいえる．

［**問題 3**］ まず，関数 $1/x$ の正の部分について考える．

$$F^+=\{(p,q,r,s)\in\mathbb{Q}^4\,|\,0<p<q\ \wedge\ 0<r\leq s\ \wedge\ r\leq 1/q\ \wedge\ 1/p\leq s\}$$

Σ^0_0-CA により，F^+ は存在する．これが連続関数のコードの条件を満たしていることは容易に確かめられる．そして，任意の実数 $x>0$ と任意の自然数 n に対して，$p<x<q$ かつ $\frac{q-p}{pq}<2^{-n}$ となる $p,q\in\mathbb{Q}$ をとると，$r=1/q$, $s=1/p$ とおけば $s-r<2^{-n}$ かつ $r<1/x<s$ となるので，x は F^+ の定義域に属し，その値は $1/x$ になる．つまり，F^+ は関数 $1/x$ の正の部分のコードである．関数 $1/x$ の負の部分については，同様にコード F^- を定義する．最後に，$F=F^+\cup F^-$ を考えると，これが $\mathbb{R}-\{0\}$ 上の連続関数 $1/x$ のコードである．

第 8 章

［**問題**］ （必要性）$p\Vdash\neg\varphi$ とし，ある $q\leq p$ に対して $q\Vdash\varphi$ とする．q に適合するジェネリック列 $\langle G_n\,|\,n\in M\rangle$ に対して，$(M,\{G_n\,|\,n\in M\})\models\varphi$．しかし，$q\leq p$ であれば，$\langle G_n\rangle$ は p にも適合するから，$p\Vdash\neg\varphi$ に矛盾する．

（十分性）$p\Vdash\neg\varphi$ を否定し，p に適合するジェネリック列 $\langle G_n\rangle$ が存在して，$(M,\{G_n\,|\,n\in M\})\models\varphi$ とする．補題 8.4.11 から，$\langle G_n\,|\,n\in M\rangle$ が適合する q が存在して，$q\Vdash\varphi$．よって，$p\cup q\Vdash\varphi$ となり，結論が否定された．

あとがき

1980年，私はカリフォルニア大学バークレー校で，大学院レベルの数学基礎論の正規授業を初めて受講した．講義名を“Metamathematics（メタ数学）”といい，数学基礎論と同意語であることは当然知っていたが，日本であまり馴染みのない名称に興味をひかれた（今でも同じ講義名が使われている）．日本で大学院レベルの英文教科書（文献 [16] など）を数冊輪講や独習で読んでいたので，甘く構えていたところ，教科書を使わない毎週3回の教室授業に加えて大量の宿題も出て，すぐに知識の貯金を使い果たし，借金で先生と目が合わせられなくなった．

先生はモデル理論で有名なヴォート教授．陽に焼けてがっちりしたからだつきで，話し方も何となく士官学校の教官ふうだなと思ったら，実際，第二次大戦に海軍士官として従軍していたそうだ．それにしても，彼のブートキャンプは聞きしに勝る厳しさで，最初20人程いた受講者が徐々に減って1年の最後までサバイブできたのは3人だけだった．幸い私はその中に残ったが，せっかく友人になった日系人の級友は大学を去った．

この授業によって，私の「数学基礎論」は完全にリセットされた．ヴォート先生といえば，モデル理論の大家と知られていたが，本書に登場する「タルスキ - ヴォートの判定法」(p.84) を見てもわかる通り，かなり記号的な側面を重視していた．授業中や宿題でも，量化記号消去のステップを徹底的に細かく書き下させたり，第二不完全性定理の証明の詳細を検討させたりした．先生のお弟子さんの1人に著名な理論計算機科学者のフェイギンがいるのもなるほどと思えた．ともあれ，私は数学基礎論の学習において記号の厳密なあつかいがいかに大切かを植え付けられ，それはいまも身に染みこんでいる．

年月が経ち，自分が教壇に立つようになると，やはり自分が受けた教育をベースにして授業を設計するようになる．しかし，日本の大学は週1回半年間の授業だから，バークレーの基礎論講義の2, 3割の内容しかこなせない．それを補うために作成したのが，前作『数の体系と超準モデル』(文献[12])であった．そして，本書は最初その改訂版として企画されたのだが，その作業が難航した話はまえがきに書いた．実際，(株)裳華房の編集者の久米大郎氏との出会いがなければ，いまも頓挫したままになっていたことは間違いない．

バークレーで最初に受けた基礎論(メタ数学)の大学院講義はヴォート先生によるものだったが，翌年のアディソン先生，翌々年のハーリントン先生の同講義も聴講させていただき，それぞれに個性があって面白かった．それ以外の講義で強く印象に残っているのは，ソロヴェイ先生とシルバー先生の集合論，ハーリントン先生の再帰理論，カープ先生とシプサー先生の計算量理論などである．それらの授業からは単にその分野の知識だけでなく，研究法から教授法まで学ばせていただいた．それから，教授法ということでは，ヘンキン先生の下でティーチング・アシスタントをしたことで学ばせていただいたことも多い．しかし何といっても，論文指導教授のハーリントン先生からは毎週長時間の個人指導を受けることができ，とても幸運だったと思う．本書に紹介した先生の定理(8.1節)について，「なぜ論文を発表しないのですか」と聞くと，「この結果はジョクシュ-ソーアの論文を理解した人にはほとんど自明だ」とおっしゃったのを覚えている．学位取得後，私のメンターともいえるシンプソン先生(ペンシルバニア州立大学名誉教授，ヴァンダービルト大学教授)には，私自身の研究はもとより博士論文の指導についてまでご教示いただいた．さらに，オックスフォード大学のギャンディー先生とウィルキー先生(現マンチェスター大学教授)，シンガポール国立大学のC.T. チョン先生等々，多くの先輩方の長年の導きによって，私は今日までやってこられた．すべての先生方の学恩に心より感謝の意を表したい．

また，私が指導した 16 名の博士たちと約 40 名の修士たちからは逆に教わることも多かった．とくに，初期の学生たち菊池誠氏，山崎武氏，坂本伸幸氏の学位論文はその後の学生たちの研究の素になり，その一部は本書の題材としてあつかっているものもある．また，現在の大学院生である栗又啓晋君，五十里大将君と鈴木悠大君には，前作とこの本の原稿を丁寧に読んでいただき，多くのミスを発見していただいた．その他，私の教育研究をより楽しいものにしていただいた友人や同僚たちにも，この場を借りてお礼を申し上げたい．

最後になるが，私の度重なる書き換えや変則的なレイアウトの要求にめげず，いつも適切な版を組んでくださる三美印刷(株)の本田知亮氏と，今回，美しく重厚な装丁をデザインしてくださった(株)デザインフォリオの佐々木由美氏にも厚くお礼を申し上げる．こうして素晴らしい出来映えの本を手にすることができたのは，(株)裳華房の久米大郎氏を中心とする共同作業の賜物であり，私自身もその一員として貢献できたことを嬉しく思う．そして，その喜びを読者とも分かち合うことができれば筆者として幸甚の至りである．

著者しるす

記号一覧

索　引

あ

い

う

え

■ お

■ か

き

く

け

こ

さ

す

せ

そ

た

ち

つ

て

と

ふ

へ

ほ

ま

み

む

め

も

や

ゆ

ら

り

る

れ

ろ

わ

著者略歴

田中 一之（たなか かずゆき）

1955年東京都に生まれる．1978年東京工業大学理学部卒業．同大学院理工学研究科博士課程中退．1986年カリフォルニア大学バークレー校博士課程修了．Ph. D.（数学）．東京工業大学理学部助手，東北大学理学部助教授を経て，1997年より東北大学大学院理学研究科数学専攻教授．その間，ペンシルバニア州立大学（1990-1991）とオックスフォード大学（1995）にて客員研究員．数理論理学の有名専門雑誌 *Annals of Pure and Applied Logic* の編集委員（2013-現在）．

主要著書に，『数学基礎論講義』（編著，日本評論社，1997），『逆数学と2階算術』（河合文化教育研究所，1997），『数学の基礎をめぐる論争—21世紀の数学と数学基礎論のあるべき姿を考える』（編・監訳，シュプリンガー・フェアラーク東京，1999），『数の体系と超準モデル』（裳華房，2002），『数学のロジックと集合論』（共著，培風館，2003），『ゲーデルと20世紀の論理学』（全4巻）（編著，東京大学出版会，2006-2007），『確かさを求めて—数学の基礎についての哲学論考』（監訳，培風館，2007），『ゲーデルの定理—利用と誤用の不完全ガイド』（訳，みすず書房，2011），『ゲーデルに挑む—証明不可能なことの証明』（東京大学出版会，2012），『チューリングと超パズル—解ける問題と解けない問題』（東京大学出版会，2013），『ロジックの世界—論理学の哲人たちがあなたの思考を変える』（訳，講談社ブルーバックス，2015），『スマリヤン 数理論理学講義』上巻・下巻（監訳，日本評論社，2017-2018），『逆数学—定理から公理を「証明」する』（監訳，森北出版，2019）がある．

数学基礎論序説—数の体系への論理的アプローチ—

2019年 6月15日　第1版1刷発行
2021年 7月15日　第2版1刷発行

検印省略

定価はカバーに表示してあります．

著作者　田中 一之
発行者　吉野 和浩
発行所　東京都千代田区四番町8-1
電話 03-3262-9166（代）
郵便番号 102-0081
株式会社 裳華房
印刷所　三美印刷株式会社
製本所　牧製本印刷株式会社

一般社団法人
自然科学書協会会員

ISBN 978-4-7853-1575-7